国外著名高等院校
信息科学与技术优秀教材

Python计算与编程实践：多媒体方法（第4版）

[美] 马克·古茨戴尔（Mark Guzdial）
[美] 芭芭拉·埃里克森（Barbara Ericson） 著
王海鹏 孙朝军 译

人民邮电出版社
北京

图书在版编目（CIP）数据

Python计算与编程实践 : 多媒体方法 : 第4版 / (美) 马克·古茨戴尔 (Mark Guzdial)，(美) 芭芭拉·埃里克森 (Barbara Ericson) 著 ; 王海鹏，孙朝军译. -- 北京 : 人民邮电出版社，2020.4
国外著名高等院校信息科学与技术优秀教材
ISBN 978-7-115-52266-5

Ⅰ. ①P… Ⅱ. ①马… ②芭… ③王… ④孙… Ⅲ. ①软件工具－程序设计－高等学校－教材 Ⅳ. ①TP311.561

中国版本图书馆CIP数据核字(2019)第222165号

版权声明

◆ 著　[美] 马克•古茨戴尔（Mark Guzdial）
　　[美] 芭芭拉•埃里克森（Barbara Ericson）
译　王海鹏　孙朝军
责任编辑　陈冀康
责任印制　王　郁　焦志炜

◆ 人民邮电出版社出版发行　北京市丰台区成寿寺路 11 号
邮编 100164　电子邮件 315@ptpress.com.cn
网址 http://www.ptpress.com.cn
北京鑫正大印刷有限公司印刷

◆ 开本：787×1092 1/16
印张：26.25
字数：617 千字　2020 年 4 月第 1 版
印数：1 – 2 500 册　2020 年 4 月北京第 1 次印刷

著作权合同登记号　图字：01-2019-4806 号

定价：99.00 元

读者服务热线：(010)81055410　印装质量热线：(010)81055316
反盗版热线：(010)81055315
广告经营许可证：京东工商广登字 20170147 号

内容提要

本书是一本独特的 Python 程序设计教程，使用媒体计算的方法教授 Python 编程。

全书共 17 章（分为 4 个部分）和 1 个附录。第 1 部分是前 6 章，介绍了计算机科学、媒体计算、编程的概念，以及操作文本、图片、修改像素等编程技巧。第 2 部分是第 7 章到第 10 章，主要介绍用 Python 概念对声音媒体进行各种操作。第 3 部分是第 11 章到第 13 章，主要介绍针对文本、网络、数据库的 Python 编程，还介绍了函数式编程、递归的思想和应用。第 4 部分是第 14 章到第 17 章，主要介绍视频文件的编程操作，还介绍了面向对象编程的思想和方法。附录部分给出了 Python 语言的快速参考。

本书通过媒体计算的方法，帮助读者轻松地学习和掌握计算机科学思想和编程方法，适合作为高等院校计算机专业 Python 程序设计、多媒体编程等课程的教材，也适合对 Python 编程感兴趣的读者自学参考。

第 4 版序言

2002 年夏天，我们编写了本书的第 1 版，并且在 2003 年春季首次将它用于教学。现在已经过了十多年，是对本书的第 2 版、第 3 版和第 4 版的变化进行总结的好时机了。

在过去的十几年里，本书的第 1 版已成功地用于佐治亚理工学院的本科教学。相应的课程继续保持较高的留存率（超过 85%的学生完成课程，得到及格分数），并且大多数是女性。学生和老师都表示喜欢这门课程，他们的推荐很重要。

研究者发现，“媒体计算”可以在各种环境中成功地用于教学。伊利诺伊大学芝加哥分校首次在佐治亚州之外发表了关于“媒体计算”的论文，展示了转换为媒体计算的课程如何提高了课程中学生的留存率，而这和佐治亚理工学院的情况有很大不同[41]。作为入门课程重大变革的一部分，加州大学圣地亚哥分校采用了媒体计算的课程，他们还开始使用结对编程和一对一指导。加州大学圣地亚哥分校在 2013 年 SIGCSE 研讨会上发表的论文展示了这些变化如何促使学生留存率的显著提高，甚至在二年级学生中也有如此功效。该论文还在那次会议上获得了最佳论文奖[27]。看到“媒体计算”被采用并适应新的环境，特别令人愉快，例如 Cynthia Bailey Lee 创建的 MATLAB 媒体计算课程[12]。

Mark 在 2013 年写了一篇论文，总结了 10 年来的媒体计算研究成果。媒体计算通常可以提高课程的留存率。我们对女学生进行的详细访谈研究表明，她们认为这种方法具有创造性和吸引力，这就是学生坚持选这门课的原因。该论文在 2013 年国际计算机教育研究（ICER）会议上获得了最佳论文奖[33]。

如何教授媒体计算

在过去 10 年中，我们学到了一些最适合教授媒体计算的方法。

- 让学生有创造性。最成功的“媒体计算”课程采用开放式的方式布置作业，让学生自己选择他们所使用的媒体。例如，拼贴作业可以指定使用特定过滤和组合方式，但允许学生选择各自使用的图片。这些作业通常会让学生花更多的时间来实现他们想要的视觉效果，而更多的时间通常会带来更好的学习效果。
- 让学生分享他们的作品。学生可以利用媒体计算制作一些精美的图片、声音和视频。当学生与他人分享时，这些作品更能激发学生的积极性。有些学校提供在线空间，学生可以发布和分享他们的作品。还有一些学校甚至印刷学生的作品，并提供艺术画廊进行展示。
- 在课堂上现场编码。实际上，老师在课堂上输入代码这一过程的最妙之处在于，没有人能在观众面前长时间编码而不犯错误。当老师犯了错误并修改它时，学生将看到按照预期会出现错误并且有一个修改错误的过程。在制作图像和声音时，现场编码很有趣，可能导致意想不到的结果，并提供了进行探索的机会："这是怎么发生的？"

- 结对编程导致更好的学习效果和更高的课程留存率。对结对编程的研究结果是惊人的。采用结对编程的课程留存率更高，学生可以学到更多知识和技能。
- 一对一指导很棒。一对一指导不仅可以带来更好的学习效果和更高的留存率，还可以让教师对学生的学习内容以及他们遇到的困难有更好的反馈。我们强烈建议在计算课程中采用一对一指导。
- 工作实例有助于创造性学习。大多数计算机科学课程都没有为学生提供足够的实验示例供学生学习。学生喜欢从例子中学习。媒体计算方式的一个好处在于，我们提供了很多例子（我们从未尝试过统计本书中 for 和 if 语句的数量！），并且很容易生成更多的例子。在课堂上，我们在一个活动中分发一些示例程序，然后展示特定的效果，然后，要求一对或一组学生找出产生该效果的程序。学生们探讨代码，并研究一些例子。

AP 的计算机科学原则

现在，大学先修课程（AP）考试的计算机科学大纲已经确定了。我们编写第 4 版时，已经明确地考虑了计算机科学大纲。例如，我们展示了如何根据经验测量程序的速度以对比两种算法（学习目标 4.2.4），并且探索了从因特网分析 CSV 数据的多种方法（学习目标 3.1.1、学习目标 3.2.1 和学习目标 3.2.2）。

总的来说，我们在本书中明确地考虑了计算机科学大纲的学习目标，如下所示。

- 大概念 I：创造力。
- 学习目标 1.1.1：……使用计算工具和技术来创建制品。
- 学习目标 1.2.1：……使用计算工具和技术进行创造性表达。
- 学习目标 1.2.2：……使用计算工具和技术创建计算制品，从而解决问题。
- 学习目标 1.2.3：……通过组合或修改已有制品来创建新的计算制品。
- 学习目标 1.2.5：……分析计算制品的正确性、可用性、功能和适用性。
- 学习目标 1.3.1：……使用编程作为创造性工具。
- 大概念 II：抽象。
- 学习目标 2.1.1：……描述用于表示数据的各种抽象。
- 学习目标 2.1.2：……解释二进制序列如何用于表示数字数据。
- 学习目标 2.2.2：……在计算中使用多级抽象。
- 学习目标 2.2.3：……识别编写程序时使用的多级抽象。
- 大概念 III：数据和信息。
- 学习目标 3.1.1：……使用计算机处理信息，发现模式，并测试有关数字处理信息的假设，以获得见识和知识。
- 学习目标 3.2.1：……从数据中提取信息，从而发现并解释联系、模式或趋势。
- 学习目标 3.2.2：……使用大型数据集来探索并发现信息和知识。

- 学习目标 3.3.1：……分析数据的表示、存储、安全性和传输如何包含信息的计算操作。
- 大概念 IV：算法。
- 学习目标 4.1.1：……开发一个算法，能够实现并在计算机上运行。
- 学习目标 4.1.2：……用一种编程语言表达算法。
- 学习目标 4.2.1：……解释在合理时间内运行的算法与不能在合理时间内运行的算法之间的差异。
- 学习目标 4.2.2：……解释计算机科学中可解和不可解问题之间的区别。
- 学习目标 4.2.4：……以分析和经验的方式评估算法的效率、正确性和清晰度。
- 大概念 V：编程。
- 学习目标 5.1.1：……开发一个程序用于创造性表达，满足个人好奇心或创造新知识。
- 学习目标 5.1.2：……开发正确的程序来解决问题。
- 学习目标 5.2.1：……解释程序如何实现算法。
- 学习目标 5.3.1：……使用抽象来管理程序的复杂性。
- 学习目标 5.5.1：……在编程中采用适当的数学和逻辑概念。
- 大概念 VI：因特网。
- 学习目标 6.1.1：……解释因特网中的抽象概念和因特网的工作原理。

第 4 版的更新

1．修复了审阅者和读者在本书第 3 版中发现的一些错误。

2．更改了书中的大部分图片——它们变得过时了，而且我们的孩子们希望不要使用太多他们的照片。

3．增加了更多章末问题。

4．添加了一个全新的章——关于文本作为媒体和字符串操作（生成句子、禅系公案和代码）。这不是必要的章节（例如，我们介绍了 for 和 if 语句，但没有删除本书后面的介绍）。对于一些教师来说，用较短的循环来处理文本（迭代句子中的所有字符，这通常少于图片中的数千个像素）是一种更舒适的开始方式。

5．放弃了创造（可以“战胜”Facebook 所做改动的）网络爬虫的想法。作为替代，我们在本书中编写了用于处理 CSV 文件的示例，这是在因特网上共享数据的通用格式。我们用字符串处理从文件中解析 CSV，在 Python 中使用 CSV 库，然后通过 URL 访问数据。

6．添加了一些新的边缘检测代码，代码更短，也更容易理解。

7．增加了更多的海龟：新增了跳舞的海龟程序（用 time 模块的 sleep 来暂停执行）和递归模式。

8．使用 JES 中的最新功能更新本书，其中包括那些不必使用完整路径名的功能（Stephen Edwards 和他的学生在他们的 SIGCSE 2014 论文中报告的那些问题[43]）。

致谢

我们衷心感谢所有审稿人和错误发现者。

- 首先要感谢的是西点军校的 Susan Schwartz。Susan 负责一门重要的课程，这门课有很多讲师，她密切关注课程所有部分的内容。她关注了本书的第 3 版，发现了一些错误，并向我们提供了很多有用的反馈。谢谢 Susan！
- 其他的错误发现者包括麻省大学达特茅斯分校的 John Rutkiewicz、内布拉斯加大学奥马哈分校的 Brian Dorn、鲍尔州立大学的 Dave Largent、纽卡斯尔大学的 Simon，梅西大学的 Eva Heinrich、新泽西学院的 Peter J. DePasquale，以及佐治亚理工学院的 Bill Leahy。
- 北卡罗来纳州立大学的 Matthew Frazier 在 2014 年夏天与我们合作创建了一个新版本的 JES——修改了许多错误，大大改进了 JES。
- 我们非常感谢第 4 版的审稿人，他们是本宁顿学院的 Andrew Cencini、玛卡莱斯特学院的 Susan Fox、明尼苏达大学摩瑞斯分校的 Kristin Lamberty、罗镇技术学院的 Jean Smith 和麻省大学安姆斯特分校的 William T. Verts。
- 我们也非常感谢第 3 版的审稿人，他们是中心学院的 Joseph Oldham、普渡大学的 Lukasz Ziarek、史密斯学院的 Joseph O'Rourke、密歇根大学的 Atul Prakash、弗吉尼亚理工大学的 Noah D. Barnette、德雷塞尔大学的 Adelaida A. Medlock、玛卡莱斯特学院的 Susan E. Fox、滑铁卢大学的 Daniel G. Brown、克莱姆森大学的 Brian A. Malloy 和加州州立大学奇科分校的 Renee Renner。

Mark Guzdial 和 Barbara Ericson
佐治亚理工学院

第 1 版序言

对计算机教育的研究清楚地表明，人们不仅仅是“学习编程”。当一个人要学习对“某些事情”编程时[8,19]，做某些事情的动机会导致学不学编程的差异[5]。所有老师面临的挑战是选择“某些事情”，提供足够强大的动机。

人们想要沟通。我们是社会性动物，沟通的愿望是我们的原始动机之一。计算机越来越多地被用作沟通工具，而不只是计算工具。实际上，今天所有出版的文本、图像、声音、音乐和视频都是用计算技术来准备的。

本书教人们编程，以便用数字媒体进行沟通。本书的重点是如何像专业人士一样操作图像、声音、文本和视频，却是用学生编写的程序来做到这些的。我们知道，大多数人会使用专业的应用程序来完成这类操作。但知道如何编写自己的程序，意味着你可以做得超出当前应用程序允许的范围。你的表达能力并不受你的应用软件的限制。

了解媒体应用程序中的算法如何工作，也可以让你更好地使用它们，或者更轻松地从一个应用程序迁移到另一个应用程序。如果你在应用程序中关注的是在什么菜单项上做什么，那么每个应用程序都是不同的。但是，如果你关注的是以希望的方式移动或着色像素，那么跳过菜单项并专注于你希望表达的内容，这可能更容易。

这本书不只是关于媒体编程。媒体操作程序可能难以编写，或出现意想不到的行为。一些问题自然会出现，比如“为什么 Photoshop 中的图像过滤速度更快”“那很难调试——有没有办法编写更容易调试的程序”。回答这些问题就是计算机科学家所做的事情。本书最后有几章涉及计算，而不仅仅是编程。最后几章不仅仅是媒体操作，而是涉及更广泛的主题。

计算机是人类有史以来最神奇的创造性设备。它完全由心智概念构成。在计算机上，真的可以做到“不要只是梦想它，将它变成现实”。如果你可以想象它，就可以在计算机上使它“真实”。玩编程可以非常有趣，也应该如此。

目标、方法和组织

本书的课程内容符合“必要先行”方法的要求，该方法在 ACM/IEEE 计算课程 2001 标准文件[2]中描述。本书首先关注赋值、顺序操作、迭代、条件和定义函数等基础编程结构。在学生掌握了它们的背景知识之后，再强调抽象（例如算法复杂性、程序效率、计算机组织、层次分解、递归和面向对象编程）。

这种不一般的顺序是基于学习科学研究的结果。记忆是有关联的。我们根据与之相关的内容来记住新事物。在许诺有一天会有用的前提下，人们可以学习一些概念和技能，但这些概念和技能只与该前提有关。其结果被描述为“脆弱的知识”[25]——这种知识可以让你通过考试，但很快被遗忘，因为除了那个课程之外，它与任何事情都没有关系。

如果概念和技能可以与许多不同的想法或日常生活中出现的想法相关联，它们就会被记住。如果希望学生获得可迁移的知识（可以应用于新情况的知识），就必须帮助他们将新知识与更普遍的问题联系起来，以便为记忆编制索引，与这类问题关联[22]。在本书中，我们通过一些具体体验来教学，让学生可以探索和联系这些具体体验（例如，去除图片中的红眼的条件语句），然后将抽象置于这些具体体验之上（例如，使用递归或函数式 filter 和 map 来实现相同的目标）。

我们知道，从抽象开始并不适合学习计算课程的学生。Ann Fleury 已经展示，刚开始学习计算课程的学生不会真心接受我们告诉他们封装和重用的内容（如[7]）。学生更喜欢简单易用的代码，他们实际上认为这样的代码更好。学生需要时间和经验，才能意识到精心设计的系统是有价值的。没有经验，学生很难学习抽象。

本书中使用的媒体计算方法，从许多人使用计算机做的事开始：图像处理、探索数字音乐、查看和创建网页以及制作视频。然后，我们利用这些活动来解释编程和计算。我们希望学生访问亚马逊（这类网站）时想到："这是一个目录网站——我知道这些是用数据库和一组程序实现的，这些程序将数据库条目格式化为网页。"我们希望学生使用 Adobe Photoshop 和 GIMP 时想到，它们的图像滤镜实际上是如何操作像素的红色、绿色和蓝色成分。从相关背景开始，更有可能迁移知识和技能。这也让示例更有趣、更能激发积极性，有助于学生坚持学完这门课。

媒体计算方法花费了大约三分之二的时间，向学生提供能激发他们兴趣的各种媒体体验。然而，在三分之二的时间之后，他们自然会开始提出有关计算的问题。"为什么 Photoshop 比我的程序更快"和"处理视频的代码很慢——程序有多慢"，就是典型的问题。那时，我们将引入计算机科学中的抽象和有价值的见解，从而回答他们的问题。这就是本书的最后一部分。

计算机教育还有一个研究领域，探讨为什么入门计算课程的退出率或失败率如此之高。一个共同的主题是，计算课程似乎"与我无关"，并且没有必要关注像效率这样的"乏味细节"[21,1]。学生认为，沟通场景是相关的（正如他们在调查和访谈中告诉我们的那样[6,18]）。场景要相关，这部分地解释了我们在佐治亚理工学院课程的留存率上取得成功的原因，本书正是为该课程而编写。

抽象放在后期引入，这并不是这种方法中唯一不一般的排序。我们在第 3 章中，在第一个重要的程序中，开始使用的数组和矩阵。通常，计算导论课程会将数组推迟到以后，因为它们显然比具有简单值的变量更复杂。相关且具体的场景非常强大[19]。我们发现学生操作图片中的像素矩阵没有问题。

学生退出计算导论课程或得到 D 或 F 等级的比例（通常称为 WDF 率）在 30%～50%的范围，甚至更高。最近一项关于计算导论课程失败率的国际调查报告称，54 所美国院校的平均 WDF 率为 33%，17 所国际机构的平均 WDF 率为 17%[24]。在佐治亚理工学院，从 2000 年到 2002 年，我们在所有专业所需的计算导论课程中的平均 WDF 率为 28%。我们在"媒体计算导论"课程中使用了本书的第 1 版。我们的第一个试点项目有 121 名学生，没有计算机或工程专业的，三分之二的学生是女性。我们的 WDF 率为 11.5%。

在接下来的两年（2003 年春季到 2005 年秋季）中，佐治亚理工学院的平均 WDF 率为 15%[29]。实际上，之前 28%的 WDF 率和目前 15%的 WDF 率是不可比的，因为所有专业都选了第一门课程，只有文科、建筑和管理专业的学生选了新的课程。单个专业的变化要大得多。例如，管理专业 1999 年至 2003 年的 WDF 率为 51.5%，而新课程前两年的 WDF 率为 11.2%[29]。自本书第 1 版出版以来，其他几所学校已采用并调整了这种方法，也评估了结果。所有这些人都报告了成功率的类似显著改善[4,42]。

使用本书的方法

这本书的顺序与我们在佐治亚理工学院讲授的顺序几乎相同。个别老师可能跳过某些部分（例如，关于叠加式合成、MIDI 和 MP3 的部分），但这里的所有内容都已经过我们的学生测试。

但是，人们已经用许多其他方式使用过这本书。

- 可以通过第 2 章（编程简介）和第 3 章（图像处理简介）对计算进行简短介绍，也许可以利用第 4 章和第 5 章的一些材料。我们甚至还举办过有关媒体计算的单日研讨会，只用这本书。
- 第 6 章到第 8 章基本上重复了第 3 章到第 5 章中的计算机科学概念，但是在声音而不是图像的场景中。我们发现重复很有用——当使用一种媒体而不是另一种媒体时，一些学生似乎更好地理解了迭代和条件语句的概念。此外，它让我们有机会指出，相同的算法可以在不同的媒体中具有类似的效果（例如，放大或缩小图片与在音调中让声音更高或更低是相同的算法）。但为了节省时间，这种重复肯定是可以省略的。
- 第 12 章（关于视频处理）没有介绍新的编程或计算概念。尽管会激发积极性，但为了节省时间，可以跳过视频处理。
- 我们建议至少讲授最后一个单元中的一些章节，以引导学生以更抽象的方式思考计算和编程，但显然并非所有章节都必须涵盖。

Python 和 Jython

本书中使用的编程语言是 Python。Python 被描述为“可执行的伪代码”。我们发现，计算机科学专业和非专业都可以学习 Python。由于 Python 确实被用于沟通任务（例如，网站开发），因此它是介绍性计算课程的相关语言。例如，发布到 Python 官方网站的招聘广告表明，像 Google 和 Industrial Light＆Magic 这样的公司会雇用 Python 程序员。

本书中使用的 Python 的特定方言是 Jython。Jython 就是 Python。Python（通常用 C 实现）和 Jython（用 Java 实现）之间的差异，类似于任何两种语言实现之间的差异（例如，Microsoft 与 GNU C++的实现）——基本语言完全相同，有一些库和细节的差异，大多数学生不会注意到。

排版说明

Python 代码的示例为：`x = x + 1`。更长的示例如下所示：

```
def helloWorld ( ) :
  print "Hello , world !"
```

当显示用户的输入和 Python 的响应时，我们用类似的字体和样式，但用户的输入将出现在 Python 提示符（>>>）之后：

```
>>> print 3 + 4
7
```

JES（Jython Environment for Students）的用户界面组件将使用英文字母指定，如“Save”菜单项和“Load”按钮。

你将在书中看到几种特殊的插入栏。

计算机科学思想：思想示例

关键的计算机科学概念以这种方式给出。

常见问题：常见问题示例

可能导致程序失败的常见问题以这种方式给出。

调试提示：调试提示示例

如果有一个很好的方法可以防止错误在第一时间进入你的程序，就会在这里突出展示它。

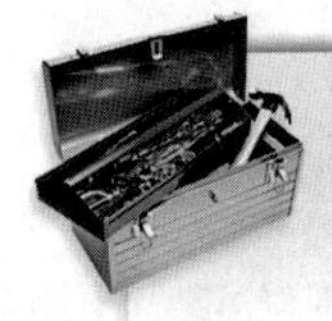

让它工作提示：如何使它工作的示例

真正有用的最佳实践或技术以这种方式突出展示。

致谢

我们衷心感谢以下人士。

- Jason Ergle、Claire Bailey、David Raines 和 Joshua Sklare，他们在极短的时间内以惊人的质量制作了 JES 的初始版本。多年来，Adam Wilson、Larry Olson、Yu Cheung（Toby）Ho、Eric Mickley、Keith McDermott、Ellie Harmon、Timmy Douglas、Alex Rudnick、Brian O’Neill 和 William Fredrick（Buck）Scharfnorth III 让 JES 成为了今天这样有用且仍然可以理解的工具。
- Adam Wilson 构建了 MediaTools，它对于探索声音和图像以及处理视频非常有用。
- Andrea Forte、Mark Richman、Matt Wallace、Alisa Bandlow、Derek Chambless、Larry Olson

和 David Rennie 帮助完成了课程材料。Derek、Mark 和 Matt 创建了许多示例程序。

- 在佐治亚理工学院，有一些人真正让这些工作汇聚起来。佐治亚理工学院副教务长 Bob McMath 和计算机学院教育副院长 Jim Foley 早期就投入了这项工作。Kurt Eiselt 努力使这项工作成为现实，说服其他人认真对待它。Janet Kolodner 和 Aaron Bobick 非常兴奋，支持鼓励针对计算机科学新学生的媒体计算理念。Jeff Pierce 对本书中使用的媒体函数的设计进行了审核，并向我们提出了建议。Aaron Lanterman 就如何准确传达数字资料内容给了我们很多建议。Joan Morton、Chrissy Hendricks、David White 和 GVU 中心的所有工作人员确保我们拥有了我们所需要的东西，他们处理了细节，使这项工作融合在一起。Amy Bruckman 和 Eugene Guzdial 让马克有时间来完成最终版本。
- 我们感谢 Colin Potts 和 Monica Sweat，他们曾在佐治亚理工学院讲授这门课程，并为我们提供了许多关于该课程的见解。
- Charles Fowler 是佐治亚理工学院以外的第一个愿意在他自己的机构（盖恩斯维尔学院）大胆尝试该课程的人，对此我们非常感激。
- 2003 年春季在佐治亚理工学院提供的试点课程，对于帮助我们改进课程非常重要。Andrea Forte、Rachel Fithian 和 Lauren Rich 对该课程的试点项目进行了评估，这对于帮助我们了解哪些有效、哪些无效是非常有价值的。最早的助教（Jim Gruen、Angela Liang、Larry Olson、Matt Wallace、Adam Wilson 和 Jose Zagal）为帮助创建这种方法做了很多工作。Blair MacIntyre、Colin Potts 和 Monica Sweat 使素材更容易采用。Jochen Rick 让 CoWeb/Swiki 成为 CS1315 学生闲逛的好地方。
- 许多学生指出了错误并提出了改进本书的建议。感谢 Catherine Billiris、Jennifer Blake、Karin Bowman、Maryam Doroudi、Suzannah Gill、Baillie Homire、Jonathan Laing、Mireille Murad、Michael Shaw、Summar Shoaib，特别是 Jonathan Longhitano，他有真正的编辑天赋。
- 感谢媒体计算课程之前的学生 Constantino Kombosch、Joseph Clark 和 Shannon Joiner 允许在示例中使用他们的快照。
- 这本教材的研究工作得到了美国国家科学基金会的资助——来自本科教育部、CCLI 计划和 CISE 教育创新计划。感谢基金的支持。
- 感谢计算机专业的学生 Anthony Thomas、Celines Rivera 和 Carolina Gomez 允许我们使用他们的照片。
- 最后也最重要的是，感谢我们的孩子 Matthew、Katherine 和 Jennifer Guzdial，他们允许妈妈和爸爸的媒体项目拍照和录制视频，并对这门课表示支持和兴奋。

Mark Guzdial 和 Barbara Ericson
佐治亚理工学院

作者简介

Mark Guzdial 是佐治亚理工学院计算机学院交互计算系的教授。他是 ACM 国际计算教育研究研讨会系列的创始人之一。Guzdial 博士的研究重点是学习科学和技术，特别是计算教育研究。他的第一本书是关于编程语言 Squeak 及其在教育中的应用的。他是“Swiki”（Squeak Wiki）的最初开发者，这是第一个明确为学校使用而开发的 Wiki。他是 ACM 的院士和杰出教育家。他是 *Journal of the Learning Sciences* 和 *Communications of the ACM* 的编辑委员会成员。他是 2012 年 IEEE 计算机学会本科教学奖的获得者。

Barbara Ericson 是一名研究科学家，也是佐治亚理工学院计算机学院计算外展系（Computing Outreach）的主任。自 2004 年以来，她一直致力于改进计算普及教育。

她曾担任美国计算机科学教师协会董事会的教师教育代表、美国国家信息技术女性中心 K-12 联盟的联合主席以及 AP 计算机科学考试的高级讲师。她喜欢多年来在计算机上遇到的各种问题，包括计算机图形学、人工智能、医学和面向对象编程。

Mark 和 Barbara 因在媒体计算方面的工作（包括本书），获得了 2010 年 ACM Karl V. Karlstrom 杰出计算机教育者奖。他们领导了一个名为“Georgia Computes!”的项目 6 年，这对改善美国佐治亚州的计算机教育具有重大影响[31]。Mark 和 Barbara 一起成为扩展计算教育途径（ECEP）联盟的领导者。

资源与支持

本书由异步社区出品，社区（https://www.epubit.com/）为您提供相关资源和后续服务。

配套资源

本书提供如下资源：

- 教学 PPT
- 媒体工具
- 配套教材文件

要获得以上配套资源，请在异步社区本书页面中点击 配套资源 ，跳转到下载界面，按提示进行操作即可。注意：为保证购书读者的权益，该操作会给出相关提示，要求输入提取码进行验证。

如果您是教师，希望获得教学配套资源，请在社区本书页面中直接联系本书的责任编辑。

提交勘误

作者和编辑尽最大努力来确保书中内容的准确性，但难免会存在疏漏。欢迎您将发现的问题反馈给我们，帮助我们提升图书的质量。

当您发现错误时，请登录异步社区，按书名搜索，进入本书页面，点击“提交勘误”，输入勘误信息，点击“提交”按钮即可。本书的作者和编辑会对您提交的勘误进行审核，确认并接受后，您将获赠异步社区的 100 积分。积分可用于在异步社区兑换优惠券、样书或奖品。

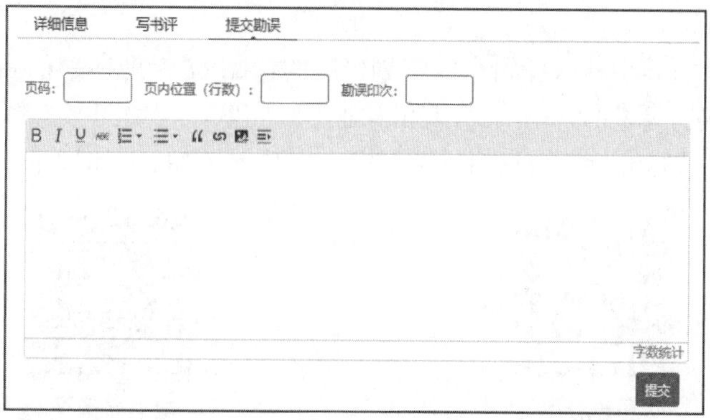

扫码关注本书

扫描下方二维码，您将会在异步社区微信服务号中看到本书信息及相关的服务提示。

与我们联系

我们的联系邮箱是 contact@epubit.com.cn。

如果您对本书有任何疑问或建议，请您发邮件给我们，并请在邮件标题中注明本书书名，以便我们更高效地做出反馈。

如果您有兴趣出版图书、录制教学视频，或者参与图书翻译、技术审校等工作，可以发邮件给我们；有意出版图书的作者也可以到异步社区在线提交投稿（直接访问 www.epubit.com/selfpublish/submission 即可）。

如果您所在的学校、培训机构或企业，想批量购买本书或异步社区出版的其他图书，也可以发邮件给我们。

如果您在网上发现有针对异步社区出品图书的各种形式的盗版行为，包括对图书全部或部分内容的非授权传播，请您将怀疑有侵权行为的链接发邮件给我们。您的这一举动是对作者权益的保护，也是我们持续为您提供有价值的内容的动力之源。

关于异步社区和异步图书

"异步社区"是人民邮电出版社旗下 IT 专业图书社区，致力于出版精品 IT 技术图书和相关学习产品，为作译者提供优质出版服务。异步社区创办于 2015 年 8 月，提供大量精品 IT 技术图书和电子书，以及高品质技术文章和视频课程。更多详情请访问异步社区官网 https://www.epubit.com。

"异步图书"是由异步社区编辑团队策划出版的精品 IT 专业图书的品牌，依托于人民邮电出版社近 30 年的计算机图书出版积累和专业编辑团队，相关图书在封面上印有异步图书的 LOGO。异步图书的出版领域包括软件开发、大数据、AI、测试、前端、网络技术等。

异步社区

微信服务号

目　录

第 2 部分 声音

第1部分　引言

第 1 章　计算机科学与媒体计算概述

本章学习目标

- 了解计算机科学的内容以及计算机科学家所关注的内容
- 理解为什么将媒体数字化
- 理解为什么研究计算是有价值的
- 了解编码的概念
- 了解计算机的基本组件

1.1　什么是计算机科学

计算机科学是对“过程”的研究：我们或计算机如何做事，如何明确我们做些什么，以及如何明确我们正在处理的东西。这是一个相当枯燥的定义。下面让我们来尝试给出一个隐喻。

计算机科学思想：计算机科学是菜谱研究

这里的“菜谱”是特殊的类型——它可以由计算设备执行，但这一点只对计算机科学家是重要的。要点在于，计算机科学菜谱确切地说明了必须要做的事情。

更正式地说，计算机科学家研究算法，这些算法是逐步完成任务的过程。算法中的每个步骤，都是计算机已经知道如何做的事情（例如，两个小的整数相加），或者可以教计算机如何做的事情（例如，更大的数字相加，包括带有小数点的数字）。可以在计算机上运行的菜谱称为程序。程序是一种以计算机可以执行的表示形式来交流算法的方法。

进一步利用我们的隐喻——将算法看成奶奶制作秘方时的一个个的步骤。她总是以同样的方式操作，并取得可靠的令人满意的结果。将步骤写下来，你可以阅读，稍后也可以进行操作，这就像将算法转换为程序一样。你可以通过一步步的方式执行菜谱，从而按照奶奶的方式制作某些菜品。如果你将菜谱提供给可以阅读菜谱语言（可能是英语或法语）的另一个人，那么你就将该过程告诉了那个人，而那个人可以以类似的方式执行该菜谱上的步骤，也就是用你奶奶的方式制作某些菜品。

如果你是一名生物学家，希望描述迁徙如何进行或 DNA 如何复制，那么编写一个能够完全定义和理解的术语，确切地说明发生了什么，将是非常有用的。如果你是一名化学家，希望解释如何在反应中达到平衡，情况也是如此。工厂经理用计算机“程序”可以确定机器和皮带的布局，甚至可以测试部件的工作情况（在将沉重的部件安装到位之前）。能够准确定义任务和模拟事件是计算机彻底改变科学探索和理解方式的主要原因。

事实上，如果你不能为某个过程编写一个"菜谱"，那么也许你并没有真正理解这个过程，或者这个过程实际上可能不像你想象的那样工作。有时，尝试编写"菜谱"本身就是一个测试。现在，有时你无法编写"菜谱"，这是因为该过程是计算机无法执行的少数过程之一。我们将在第 14 章中详细讨论这些内容。

将程序称为菜谱可能听起来很滑稽，但这种类比还将伴随我们很长时间。计算机科学家研究的大部分内容可以用菜谱来定义。

- 一些计算机科学家研究如何编写菜谱：是否有更好或更差的做法？如果你曾经需要将蛋清与蛋黄分开，就会发现，知道正确的方法会让世界变得不同。计算机科学理论家考虑最快和最短的"菜谱"，以及占用最少空间的"菜谱"（你可以将它看成操作台空间——类比有用了），甚至使用最小能量的"菜谱"（对于在手机等低功耗设备上运行，这很重要）。探讨"菜谱"的工作原理称为算法研究，这完全不同于它的编写方式（即在程序中）。软件工程师考虑大型团队如何将许多"菜谱"组合在一起，并且仍然有用（有些程序，如跟踪信用卡交易的程序，实际上有数百万个步骤！）。术语"软件"是指完成任务的计算机程序（菜谱）的集合。
- 另一些计算机科学家研究菜谱中使用的单位。菜谱使用公制或英制测量值是否重要？菜谱可能在两种情况下都适用，但如果你不知道什么是一磅或一杯，那么菜谱对你来说就不那么容易理解了。还有一些单位对某些任务有意义，对其他任务则没有意义，但如果你可以让单位适合任务，就可以更轻松地解释自己的意图，更快地完成任务，同时避免错误。有没有想过为什么海上船只会测量节速？为什么不用像 m/s 这样的方式？在某些特殊情况下（例如在海上的船上），日常常见的术语不合适或不起作用。我们也可以发明新的单位，例如代表整个其他程序或计算机的单位，或代表像 Facebook 中的朋友和朋友的朋友那样的网络。计算机科学单位的研究称为"数据结构"。一些计算机科学家研究如何记录大量数据（包括许多不同类型的单位），并弄清楚如何快速访问数据，他们是在研究"数据库"。
- 可以为所有事情编写"菜谱"吗？有些"菜谱"写不出来吗？计算机科学家知道有些"菜谱"无法编写。例如，你不能编写一个绝对可以判断其他"菜谱"是否真正起作用的"菜谱"。智能呢？我们可以编写一个"菜谱"，使得遵循这个菜谱的计算机实际上会思考吗？（而且你怎么知道是否写对了？）理论、智能系统、人工智能和系统领域的计算机科学家会考虑这样的问题。
- 甚至有一些计算机科学家专注于人们是否喜欢这些"菜谱"所产生的东西这样的研究，几乎就像报纸上的餐厅评论家一样。其中一些是人机界面专家，他们担心人们是否能够理解和使用"菜谱"（"菜谱"产生人们使用的界面，如窗口、按钮、滚动条和其他元素，我们认为这些是正在运行的程序）。
- 正如一些厨师专注于某些类型的菜谱，如薄饼或烧烤，计算机科学家也专注于某些类型的"菜谱"。从事图形工作的计算机科学家主要关注产生图片、动画甚至视频的“菜谱”，从事计算机音乐工作的计算机科学家主要关注产生声音的菜谱（通常是有旋律的，但并非总是如此）。

- 还有一些计算机科学家研究“菜谱”的涌现特性。想想万维网，它实际上是数以百万计的“菜谱”（程序）的集合，彼此相互交流。为什么 Web 的某个部分会在某些时候变慢？这是从这些数以百万计的程序中涌现的现象，当然不是计划好的东西。这是“网络”计算机科学家研究的东西。真正令人惊奇的是，这些涌现属性（当你有很多“菜谱”同时交互时，这种事情就开始发生）也可以用来解释非计算性事物。例如，蚂蚁如何寻找食物，或者白蚁如何土堆，这些事也可以描述为当你有许多小程序做一些简单的、交互的行为时就会发生的事情。今天，有计算机科学家研究网络如何允许新的交互，特别是在大型群体（如 Facebook 或 Twitter）中。研究社交计算的计算机科学家感兴趣的是，这些新型交互的工作原理，以及有效促进有用社交互动的软件特征。
- 菜谱隐喻也适用于另一个层面。很多人知道，菜谱中的某些东西可以更改，同时不会显著改变结果。你总是可以将所有部分乘以一个倍数（如双倍），从而获得更多产出。你可以随时在意大利面酱中加入更多的大蒜或牛至。但有一些事情你不能在菜谱中改变。如果菜谱需要发酵粉，那么你可能无法用小苏打替代。顺序很重要。如果应该将鸡肉烧至棕色再加入番茄酱，那么先加入番茄酱再（以某种方法）尝试将鸡肉变成棕色，就不会得到相同的结果（图 1.1）。

CHICKEN CACCIATORE

3 whole, boned chicken breasts	1 (28 oz) can chopped tomatoes
1 medium onion, chopped	1 (15 oz) can tomato sauce
1 tbsp chopped garlic	1 (6.5 oz) can mushrooms
2 tbsp and later ¼ c olive oil	1 (6 oz) can tomato paste
1½ c flour	½ of (26 oz) jar of spaghetti sauce
¼ c Lawry's seasoning salt	3 tbsp Italian seasoning
1 bell pepper, chopped (optional) any color	1 tsp garlic powder (optional)

Cut up the chicken into pieces about 1 inch square. Saute the onion and garlic until the onion is translucent. Mix the flour and Lawry's salt. You want about 1:4–1:5 ratio of seasoning salt to flour and enough of the whole mixture to coat the chicken. Put the cut up chicken and seasoned flour in a bag, and shake to coat. Add the coated chicken to the onion and garlic. Stir frequently until browned. You'll need to add oil to keep from sticking and burning; I sometimes add up to ¼ cup of olive oil. Add the tomatoes, sauce, mushrooms, and paste (and the optional peppers, too). Stir well. Add the Italian seasoning. I like garlic, so I usually add the garlic powder, too. Stir well. Because of all the flour, the sauce can get too thick. I usually cut it with the spaghetti sauce, up to ½ jar. Simmer 20–30 minutes.

图 1.1　一个烹饪菜谱——你可以加倍添加配料，有时多加一杯面粉也不会坏事，可是不要尝试先加入番茄酱再让鸡肉变成棕色

软件“菜谱”也是如此。通常情况下，你可以很容易地改变：事物的实际名称（尽管你应该一致地更改名称）、一些常量（数字就显示为普通的数字，而不是变量），甚至可以

是某些被操作的数据范围（数据部分）。但是，计算机指令的顺序总是必须保持完全符合规定。随着学习的继续，你将学到什么可以安全地改变，以及什么不可以。

1.2 编程语言

计算机科学家用编程语言编写“菜谱”（图 1.2）。不同的编程语言用于不同的目的，其中一些有很高的知名度，如 Java 和 C++；而有一些不那么出名，如 Squeak 和 Scala；还有一些旨在使计算机科学思想非常容易学习，如 Scheme 或 Python，但它们易于学习的事实并不总是使它们非常受欢迎，也并不总是会成为专家建立更大、更复杂“菜谱”的首选。在计算机科学教学中，很难选择一种语言，因为需要这种语言既易于学习，又广受欢迎，并且对专家足够有用，同时让学生有动力学习它。

Python/Jython

```
def hello():
  print "Hello World"
```

Java

```
class HelloWorld {
  static public void main( String args[] ) {
    System.out.println( "Hello World!" );
  }
}
```

C++

```
#include <iostream.h>

main() {
    cout << "Hello World!" << endl;
    return 0;
}
```

Scheme

```
(define helloworld
    (lambda ()
            (display "Hello World")
            (newline)))
```

图 1.2 比较编程语言：一个常见的简单编程任务是在屏幕上打印“Hello World !”

为什么计算机科学家不使用自然人类语言，比如英语或西班牙语？问题在于，自然语言的演进方式是为了增强非常聪明的生物（人类）之间的沟通。我们将在第 1.3 节中解释，计算机非常愚蠢。它们需要的明确程度是自然语言不擅长的。此外，我们在自然交流中彼此说的，并不完全是你在计算菜谱中要说的。你上一次告诉别人，像《马里奥赛车》《我的世界》或《使命召唤》这样的视频游戏如何工作的细节，使得他们可以实际复制游戏（比如纸上），是什么时候？英语不适合这种任务。

因为有很多不同类型的“菜谱”要编写，所以世界上有很多不同类型的编程语言供人们使用。用 C 语言编写的程序往往非常快速有效，但它们往往难以阅读、难以编写，并且需要的数据结构更多是关于计算机的，而不是关于鸟类迁徙、DNA 或其他任何你写菜谱时希望的数据结构。编程语言 Lisp（以及 Scheme，Racket 和 Common Lisp 等相关语言）非常灵活，非常适合探索如何编写以前从未编写过的菜谱，但与 C 语言相比，Lisp 看起来很奇怪。如果你想要聘请 100 名程序员来完成你的项目，找到 100 个懂流行语言的程序员比找一个懂不那么流行语言的程序员更容易——但这并不意味着流行的语言最适合你的任务！

本书中使用的编程语言是 Python（有关它的更多信息，可访问 python 官方网站）。Python 是一种流行的编程语言，经常用于 Web 和媒体编程。网络搜索引擎谷歌使用 Python。Media Light&Magic 的媒体公司也使用 Python。可以从互联网上找到使用 Python 的公司列表。Python 易于学习，易于阅读，非常灵活，但效率不如其他编程语言。用 C 和 Python 编写相同算法，可能用 C 的更快。Python 是编写在应用程序内工作的程序的良好语言，如图像处理语言 GIMP 或 3D 内容创建工具 Blender。

本书中使用的 Python 版本称为 Jython[①]。Jython 是一种 Python，对于可在多个计算机平台上工作的多媒体编程特别有效。你可以从 Jython Web 站点下载适用于你的计算机的 Jython 版本，该版本可用于各种用途。用 Jython 编写的大多数程序，在 Python 中不必改动就能工作。

在本书中，我们将描述如何利用一个名为 JES（Jython Environment for Students）的编程环境在 Jython 中编程，我们开发该编程环境是为了让用 Jython 编程更容易。JES 有一些处理媒体的功能，例如声音和图像的查看器。JES 还嵌入了一些用于操作数字媒体的特殊功能，无需你进行任何特殊操作即可使用。在 JES 中执行的所有操作，也可以在普通的 Jython 中执行，但必须显式地包含特定的库。

媒体计算的特定库也可以与其他环境和其他形式的 Python 一起使用。

- Pythy 由 Stephen Edwards 和他在弗吉尼亚理工大学的同事开发，是一个基于浏览器的编程环境[②]。所有编程都通过带有 Pythy 的 Web 浏览器进行，程序和媒体存储在云上。在 JES 中工作的程序也会在 Pythy 中运行。
- 由多伦多大学的 Paul Gries 领导的团队实现了 JES 中特定媒体库的一些部分，以便在其他形式的 Python 中工作[③]。
- 由路德学院的 Brad Miller 整理的书籍可以在网上搜索到，在他们的所有电子书中都支持用 Python 处理图像。

让我们再来看看本书中使用的两个最重要的术语：

- “程序”是用一种程序编程语言对一个过程的描述，该过程实现了某些结果，对

① Python 通常用 C 语言实现。Jython 是用 Java 实现的 Python——这意味着 Jython 实际上是一个用 Java 编写的程序。

② 有关安装 Pythy 的信息，请通过互联网查找。

③ 有关 Pygraphics 库的信息，请通过互联网查找。

某些人有用。程序可以很小（如实现计算器的程序）或很大（如银行用来跟踪其所有账户的程序）。

- “算法”（与程序不同）是对过程一步步的描述，不依赖于任何编程语言。在许多不同的程序中，可以用许多不同的方式，在许多不同的语言中实现相同的算法——但如果我们谈论同一个算法，它们就是相同的过程。

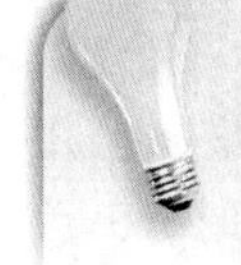

计算机科学思想：计算机科学是关于人的

著名的计算机科学家 Edsger W.Dijkstra 曾经说过，“计算机科学之于计算机，正如天文学之于望远镜。”计算机科学是关于人的。人们以各种不同的方式思考过程（从数据的角度，到人机界面的问题，再到人工智能）。人们使用多种编程语言，他们喜欢不同的沟通和思考方式，因此会产生不同的语言。人们编写程序和语言。计算机科学中的大多数决定与计算机无关。计算机科学中的大多数决定与人有关。

1.3 计算机理解的东西

编写计算菜谱是为了在计算机上运行。计算机知道做什么事？我们可以在菜谱中告诉计算机做什么？答案是，“非常非常有限。”计算机非常愚蠢，它们实际上只知道数字。

实际上，即使说计算机知道数字也不是很正确。计算机使用数字编码。计算机是对电线上的电压做出反应的电子设备。每根电线都称为一个“比特”。如果电线上有电压，我们就说它编码了 1；如果它没有电压，我们就说它编码了 0。我们将这些电线（比特）分组。一组 8 比特称为一个“字节”。因此，利用一组 8 根电线（一个字节），我们有一个 8 个 0 和 1 的模式，例如 01001010。使用二进制数系统，我们可以将这个字节解释为“数字”（图 1.3）。这就是为什么我们声称计算机知道数字[①]。

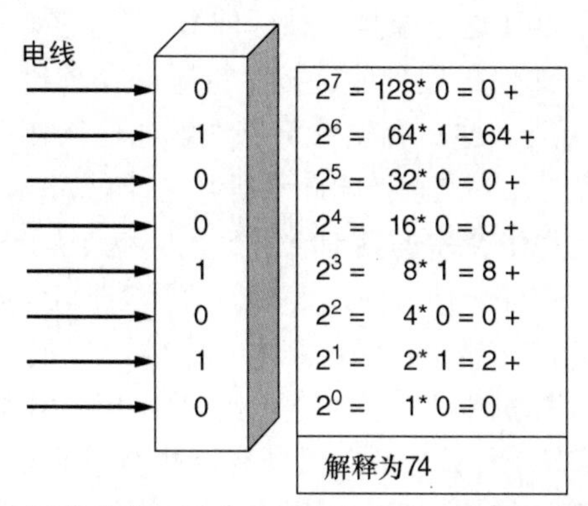

图 1.3 带有电压模式的 8 根电线是一个字节，被解释为 8 个 0 或 1 的模式，又被进一步解释为十进制数

① 我们将在第 15 章“速度”中详细讨论计算机的这个层面。

计算机有一个充满字节的内存。计算机在给定时刻处理的所有内容都存储在它的内存中。这意味着计算机正在使用的所有内容都以字节编码，这些内容包括 JPEG 图片、Excel 电子表格、Word 文档、恼人的 Web 弹出广告以及最新的垃圾邮件。

计算机可以用数字做很多事情。它可以让数字相加、相减、相乘、相除，对数字进行排序，收集数字，复制数字，过滤数字（例如，“复制这些数字，但只要偶数。”），比较数字并基于比较结果做一些事情。例如，可以在菜谱中告诉计算机，“比较这两个数字。如果第一个小于第二个，请跳到此菜谱中的步骤 5。否则，继续下一步。”

现在看来计算机是一种花哨的计算器，这就是它被发明的原因。计算机最早的用途之一，就是在第二次世界大战期间计算弹道（“如果刮东南风，风速是每小时 15 英里，你希望击中 0.5 英里以外的目标，方位是东北 30 度，那么将发射器倾斜……”）。现代计算机每秒可以进行数十亿次计算。但是，让计算机适用于一般菜谱的是“编码”的概念。

计算机科学思想：计算机可以分层编码

计算机可以将编码分层到几乎任意复杂的程度。数字可以解释为字符，字符可以组合起来解释为网页，网页可以解释为显示为多种字体和样式。但在最底层，计算机只“知道”电压，我们将它解释为数字。编码让我们忘记较低层的细节。编码是抽象的一个例子，它为我们提供了新的概念，让我们可以忽略其他细节。

如果一个字节被解释为数字 65，那么它可以是数字 65，也可以是字母 A，这利用了数字到字母的标准编码，即美国信息交换标准码（ASCII）。如果 65 与其他数字一起出现，那会被我们解释为文本，而如果它在以“.html”结尾的文件中，那么它可能是看起来像是<a href =...这样的一部分，网页浏览器会将其解释为定义了一个链接。在计算机的层面上，A 只是一种电压模式。在许多菜谱层之上，在网页浏览器层面上，它定义了某种东西，点击可以获取更多信息。

如果计算机只能理解数字（这已经是一种延伸），那么它如何操作这些编码呢？当然，它知道如何比较数字，但是如何扩展到能够按字母顺序排列班级学生列表呢？通常，每个编码层在软件中实现为一块或一层。有软件可以理解如何操作字符。字符软件知道如何进行名称比较，因为它将 a 编码在 b 之前，如此等等，这样对编码字母的数字比较就导致了字母比较。字符软件被操作文件中文本的其他软件使用。这个层被 Microsoft Word 或 Notepad 或 TextEdit 之类软件使用。还有一种软件知道如何解释 HTML（Web 的语言），同一软件的另一层知道如何获取 HTML，并显示正确地文本、字体、样式和颜色。

类似地，我们可以在计算机中为特定任务创建编码层。我们可以教一台计算机，细胞含有线粒体和 DNA，DNA 有 4 种核苷酸，工厂有这些类型的印刷机和这些类型的邮票。创建编码和解释层，使得计算机使用正确的单位（回想我们的菜谱类比）来解决给定问题，是“数据表示”或定义正确“数据结构”的任务。

这听起来像有很多软件，事实就是这样。当软件以这种方式分层时，它会使计算机速度降低一些。但是计算机的强大之处在于，它们的速度非常快，而且越来越快！

计算机科学思想：摩尔定律

英特尔公司（计算机处理芯片制造商）的创始人之一 Gordon Moore 声称，同样价格下，每 18 个月晶体管（计算机的一个关键部件）的数量将翻倍，这实际上意味着，同样数量的资金每 18 个月购买的计算能力会翻倍。这意味着计算机越来越小，越来越快，越来越便宜。几十年来，这个定律一直成立。

今天的计算机每秒可以执行数十亿个菜谱步骤。它们实际上可以在内存中保存数据百科全书！它们永远不会感到疲倦或无聊。搜索 100 万客户寻找某个持卡人？没有问题！找到一组正确的数字，使得公式取最佳值？小菜一碟！

处理数百万个图片元素、声音片段或视频帧？这就是“媒体计算”。在本书中，你将编写处理图像、声音、文本甚至其他菜谱的菜谱。这是可能的，因为计算机中的所有内容都以数字形式呈现，甚至菜谱也是如此。如果媒体没有以数字方式表示，我们将无法进行媒体计算。在本书的最后，你将编写实用数字视频特效的书面菜谱，用与亚马逊和易趣相同的方式创建网页，并像 Photoshop 一样过滤图像。

1.4 媒体计算：为什么要数字化媒体

让我们考虑一个适合图片的编码。想象一下，图片是由小点组成的。这不难想象：仔细观察显示器或电视屏幕，你会看到图像已经是由小点组成的。这些点中的每一个颜色都不同。物理学告诉我们，颜色可以描述为红色、绿色和蓝色之和。红色加绿色就得到黄色。将 3 个全加在一起得到白色。将它们全部去掉，你会得到一个黑点。

将图片中的每个点编码为 3 个字节的集合，每个字节对应屏幕上该点的红色、绿色和蓝色，这样如何？收集一堆这样的 3 个字节集合，来确定给定图片的所有点，这样如何？这是一种非常合理的表示图片的方式，正是我们在第 4 章中要做的。

操作这些点（每个点称为“像素”或图像元素）可能需要大量处理。图片中有数千甚至数百万个像素，你可能希望在计算机或网页上使用它们。但计算机并不会觉得无聊，而且速度非常快。

我们用于声音的编码每秒钟包含 44 100 个双字节集（称为取样）。一首 3 分钟的歌曲需要 158 760 000 个字节（立体声需要两倍）。对此进行任何处理都需要大量操作。但是，以每秒 10 亿次操作的速度，你可以在短时间内对每个字节执行大量操作。

为媒体创建此类编码需要改变媒体。看看现实世界：它不是由你能看到的许多小点组成的。听一个声音：你每秒能听到几千个小声音吗？事实上，你每秒听不到许多小声音，这使得创建这些编码成为可能。我们的眼睛和耳朵是有限的：我们只能感知那么多的东西，只能感知那么小的东西。如果将图像分解成足够小的点，你的眼睛就不能分辨出它不是连续的颜色流；如果将声音分解成足够小的部分，你的耳朵就无法分辨出声音不是连续的听觉能量流。

将媒体编码为小的比特的过程称为“数字化”，有时称为“变成数字”。根据朗文词典，数字化意味着：使用一种系统，其中信息以数字的形式以电子方式记录或发送，通常是许多 1 和 0[①]。将事物数字化是指将事物从连续和不可数的状态转变为我们可数的事物，就像用手指去数一样。

数字化媒体如果做得很好，对我们有限的人类感官来说，感觉与原来的一样。留声机录音（见过吗？）将声音连续记录为模拟信号。照片（在胶片上）将光线记录为连续的流。有人说他们可以听出留声机录音和 CD 录音之间的区别，但对于我们的耳朵和大多数测量来说，CD（数字化声音）听起来都是一样的，也许还更清晰。足够高分辨率的数码相机可生成照片质量的图片。

为什么要将媒体数字化？因为这样媒体将更容易操作、准确复制、压缩、搜索、索引和分类（例如，将相似图像或声音组合在一起）、比较和传输。例如，很难操作照片中的图像，但是当相同的图像被数字化时，就很容易操作。本书正是关于使用不断增加的数字媒体，在此过程中操作它们并学习计算。

摩尔定律使媒体计算成为可行的入门主题。媒体计算依赖于计算机，在许许多多的字节上进行许许多多的操作。现代计算机可以轻松完成。即使用缓慢（但易于理解）的语言，即使用低效（但易于阅读和编写）的菜谱，我们也可以通过操作媒体来学习计算。

在操作媒体时，我们需要尊重作者的数字版权。根据合理使用法律（这限制了所有者版权，或提供了例外情况），允许出于教育目的而修改图像和声音。但是，共享或发布操作后的图像或声音可能会侵犯所有者的版权。

1.5 每个人的计算机科学

今天大多数专业人士操作媒体：论文、视频、录音带、照片和绘画。这种操作越来越多地通过计算机完成。媒体今天经常以数字化形式出现。

我们用软件来操作这些媒体。我们用 Adobe Photoshop 来操作图像，用 Audacity 来操作声音，也许用 Microsoft PowerPoint 将媒体组合成幻灯片。我们用 Microsoft Word 操作文本，用 Google Chrome 或 Microsoft Internet Explorer 浏览因特网上的媒体。

为什么要通过编写操作媒体的程序来学习计算机科学？为什么不想成为计算机科学家的人应该学习计算机科学？你为什么应该有兴趣通过操作媒体来学习计算？你为什么要学习编程？学习使用所有这些优秀的软件还不够吗？以下部分提供了这些问题的答案。

1.5.1 它与沟通有关

数字媒体由软件来操作。如果你只能使用其他人为你制作的软件来操作媒体，就限制了你的沟通能力。如果你希望表达一些在 Adobe、Microsoft、Apple 和其他公司的软件中无法表达的东西怎么办？或者如果你希望用它们不支持的方式表达一些什么呢？如果你知道如何编程，即使你自己编程需要更长时间，你就可以自由地操作媒体。

---

① 《朗文现代英语词典》中“数字化”的定义。Pearson Education 版权所有©2009。经许可复制。

那么一开始就学习这些工具如何呢？在我们用计算机的这些年里，已经看到许多类型的软件来来去去，作为绘图、绘画、文字处理、视频编辑等软件包。你不能只学习一个工具，指望能在整个职业生涯中使用它。如果你知道这些工具是如何工作的，就明白了核心原理，可以从一个工具转到另一个工具。你可以根据算法而不是工具来考虑媒体工作。

最后，如果你要为网页、营销、印刷、广播或任何用途准备媒体，那么你应该了解媒体的可能性和可以做些什么。作为媒体消费者，你知道媒体如何被操作，知道什么是真的，什么可能只是一个技巧，这一点更为重要。如果你了解媒体计算的基础知识，那么你的理解将超出任意单个工具提供的能力。

1.5.2 它与过程有关

1961 年，Alan Perlis 在麻省理工学院（MIT）发表演讲。他认为计算机科学，特别是编程，应该成为通识教育的一部分[35]。Perlis 是计算机科学领域的重要人物。计算机科学的最高奖项是 ACM 图灵奖，Perlis 是该奖项的第一个获奖者。他是软件工程领域的重要人物，在美国创办了几个计算机科学系。

Perlis 的论点可以与微积分类比。微积分通常被认为是通识教育的一部分：不是每个人都学习微积分，但如果你希望接受良好的教育，通常至少会学习一个学期的微积分。微积分是对变化速率的研究，这在许多领域相当重要。如本章前面所述，计算机科学是对“过程”的研究。从商业到科学，从医学到法律，过程对几乎每个领域都很重要。正式了解过程对每个人都很重要。用计算机将过程自动化，已经改变了每个职业。

Jeannette Wing 认为，每个人都应该学习“计算思维”[23]。她将计算中讲授的技能类型视为所有学生的关键技能。这就是 Alan Perlis 所预测的：自动化计算将改变我们了解世界的方式。

1.5.3 你可能需要它

2005 年，卡内基梅隆大学的一个研究小组进行了一项研究，其中他们回答了“未来，程序员会在哪里，会有多少人”这样一个问题他们预测大多数程序员不会是专业软件开发人员。大多数编写程序的人可能需要编写小程序来完成他们日常工作所需的事情。他们估计，专业软件与最终用户程序员的比例将高达 1:9，即对于世界上每一名专业程序员来说，还有 9 个人正在编程，但只是为了帮助他们完成日常工作。这一结果表明，现在阅读本书的很多人可能有一天需要编程，即使你从未将其作为职业。

现实是今天有许多人编程。科学家和工程师编写程序来创建模型，并在模拟中测试模型或分析数据；图形设计人员编写程序在 Photoshop 或 GIMP 中完成程序任务，以节省时间或将设计转到 Web 上；会计师在创建复杂的电子表格时进行编程。正如 Alan Perlis 预测的那样，许多专业人士需要存储和操作过程，因此学习编程。

问题

1.1 今天，每个职业都使用计算机。用 Web 浏览器和 Google 等搜索引擎，查找与自己的研究领域和计算机科学或计算相关的网站。例如，搜索“生物计算机科学”或“管理计算”。

1.2 2013 年诺贝尔化学奖在某种意义上是颁发给计算机科学工作的诺贝尔奖。计算机在那次诺贝尔奖中的作用是什么？

1.3 文本字符以不同方式编码。底层总是以字节为单位的二进制，但可以用不同的二进制模式来表示不同的字符。其中两种编码是 ASCII 和 Unicode。试试在 Web 上搜索 ASCII 和 Unicode。ASCII 和 Unicode 有什么区别？如果已经有了 ASCII，为什么还需要 Unicode？

1.4 考虑第 1.4 节中描述的图像表示，其中图像中的每个点（像素）由 3 个字节表示，表示该点处颜色的红色、绿色和蓝色分量。640 × 480 的图片是网络上常见的尺寸，表示它需要多少字节？1024 × 768 的图片是常见的屏幕尺寸，表示它需要多少字节？（你认为“300 万像素”相机现在的意思是什么？）

1.5 1 比特可以表示 0 或 1。用 2 比特，你有 00，01，10 和 11 共 4 种可能的组合。用 4 比特或 8 比特（一个字节）可以得到多少种不同的组合？每种组合可用于表示二进制数。用两个字节（16 比特）可以表示多少个数字？用 4 个字节可以表示多少个数字？

1.6 Microsoft Word 过去使用一种文字处理文档的编码，名为“DOC”。最新版本的 Microsoft Word 使用一种不同的编码，名为“DOCX”。它们之间有什么区别？

1.7 计算机科学的一个有力思想是编码可以分层。到目前为止，我们所讨论的大多数编码（例如图片中的像素、字符、浮点数）是基于二进制的。XML 是一种在文本中编码信息的方式，文本又以二进制编码。使用 XML 而不是二进制编码有哪些优缺点？

1.8 如何用字节编码浮点数？在网上搜索“浮点”，你会发现浮点数有不同的编码。以 IEEE 浮点标准这样的常见编码方式为例。假设是单精度，你可以在这种编码中表示的最大和最小数字分别是多少？

1.9 正如我们在本章中所述，计算机科学是关于人的。通过探索计算机科学家和影响计算机科学的人，开始你对计算机科学的探索。在探索过程中，找到你认为信息可信的网站，并在你的答案中包含 URL——以及你认为来源可信的原因。你用什么一般规则来确定什么是可靠的网站？

1.10 在网上搜索 Alan Kay、面向对象编程以及 Dynabook。Alan 是我们在本书中使用的媒体计算方法的灵感之一。你能弄清楚他与媒体计算有什么关系吗？

1.11 搜索 Clarence (Skip) Ellis。没有他，Google Docs 不会像今天这样帮助人们协作。他做了什么？

1.12 在网上查找 Grace Hopper。她是如何为编程语言做出贡献的？

1.13 在网上搜索 Andrea Lawrence。她主持的计算机科学系是什么？

1.14 在网上搜索 Alan Turing。他与我们关于计算机可以做什么以及编码如何工作的概念有什么关系？

1.15 在网上搜索 Adele Goldberg。她是如何为编程语言做出贡献的？

1.16 在网上搜索 Kurt G del。他用编码做了多么神奇的事情？

1.17 在网上搜索 Ada Lovelace。在第一台机械计算机建成之前，她做了多少惊人的事情？

1.18 在网上搜索 Claude Shannon。他的硕士论文做了什么？

1.19 在网上搜索 Richard Tapia。他为鼓励计算多样性做了些什么？

1.20 在网上搜索 Marissa Mayer。她帮助创建了什么计算机工具（你可能经常使用它）？

1.21 在网上搜索 Shafi Goldwasser。她在 2012 年赢得的重要计算奖项是什么？为什么？

1.22 在网上搜索 Mary Lou Jepsen。她正在研究什么新技术？

1.23 在网上搜索 Ashley Qualls。她创造了什么价值 100 万美元？

1.24 在网上搜索 Tim Berners-Lee。他发明了什么？

1.25 与每个领域一样，计算机科学领域的人们建立在彼此的工作之上。

- 谁发明了 Logo 海龟？
- 谁利用 Logo 海龟让四年级学生了解数学中的分数？
- 谁发明了一种编程语言，其中包含数千个 Logo 海龟，用于模拟蚂蚁和白蚁这样的复杂行为？

1.26 现在追踪以下一系列谁的工作基于谁。

- 谁发明了激光打印机？
- ACM 图灵奖（计算机科学中最接近诺贝尔奖的奖项）获奖者之一发明了一种用于在激光打印机上排版书籍的计算机系统。那是谁？
- 最近 ACM 图灵奖的获得者在上面一个排版系统之上构建了一个计算机系统，使其更易于使用（但这并不是他获得图灵奖的原因）。那是谁？他做了什么而获奖？

深入学习

James Gleick 的书 *Chaos*（《混沌》）更多地描述了涌现属性——小变化如何导致戏剧性效果，以及由于难以预见的相互作用而导致的对设计的意外影响。

Mitchel Resnick 的书 *Turtles, Termites, and Traffic Jams: Explorations in Massively Parallel Microworlds* [37]，描述了蚂蚁、白蚁甚至交通拥堵和黏菌如何可以相当准确地描述为成千上万个非常小的过程（程序）同时运行和交互。

Exploring The Digital Domain[26] 是一本精彩的计算入门书，其中包含大量有关数字媒体的信息。

第2章　编程简介

本章学习目标

本章的媒体学习目标：

- 制作和显示图片
- 制作和播放声音

本章的计算机科学目标：

- 利用 JES 输入和执行程序
- 创建和使用变量存储值和对象，如图片和声音
- 创建函数
- 识别数据的不同类型（编码），如整数、浮点数和媒体对象
- 在函数中对操作进行排列

2.1　编程是关于命名的

计算机科学思想：大部分编程是关于命名的

计算机可以将名称或符号与几乎任何东西相关联：关联特定字节；关联构成一个数字变量或一些字母的一组字节；关联文件、声音或图片等媒体元素；甚至关联更抽象的概念，如命名的“菜谱”（程序）或命名的编码方式（类型）。计算机科学家认为的高品质的名称选择与哲学家或数学家一样：命名方案（名称及其命名的东西）应该是优雅、简约和可用的。命名是一种抽象形式。名称用于指代你所命名的东西。

显然，计算机本身并不关心名称。名称是为人类编写的。如果计算机只是一个计算器，那么记住单词以及它与值的关联只会浪费计算机的内存。但对于人类来说，这是非常强大的。它允许我们以自然的方式使用计算机，这种方式甚至可以全面扩展我们对“菜谱”（过程）的思考。

“编程语言”实际上是计算机编码的一组名称，这样名称让计算机能够执行预期的操作，并以预期的方式解释我们的数据。一些编程语言的名称允许我们定义新名称，从而允许创建自己的编码层。将变量分配给一个值是定义计算机名称的一种方法。定义函数是为一个菜谱命名。

“程序”由一组名称及其值组成，其中一些名称的值是计算机指令（“代码”）。我们的指令将用 Python 编程语言编写。结合这两个定义，意味着 Python 编程语言为我们提供了一

组对计算机有意义的有用名称，于是我们的程序就是选择一些 Python 的有用名称，加上我们定义的名称，共同告诉计算机我们希望它做什么。

计算机科学思想：程序是为人类编写的，不是为计算机编写的

请记住，名称仅对人有意义，对计算机没有意义。计算机只是接收指令。好的程序对人类来说是有意义的（可理解并且有用）。计算机是为人服务的。

存在好的名称和坏的名称。这与骂人的话或 TLA（three-letter acronyms，三首字母缩略词）无关。一组好的编码和名称让我们能够以自然的方式描述“菜谱”，而不需要太多解释。各种不同的编程语言可以看成是一系列命名和编码的集合。对于某些任务，某些语言比其他语言更好。与另一些语言相比，对于同一个“菜谱”，某些语言要求你写更多代码来描述——但有时候这种“更多”会产生（人类）更可读的“菜谱”，有助于其他人理解你在说什么。

哲学家和数学家追求非常相似的品质感觉。他们试图用几个词来描述世界，寻求一组优雅的词汇，涵盖许多情况，而对于他们的哲学家和数学家伙伴来说仍然是可以理解的。这正是计算机科学家所做的事。

如何解释菜谱中的单位和值（“数据”），通常也会被命名。回顾一下 1.3 节中的讨论，一切都是以字节为单位，但一些字节可以解释为数字吗？在某些编程语言中，你可以明确地说某些值是一个字节，然后告诉语言将它视为数字，一个 integer（有时是 int）。类似地，你可以告诉计算机这个特定字节序列是数字集合（“整数数组”）、字符集合（“字符串”），甚至是单精度浮点数这样的更复杂编码（“浮点数”——带小数点的任意数字）。

在 Python 中，我们将明确告诉计算机如何解释值，但我们很少会告诉它某些名称只与某些编码相关联。Java 和 C++等语言是强类型的；也就是说，在这些语言中，名称与某些类型或编码紧密相关。它们要求你说，这个名称只与整数相关联，那个只能是一个浮点数。Python 仍有类型（即你可以用名称来引用的编码），但它们不是那么明确。Python 也有“保留字”。保留字是你不能用来命名事物的词，因为它们在该语言中已经有意义。

计算机科学思想：名称是符号和标识符

我们使用“名称”这个词，但编程语言使用更具体的术语。某些编程语言将值或函数或对象的名称称为符号。Python（和 Java）称之为标识符。我们可以将它看成是“名称”这个人类概念，但错误消息将使用更具体的术语。Java 中常见的错误消息可能是 Identifier expected（预期有标识符），这通常意味着遗漏名称或类型不对。

文件及其名称

编程语言不是计算机关联名称和值的唯一地方。计算机的操作系统负责处理硬盘上的文件，并将名称与它们关联起来。你可能熟悉或使用的操作系统包括 Windows、macOS 和 Linux。文件是“硬盘”（计算机中关闭电源后存储内容的部分）上的值（字节）的集合。如果你知道文件的名称并将它告诉操作系统，那么会得到与该名称相关联的值。

你可能会想：“多年来，我一直在使用计算机，但从未向操作系统提供过文件名。”也许你没有意识到你正在使用它，但是当你从 Photoshop 的文件选择对话框中选择一个文件或双击目录窗口（也可能是资源管理器或 Finder）中的文件时，就是在要求某处的某个软件，提供你选中的名称或双击操作系统选中的名称，并取出对应的值。但是，当你编写自己的菜谱时，需要明确取得文件名并要求其值。

目前的硬盘容量非常大。你可能会有多个文件名相同的文件存在于硬盘中。在你的硬盘上，现在可能有几个名为 report.doc 的文件（可能一个用于历史，一个用于化学，一个用于实习），或者几个 friends.jpg 文件。只要它们位于不同的目录中，相同的名称就可以引用完全不同的文件。计算机有管理目录和文件的文件系统。文件的完整名称称为路径，描述了取得特定文件要查找的目录。下文很快会涉及这种思想。

文件对于媒体计算非常重要。硬盘可以存储许多信息。还记得我们对摩尔定律的讨论吗？每美元硬盘容量的增长速度，要快于每美元计算机速度的增长速度！目前的计算机硬盘可以存储整部电影，几小时（甚至几天）的声音，相当于数百卷电影胶卷。

这些媒体不小。即使用压缩形式，屏幕大小的图片也可能超过 100 万字节，而歌曲可能是 300 万字节或更多。你需要将它们保存在计算机关闭后仍然存在并且有大量空间的地方。

相比之下，计算机的“内存”是不持久的（它在断开电源时消失），而且容量相对较小。计算机内存一直在变大，但它仍然只是硬盘空间量的一小部分。当你使用媒体时，会将硬盘中的媒体加载到内存中，但完成后你不希望它留在内存中，因为它太大了。

把你的计算机内存想象成宿舍。你可以在宿舍里轻松地找到东西——它们就在眼前，容易拿到，易于使用。但是你不希望把你拥有的一切（或者你希望拥有的一切）放在那个宿舍里。你的所有物品？滑雪板？车？船？那太傻了。作为替代方案，你将大件物品存放在用于存放大件物品的地方。你知道如何在需要时获取它们（在你需要或可以的时候，可能将它们带回宿舍）。

当你将内容放入内存时，你将为该值命名，以便能够检索它，并稍后使用它。从这个意义上说，编程类似于代数。要编写可推广的方程式和函数（即适用于任何数字或值），你可以使用变量编写它们，例如 $PV = nRT$、$e = Mc^2$ 或 $f(x) = \sin(x)$。P、V、R、T、e、M、C 和 x 是值的名称。当求值 $f(30)$[在方程 $f(x) = \sin(x)$中]时，你知道 x 是计算 f 时 30 的名称，你知道结果应该是 sin(30)。在编程中，我们将以相同的方式命名媒体（作为值）。

2.2 Python 中的编程

本书中使用的编程语言称为 Python。它是 Guido van Rossum 发明的一种语言。他以著名的英国音乐剧团 Monty Python 来命名他的语言。Python 已经被没受过正式计算机科学培训的人使用了多年——它的目标是易于使用。我们用的特定形式的 Python 是 Jython，因为它适用于跨平台的多媒体。

在本书中，我们利用 JES（Jython Environment for Students），在 Jython 编程语言中编程。JES 是一个简单的编辑器（用于输入程序文本的工具）和交互工具，因此你可以在 JES 中尝试各种例子，并在其中创建新的菜谱。本书中讨论的媒体名称（函数，变量，编码）都是在 JES 中开发的（也就是说，它们不是普通 Jython 发行版的一部分，尽管我们使用的基本语言是普通的 Python）。

你可以在互联网上查找有关安装 JES 的说明。那里的过程将引导你安装 Java、Jython 和 JES，并为你提供一个漂亮的图标，用于双击启动 JES。JES 适用于 Windows、Macintosh 和 Linux。

调试提示：获取 Java，如果必要的话

对于大多数人来说，要开始使用，全部工作就是将 JES 文件夹拖到硬盘上。但是，如果你安装了 Java，而它是无法运行 JES 的旧版本，则可能无法启动 JES。如果确实遇到问题，可通过互联网获取新版本的 Java。

2.3 JES 中的编程

如何启动 JES 取决于你的平台。在 Windows 和 macOS 中，你会有一个 JES 图标，只需要双击它。在 Linux 中，你可能会进入 Jython 目录并输入像./JES.sh 这样的命令。可参阅网站上的说明，了解适用于你的计算机的内容。

常见问题：JES 可能启动缓慢

JES 可能需要一段时间才能加载。别担心——你可能会长时间看到启动画面，但如果你看到启动画面，它就会加载。第一次使用后，它会更快地启动。

常见问题：让 JES 运行得更快

我们稍后将详细讨论，当你运行 JES 时，实际上正在运行 Java。Java 需要内存。如果你发现 JES 运行缓慢，应给它更多内存。你可以通过退出正在运行的其他应用程序来做到这一点。你的电子邮件程序、即时通信工具和数字音乐播放器都会占用内存——有时甚至很多！退出那些程序，JES 将运行得更快。

启动 JES 之后，它将如图 2.1 所示。JES 中有两个主要区域（移动它们之间的分隔条，可以调整两个区域的大小）。

- 顶部是“程序区”。这是你编写菜谱的地方：你正在创建的程序及其名称。这个区域就是一个文本编辑器——将它想象成编辑程序的 Microsoft Word。在你按下“Load Program”按钮之前，计算机实际上并不会尝试解释你在程序区中键入的那些名称，并且在保存程序之前无法按下“Load Program”（通过使用“File”菜单下的“Save”菜单项）。

如果在保存之前点击了“Load Program”，请不要担心。JES 在保存之前不会加载程序，因此它会让你有机会保存程序。

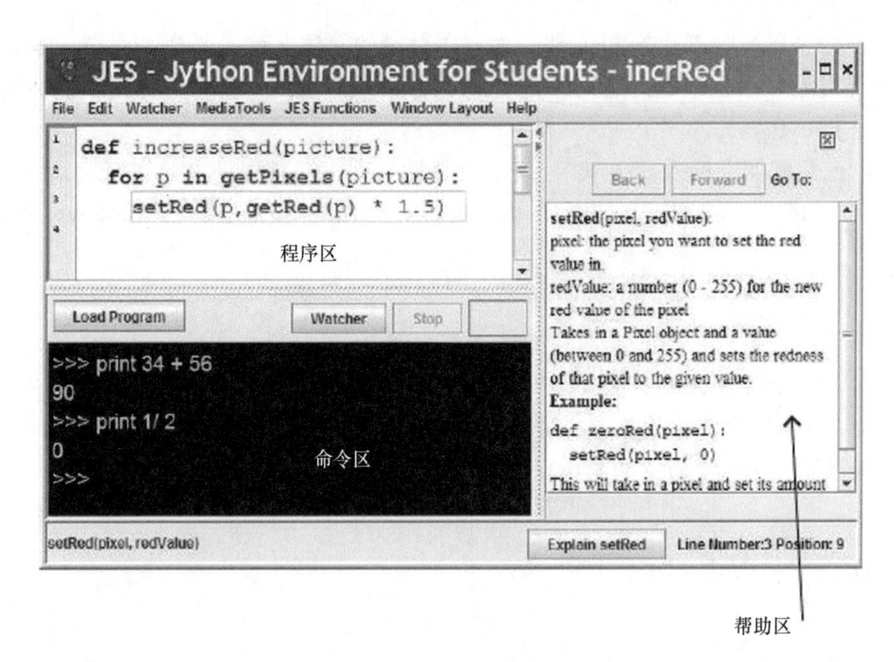

图 2.1 标有区域的 JES

- 底部是“命令区”。这是你直接命令计算机做某事的地方。当你在>>>提示符后键入命令并按下 Return（Apple）或 Enter（Windows）键时，计算机将解释你的那些单词（即应用 Python 编程语言的含义和编码）并执行你告诉它要做的事。此解释将包括你从程序区输入和加载的任何内容。
- 右侧区域是“帮助区”。你可以选择一些内容，然后单击“Explain”按钮，获取该项的帮助。

JES 的其他功能在图 2.1 中可以看到，但我们现在还不会用到它们。单击“Watcher”按钮打开“观察者（调试器）”，这是一个窗口，其中包含用于监视计算机如何执行程序的工具。“Stop”按钮允许你停止正在运行的程序（例如，如果你认为它运行的时间太长，或者你发现它没有按照你的意愿执行）。

让它工作提示：了解你的帮助

对开始探索很重要的功能是“Help”菜单。此菜单下，有编程和使用 JES 的很多很棒的帮助。现在开始探索它，以便你在开始编写自己的程序时，知道那里有什么内容。

2.4 JES 中的媒体计算

我们开始只是在命令区中输入命令——不定义新名称，只是使用计算机在 JES 中已经知道的名称。

print 是一个要知道的重要名称。它使用时总是带着某些东西。print 的意思是“显示随后的任何内容的可读表示”。随后的任何内容可以是计算机知道的名称或表达式（字面意思，代数意义上的）。尝试键入 print 34 + 56，即单击命令区，键入命令，然后按 Enter 键，如下所示：

```
>>> print 34 + 56
90
```

34 + 56 是 Python 理解的数值表达式。显然，它由两个数字和一个操作（按我们的话说，是一个名称）组成，Python 知道如何做，“+”的意思是“相加”。Python 还理解其他类型的表达式，它们不全是数值表达式。我们看到下面的除法（/）、乘法（*）、减法（-）和取模或取余（%）——9 除以 2 余 1，9 除以 3 余 0（无余数）。我们还会看到下面的字符串连接，它也是“+”，但操作的是字符串。

```
>>> print 34.1/46.5
0.7333333333333334
>>> print 22 * 33
726
>>> print 14 - 15
-1
>>> print9 % 2
1
>>> print9 % 3
0
>>> print "Hello"
Hello
>>> print "Hello" + "Mark"
HelloMark
```

Python 理解很多标准的数学运算。它还知道如何识别不同种类或“类型”的数字：整数和浮点。浮点数中包含小数点，整数不包含小数点。Python 也知道如何识别以“"”（引用）标记开始和结束的字符串（字符序列）。它甚至知道将两个字符串“相加”在一起意味着什么：就是将一个字符串放在另一个字符串之后。这是字符串连接。

常见问题：Python 的类型可能会产生奇怪的结果

Python 认真地对待类型。如果它看到你使用整数，就认为你希望得到表达式的整数结果。如果它看到你使用浮点数，就认为你希望得到一个浮点数结果。听起来很合理，不是吗？但是下面怎么样：

```
>>> print 1.0/2.0
0.5
>>> print 1/2
0
```

1/2 是 0？好吧，当然是！1 和 2 是整数。因为没有等于 1/2 的整数，所以答案必定为 0！将“.0”加到整数后面会让 Python 相信我们正在谈论浮点数，因此结果是浮点数形式。许多其他编程语言的工作方式相同。Python 3.0 不像这样解释数字，所以随着 Python 3.0 变得更普及，这个结果可能有所不同。

Python 支持使用指数或科学计数法定义数字。你只需要包含 E 和指数，就能得到 10 的幂。

```
>>> bignum = 3.0E10
>>> print bignum
```

```
3.0E10
>>> print bignum + 1
3.0000000001E10

>>> lilnum = 3.0E-5
>>> print lilnum
3.0E-5
>>> print lilnum+1
1.00003
```

Python 也理解“函数”。还记得代数中的函数吗？它们是一个“盒子”，你放入一个值，会出来另一个值。Python 知道一个函数，它将一个字符作为输入值（放入盒子的值）并返回或输出（从盒子中出来的值）该字符的 ASCII 映射数。此函数的名称是 ord（表示 ordinal），你可以用 print 来显示函数 ord 返回的值：

```
>>> print ord("A")
65
```

函数 chr 反向操作。给定数字，chr 函数返回根据 ASCII 标准映射该数字编码的字符。

```
>>> print chr(65)
A
>>> print chr(66)
B
>>> print chr(75)
K
```

Python 内置的另一个函数名为 abs，它是绝对值函数，返回输入值的绝对值。

```
>>> print abs(1)
1
>>> print abs(-1)
1
```

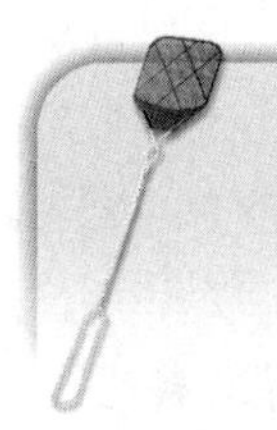

调试提示：常见打字错误

如果你输入 Python 根本无法理解的内容，就会得到语法错误。

```
>>> pint "Hello"
Your code contains at least one syntax
error, meaning it is not legal Jython.
```

如果你尝试访问 Python 不知道的单词，Python 会说它不知道该名称。

```
>>> print a
A local or global name could not be found. You need to define
the function or variable before you try to use it in any way.
```

“局部名称”是在函数内定义的名称，“全局名称”是命令或程序区中所有函数（如 2.4.1 节中描述的 pickAFile）可用的名称。

JES 知道另一个函数，它允许你从硬盘中选择一个文件。你可能会注意到，我们已经从说“Python 知道”改为“JES 知道”。

print 是所有 Python 实现都知道的东西。pickAFile 是我们为 JES 构建的。一般来说，你可以忽略它们之间的区别，但是如果你尝试使用另一种 Python，那就要了解什么是共同的、什么不是共同的，这很重要。它不像 ord 那样需要输入，但它确实返回一个字符串，是硬盘上文件的名称。该函数的名称是 pickAFile。Python 对大小写非常挑剔——pickafile 和 Pickafile

都不行！试试这样：print pickAFile()。当你这样做时，会得到如图 2.2 所示的结果。

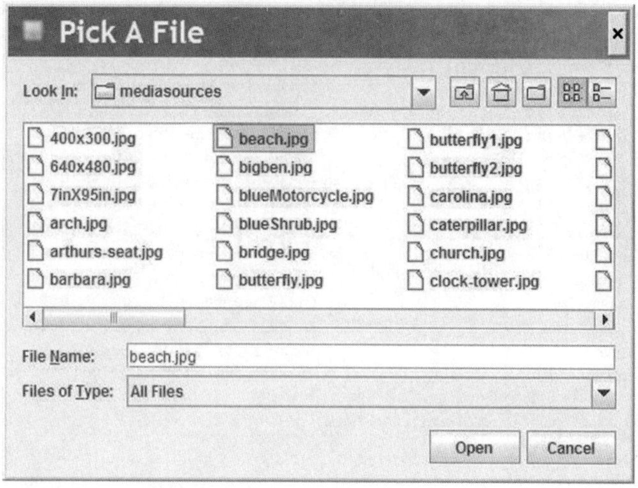

图 2.2　文件选择器

你可能已经熟悉如何使用文件选择器或文件对话框：

- 双击文件夹/目录以打开它们。
- 单击以选中然后单击“打开”，或双击以选择文件。

选择文件后，返回的是完整文件名的字符串（一系列字符）。（如果执行 print pickAFile() 然后单击 Cancel，你会看到打印出 None，即没有返回任何内容。）尝试：print pickAFile() 并打开一个文件。

```
>>> print pickAFile()
C:\ip-book\mediasources\beach.jpg
```

如果你最终选择了一个文件，得到的结果取决于你的操作系统。在 Windows 上，你的文件名可能以“C:”开头，并且会在其中包含反斜杠（即\）。在 Linux 或 MacOS 上，它可能看起来像/Users/guzdial/ip-book/mediasources/beach.jpg。这个文件名实际上有两个部分：

- 单词之间的字符（例如，“Users”和“guzdial”之间的“/”）称为“路径分隔符”。从文件名开头到最后一个路径分隔符的所有内容是文件的路径。这准确地描述了文件存在硬盘上的位置（在哪个“目录”中）。
- 文件的最后一部分（即 beach.jpg）称为“基本文件名”。当你在 Finder/Explorer/Directory 窗口（取决于你的操作系统）中查看文件时，这就是你看到的部分。最后 3 个字符（在句点之后）称为“文件扩展名”。它们标识了文件的编码。

扩展名为“.jpg”的文件是 JPEG 文件。它们包含图片（更直接地说，它们包含的数据可以被解释为图片的表示——但说“它们包含图片”也足够接近了）。JPEG 是各种图像的标准编码（表示）。我们常用的另一些媒体文件是“.wav”文件（图 2.3）。“.wav”扩展名表示这些是 WAV 文件。它们包含声音。WAV 是声音的标准编码。还有许多其他类型的文件扩展，甚至还有许多其他类型的媒体扩展。例如，还有用于图像的 GIF（“.gif”）文件和用于声音的 AIFF（“.aif”或“.aiff”）文件。本书将坚持使用 JPEG 和 WAV，以避免过于复杂。

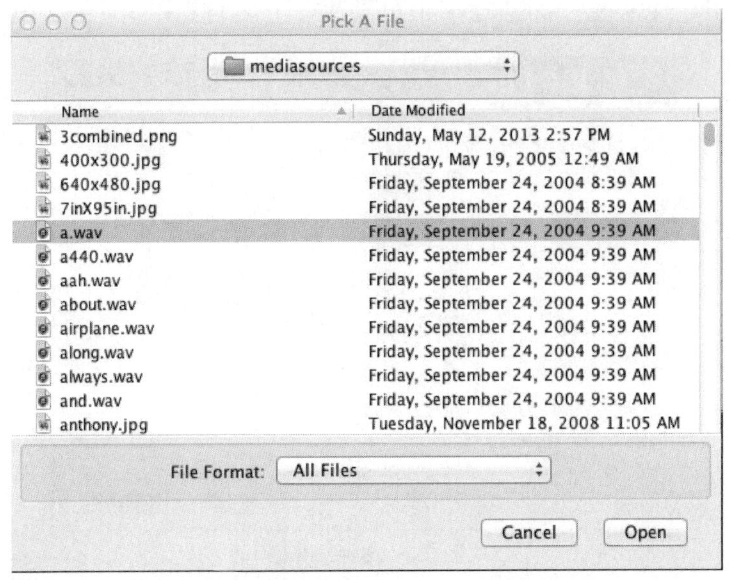

图 2.3 一个 MacOS X 文件选择器，可以看到其中包括图像和声音文件

2.4.1 显示图片

现在我们知道了如何获得完整的文件名：路径和基本名称。这并不意味着我们将文件本身加载到内存中。要将文件存入内存，我们必须告诉 JES 如何解释它。我们知道 JPEG 文件是图片，但我们必须明确地告诉 JES 读取文件，并从中生成一张图片。也有一个函数做这件事，名为 makePicture。

makePicture 确实需要一个“参数”，即函数的某种输入。就像 ord 一样，输入在括号内指定。它需要一个文件名。我们很幸运，已经知道如何获得一个文件名。

```
>>> print makePicture(pickAFile())
Picture, filename C:\ip-book\mediasources\barbara.jpg
    height 294 width 222
```

print 的结果表明，我们确实生成了一张图片，来自给定的文件名，具有特定的高度和宽度。成功！啊，你希望真正看到这张照片吗？我们需要另一个函数！（我们前面曾提到计算机是愚蠢的，对吗？）显示图片的函数名为 show。函数 show 还接受输入（或参数）——一个 Picture。

但是，有一个问题。我们没有为刚刚创建的图片命名，因此无法再次引用它。我们不能只说显示之前创建的图片而不说出名称。除非我们给它们命名，否则计算机不记得。为值创建名称也称为声明一个变量。

让我们重新开始，这次先命名我们选择的文件。我们还将命名创建的图片。然后可以显示已命名的图片，如图 2.4 所示。

你可以用 file = pickAFile()选择并命名文件。这意味着创建一个名称 file，并将其设置为引用函数 pickAFile()返回的值。我们已经看到，函数 pickAFile()返回文件的名称（包括路径）。我们可以使用 pict = makePicture(file)创建并命名一张图片。这会将文件名传递给函数

makePicture，然后返回创建的图片。名称 pict 表示创建的图片。然后我们可以将名称 pict 传递给函数 show，从而显示创建的图片。

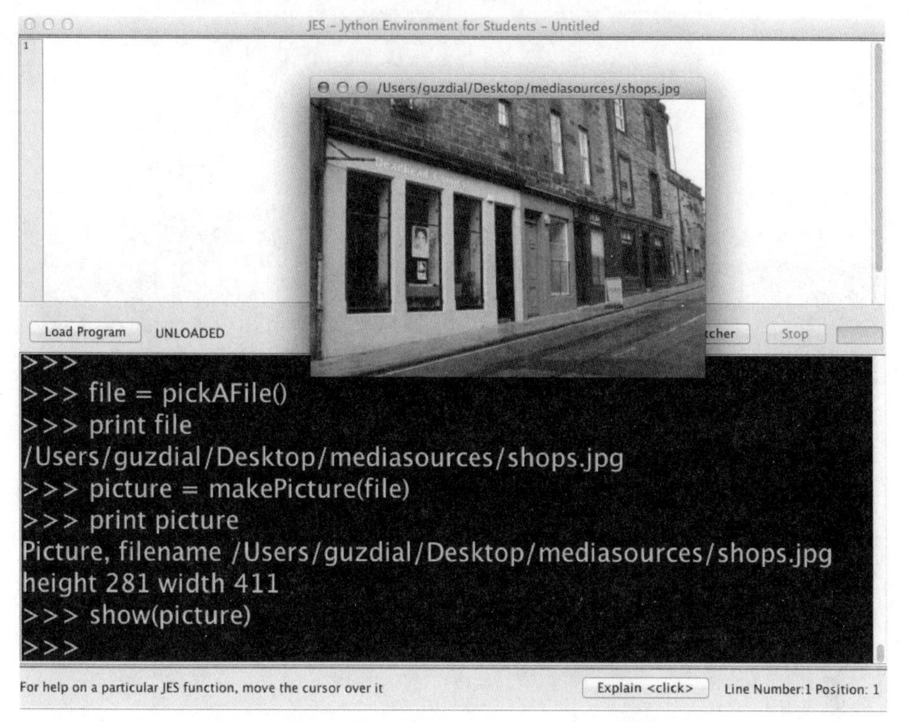

图 2.4　挑选、生成和显示图片，并命名中间结果

另一种方法是一次完成所有操作，因为一个函数的输出可以用作另一个函数的输入：show(makePicture(pickAFile()))。这就是我们在图 2.5 中看到的。这会先让你选择一个文件，然后将该文件的名称传递给 makePicture 函数，并将生成的图片传递给 show 函数。但是同样，我们没有给图片命名，所以我们不能再次引用它。

亲手尝试一下！恭喜——你刚刚完成了第一次媒体计算！

总结一下，代码

```
>>> file = pickAFile()
>>> picture = makePicture(file)
>>> show(picture)
```

与代码

```
>>> picture = makePicture(pickAFile())
>>> show(picture)
```

做了同样的事情（假设你选择相同的文件）。这甚至可以在一行中完成（根本没有任何名称，这意味着在这行代码之后，我们无法再显示或更改该图片）：

```
>>> show(makePicture(pickAFile()))
```

如果你尝试 print show(pict)，会发现 show 的输出是 None。与真正的数学函数不同，Python 中的函数不必返回值。如果函数执行某些操作（如在窗口中打开图片），那么无需返回值也是有用的。计算机科学家使用术语“副作用”，表示函数执行计算，但不是通过其输入返回值的计算。显示窗口和发出声音是一种副作用计算。

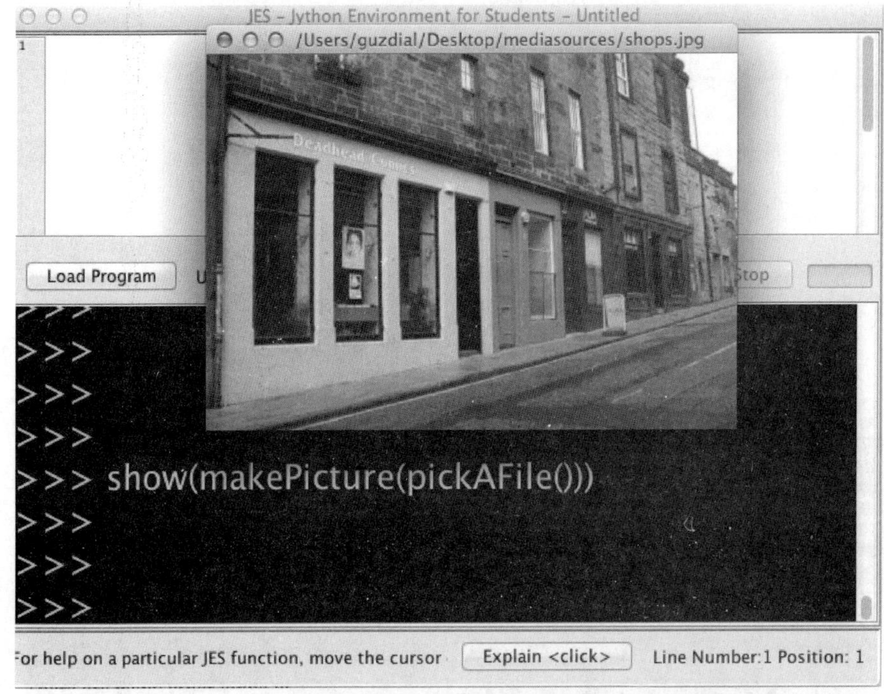

图 2.5 选择、生成和显示图片，使用每个函数作为下一个函数的输入

2.4.2 播放声音

我们可以用声音来重复整个过程。

- 我们仍然使用 pickAFile 来查找想要的文件并获取其文件名。这次我们选择一个以.wav 结尾的文件。
- 我们现在用 makeSound 发出声音。你可以想到，makeSound 采用文件名作为输入。
- 我们将使用 play 来播放声音。play 以声音作为输入，但返回 None。以下是我们之前使用图片时看到的相同步骤①：

```
>>> file = pickAFile()
>>> print file
/Users/guzdial/Desktop/mediasources/aah.wav
>>> sound = makeSound(file)
>>> print sound
Sound file: /Users/guzdial/Desktop/mediasources/aah.wav number of samples: 43009
>>> print play(sound)
None
```

样本数（number of sample）决定了长度。请亲自试试，用自己计算机上的 JPEG 文件和 WAV 文件，它们可以是你自己制作的，也可以从 http://www.epubit.com 上下载。（在后面的章节中，我们将详细讨论如何获取媒体以及如何创建媒体。）

① 由于这个例子是在安装 macOS 操作系统的计算机上进行的，因此文件路径看起来不同。

2.4.3 为值命名

正如我们在第 2.4.2 节中看到的，我们用“=”来命名数据。我们可以用 print 检查命名，像之前所做的那样。

```
>>> myVariable=12
>>> print myVariable
12
>>> anotherVariable=34.5
>>> print anotherVariable
34.5
>>> myName="Mark"
>>> print myName
Mark
```

不要将“=”读成“等于”。“等于”是它在数学中的含义，但这根本不是我们在这里所做的事。将“=”读成“成为值……的名称”。语句 myVariable = 12 因而意味着“myVariable 成为值 12 的名称”。反过来（将表达式放在左侧，名称在右侧）就没有意义了：12 = myVariable 意味着“12 成为值 myVariable 的名称”。语句 2 * 8 = x 意味着“2 * 8 成为值 x 的名称”，这更没什么意义。但是，x = 2 * 8 表示“x 成为值 2 * 8（即 16）的名称”。

```
>>>x=2*8
>>> print x
16
>>>2*8=x
Your code contains at least one syntax error, meaning
it is not legal Jython.
```

常见问题：赋值是一种操作，而不是一种真理的陈述

在数学中，等号（=）表示真理。物理陈述 F = ma 告诉我们，力总是质量与加速度的乘积。但在计算机科学中，等号是一个赋值操作。如果我们说 number = 3，那么变量 number 在那一刻取值 3，但如果下一行是 number = 34.56，则 number 取新值 34.56。当我们看到像 index = index + 1 这样的语句时，这变得很重要。在数学上，没有数字等于 1 加上它本身。但在计算机科学中，我们读成“index 成为 index 的（旧）值加 1 的名称”。

我们可以多次使用名称。

```
>>> print myVariable
12
>>> myVariable="Hello"
>>> print myVariable
Hello
```

名称和数据之间的绑定（或关联）存在，直到将名称分配给其他数据，或者你退出 JES。名称和数据（甚至名称和函数）之间的关系仅在 JES 会话期间存在。

请记住，数据有编码或类型。表达式中数据的行为方式部分取决于其类型。注意，对于下面的乘法，整数 12 和字符串"12"的行为是不同的。对于它们的类型，两者都做了一些合理的事情，但它们的行为非常不同。

```
>>> myVariable=12
>>> print myVariable*4
48
>>> myOtherVariable="12"
>>> print myOtherVariable*4
12121212
```

我们可以为函数的结果指定名称。如果我们为pickAFile的结果命名，每次打印该名称时，都会得到相同的结果。我们不用重新运行 pickAFile。命名代码以便重新执行它，是我们在定义函数时所做的事情，在后面会探讨。

```
>>> file = pickAFile()
>>> print file
C:\ip-book\mediasources\640x480.jpg
>>> print file
C:\ip-book\mediasources\640x480.jpg
```

在以下示例中，我们为文件名和图片指定名称。

```
>>> myFilename = pickAFile()
>>> print myFilename
C:\ip-book\mediasources\barbara.jpg
>>> myPicture = makePicture(myFilename)
>>> print myPicture
Picture, filename barbara.jpg
height 294 width 222
```

请注意，替换和求值的代数概念也适用于此。myPicture = makePicture(myFilename)导致创建完全相同的图片，就像我们已经执行了 makePicture(pickAFile())[①]，因为我们将 myFilename 设置为等于 pickAFile()的结果。在对表达式求值时，这些名称的值被替换。在求值时，表达式 makePicture(myFilename)被扩展为 makePicture("C:/ip-book/mediasources/barbara.jpg")，因为 C:/ip-book/mediasources/barbara.jpg 是求值 pickAFile()时选择的文件，并且返回值被命名为 myFilename。

我们还可以用返回值替换函数请求（或调用）。pickAFile()返回一个字符串，即一串用引号引起来的字符。我们也可以让最后一个例子像下面一样工作。

```
>>> myFilename = "C:/ip-book/mediasources/barbara.jpg"
>>> print myFilename
C:/ip-book/mediasources/barbara.jpg
>>> myPicture = makePicture(myFilename)
>>> print myPicture
Picture, filename C:/ip-book/mediasources/barbara.jpg
height 294 width 222
```

或者，甚至可以用实际文件名替换任何函数或变量名。(在这个例子中，我们用 p 替换 myPicture，因为实际名称并不重要——这取决于我们程序员选择使用的名称。)

```
>>> p = makePicture("C:/ip-book/mediasources/barbara.jpg")
>>> print p
Picture, filename C:/ip-book/mediasources/barbara.jpg
height 294 width 222
```

① 当然，假设你选择了同一个文件。

常见问题：Windows 文件名和反斜杠

Windows 使用反斜杠作为文件分隔符。Python 为某些反斜杠和字符组合赋予了特殊的含义，我们稍后将详细讨论。例如，'\n'表示与 Enter 或 Return 键相同的内容。这些组合可能在 Windows 文件中自然发生。为了避免 Python 误解这些字符，你可以使用正斜杠，就像在 C:/ip-book/mediasources/barbara.jpg 中一样，或者你可以在输入文件名时前面带上"r"，如下所示：

```
>>> myfile=r"C:\ip-book\mediasources\barbara.jpg"
>>> print myfile
C:\ip-book\mediasources\barbara.jpg
>>> myfile
'C:\\ip-book\\mediasources\\barbara.jpg'
```

计算机科学思想：我们可以替换名称、值和函数

我们可以互换地使用一个值，一个分配给该值的名称，以及可以返回相同值的函数。计算机关心的是值，不关心它是来自字符串、名称还是来自函数调用。关键是计算机正在对该值、名称和函数求值。只要这些表达式求值是相同的东西，它们就可以互换使用。

实际上，不需要在每次要求计算机做某事时使用 print。如果要调用一个不返回任何结果的函数（因此打印也没用），我们可以输入它的名称和输入（如果有的话），并按回车键，来调用该函数。

```
>>> show(myPicture)
```

我们倾向于将这些告诉计算机做事的语句称为命令。print myPicture 是一个命令，myfilename = pickAFile()和 show(myPicture)也是。这些不只是表达式，它们还告诉计算机做某事。

2.5 制作一个程序

我们现在已用名称来代表值。在对表达式求值时，名称将替换为值。我们可以对程序做同样的事情。我们可以命名一系列命令，然后只要我们希望执行这些命令，就可以使用该名称。在 Python 中，我们定义的名称是一个函数。然后，Python 中的程序就是一个或多个执行有用任务的函数的集合。我们将使用术语"菜谱"来描述执行有用媒体操作的程序（或程序的某些部分），即使该术语涵盖的内容不足以独自构建有用的程序。

还记得我们之前说过，在计算机中，几乎任何东西都可以命名吗？我们已经看到了命名值。接下来我们将看到命名菜谱。

让它工作提示：尝试每一个菜谱

要真正了解正在发生的事情，请输入、加载并执行本书中的每一个菜谱。"每一个"菜谱。它们都不长，这种做法非常有助于让你相信程序有效，发展你的编程技巧，并让你理解它们的工作原理。

Python 理解一个名称，用于定义新菜谱名称，这就是 def。def 不是一个函数——它是一个像 print 一样的命令。def 用于定义新函数。但是，有些事情必须在 def 之后发生。def 命令行后面的结构称为该命令的“语法”，即一些单词和字符必须在那里，Python 才能理解正在发生的事情，以及这些事情的顺序。

def 需要在同一行中带上 3 样东西：

- 你正在定义的菜谱的名称，例如 showMyPicture。
- 此菜谱接受的所有输入。菜谱可以是一个接受输入的函数，如 abs 或 makePicture。输入被命名，并用逗号分隔，放在一对括号内。如果你的菜谱没有输入，只需输入()表示没有输入。
- 该行以冒号“:”结束。

之后是当菜谱执行时要执行的命令，一个接一个。我们通过定义“块”来创建命令集合。def 命令（或语句）之后的命令块是与函数名称相关联的命令块。

大多数做有用事情的真实程序，尤其是那些创建用户界面的程序，需要定义多个函数。想象一下，你在程序区中有几个 def 命令。你认为 Python 如何弄清楚一个函数已经结束、新函数已经开始？（特别是因为可以在其他函数中定义函数。）Python 需要一些方法来确定函数体的结束位置——哪些语句是这个函数的一部分，哪些语句是下一个函数的一部分。

答案是“缩进”。定义中包含的所有语句在 def 语句后略微缩进。我们建议使用两个空格——它足以让人看到，很容易记住，而且很简单。（在 JES 中，你也可以用一个制表符——只需按一下 Tab 键。）在程序区中，你可以像下面这样输入函数（其中␣表示单个空格，单击空格键）：

```
def hello():
␣␣print "Hello"
```

现在可以定义我们的第一个程序。你可以在 JES 的程序区中键入它。完成后，保存文件：用扩展名“.py”表示 Python 文件。（我们把该程序保存为 pickAndShow.py。）

程序 1：选择并显示图片

```
def pickAndShow():
  myFile = pickAFile()
  myPict = makePicture(myFile)
  show(myPict)
```

当你打字时，会注意到函数体周围有一个窄的蓝框。蓝框表示程序中的块（图 2.6）。与包含光标的语句（键入位置的短竖线）位于同一块中的所有命令，都包含在同一个蓝框中。如果你希望在块中的所有命令都在框中，你就知道缩进是对的。

输入菜谱并保存后，即可加载菜谱。单击“Load Program”按钮。

调试提示：不要忘记加载

JES 最常见的错误是输入函数，保存它，然后在加载之前，在命令区中尝试该函数。你必须单击“Load Program”按钮，才能在命令区中使用它。

现在可以执行你的程序了。单击命令区。由于你没有接受任何输入，并且没有返回任何值（也就是说，这不是严格的数学函数），所以只需键入程序的名称作为命令：

```
>>> pickAndShow()
>>>
```

我们可以类似地定义第二个程序来选择和播放声音。

程序 2：选择和播放声音

```
def pickAndPlay():
  myFile = pickAFile()
  mySound = makeSound(myFile)
  play(mySound)
```

JES - Jython Environment for S
File Edit Watcher MediaTools JES Functions Window Layout

```
1 def pickAndShow():
2   myFile = pickAFile()
3   myPict = makePicture(myFile)
4   show(myPict)
```

图 2.6 JES 中的可视化块

让它工作提示：用你喜欢的名称

在第 2.4.3 节中，我们使用了名称 myFilename 和 myPicture。在这个程序中，我们使用了 myFile 和 myPict。有关系吗？对计算机来说无关紧要。我们可以将所有图片称为 myGlyph，甚至是 myThing。计算机不关心你使用的名称——它们完全是为了你的利益。应选择对你有意义（以便你可以阅读和理解你的程序）、对其他人有意义（以便你给任何人看程序时，他们都可以理解它）以及易于输入的名称。具有 25 个字符的名称，如 myPictureThatIAmGoingTo OpenAfterThis 有意义且易于阅读，但输入很难。

这些程序可能不是真的有用。如果你要让同样的图片出现，需要一遍又一遍地挑选文件是很烦人的。既然我们有能力定义程序，就可以定义新的程序来执行我们希望的任何任务。让我们定义一个程序，打开一张特定的图片，再定义另一个程序，打开一段特定的声音。

使用 pickAFile 获取所需声音或图片的文件名。我们将需要在定义程序时使用该名称来播放特定声音或显示特定图片。我们将字符串直接放在引号中，从而直接设置 myFile 的值，而不是使用 pickAFile 的结果。

程序 3：显示特定图片

务必将下面的 FILENAME 替换为你自己的图片文件的完整路径。例如，C:/ip-book/mediasources/barbara.jpg。

```
def showPicture():
  myFile = "FILENAME"
  myPict = makePicture(myFile)
```

```
show(myPict)
```

工作原理

变量 myFile 接受文件名的值——如果选择该文件，函数 pickAFile 将返回相同的值。然后我们从文件中生成一张图片，并将它命名为 myPict。最后，我们显示 myPict 中的图片。

程序 4：播放特定声音

请务必将下面的 FILENAME 替换为你自己的声音文件的完整路径。例如，C:/ip-book/mediasources/hello.wav。

```
def playSound():
  myFile = "FILENAME"
  mySound = makeSound(myFile)
  play(mySound)
```

让它工作提示：复制和粘贴

可以在程序区和命令区之间复制和粘贴文本。你可以用 print pickAFile()打印文件名，然后选择并复制它（通过 Edit 菜单），再单击命令区并粘贴它。同样，你可以将整个命令从命令区复制到程序区。这是测试单个命令的一种简单方法，然后在命令正确并且有效工作之后，将它们全部放入菜谱中。你还可以在命令区内复制文本。不是重新输入命令，而是选择它、复制它、将它粘贴到底部的行（确保光标位于行的末尾!），然后按回车键执行它。

函数：真正像数学的函数接受输入

如何创建一个真正的函数，像数学中的函数一样，它接受输入，比如 ord 或 makePicture?你为什么想要这样的函数？

使用变量指定程序输入的一个重要原因，是让程序更通用。考虑程序 3 中的 showPicture。它是针对一个特定的文件名。让一个函数可以接受任何文件名，然后生成并显示图片，这会有用吗？这种函数处理生成和显示图片的一般情况，我们称为泛化“抽象”。抽象导致一般的解决方案，在许多情况下是有效的。

定义一个接受输入的程序非常容易。这仍然是替换和求值的问题。我们将在 def 行的括号内加上一个名称。该名称有时称为“参数”或“输入变量”。

对函数求值时，指定函数名称并在括号内带上输入值（也称为“参数值”），例如 makePicture(myFilename)或 show(myPicture)，输入值将赋给输入变量。我们说输入变量取该输入值。在执行函数（菜谱）期间，输入值将替换该变量。

以下是将文件名作为输入变量的程序。

程序 5：显示图片文件，其文件名是输入

```
def showNamed(myFile):
```

```
    myPict = makePicture(myFile)
    show(myPict)
```

单击“Load Program”按钮，告诉 JES 读取程序区中的一个或多个函数。如果你的函数有任何错误，则需要修复它们，并再次单击“Load Program”按钮。成功加载函数后，可以在命令区中使用它们。

当你在命令区中输入

```
showNamed("C:/ip-book/mediasources/barbara.jpg")
```

并按回车键，函数 showNamed 中的变量 myFile 接受值

```
"C:/ip-book/mediasources/barbara.jpg"
```

于是 myPict 将引用读取和解释该文件所产生的图片。然后图片将显示。

我们可以创建一个以相同方式播放声音的函数。我们可以在程序区中键入多个函数。只需在上一个函数之后添加下面的函数，然后再次单击“Load Program”。

程序 6：播放声音文件，其文件名是输入

```
def playNamed(myFile):
  mySound = makeSound(myFile)
  play(mySound)
```

在命令区键入以下内容，试试这个函数。

```
>>> playNamed("C:/ip-book/mediasources/croak.wav")
```

可以创建带有多个参数的函数，只要用逗号分隔参数。

程序 7：显示图片时播放声音文件

```
def playAndShow(sFile, pFile):
  mySound = makeSound(sFile)
  myPict = makePicture(pFile)
  play(mySound)
  show(myPict)
```

我们还可以编写将图片或声音作为输入值的程序。下面是一个显示图片的程序，但是它以图片对象而不是以文件名作为输入值。

程序 8：显示作为输入的图片

```
def showPicture(myPict):
  show(myPict)
```

此时，你可能希望将函数保存到文件中，以便可以再次使用。单击“File”，然后单击“Save Program”，会出现一个文件对话框窗口，你可以在其中指定保存文件的位置和文件的名称。如果稍后退出 JES 并重新启动 JES，则可以使用“File”菜单中的“Open Program”再次打开该文件，然后单击“Load Program”，加载要使用的函数。

现在，showPicture 函数和内置的 JES 函数 show 有什么区别吗？没有任何区别。我们当然可以创建一个函数为另一个函数提供新名称。如果这让你的代码更容易理解，那就是个好主意。

函数的正确输入值是什么？输入文件名和图片哪个更好？“更好”在这里究竟意味着什么？稍后你将读到有关这些问题的更多信息，但这里有一个简短的答案：编写对你最有用的函数。如果定义 showPicture 比 show 可读性更好，那么这很有用。如果你真正希望得到的是一个负责生成图片并展示的函数，那么你可能会发现 showNamed 函数最有用。

到目前为止，我们所做的是告诉计算机显示和播放媒体文件以及创建函数，使得我们更容易对这些命令进行分组。我们几乎没有利用计算机的强大之处。首先，计算机可以重复数百万次的操作，不会感到疲倦或无聊。其次，计算机可以做出选择，即进行比较并根据这些比较的结果采取行动。我们将利用重复来处理图片中的所有像素，并选择仅处理一些像素。

编程小结

在本章中，我们讨论了几种数据（或对象）的编码。

整数（如 3）	没有小数点的数字——它们不能表示分数
浮点数（如 3.0，3.01）	可以包含小数点的数字——它们可以表示分数
字符串（如"Hello!"）	一系列字符（包括空格、标点符号等），两端用双引号界定
文件名	字符串，其字符表示路径和基本文件名
图片	图像编码，通常来自 JPEG 文件
声音	声音编码，通常来自 WAV 文件

以下是本章介绍的程序片段。

print	以文本形式显示表达式（变量、值、公式等）的值
def	定义函数及其输入变量（如果有）
ord	返回字符输入的等效数值（根据 ASCII 标准）
chr	返回等效数值输入的字符（根据 ASCII 标准）
abs	接受一个数字并返回它的绝对值
pickAFile	允许用户选择文件并将完整的路径名称作为字符串返回。它不需要任何输入
makePicture	将路径名称作为输入，读取文件，然后从中创建图片。它返回该新图片
show	显示作为输入的图片。它不返回任何值
makeSound	将路径名称作为输入，读取文件并从中创建声音。它返回该新声音
play	接受声音并播放它。它不返回任何值

问题

2.1 计算机科学概念问题。

- 什么是算法？
- 什么是编码？

- 算法和程序有什么区别？

2.2 计算机科学表示（编码）问题。

- 计算机如何将图片表示为数字？
- 计算机如何将文本表示为数字？
- 回忆一下，计算机只能用原始二进制表示整数。计算机如何表示浮点（十进制）数？

2.3 def 是什么意思？语句 def someFunction(x,y):做了什么？

2.4 print 是什么意思？语句 print a 做了什么？

2.5 print 1/3 的输出是多少？为什么会得到这个输出？

2.6 print 1.0 / 3 的输出是多少？为什么会得到这个输出？

2.7 print 10 + 3 * 7 的输出是多少？为什么会得到这个输出？

2.8 print (10 + 3) * 7 的输出是多少？为什么会得到这个输出？

2.9 print "Hi" + "there"的输出是什么？为什么会得到这个输出？

2.10 print "Hi" + 10 的输出是什么？为什么会得到这个输出？

2.11 print "Hi" * 10 的输出是什么？为什么会得到这个输出？

2.12 print "Hi" * "10"的输出是什么？为什么会得到这个输出？

2.13 print "Hi" + "10"的输出是什么？为什么会得到这个输出？

2.14 show(p)做了什么？（提示：这个问题的答案不止一个。）

2.15 以下输出是什么？

```
>>> a=3
>>> b=4
>>> x=a * b
>>> print x
```

2.16 以下输出是什么？

```
>>> a=3
>>> b= -5
>>> x=a * b
>>> print x
```

2.17 以下输出是什么？

```
>>> a=3
>>> b= -5
>>> a=b
>>> b= 22
>>> x=a * b
>>> print x
```

2.18 以下输出是什么？

```
>>> a=4
>>> b=2
>>> x=a/b
>>> print x
```

2.19 以下输出是什么？

```
>>> a=4
>>> b=2
>>> x=b-a
>>> print x
```

2.20 以下输出是什么？

```
>>> a= -4
>>> b=2
>>> c = abs(a)
>>> x=a * c
>>> print x
```

2.21 以下输出是什么？

```
>>> name = "Barb"
>>> name = "Mark"
>>> print name
```

2.22 以下输出是什么？

```
>>> first = "Abe"
>>> last = "Lincoln"
>>> print first + last
```

2.23 以下输出是什么？

```
>>> first = "Abe"
>>> last = "Lincoln"
>>> print first+""+ last
```

2.24 以下输出是什么？

```
>>> first = "Abe"
>>> last = "Lincoln"
>>> swap = first
>>> first = last
>>> last = swap
>>> print first+" "+ last
```

2.25 以下输出是什么？

```
>>> a = ord("A")
>>> b=2
>>> x=a * b
>>> print x
```

2.26 在 JES 的程序区输入以下函数，然后加载程序并在命令区输入 compute()。

```
def compute():
   distanceInMiles = 3279.8
   metersPerMile = 1609.34
   distanceInMeters = distanceInMiles * metersPerMile
   turtleSpeed = 0.5
   turtleSecondsM2S = distanceInMeters / turtleSpeed
   print("Time in seconds")
   print("for turtle to Miami to Seattle:")
   print(turtleSecondsM2S)
   turtleMinutes = turtleSecondsM2S / 60
   print("In minutes:")
   print(turtleMinutes)
   turtleHours = turtleMinutes / 60
   turtleDays = turtleHours / 24
   turtleWeeks = turtleDays / 7
   print("In Weeks:")
   print(turtleWeeks)
```

以上程序计算了什么？

2.27　在 JES 的程序区输入以下函数，然后加载程序并在命令区输入 compute()。

```
def compute2():
  gravity = 6.67384E-11
  earthMass = 5.9736E24
  earthRadius = 6371000
  velocity = (2 * gravity * earthMass) / earthRadius
  result = sqrt(velocity)
  print "Escape velocity:"
  print result
```

以上程序计算了什么？

2.28　在 JES 的程序区输入以下函数，然后加载程序并在命令区输入 compute()。

```
def compute3():
 heightInStories = 3
 feetPerStory = 10
 heightInFeet = heightInStories * feetPerStory
 metersPerFoot = 0.3048
 heightInMeters = heightInFeet * metersPerFoot
 gravityMeters = 9.81
 timeToFall = sqrt((2*heightInMeters)/gravityMeters)
 print("Time to fall (seconds):")
 print(timeToFall)
```

以上程序计算了什么？

2.29　以下代码给出了如下错误消息。请修复代码。

```
>>> pickafile()
The error was:pickafile
Name not found globally.
A local or global name could not be found. You need
to define the function or variable before you try
to use it in any way.
```

2.30　以下代码给出了如下错误消息。请修复代码。

```
>>> a = 3
>>> b = 4
>>> c = d * a
The error was:d
Name not found globally.
A local or global name could not be found. You need
to define the function or variable before you try
to use it in any way.
```

2.31　在 JES 中尝试用字符串进行其他一些操作。如果将数字乘以一个字符串，例如 3 * "Hello"，会发生什么？如果尝试将字符串乘以字符串，如"a" * "b"，会发生什么？

2.32　当我们要执行名为 pickAFile 的函数时，我们求值了表达式 pickAFile()。但名称 pickAFile 究竟是什么呢？如果你 print pickAFile，会得到什么？打印 makePicture 呢？打印出什么？你认为它意味着什么？

2.33　尝试运行以下代码。结果是什么？你为什么这样做？（提示：“成为值……的名称”。）

```
>>> print abs(-5)
5
>>> myfunc = abs
>>> print myfunc(-5)
```

深入学习

最好的（最深、最实在、最优雅的）计算机科学教科书是 Abelson、Sussman 和 Sussman [17] 的 *Structure and Interpretation of Computer Programs*。这是一本具有挑战性的书，但绝对值得付出努力。*How to Design Programs* 是一本较新的书，更多针对编程新手，但本着的是同样的精神[36]。

这些书都不是真正针对那些因为编程很有趣或者因为想做一些小事而希望编程的学生。他们的目标是未来的专业软件开发人员。为学生探索计算的最佳书籍是 Brian Harvey 写的。他的 *Simply Scheme* 使用的编程语言与 Abelson 等人的书相同，但更平易近人。不过，这类书籍中我们最喜欢的是 Harvey 的 3 卷本 *Computer Science Logo Style* [9]，结合了良好的计算机科学和有趣的创造性项目。

第 3 章　创建和修改文本

本章学习目标

本章的媒体学习目标是：

- 通过程序创建人类可用的文本（如故事）
- 生成文本模式，包括“莫名其妙”的语言

本章的计算机科学目标是：

- 操作字符串
- 通过连接构建字符串
- 用循环迭代字符串中的字符
- 将字符串转换为列表以进行操作
- 用数组表示法访问字符串和列表的元素

3.1　字符串：在计算机中制作人类文本

我们大多数人操作的第一个媒体是文本：文字、故事和诗歌。文本通常在程序中作为“字符串”进行操作。字符串是一系列字符。

如果我们将计算机的内存看作邮箱的集合，就像邮件收发室一样，那么字符串就是我们内存邮箱的连续序列——邮箱紧挨着彼此。字符串“Hello”将存储在彼此相邻的 5 个邮箱中：一个邮箱保存代表“H”的二进制代码，下一个邮箱保存“e”，下一个邮箱保存“l”，依此类推。

字符串用引号内的字符序列定义。Python 很不寻常，因为它允许几种不同的引号。我们可以使用单引号、双引号甚至三引号。我们可以嵌套引号。如果我们用双引号开始一个字符串，就可以在字符串中使用单引号，因为字符串在下一个双引号之前不会结束。如果你使用单引号开始字符串，就可以将所需的所有双引号放在字符串中，因为 Python 将等待单引号结束字符串。

```
>>> print 'This is a single-quoted string'
This is a single-quoted string
>>> print "This is a double-quoted string"
This is a double-quoted string
>>> print """This is a triple-quoted string"""
This is a triple-quoted string
```

为什么用三引号？因为它允许我们在字符串中嵌入换行、空格和制表符。我们不能很容易地在命令区使用它，但可以在程序区使用它。

在下面的示例中，我们定义了一个名为 sillyString 的函数，它只打印一个长的多行字符串。

```
def sillyString():
  print """This is using triple quotes. Why?
```

```
Notice the different lines.
And we can’t ignore the use of apostrophes.

Because we can do this."""
```

按下“Load Program”按钮后，我们可以输入 sillyString()来执行（或调用）该函数。

```
>>> sillyString()
This is using triple quotes. Why?
  Notice the different lines.
  And we can’t ignore the use of apostrophes.

Because we can do this.
```

有这么多不同类型的引号，使得很容易将引号放在字符串中。例如，Web 页面使用称为 HTML 的代码，该代码在其命令中需要双引号。如果你希望编写一个创建 HTML 页面的 Python 函数（Python 的常见用法，也是我们稍后在本书中要做的事情），那么你需要包含引号的字符串。由于这些引号中的任何一个都有效，因此只需使用单引号来开始和结束字符串，就可以嵌入双引号。

```
>>> print " " "
Invalid syntax
Your code contains at least one syntax error, meaning
it is not legal jython.
>>> print ' " '
```

字符串与数字不同。我们说它们是不同的类型。它们不能互换使用。字符串"4"包含字符“4”，但 4 本身的值是数字 4。

```
>>> print 4 + 5
9
>>> print "4"+"5"
45
>>> print 4 + "5"
The error was: 'int' and 'str'
Inappropriate argument type. An attempt was made to call a function with a
parameter of an invalid type. This means that you did something such as trying
to pass a string to a method that is expecting an integer.
```

你可以用函数 str 将数字转换为字符串，可以用函数 int 将字符串转换为整数。如果字符串中有浮点数，则可以用 float 转换它。

```
>>> print 4 + 1
5
>>> print str(4) + str(1)
41
>>> print int("4")
4
>>> print int("abc")
The error was: abc
Inappropriate argument value (of correct type).
An error occurred attempting to pass an argument to a function.
>>> print float("124.3")
124.3
>>> print int("124.3")
The error was: 124.3
Inappropriate argument value (of correct type).
An error occurred attempting to pass an argument to a function.
```

从字符串制作字符串：讲故事

我们可以使用“+”轻松地将字符串加到一起（也称为字符串“连接”）。例如：

```
>>> hello = "Hello"
>>> print len(hello)
5
>>> mark = ", Mark"
>>> print hello+mark
Hello, Mark
```

我们可以结合定义函数和将字符串加到一起的能力，来创建 Mad Lib 程序。Mad Lib[①]是一个文字游戏，其中一个玩家提供单词列表（如名称、动词和动物），另一个玩家将这些单词代入故事模板中。当两个玩家不知道对方在做什么时，Mad Lib 是不错的选择，例如，单词选择者不知道模板，而故事制作者不知道选择了哪些单词。

我们可以通过命名想要的单词，然后将它们添加到字符串的行中以构成故事，从而复制一个 Mad Lib。

程序 9：生成 Mad Lib 故事

```
def madlib():
    name = "Mark"
    pet = "Baxter"
    verb = "ate"
    snack = "Krispy Kreme Doughnuts"
    line1 = "Once upon a time, "+name+" was walking"
    line2 = " with "+pet+", a trained dragon. "
    line3 = "Suddenly, "+pet+" stopped and announced,"
    line4 = "'I have a desperate need for "+snack+"'. "
    line5 = name+" complained. 'Where I am going to get that?' "
    line6 = "Then "+name+" found a wizard's wand. "
    line7 = "With a wave of the wand, "
    line8 = pet+" got "+snack+". "
    line9 = "Perhaps surprisingly, "+pet+" "+verb+" the "+snack+"."
    print line1+line2+line3+line4
    print line5+line6+line7+line8+line9
```

```
>>> madlib()
Once upon a time, Mark was walking with Baxter, a trained dragon. Suddenly,
Baxter stopped and announced,'I have a desperate need for Krispy Kreme
Doughnuts'.

Mark complained. 'Where I am going to get that?' Then Mark found a wizard's
wand. With a wave of the wand, Baxter got Krispy Kreme Doughnuts. Perhaps
surprisingly, Baxter ate the Krispy Kreme Doughnuts.
```

工作原理

前 4 行定义第一个玩家将指定的名称：名称，宠物（名称），过去时动词和小吃名称。接下来的 9 行创建了故事的主线。这些本可以是长长的一行，但那会很难阅读。请注意，我们用双引号来开始和结束每一行，这使我们可以使用撇号和单引号来定义角色所说的内容。你还应

① 在你最喜欢的搜索引擎中查找“mad libs”。

该注意，我们必须在字符串中需要的地方插入空格。在将两个名称组合在一起时，注意空格非常重要。Python 并不真正知道这些是单词，它对空格一无所知。如果想要空格，我们必须把它们放进去。最后，我们打印出所有行。我们可以有 9 个单独的行，如 print line1，或者可以有长长的一行 print line1 + line2 + line3 … + line9。像前面一样，为了可读性，我们将它分开来。

现在，我们可以用一组不同的名称轻松地再次运行此程序。

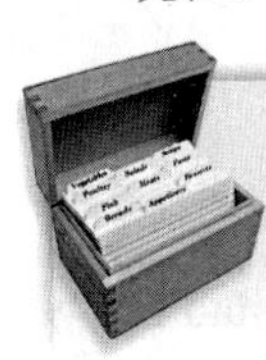

程序 10：生成第二个 Mad Lib 故事

```
def madlib2():
    name = "Ty"
    pet = "Fluffy"
    verb = "rolled on"
    snack = "a seven-layer wedding cake."
    line1 = "Once upon a time, "+name+" was walking"
    line2 = " with "+pet+", a trained dragon. "
    line3 = "Suddenly, "+pet+" stopped and announced,"
    line4 = "'I have a desperate need for "+snack+"'. "
    line5 = name+" complained. 'Where I am going to get that?' "
    line6 = "Then "+name+" found a wizard' s wand. "
    line7 = "With a wave of the wand, "
    line8 = pet+" got "+snack+". "
    line9 = "Perhaps surprisingly, "+pet+" "+verb+" the "+snack+"."
    print line1+line2+line3+line4
    print line5+line6+line7+line8+line9
```

```
>>> madlib2()
Once upon a time, Ty was walking with Fluffy, a trained dragon. Suddenly, Fluffy
stopped and announced, 'I have a desperate need for a seven-layer wedding cake.'.

Ty complained. 'Where I am going to get that?' Then Ty found a wizard' s wand.
With a wave of the wand, Fluffy got a seven-layer wedding cake. Perhaps
surprisingly, Fluffy rolled on the a seven-layer wedding cake.
```

参数化故事

但这仍然没有真正复制 Mad Lib 的想法。我们应该能够在不看故事其他部分的情况下指定名称。我们可以通过指定参数在 Python 中完成。下面是 madlib 函数的另一个版本，但是当我们调用该函数时，它接受名称作为参数。

程序 11：提供带参数的 Mad Lib 故事模板

```
def madlib3(name,pet,verb,snack):
    line1 = "Once upon a time, "+name+" was walking"
    line2 = " with "+pet+", a trained dragon. "
    line3 = "Suddenly, "+pet+" stopped and announced,"
    line4 = "'I have a desperate need for "+snack+"'. "
    line5 = name+" complained. 'Where I am going to get that?' "
    line6 = "Then "+name+" found a wizard' s wand. "
    line7 = "With a wave of the wand, "
    line8 = pet+" got "+snack+". "
    line9 = "Perhaps surprisingly, "+pet+" "+verb+" the "+snack+"."
    print line1+line2+line3+line4
    print line5+line6+line7+line8+line9
```

现在，我们可以在调用 madlib3()函数时指定名称——不必知道函数内部是什么。

```
>>> madlib3("Lee","Spot","stomped on","Taco Bell nachos")
Once upon a time, Lee was walking with Spot, a trained dragon. Suddenly,
Spot stopped and announced,'I have a desperate need for Taco Bell nachos'.

Lee complained. 'Where I am going to get that?' Then Lee found a wizard' s
wand. With a wave of the wand, Spot got Taco Bell nachos. Perhaps
surprisingly, Spot stomped on the Taco Bell nachos.
```

乘以字符串

Python 的一个有趣特性偶尔有用，就是将字符串乘以整数。

```
>>> print "abc" * 3
abcabcabc
>>> print 4 * "Hey!"
Hey!Hey!Hey!Hey!
```

我们也可以在函数中使用这个特性。以下函数重复了 7 次电影“The Princess Bride”中 Inigo Montoya 的威胁。

程序 12：重复 Inigo Montoya 的威胁

```
def mathWithStrings():
    mystring = "My name is Inigo Montoya."
    mythreat = 'You killed my father. Prepare to die.'
    print mystring + mythreat #String concatenation
    print (mystring + mythreat ) * 6
```

乘以字符串有一个很好的用途，就是创建文本模式。我们可以用乘法来创建空格和其他字符构成的字符串，从而创建形状。下面是一个创建输入字符“金字塔”的函数。

程序 13：打印输入字符的金字塔

```
def pyramid(char):
  space = " "
  print 4*space,char
  print 3*space,3*char
  print 2*space,5*char
  print space,7*char
  print 9*char

>>> pyramid("=")
     =
    ===
   =====
  =======
 =========
```

3.2 用 for 来拆分字符串

一个字符串不是只是一个整体。很容易将"an apple falls"这样的字符串想象成"an"、

"apple"和"falls"三个词。对 Python 来说，它实际上是一系列字符。

如何让 Python 分解字符串，并让我们处理单个字符？最简单的方法是使用 for。将 for 读成“针对每个”，你就会清楚地知道它的工作原理。我们先在函数中使用它，因为这比在命令区中更容易。

在程序区进行如下尝试：

```
def parts():
  for letter in "Hello":
     print letter
```

然后在命令区中进行如下尝试：

```
>>> parts()
H
e
l
l
o
```

我们可以将第二行读作“针对'Hello'中的每个字母”，然后 print letter。所以，每个字母都会打印出来。我们可以将该函数一般化，适用于任意字符串。

程序 14：打印任意字符串的部分

```
def parts(string):
  for letter in string:
     print letter
```

```
>>> parts("apple")
a
p
p
l
e
```

现在，在命令区输入 for 循环的挑战在于它不止一行。注意 for 循环的各个部分：

- “for”这个词，我们可以将它看成“针对每个”。
- 代表“每个”的变量。在这些示例中，它是字母，但稍后会变。
- “in”这个词，我们可以将它看成“在……中”（谁说编程是无法解读的？）。
- 我们在“针对每个”时要拆分的东西。我们有时称之为序列，因为字符串是一系列字符。
- 一个冒号（“:”），它对 Python 说：“接下来是我希望针对序列中的‘每个东西’执行一次的语句。”
- 然后，缩进（我通常使用两个空格）是一个新行，每个语句都要使用“每个东西”。在这些示例中，这就是 print letter。我们可以在 for 循环中有多个语句，并且它们都必须缩进相同的数量才能成为同一循环的一部分。我们将这些语句称为块。

事实证明，JES（学生的 Jython 环境）非常聪明，能够识别你的语句何时需要一个块。它将提示从>>>更改为...，表示“我知道我们现在正在循环中”。要结束循环，应在一个空行中单击回车。

```
>>> for letter in "Hello":
```

```
...         print letter
...
H
e
l
l
o
```

变量不必是“letter”，我们可以对字母做一些不同的事情，而不只是按原样打印它们。

```
>>> string = "Hello"
>>> for char in string:
...           print 2*char
...
HH
ee
ll
ll
oo
>>> for char in string:
...         print ord(char)
...
72
101
108
108
111
```

3.2.1 测试这些字母

我们可以使用另一种名为 if 的语句，对不同的字符做一些不同的事情。语句 if 后跟逻辑表达式或测试，如果为真，则执行随后的语句（在一个块中，所有缩进相同）。

下面是一个示例，只打印输入字符串中的元音字母。只有当字母是“a”“e”“i”“o”或“u”之一时，逻辑表达式 letter in "aeiou"才为真。

程序 15：只打印元音字母

```
def justvowels(string):
  for letter in string:
     if letter in "aeiou":
        print letter

>>> justvowels("hello there!")
e
o
e
e
```

我们也可以反过来打印出非元音字母。

程序 16：打印除元音字母之外的所有内容

```
def notvowels(string):
  for letter in string:
     if not (letter in "aeiou"):
        print letter
```

```
>>> notvowels("hello there!")
h
l
l

t
h
r
!
```

想象一下，你只有元音字母或非元音字母的法语或英语字符串。

```
>>> justvowels("bon voyage")
o
o
a
e
>>> justvowels("safe journey")
a
e
o
u
e
>>> notvowels("bon voyage")
b
n

v
y
g
>>> notvowels("safe journey")
s
f

j
r
n
y
```

如果你只有 4 个输出，并且不知道输入字符串是什么，你认为你能猜到哪个是法语，哪个是英语吗？只有元音字母或只有非元音字母，哪个会更容易？我们识别这些短语的关键是什么？

处理大小写

我们目前的函数有一个问题。试试下面这个：

```
>>> justvowels("Old Brown Cow")
o
o
```

呃，“Old”中的“O”在哪里？再看一下我们的函数——我们只检查字符的小写形式。如果想要大小写，我们必须两者都检查。

程序 17：只打印元音字母，两种情况

```
def justvowels2(string):
  for letter in string:
    if letter in "aeiouAEIOU":
      print letter
```

这工作正常：

```
>>> justvowels2("Old Brown Cow")
O
o
o
```

还有另一种方法可以做到这一点。无论字符是什么，我们都可以将它强制转换为小写。我们可以使用一种称为方法的特殊函数，我们用变量后的句点调用，然后调用方法的名称。下面是另一个版本的justvowels，使用了 lower 方法（是的，还有一个方法名为 upper）。

```
>>> print "HEAR ME!".lower()
hear me!
```

程序 18：使用 lower()打印元音字母

```
def justvowels3(string):
  for letter in string:
     if letter.lower() in "aeiou":
        print letter
```

这个也工作正常：

```
>>> justvowels3("Old Brown Cow")
O
o
o
```

常见问题：方法返回更改的字符串，但不更改原来的字符串

注意从 justvowels3 打印的内容——大写字母“O”和两个小写字母“o”。现在回顾一下我们的代码。你可能会想：“但我们用了 lower()！字符串应该是小写的！”字符串方法不会更改原字符串。它们只返回一个新的、更改的字符串。原始字符串是大写还是小写，总是以前的样子。字符串方法不会更改原字符串。

```
>>> string = "HEAR ME!"
>>> print string.lower()
hear me!
>>> print string
HEAR ME!
```

3.2.2 拆分字符串，合并字符串

我们可以用字符串做更多的事情，而不是简单地将它们用 for 循环分开。我们可以把它们重新组合在一起。我们可以将它们按不同的顺序放回去，甚至可以将它们加倍。

请记住，赋值语句意味着获取右侧的值并用左侧命名。“=”读作“成为值……的名称”。对字符串也是这样。我们可以通过在右边添加一些东西来使字符串更大，并将它放在左边的相同名称中。

```
>>> word = "Um"
>>> print word
Um
>>> word = word + "m"
```

```
>>> print word
Umm
>>> word = word + "m"
>>> print word
Ummm
>>> word = word + "m"
>>> print word
Ummmm
```

如果将这一点与 for 循环结合起来，我们就可以用不同的方式重新组合字母。首先，下面是最无聊的一个：遍历这些字母并将它们粘在一个空字符串 pile（一个开始没有任何字符的字符串）的末尾。这就是打印出原来的字符串。

程序 19：根据它的字母返回一个新字符串

```
def duplicate(source):
  pile = ""
  for letter in source:
    pile = pile+letter
  print pile
```

工作原理

我们首先让变量 pile 等于空字符串，即两个引号，一个紧接一个。它是一个字符串，但其中包含零个字符。然后我们用 for 循环将输入字符串 source 拆分为字符。我们将它们添加到 pile 的末尾，并将结果放回变量 pile 中。在循环之后，打印整个 pile。我们怎么知道它是在循环之后？因为两个字符的缩进消失了。我们减少了缩进。

```
>>> duplicate("rubber duck")
rubber duck
```

反转、加倍和镜像字符串

反转字符串非常简单。将每个字母粘在 pile 的前面。

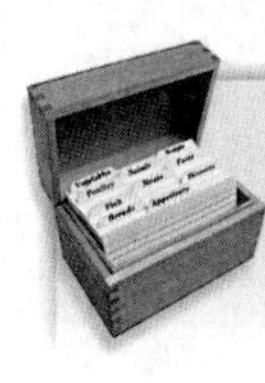

程序 20：反转字符串

```
def reverse(source):
  pile = ""
  for letter in source:
    pile = letter+pile
  print pile

>>> reverse("rubber duck")
kcud rebbur
```

将字母加倍就是创建 duplicate 的变体。不是仅仅将字母添加到字符串的末尾，而是添加两个字母。（我们可以用字符串的乘法来添加任意数量的字符串，但现在只使用连接。）

程序 21：在字符串中加倍字母

```
def double(source):
  pile = ""
  for letter in source:
    pile = pile+letter+letter
```

```
    print pile

    >>> double("rubber duck")
    rruubbbbeerr   dduucckk
```

镜像字符串就是简单地组合重复、加倍和反转代码。将每个字母添加到 pile 的两侧，最后得到正向和反向的单词。我们在 pile 中“加倍”了每个字母，但每个字母放在不断增长的 pile 的两侧。

程序 22：镜像字符串

```
def mirror (source):
  pile = ""
  for letter in source:
    pile = letter+pile +letter
  print pile


>>> mirror("hello")
ollehhello
```

在后面的章节中会更多地看到，我们可以使用 JES 中的 Watcher（观察者）来逐行查看程序的运行方式。我们还可以观察变量（使用顶部的添加变量按钮）来跟踪 pile 变量发生的变化。我们可以在跟踪中看到哪行代码正在执行，以及通过“加倍”字母，pile 变量的长度如何增长（图 3.1）。

step	line	instruction	var: pile
1	1	def mirror(source):	-
2	2	pile = ""	
3	3	for letter in source:	
4	3	for letter in source:	
5	4	pile = letter+pile...	hh
6	3	for letter in source:	hh
7	4	pile = letter+pile...	ehhe
8	3	for letter in source:	ehhe
9	4	pile = letter+pile...	lehhel
10	3	for letter in source:	lehhel
11	4	pile = letter+pile...	llehhell
12	3	for letter in source:	llehhell
13	4	pile = letter+pile...	ollehhello
14	3	for letter in source:	ollehhello
15	5	print pile	

图 3.1 在 JES 中观察字符串镜像的执行情况

程序 23：输入名称变成莫名其妙的话

```
def doubledutch(name):
  pile = ""
  for letter in name:
    if letter.lower() in "aeiou":
       pile = pile + letter
    if not (letter.lower() in "aeiou"):
       pile = pile + letter + "u" + letter
  print pile

  >>> doubledutch("mark")
  mumarurkuk
  >>> doubledutch("bill")
  bubilullul
```

我的同事 Bill Leahy 告诉我，他小时候曾经玩过一个文字游戏。你会换一种方式说彼此的名字，使得元音字母照原样说，但辅音字母会加倍，并在它们之间放一个“u”。所以，他的名字将是“Bubilulul”。

我们可以编写一个程序来生成它，但它比我们之前完成的所有程序都要复杂一些。我们仍然希望将输入名称拆分成字母，然后将它们添加到一个 pile。但现在，我们将有两个 if 语句，以便对元音字母和辅音字母做不同的事情。如果它不是元音字母，我们将它加回两次，中间有一个“u”。

3.2.3 用索引拆分字符串

虽然 for 循环工作得很好，但它需要我们遍历字符串中的每个字母。如果我们希望获取字符串中的特定字母怎么办？如果我们希望向后或向前检查每 n 个字母，该怎么办？

在 Python 中有一种方法可以做到这一点。我们使用方括号表示法来索引字符串中的字母。字符串中的每个字母都有一个与之关联的数字，称为索引。可以将索引视为在字符串中查找字母的位置。索引值总是从 0 开始，然后递增 1。（由于奇怪的历史原因，计算机科学家通常从 0 开始将计数索引。）字符“[”和“]”称为方括号。

```
>>> phrase = "Hello world!"
>>> phrase[0]
'H'
>>> phrase[1]
'e'
>>> phrase[2]
'l'
>>> phrase[6]
'w'
```

因此，string[0]总是字符串中的第一个字符。我们告诉你，索引总是递增 1，从 0 开始。这是真的——但这并不意味着没有负的索引。索引值-1 被认为是从字符串的末尾开始并反向移动。因此，string[-1]总是字符串中的最后一个字符。

```
>>> phrase[-1]
'!'
>>> phrase[-2]
'd'
```

获取字符串最后一个字符还有一种方法，是通过字符串的长度计算它。len 函数返回字符串中的字母数。

常见问题：长度比最后一个索引多 1

索引中最常见的错误是忘记了第一个索引为 0。因为它为 0，所以字符串的长度比字符串中的最后一个索引多 1。字符串中的最后一个索引是长度减 1。如果你尝试取超出最后一个索引的字符，则会出现序列索引错误。

```
>>> abc = "abc"
>>> print len(abc)
3
>>> print abc[3]
The error was: 3
```

```
Sequence index out of range.
The index you're using goes beyond the size of that data (too low or high).
For instance, maybe you tried to access OurArray[10] and OurArray
only has 5 elements in it.
>>> print abc[2]
c
```

现在，如果我们希望遍历整个字符串，但是向后或每次跳过几个字符，该怎么办？我们可以用 for 循环，但使用的方式不同于使用它逐步“针对每个”字符串中的字母。作为替代，我们将用 for 循环来“针对每个”想要的索引值。

for 循环使用变量（如 letter）来命名字母序列中的每个值。如果我们可以生成一系列索引，那么我们可以用类似的方式对索引进行说明。幸运的是，Python 中有一个生成数字序列的函数。它名为 range，可用于生成索引。range 函数可以接受一个、两个或三个输入。

- range 最常见用法是接受两个输入，即起始索引和长度索引。函数 range(0,3)返回从 0 开始的索引列表，其中包含 [0,1,2]共 3 个元素。理解它的另一种方法是从 0 开始，计数但不包括最后一个参数 3：0,1,2，停止！
- 如果提供 3 个输入，就是起始索引、结束点（直至但不包括）以及增量——在两个连续值之间加多少。函数 range(0,11,2)返回所有偶数整数，不到 11（包括 0 和 10）。
- 因为 range 最常见用法是生成索引，并且 len 函数非常方便，所以 range(len(string)) 返回从 0 开始但不包括字符串长度的索引。而这些正是字符串中的所有索引。

```
>>> print range(0,5)
[0, 1, 2, 3, 4]
>>> print range(0,3)
[0, 1, 2]
>>> print range(3,0)
[]
>>> print range(0,5,2)
[0, 2, 4]
>>> print range(0,7,3)
[0, 3, 6]
>>> print range(5)
[0, 1, 2, 3, 4]
```

我们现在可以在 for 循环中使用这些索引。

```
>>> for index in range(0,3):
...         print index
...
0
1
2
>>>
```

我们可以利用新的基于索引的机制，打印出字符串中的所有元素，而不是 for letter in string。不，这并不是更好，但我们会发现它让我们有能力做一些新的事情。

程序 24：使用索引打印字符串的任何部分

```
def parts2(string):
  for index in range(len(string)):
    print string[index]
```

```
>>> parts2("bear")
```

```
b
e
a
r
```

工作原理

我们的函数 parts2 接受一个 string 作为输入。我们用单输入形式的 range 来获取输入字符串中的所有索引。对于输入"bear"，len 为 4，索引为[0,1,2,3]。我们用名称 index 来表示每个索引，然后在每个索引处打印该字母。

3.2.4 使用索引实现镜像、反转和分离字符串

我们可以做比以前更多的不同镜像，因为我们可以从一个单词的中间开始。下面是一个用于镜像单词前半部分的程序。

程序 25：镜像单词的前半部分

```
def mirrorHalfString(string):
  pile=""
  for index in range(0,len(string)/2):
    pile = pile+string[index]
  for index in range(len(string)/2,0,-1):
    pile = pile+string[index]
  print pile
```

工作原理

函数 mirrorHalfString 工作不那么正常。它偏了一个位置（一个常见的计算机科学问题）。

```
>>> mirrorHalfString("elephant")
elephpel
>>> mirrorHalfString("something")
sometemo
```

注意，镜像的单词不是以相同的字母开头和结尾。这里发生了什么？

- 程序首先创建了一个累加器，我们将粘贴所有字母。
- 程序中的第一个循环从字符串开头的索引值（0）开始，增长到字符串的一半（len(string)/2）。但应记住，永远不会达到这个值——我们将在中途停止。
- 我们将这些索引引用的所有字母添加到 pile 中。
- 第二个循环从中间点（len(string)/2）开始并且下降到 0——但从未到达那里。它通过向 range 添加第三个输入（步长量）来下降。我们的步长为–1，从而每步减 1。
- 同样，我们将所有这些字母添加到 pile 中。
- 最后，我们打印 pile。

你看到了问题吗？第一个循环结束于(len(string)/2)-1，但第二个循环开始于 len(string)/2。第一个循环开始于 0，但第二个循环结束于 1（因为 0 是结束位置）。如果我们这个函数稍微进行调整，就可以让两个循环匹配起来。我们让第二个循环开始于(len(string)/2)-1 并结束

于 0，方法是用-1 作为结束位置。

程序 26：正确地镜像单词的前半部分

```
def mirrorHalfString2(string):
  pile=""
  for index in range(0,len(string)/2):
    pile = pile+string[index]
  for index in range((len(string)/2)-1,-1,-1):
    pile = pile+string[index]
  print pile
```

这个版本完全符合我们的要求。

```
>>> mirrorHalfString2("elephant")
eleppele
>>> mirrorHalfString2("something")
someemos
```

我们现在可以重写函数来反转字符串，但使用索引。

程序 27：使用索引反转字符串

```
def reverseString2(string):
  pile=""
  for index in range(len(string)-1,-1,-1):
    pile = pile+string[index]
  print pile
```

这个函数正好做了我们期望的事。

```
>>> reverseString2("happy holidays")
syadiloh yppah
```

我们还可以根据字母的位置，使用索引对每个字母执行不同的操作。想象一下，我们希望收集偶数索引处的字母以及奇数索引处的字母，相互分开。我们可以用索引值来做到这一点。

程序 28：分离偶数字母和奇数字母

```
def separate(string):
  odds = ""
  evens = ""
  for index in range(len(string)):
    if index % 2 == 0:
      evens = evens + string[index]
    if not (index % 2 == 0):
      odds = odds +string[index]
  print "Odds: ",odds
  print "Evens: ",evens
```

```
>>> separate("rubber baby buggy bumpers")
Odds:  ubrbb ug upr
Evens:  rbe aybgybmes
```

工作原理

我们在这里创建了两个字符串累加器——一个用于奇数字母，一个用于偶数字母。然后，我们生成从 0 到字符串末尾的每个索引。回忆一下，“%”是模（整数除法）运算符，“==”是对相等性的测试。if 语句中的测试是 index % 2 == 0，这表示，“如果将索引除以 2，那么余数是 0 吗？”如果是这样，索引是偶数，所以我们抓住那个字母并将它添加到 evens 中；如果不是这样，我们将该字母添加到 odds 中。最后，我们打印每个累加器。

3.2.5 使用关键字密码对字符串进行编码和解码

还有另一个有用的字符串方法 find，它返回给定字符串出现在较大字符串中的索引。索引的范围是 0 到较大字符串的长度减 1。如果 find 返回-1，则表示找不到小字符串。

```
>>> print "abcd".find("b")
1
>>> print "abcd".find("d")
3
>>> print "abcd".find("e")
-1
```

假设我们有一个希望编码的字符串。我们希望用我们和盟友知道的顺序，用一些字母替换字符串中的字母，但其他人不知道。我们如何生成秘密字母表？你不希望发送整个秘密字母表。创建秘密字母表的方法是关键字密码[①]。你输入一个关键字，如“earth”。现在，你创建一个新的字母表，其中“earth”作为前 5 个字符，然后是字母表的其余部分，跳过关键字（“earth”）中的字母。下面是一个实现它的程序。

程序 29：构建关键字密码字母表

```
def buildCipher(key):
  alpha="abcdefghijklmnopqrstuvwxyz"
  rest = ""
  for letter in alpha:
    if not(letter in key):
      rest = rest + letter
  print key+rest
```

```
>>> buildCipher("earth")
earthbcdfgijklmnopqsuvwxyz
```

请注意，新字母表中每个字母只出现一次，但有点乱。只要你知道关键字，就可以轻松地生成这个新字母表。

要对邮件进行编码，应在原始字母表中查找字母。无论该字母是什么索引，你都从关键字密码字母表中取出相应字母——如果你知道该关键字，就可以轻松地生成该字母表。

程序 30：使用关键字密码字母表对消息进行编码

```
def encode(string,keyletters):
  alpha="abcdefghijklmnopqrstuvwxyz"
  secret = ""
  for letter in string:
    index = alpha.find(letter)
```

① 请在你最喜欢的搜索引擎中查找“keyword ciphers（关键字密码）”。

```
    secret = secret+keyletters[index]
  print secret

>>> encode("this is a test","earthbcdfgijklmnopqsuvwxyz")
sdfqzfqzezshqs
```

你必须承认“sdfqzfqzezshqs”看起来不像“this is a test”。现在，为了解码消息，我们只要反过来：找到秘密字母表中的字母，并返回原始字母表中的字母。

程序 31：使用关键字密码字母解码消息

```
def decode(secret,keyletters):
  alpha="abcdefghijklmnopqrstuvwxyz"
  clear = ""
  for letter in secret:
    index = keyletters.find(letter)
    clear = clear+alpha[index]
  print clear


>>> decode("sdfqzfqzezshqs","earthbcdfgijklmnopqsuvwxyz")
thisziszaztest
```

它有效，但所有的 z 都是什么？空格不在字母表中，因此查找返回-1。如果我们取索引值为-1，就会得到字符串中的最后一个字母——在我们的例子中是“z”。

3.3 按单词拆分字符串

我们之前谈到了如何拆分字符串。“拆分字符串”的一种方式是按每个字母。但另一个完全合理的方式是按单词。我们也可以很容易地将字符串拆分成单词。将字符串拆分为单词的方法称为 split。split 方法返回输入中的单词列表。

```
>>> "this is a test".split()
['this', 'is', 'a', 'test']
>>> "abc".split()
['abc']
>>> "dog bites man".split()
['dog', 'bites', 'man']
```

我们可以用索引访问该列表的各个部分，就像用索引访问单个字符一样。我们用方括号表示法来获取字符串的部分，即字符。在这里，我们用方括号表示法来获取列表中的部分，即单词。

```
>>> sentence = "Dog bites man"
>>> parts = sentence.split()
>>> print len(parts)
3
>>> print parts[0]
Dog
>>> print parts[1]
bites
>>> print parts[2]
man
```

这样做的妙处在于，我们现在可以操作句子的一部分。我们来生成一个故事（就像 Mad

Lib 一样），输入是一个句子，我们拿出想要的部分。为了做一些与 Mad Lib 不同的事情，让我们来产生需要仔细推敲的谜题，即一个让听众产生疑问的故事或问题。一个著名的谜题是“一只手鼓掌的声音是什么”。

我们将一个“名词—动词—名词”形式的简单句子作为输入，比如“Dog bites man”。下面是一个函数，它可以切开片段，然后将它作为一组需要思考的句子呈现出来。

程序 32：简单的像公案的生成器

```
def koan(sentence):
  parts = sentence.lower().split()
  subject = parts[0]
  verb = parts[1]
  object = parts[2]
  print "Sometimes "+sentence
  print "But sometimes "+object+" "+verb+" "+subject
  print "Sometimes there is no "+subject
  print "Sometimes there is no "+verb
  print "Watch out for the stick!"

  >>> koan("dog bites man")
  Sometimes dog bites man
  But sometimes man bites dog
  Sometimes there is no dog
  Sometimes there is no bites
  Watch out for the stick!
```

工作原理

我们的公案生成器接受“名词—动词—名词”形式的句子作为输入。它做的第一件事是将整个句子变成小写，并将它分成几部分。事实证明，我们可以在一个语句中完成所有这一切，这很酷。

```
>>> "Watch OUT!".lower().split()
['watch',  'out!']
```

接下来，我们挑出句子的主语、动词和宾语。然后，我们开始构建新的句子，这意味着一组带挑衅的（也许是愚蠢的）陈述。最后一行的“小心棒子！”指的是“警策”或“香板”，它在许多禅宗公案中出现。

现在，如果我们想要一个带有冠词的“名词—动词—名词”句子，比如“the”，该怎么办？我们得到的东西可能带有挑衅，但实际上不是我们的本意。

```
>>> koan("The woman bites the apple")
Sometimes The woman bites the apple
But sometimes bites woman the
Sometimes there is no the
Sometimes there is no woman
Watch out for the stick!
```

我们可以避免这些冠词吗？当然，就像我们对元音和辅音字母做不同的事情一样。我们之前使用的 in 运算符也可以在这里使用。我们可以询问单词是否在单词列表中。注意，第二次测试后不会打印“Sure！”。该列表中没有“banana”。

```
>>> if "apple" in ["mother’s", "apple", "pie"]:
```

```
...         print "Sure!"
...
Sure!
>>> if "banana" in ["mother’ s", "apple", "pie"]:
...         print "Sure!"
...
>>>
```

为了构建这个更复杂的程序，我们将保留索引号来表示句子的主语、动词和宾语的位置。如果找到一个冠词（“the” 或 “a” 或 “an”），我们就会改变找到动词和宾语的位置。

程序 33：具有冠词意识的公案生成器

```
def koan2(sentence):
  parts = sentence.lower().split()
  verbindex = 1
  objindex = 2
  subject = parts[0]
  if subject in ["the","a","an"]:
    subject = parts[1]
    verbindex = 2
    objindex = 3
  verb = parts[verbindex]
  object = parts[objindex]
  if object in ["the","a","an"]:
    object = parts[4]
  print "Sometimes "+sentence
  print "But sometimes "+object+" "+verb+" "+subject
  print "Sometimes there is no "+subject
  print "Sometimes there is no "+verb
  print "Watch out for the stick!"

>>> koan2("The woman bites the apple")
Sometimes The woman bites the apple
But sometimes apple bites woman
Sometimes there is no woman
Sometimes there is no bites
Watch out for the stick!
```

工作原理

koan2 生成器同样接受一个句子，将它全部变成小写（以更好地放入我们的故事），并将它分成几部分。我们开始预期动词索引（verbindex）在位置 1，并且宾语在位置 2。然后我们从预期位置（位置 0）抓出 subject（主语）。如果它在我们的冠词列表中，我们就从位置 1 获取主语，并更新我们对动词的预期位置（verbindex = 2）和对宾语的预期位置（objindex = 3）。我们抓出 verb（动词）。我们从预期位置抓出 object（宾语）。如果它是冠词，我们就从位置 4 中取出它作为替代。然后我们用与以前相同的方式生成伪公案。

3.4 字符串内部是什么

在内存中，字符串是一系列连续的邮箱（以继续我们将内存作为邮件收发室的比喻），每个邮箱都包含相应字符的二进制代码。函数 ord()为每个字符提供 ASCII（美国信息交换标准代码）编码。因此，我们发现字符串“Hello”是 5 个邮箱，第一个包含 72，然后是 101，然后是 108，依此类推。

在 JES 中，这有一点简化。我们使用的 Python 版本 Jython 是基于 Java 构建的，实际上它不是使用 ASCII 来编码其字符串。它使用 Unicode，这种字符的编码对每个字符使用两个字节。两个字节提供了 65 536 种可能的组合。所有这些额外可能的编码使我们能够超越简单的拉丁字母、数字和标点符号。我们可以表示平假名、片假名和其他象形文字（字符的图形描绘）系统。

这应该告诉你，有许多可能的字符，远超过键盘上输入的。不仅有特殊符号，而且有一些不可见字符，如 Tab 和按下回车键。我们使用反斜杠转义在 Python 字符串（以及许多其他语言，如 Java 和 C）中键入它们。反斜杠转义符是在反斜杠键“\”后跟一个字符。

- \t 与键入 Tab 键相同。
- \b 与键入退格键相同（放入字符串中不是特别有用的字符，但你可以这样做）。当你打印\ b 时，它在大多数系统上显示为一个框——它实际上不可打印（见下文）。
- \n 与键入回车键相同。
- \Uxxxx，其中 XXXX 是由 0～9 和 A～F 组成的编码（称为十六进制数字），表示带有该代码的 Unicode 字符。

在 JES 中看到 Unicode 字形并不容易，但我们可以看到这些特殊符号中的一些如何影响打印。

```
>>> print "hello\tthere.\nMark"
hello   there.
Mark
```

如果想要一个包含反斜杠字符的字符串，该怎么办？如果你使用字母“r”开始一个字符串，就会保留所有反斜杠字符。

```
>>> print r"C:\ip-book\mediasources\barbara.jpg"
C:\ip-book\mediasources\barbara.jpg
```

“r”告诉 Python 以原始模式读取字符串。所有字符都被视为普通字符，即忽略反斜杠转义。正如我们将看到的，这对使用 Windows 操作系统的计算机很有用。Windows 中的文件路径（文件在计算机上的位置描述）使用反斜杠作为分隔符。想象一下，你有一个名为 bear.jpg 的文件。该文件的路径将包含\bear，Python 会将\b 视为退格符，而不是“分隔符-b”。使用“r”可以安全地包含反斜杠字符。

3.5 计算机能做什么

至此，我们已经看到了计算机能做的 6 件事：

- 使用名称存储数据，例如 name = "Rory"。
- 命名指令集，并执行那些命名指令，例如 def koan。
- 拆分数据，例如 name[0]。
- 将数据转换为其他形式，例如 str(45)得到"45"。
- 重复执行一组命令，例如使用 for 循环。

- 进行测试（使用 if），然后根据这些测试是否为真进行操作。

这就是计算机所能做的一切。除了这几项之外，没有其他的计算机功能。世界上没有任何计算机能做到这 6 件事之外的事。

在创建第一台计算机之前，一位名叫 Alan Turing（艾伦、图灵）的数学家（与本章巧合，以破解密码而闻名）发明了计算机的定义。他试图回答问题：“什么是可计算的？”当时的数学家试图理解数学的局限性——数学是什么，不是什么。他将他的图灵机定义为一个设备，能计算任何可计算的东西。人们还创建了计算机的其他定义，并且发现它们都是等价的——所有计算机基本上能在数学上做同样的事情。这 6 个陈述代表了图灵机的一个定义。

因此，如果你了解计算机如何完成所有这 6 项工作，就能理解计算机能做什么——这就是计算机能做的一切。其他一切只是这个主题的变形。

编程小结

在本章中，我们讨论了几种数据（或对象）的编码。

字符串	一系列字符。直接输入时，用引号（单引号、双引号或三引号）分隔
序列	一个接一个的数据。函数 range 返回一系列数字。字符串是一系列字符
列表	一系列数据项。我们在本章中使用了单词列表
整数	没有小数点的数字
浮点数	带小数点的数字

程序片段

for	带一个变量名称和序列。对于序列中的每个值，使用变量名称命名该值并执行该语句块
in	运算符，测试字母是否在单词中或单词是否在列表中。一般来说，测试一个值是否在序列中
if	测试一个条件，如果是，则执行该语句块

字符串程序片段

str	将输入数字变成字符串的函数
int	将字符串变成整数的函数
float	将字符串变成浮点值的函数
split	将字符串拆分成其组成单词的方法
find	查找子字符串的方法。如果找到则返回索引号，如果未找到则返回-1

问题

3.1 你正在运行一个 bingo 游戏，你希望在推特上发布每轮游戏的赢家，并宣布赢家的名字，以及他们赢了多少美元。创建一个函数，将这两个单词作为输入，然后宣布胜利。

现在，只需打印稍后要发的推文语句即可。（提示：请记住，你将数字作为输入，必须将它转换为字符串才能连接它。）

```
>>> bingo("Mark",50)
Mark called Bingo! winning $50
```

3.2 你是超级马拉松赛（100 英里）的比赛官员，希望在大屏幕上显示每名跑步者的号码和所用的时间。请编写程序，根据跑步者的号码、英里标记和所用的时间生成显示短语。

```
>>> runner(42,10,"1:12:09")
Runner #42 passed mile 10 at time 1:12:09
```

3.3 本章中的金字塔函数用“=”字符作为输入排列得不太好。尝试其他一些字符，如“n”“m”和“t”。最后一个似乎排得最好。为什么？

3.4 创建一个函数，类似金字塔函数，实现颠倒的版本。你的函数 invertedPyramid 也应该接受输入字符，并打印倒金字塔。

3.5 使用 for 循环并使用与金字塔函数相同的技术，创建一个 textsquare 函数，该函数接受两个值作为输入：用于生成正方形的字符，以字符表示的正方形的大小。然后打印那些字符生成的正方形。

```
>>> textsquare("t",5)
ttttt
t   t
t   t
t   t
ttttt
```

3.6 我们修复了 justvowels，使其适用于小写或大写元音字母。请修复 notvowels，使它不打印出大写元音字母。（尝试本章中的 notvowels 函数，你会看到它确实会打印大写元音字母，尽管该函数本来应该只打印辅音字母。）实际上，写两个版本的 notvowels，分别使用我们修复 justvowels 的两种方法之一。

3.7 下面的哪个程序，当这样调用时（下划线表示从 1～4 的数字）生成如下的输出：

```
>>> dup_("rubber duck")
'kcud rebburrubber duck'
```

是哪一个？

- ```
  def dup1(source):
    target = ""
    for letter in source:
      target = target+letter
    return target
  ```
- ```
  def dup2(source):
    target = "_"
    for letter in source:
      target = target+source
    return target
  ```
- ```
  def dup3(source):
    target = ""
    for letter in source:
      target = letter+target+letter
    return target
  ```
  ```

- ```
  def dup4(source):
      target = ""
      for letter in source:
        target = letter+target
      return target
  ```

3.8 尝试向 doubledutch 程序提供一个像“John Smith”这样的全名。空格是怎么处理的？如果包含句点或连字符等标点符号怎么办？你怎样创造出更全功能 doubledutch 游戏，绕过这些问题的？

3.9 编写一个接受字符串作为输入的程序，然后打印出该字符串中的元音字母，再打印出该字符串中的辅音字母。

```
>>> splitem("elephant")
Vowels:  eea
Consonants:  lphnt
```

3.10 更改 encode 函数，简单地跳过空格。

3.11 更改 encode 函数，简单地跳过标点符号。

3.12 buildCipher 函数可以创建更复杂的字母表。只要接收方和发送方都以相同的方式生成字母表，消息就只需要包含用于编码和解码的关键字即可。尝试构建以下变体：

- 将关键字放在字母表的末尾，而不是前面。
- 在将字母表连接到关键字之前反转字母表。
- 在字母表的剩余部分中分离元音和辅音字母，使密码字母表为关键字，然后是剩余部分的元音字母，再后是剩余部分的辅音字母。

3.13 以下的哪个程序，当这样调用时（下划线表示从 1～4 的数字），会生成以下输出：

```
>>> dup_("alphabet")
'_alphabetalphabetalphabetalphabetalphabetalphabetalphabetalphabet'
```

- ```
  def dupTimes1(something):
      dup= ""
      for index in range(0,len(something)):
         dup = dup + (2*something[index])
      return dup
  ```
- ```
  def dupTimes2(something):
      dup= ""
      for index in range(0,len(something)):
        dup = dup + (index*something[index])
      return dup
  ```
- ```
  def dupTimes3(something):
      dup = "_"
      for index in range(0,len(something)):
        dup = dup + something[index]
      return dup
  ```
- ```
  def dupTimes4(something):
      for index in range(0,len(something)):
         dup = dup + something[index]
      dup = "_"
      return dup
  ```

3.14 以下的哪个程序，当这样调用时（下划线表示从 1～4 的数字），生成以下输出：

```
>>> findem_(4)
'abcdabcdabcdabcdabcdabcda'
```
```

- ```
  def findem1(n):
      letters = 'abcdefghijklmnopqrstuvwyz'
      pile = ''
      for index in range(0,n):
        pile = pile+letters[index]
      return pile
  ```
- ```
  def findem2(n):
      letters = 'abcdefghijklmnopqrstuvwyz'
      pile = ''
      for index in range(0,n % len(letters)):
        pile = pile+letters[index]
      return pile
  ```
- ```
  def findem3(n):
      letters = 'abcdefghijklmnopqrstuvwyz'
      pile = ''
      for index in range(1,len(letters)):
        pile = pile+letters[n % index]
      return pile
  ```
- ```
  def findem4(n):
      letters = 'abcdefghijklmnopqrstuvwyz'
      pile = ''
      for index in range(0,len(letters)):
        pile = pile+letters[index % n]
      return pile
  ```

3.15 以下的哪个程序，当这样调用时（下划线表示从 1～4 的数字），生成以下输出：

```
>>> mixem_("we hold these truths")
'w.e. .h.o.l.d. .t.h.ese truths'
```

- ```
  def mixem1(astring):
      mix = ""
      for index in range(0,len(astring),2):
         mix = mix + astring[index]
      mix = mix + "-"
      for index in range(len(astring)/2,len(astring)):
         mix = mix + astring[index]
      return mix
  ```
- ```
  def mixem2(astring):
      mix = ""
      for index in range(0,len(astring)/2):
         mix = mix + astring[index]+"."
      for index in range(len(astring)/2,len(astring)):
         mix = mix + astring[index]
      return mix
  ```
- ```
  def mixem3(astring):
      mix = ""
      for index in range(0,len(astring)/2,2):
         mix = mix + astring[index]
      mix = mix + "-"
      for index in range(1,len(astring),2):
         mix = mix + astring[index]
      return mix
  ```
- ```
  def mixem4(astring):
      mix = ""
      for index in range(len(astring)/2,0,-1):
         mix = astring[index]+mix + astring[index]
      return mix
  ```

3.16 你已经为学校写了一篇文章，它必须至少有 5 页。但你的文章只有 4.5 页！你决定使用你的新 Python 技能，通过增加字母间隔让文章变长。编写一个函数，以一个字符串和要在每个字母间插入的空格数作为输入，然后打印出得到的字符串。

```
>>> spaceitout("It was a dark and stormy night",3)
```

It was a dark and stormy night

3.17 与前面的问题相同，但你决定使用更多的新 Python 技能。你将增加单词之间的空格。编写一个函数，以一个字符串和要在每个单词间插入的空格数作为输入，然后打印出得到的字符串。

```
>>> spaceout("It was a dark and stormy night",3)
It   was   a   dark   and   stormy   night
```

深入学习

文本处理是 Python 的常见用法。有很多关于如何使用 Python 来操作和创建文本的好书。我们推荐的是 David Mertz 的 *Text Processing in Python*（Addison-Wesley，2003）。

第 4 章　使用循环修改图片

本章学习目标

本章的媒体学习目标是：

- 理解如何通过利用人类视觉的限制，让图像数字化
- 识别不同的颜色模型，包括 RGB，这是计算机最常用的模型
- 操作图片中的颜色值，例如增加或减少红色值
- 使用多种方法将彩色图片转换为灰度图片
- 生成图像负片

本章的计算机科学目标是：

- 使用矩阵表示来查找图片中的像素
- 使用图片和像素对象
- 利用迭代（利用 for 循环）更改图片中像素的颜色值
- 将代码块嵌套在另一个代码块中
- 在函数提供返回值和仅提供副作用之间进行选择
- 确定变量名的作用域

4.1　如何编码图片

图片（图像、图形）是媒体通信的重要组成部分。在本章中，我们将讨论如何在计算机上显示图片（主要是位图图像，即每个点或像素分别表示）以及如何操作它们。本章后面的章节将介绍其他图像表示，例如矢量图像。

图片是二维像素数组。本节将介绍这些术语中的每一个。

对我们而言，图片是存储在 JPEG 文件中的图像。JPEG 是一种国际标准，用于存储高质量的图像，且占用空间较小。JPEG 是一种有损压缩格式。这意味着图像被压缩、变小，但不是 100%的原始格式质量。但通常情况下，牺牲的质量或清晰度，无论如何你是看不出来或者注意不到的。对于大多数用途，JPEG 图像工作正常。BMP 格式无损，但未压缩。对于同一图像，BMP 文件将比 JPEG 文件大得多。PNG 格式是无损和压缩的。

一维数组是相同类型的元素序列。你可以为数组指定名称，然后使用索引号来访问数组的元素。数组中的第一个元素位于索引 0。在图 4.1 中，索引 0 处的值为 15，索引 1 处的值为 12，索引 2 处的值为 13，索引 3 处的值为 10。

二维数组也称为“矩阵”。矩阵是按行和列排列的元素集合。这意味着可以指定行索引和列索引来访问矩阵中的值。

在图 4.2 中，你可以看到一个示例矩阵。我们用两个数字来引用该矩阵中的元素（数字）。

我们用第一个数字来引用所指的列（垂直切片），并用第二个数字来引用所指的行（水平切片）。在坐标（0,1）（水平，垂直）处，你将找到值为 9 的矩阵元素。在 0 列 0 行处（即（0,0））值为 15，在 1 列 0 行处（即（1,0））是值 12，（2,0）处是值 13。我们经常将这些坐标记为（x，y）（列，行）。

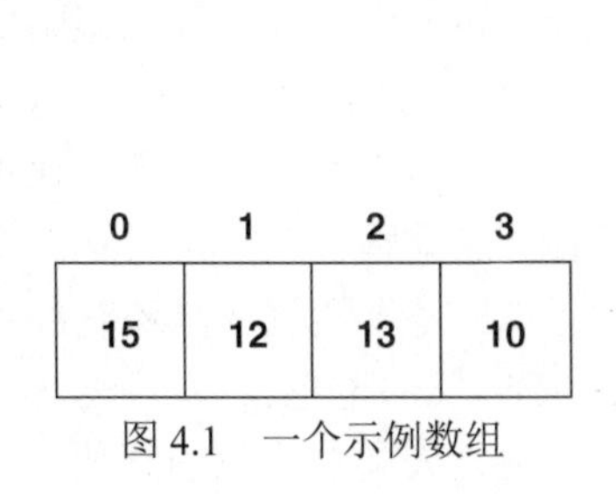

0	1	2	3
15	12	13	10

图 4.1 一个示例数组

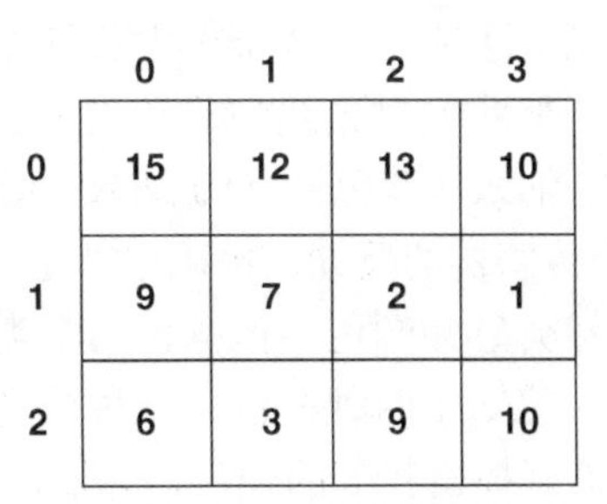

	0	1	2	3
0	15	12	13	10
1	9	7	2	1
2	6	3	9	10

图 4.2 一个示例矩阵

存储在图片中每个元素的内容是一个“像素（pixel）”。单词“pixel”是“picture element”的缩写。它实际上是一个点，整个图片由很多这些点组成。你有没有用放大镜看过报纸、杂志、电视甚至自己的显示器？当你看到杂志或电视上的图片时，看起来它不像可以分解成数以百万计的离散点，但实际上是这样。

你可以使用图片工具获得类似的单个像素视图，如图 4.3 所示。这个工具允许你将图片最多放大到 500%，以便能看到每个像素。调出图片工具的一种方法，是像下面一样浏览图片。

```
>>> file = "c:/ip-book/mediasources/caterpillar.jpg"
>>> pict = makePicture(file)
>>> explore(pict)
```

我们的人体感官无法区分（不通过放大或其他特殊设备）整体中的细小部分。人类视力不敏锐，我们不像鹰那样能看到详细的细节。实际上，在我们的大脑和眼睛中使用了不止一种视觉系统。我们处理颜色的系统与处理黑白（或“亮度”）的系统不同。例如，我们利用亮度来检测物体的运动和大小。实际上，与用眼睛的中心相比，我们用眼睛的两侧能更好地获取亮度细节。这是一个进化上的优势，因为它可以让你发现在那边的灌木丛中潜行的剑齿虎。

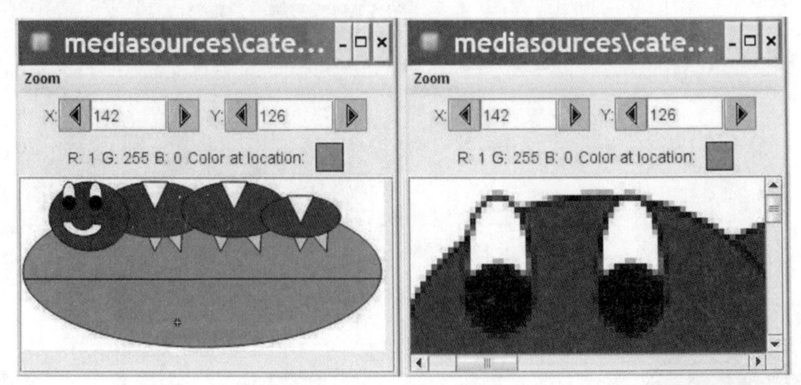

图 4.3 JES 图片工具中显示的图像：100%的图像（左）和 500%的图像（右）

人类视觉的分辨率不足，这使图像数字化成为可能。比人类感知更多细节的动物（例如鹰或猫）实际上可以看到各个像素。我们将图片分解成更小的元素（像素），但是它们足够多、足够小，以至于整体看上去图片并不是支离破碎的。如果你可以看到数字化的效果（例如，你可以在某些位置看到小矩形)，我们称之为像素化——这是数字化过程变得明显时的效果。

图片编码在结构上比声音编码更复杂。声音被编码为数字集合，其排列本质上是线性的——它在时间上向前推进。图片有宽度和高度两个维度。这些维度中的每个位置都有颜色，比单个数字更复杂。

可见光是连续的，是 380 纳米和 780 纳米（0.000 000 38 米和 0.000 000 78 米）之间的任意波长。但我们对光线的感知受限于我们的色彩传感器的工作方式。我们眼睛的传感器大约在 425 纳米（蓝色）、550 纳米（绿色）和 560 纳米（红色）触发（峰值）。大脑根据眼中这 3 个传感器的反馈，来确定特定颜色的含义。有些动物只有两种传感器，比如狗。这些动物仍然会感知颜色，但颜色与人类不同。我们受限的视觉感官有一个有趣的推断，即我们实际上感知了两种橙色。一种是光谱橙色——特定波长是天然橙色。还有红色和黄色的混合物恰好撞击我们的颜色传感器，使得我们将它看成同样的橙色。

只要对撞击 3 种颜色传感器的颜色进行编码，就会记录人类对颜色的感知。因此，我们将每个像素编码为数字的三元组。第一个数字表示像素中的红色数量，第二个数字表示绿色数量，第三个数字表示蓝色数量。通过组合红色、绿色和蓝色光线，我们可以构成任何人类可见的颜色（图 4.4）。结合全部 3 个颜色得到纯白色。去掉这 3 个得到黑色。我们称之为“RGB 颜色模型”。

除了 RGB 颜色模型之外，还有其他用于定义和编码颜色的模型。HSV 颜色模型编码色调、饱和度和值（有时也称为色调、饱和度和亮度的 HSB 颜色模型）。HSV 模型的优点在于，我们可能想要的一些变化（例如使颜色“更亮”或“更暗”），涉及这三个维度之一的变化（图 4.5）。另一种颜色模型是 CMYK 颜色模型，它编码 Cyan（青）、Magenta（品红）、Yellow（黄）和 blacK（黑，使用“K”而不是“B”，因为“B”可能与蓝色混淆）。CMYK 模型是打印机使用的模型。青色、品红色、黄色和黑色是打印机结合起来制作颜色的墨水。但是，4 个元素在计算机上的编码要多于 3 个，因此 CMYK 颜色模型对于数字媒体而言不如 RGB。RGB 是计算机上最流行的颜色模型。

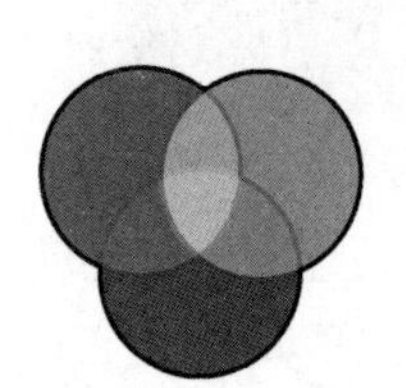

图 4.4 组合红色、绿色和蓝色得到新颜色

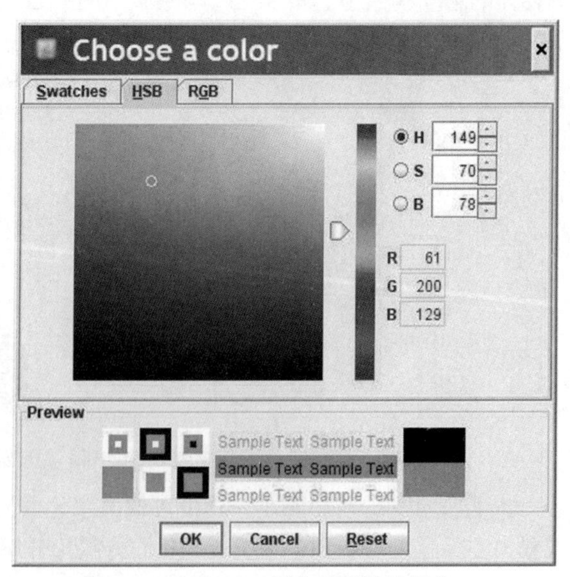

图 4.5 使用 HSB 颜色模型挑选颜色

像素中的每个颜色分量（有时称为“通道”）通常用单个字节（8 比特）表示。8 比特可以表示 256 种模式（2^8）：00000000，00000001，直到 11111111。我们通常使用这些模式来表示 0～255 的值。然后，每个像素用 24 比特来表示颜色。在这 24 比特中，有 2^{24} 种可能的 0 和 1 模式，这意味着使用 RGB 模型的颜色标准编码可以代表 16 777 216 种颜色。我们实际上可以感知超过 1 600 万种颜色，但事实证明它并不重要。没有任何技术能够复制我们可以看到的整个色彩空间。我们确实有设备可以表示 1 600 万种不同的颜色，但这 1 600 万种颜色并不能覆盖我们可以感知的整个颜色（或亮度）空间。因此，在技术进步之前，24 比特 RGB 模型已足够。

有些计算机模型每像素使用更多比特。例如，有 32 比特模型使用额外的 8 比特来表示透明度，也就是说，给定图像“下方”的颜色有多少应与此颜色混合。这些额外的 8 比特有时称为“alpha 通道”。还有其他模型使用超过 8 比特的红色、绿色和蓝色通道，但它们并不常见。

我们实际上通过一个单独的视觉系统来感知物体的边界、运动和深度。我们通过一个系统感知颜色，并通过另一个系统感知亮度（多亮或多暗）。亮度实际上不是光量，而是我们对光量的感知。我们可以测量光量（例如，从颜色反射的光子数量）并证明红点和蓝点各自反射相同量的光，但是我们认为蓝色更暗。我们的亮度感是基于与周围环境的比较。图 4.6 中的视觉错觉突出了我们如何感知灰度。两边的四分之一实际上是相同的灰度级别，但由于中间的两个四分之一有亮暗的鲜明对比，因此我们感受到一半比另一半暗，而差异实际上仅在于中间。

图 4.6 这个图的两端是相同的灰色，但中间的两个四分之一对比鲜明，所以左边看起来比右边更暗

大多数允许用户挑选颜色的工具允许用户将颜色指定为 RGB 分量。JES 中的颜色选择器（标准的 Java Swing 颜色选择器）提供了一组用于控制每种颜色量的滑块（图 4.7）。我们可以通过在命令区中键入以下内容来选择颜色。

```
>>> pickAColor()
```

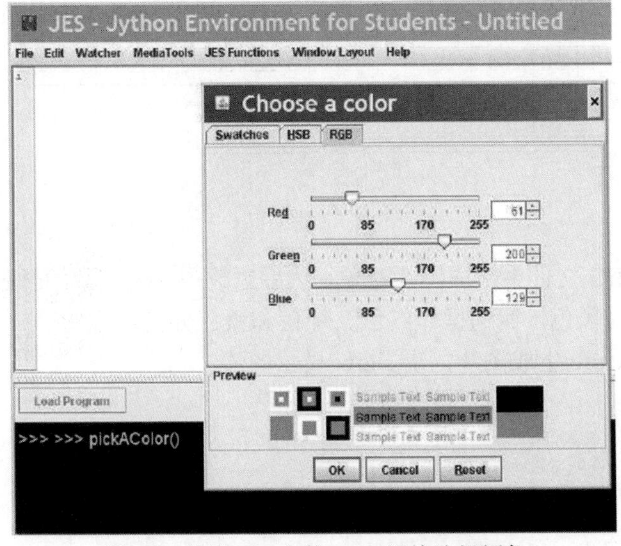

图 4.7 使用 JES 中的 RGB 滑块选择颜色

如上所述，三元组（0, 0, 0）（红色，绿色，蓝色分量）是黑色，（255, 255, 255）是白色。（255, 0, 0）是纯红色，但（100, 0, 0）也是红色，只是较暗。（0, 100, 0）是中绿色，（0, 0, 100）是中蓝色。当红色分量与绿色和蓝色相同时，所得颜色为灰色。（50, 50, 50）是相当深的灰色，（100, 100, 100）较亮。

图 4.8 是矩阵形式的像素 RGB 三元组的表示。因此，（1,0）处的像素具有颜色（30, 30, 255），这意味着它具有 30 的红色值、30 的绿色值和 255 的蓝色值——它主要是蓝色，但不是纯蓝色。（2, 1）处的像素具有纯绿色，但也有更多的红色和蓝色（150, 255, 150），所以它是相当浅的绿色。二进制 150 是“10010110”，255 是“11111111”，因此相当亮的绿色用 24 比特颜色编码就是“100101101111111110010110”。

硬盘上甚至计算机内存中的图像通常以压缩形式存储。即使表示小图像的每个像素，所需的内存量也非常大（表 4.1）。一个相当小的图像，320 像素宽 240 像素宽，每像素 24 比特，占用 230 400 字节——约 230 千字节（1 000 字节），即约 1/4 兆字节（百万字节）。一个 1 024 像素宽、768 像素高、每像素 32 比特的计算机显示器，表示屏幕就需 3 兆字节。

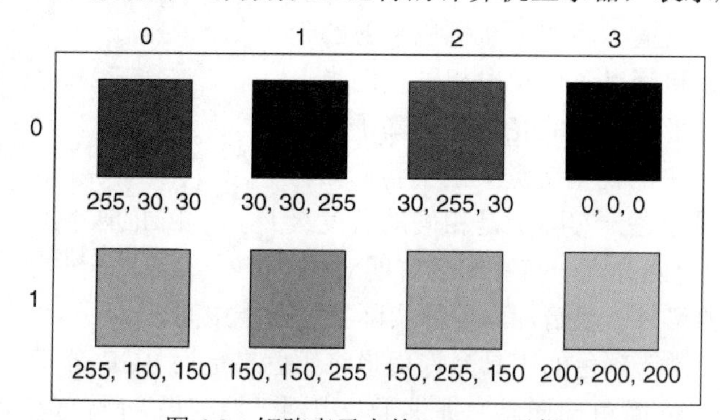

图 4.8 矩阵表示中的 RGB 三元组

表 4.1 以各种大小和格式存储像素所需的字节数

	320 × 240	640 × 480	1 024 × 768
24 比特颜色	230 400 字节	921 600 字节	2 359 296 字节
32 比特颜色	307 200 字节	1 228 800 字节	3 145 728 字节

4.2 操作图片

我们通过从 JPEG 文件中生成图片对象，然后更改图片中像素的颜色，来操作 JES 中的图片。要更改像素的颜色，我们操作红色、绿色和蓝色分量。

我们用 makePicture 生成图片，用 show 显示图片。

```
>>> file = pickAFile()
>>> print file
C:\ip-book\mediasources\beach.jpg
>>> myPict = makePicture(file)
>>> show(myPict)
>>> print myPict
Picture, filename C:\ip-book\mediasources\beach.jpg
```

```
height 480 width 640
```

makePicture 做的是取得输入文件名中的所有字节，将它们放入内存，稍微重新格式化，并在它们上面放一个标志，宣布“这是一张图片”。在执行 myPict = makePicture(filename)时，你是说，“该图片对象的名称（注意它上面的标志）现在是 myPict。”

图片知道它们的宽度和高度。你可以用 getWidth 和 getHeight 来查询它们。

```
>>> print getWidth(myPict)
640
>>> print getHeight(myPict)
480
```

利用 getPixel 带上图片和所需像素的坐标，我们可以获取该图片的任意特定像素。我们还可以使用 getPixels 获得所有像素的一维数组。一维数组以第一行中的所有像素开始，后跟第二行中的所有像素，依此类推。我们使用方括号表示法引用数组元素。每个像素都有一个与之关联的索引号。可以把它想象成一个地址。我们可以使用[index]来引用单个像素。

```
>>> pixel = getPixel(myPict,0,0)
>>> print pixel
Pixel red=2 green=4 blue=3
>>> pixels = getPixels(myPict)
>>> print pixels[0]
Pixel red=2 green=4 blue=3
```

常见问题：不要尝试打印像素数组：太大了

getPixels 真的返回所有像素的数组。如果你尝试从 getPixels 打印返回值，你将获得每个像素的打印输出。有多少像素？好吧，beach.jpg 的宽度为 640，高度为 480。会打印多少行？640 × 480 = 307 200！打印出 307 200 行太大了。你可能不想等它完成。如果你不小心这样做了，只需退出 JES 并重新启动它。

像素知道它们来自何处。你可以用 getX 和 getY 来询问它们的 x 和 y 坐标。

```
>>> print getX(pixel)
0
>>> print getY(pixel)
0
```

每个像素都知道如何 getRed 和 setRed。（绿色和蓝色的工作方式相似。）

```
>>> print getRed(pixel)
2
>>> setRed(pixel,255)
>>> print getRed(pixel)
255
```

你可以用 getColor 询问像素的颜色，也可以用 setColor 设置颜色。颜色对象知道它们的红色、绿色和蓝色分量。你可以用 makeColor 函数创建新颜色。

```
>>> color = getColor(pixel)
>>> print color
color r=255 g=4 b=3
>>> newColor = makeColor(0,100,0)
>>> print newColor
color r=0 g=100 b=0
>>> setColor(pixel,newColor)
```

```
>>> print getColor(pixel)
color r=0 g=100 b=0
```

如果更改像素的颜色，则像素所属的图片也会更改。

```
>>> print getPixel(myPict,0,0)
Pixel, color=color r=0 g=100 b=0
```

常见问题：看到图片中的变化

如果你显示图片，然后更改像素，你可能希望知道，为什么你没有看到任何不同。图片显示不会自动更新。如果用该图片执行repaint，例如repaint(picture)，图片将更新。

你还可以用pickAColor生成颜色，这样你就可以通过多种方式选择颜色。

```
>>> color2=pickAColor()
>>> print color2
color r=255 g=51 b=51
```

完成操作图片后，可以用writePictureTo将它写入硬盘。

```
>>> writePictureTo(myPict,"C:/temp/changedPict.jpg")
```

常见问题：以.jpg结尾

务必使用“.jpg”结束文件名，以便操作系统将其识别为JPEG文件。

常见问题：快速保存文件以及如何再次找到它

如果你不知道所选目录的完整路径怎么办？你不必指定任何基本名称以外的内容。

```
>>> writePictureTo(myPict,"new-picture.jpg")
```

问题是再次找到该文件。它保存在哪个目录中？这是一个非常简单的、要解决的问题。默认目录（如果未指定路径，则为目录）是JES所在的目录。如果你最近使用过pickAFile()，则默认目录将是你从中选择文件的目录。如果你有一个标准媒体文件夹（如mediasources），你可以在其中保存媒体并从中选择文件，如果你没有指定完整路径，那么这就是你保存文件的位置。

我们不必编写新的函数来操作图片。我们可以使用刚才描述的函数，从命令区完成。在下面的示例中，我们使用了对一个预定义名称black的引用。所有预定义颜色名称的列表将出现在本章末尾，就在练习之前。

```
>>> print black
color r=0 g=0 b=0
>>> file="C:/ip-book/mediasources/caterpillar.jpg"
>>> pict=makePicture(file)
>>> show(pict)
>>> pixels = getPixels(pict)
>>> setColor(pixels[0],black)
>>> setColor(pixels[1],black)
```

```
>>> setColor(pixels[2],black)
>>> setColor(pixels[3],black)
>>> setColor(pixels[4],black)
>>> setColor(pixels[5],black)
>>> setColor(pixels[6],black)
>>> setColor(pixels[7],black)
>>> setColor(pixels[8],black)
>>> setColor(pixels[9],black)
>>> repaint(pict)
```

结果显示图片左上角有一条黑色小线，如图 4.9 所示。这条黑线长 10 个像素。

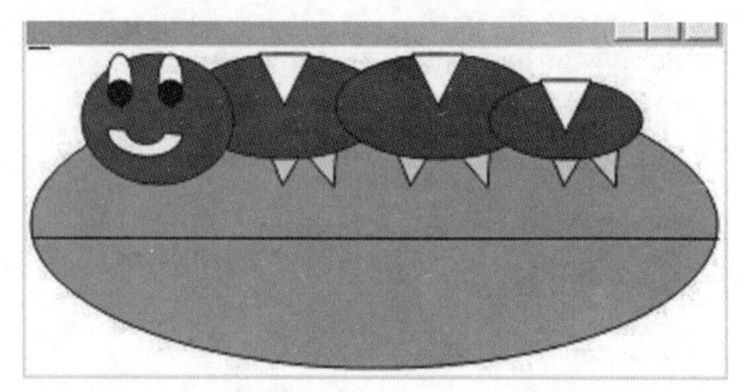

图 4.9 通过命令直接修改像素颜色：注意左上角的小黑线

让它工作提示：使用 JES 帮助

JES 有一个很棒的帮助系统。忘记了你需要什么函数？只需从 JES 的 Help 菜单中选择一个项（图 4.10——它全是超链接的，因此可以根据需要进行搜索）。忘记你已经用过的函数了吗？选择它并从 Help 菜单中选择 Explain，然后获取所选内容的说明（图 4.11）。

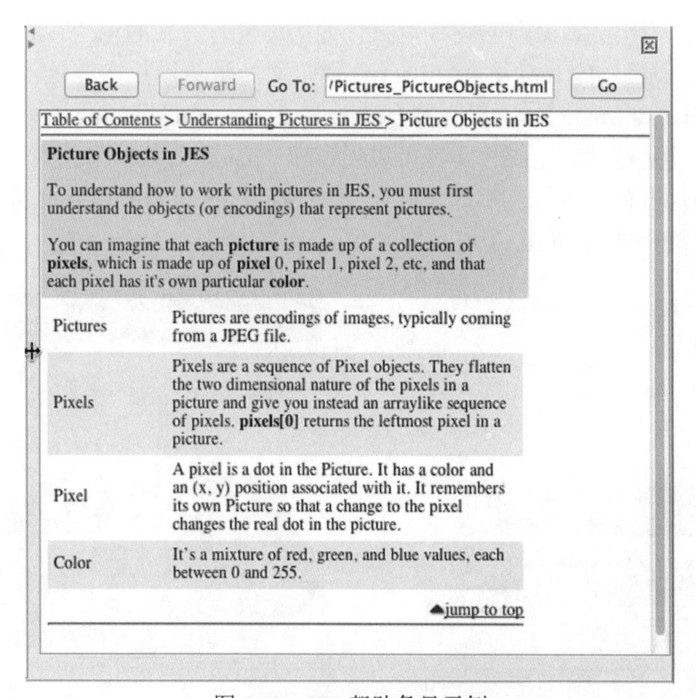

图 4.10 JES 帮助条目示例

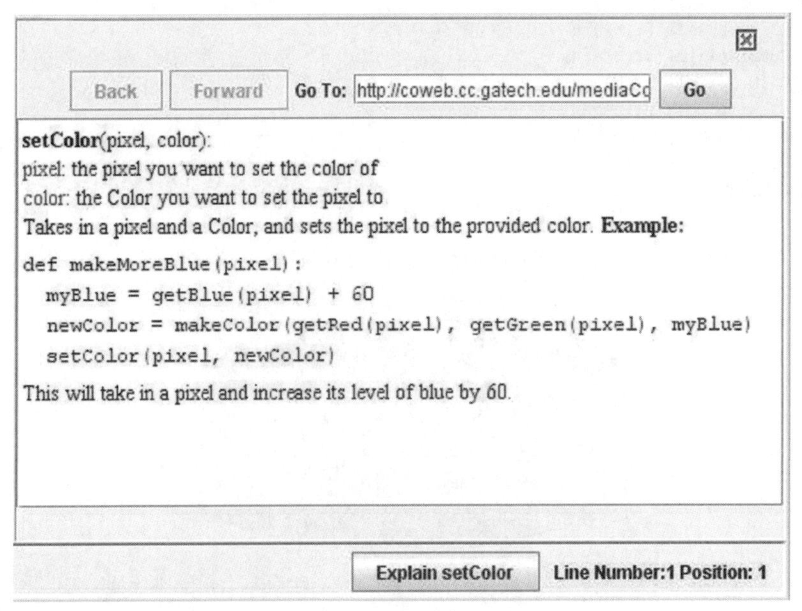

图 4.11 JES 解释条目示例

浏览图片

如果在 JES 的 MediaTools 菜单中选择 Picture Tool ...，你就有机会从命令区中定义的图片对象中选择图片。首先，你将从图片对象的名称（如果有）中进行选择，如图 4.12 所示。从可用图片对象的弹出菜单中（通过其变量名称）选择其中一个，并单击 OK。JES 图片工具使用你在命令区中定义和命名的图片对象。如果你没有命名的图片，则无法使用 JES 图片工具查看它。p = makePicture(pickAFile())让你定义一张图片并将其命名为 p。然后，你可以用 explore(pict)或用 MediaTools 菜单中的 Picture Tool ...来浏览图片。

JES 图片工具允许你浏览图片。你可以通过在“Zoom”菜单中选择一个级别来放大或缩小。当你在图片上移动鼠标光标时，按下鼠标按键，你将看到鼠标光标当前所在像素的(*x*, *y*)（水平，垂直）坐标和 RGB 值（图 4.13）。

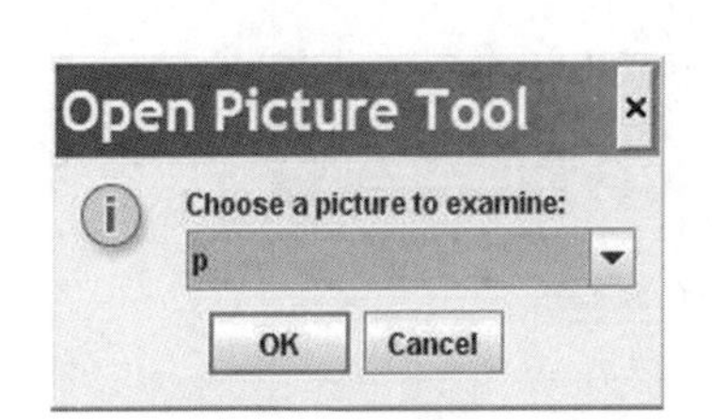

图 4.12 在 JES 的图片工具中挑选图片

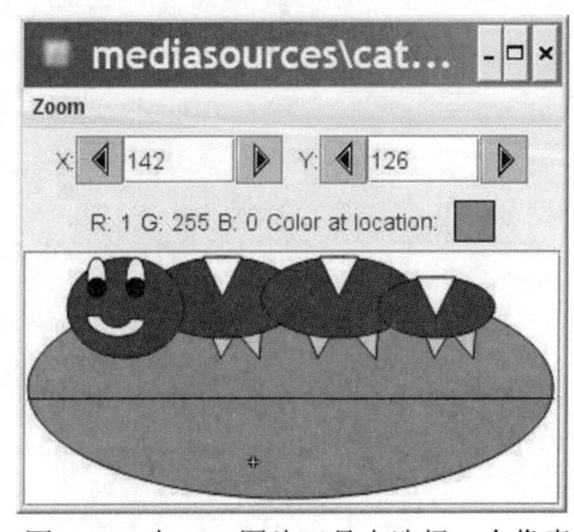

图 4.13 在 JES 图片工具中选择一个像素

- 你指向的像素的红色、绿色和蓝色值将显示出来。如果你希望了解图片中的颜色如何映射到红色、绿色和蓝色数值，这非常有用。如果你对像素进行一些计算并希望检查值，它也会有所帮助。
- 你指向的像素的 *x* 和 *y* 位置将显示出来。如果你希望计算屏幕区域（例如，如果你只想处理部分图片），这非常有用。如果你知道要处理的 *x* 和 *y* 坐标范围，就可以调整 for 循环以覆盖这些部分。

4.3　更改颜色值

最简单的处理方法是通过更改红色、绿色和蓝色分量来更改像素的颜色值。只需调整这些值，即可获得截然不同的效果。Adobe Photoshop 的一些过滤器所做的事，就是我们在本节中要做的事。

我们操作颜色的方式是计算原始颜色的百分比。如果我们想要图片中红色量的 50%，我们将把红色通道设置为现在的 0.50 倍。如果我们想要将红色增加 25%，我们可以把红色设置为现在的 1.25 倍。回想一下，星号（*）是 Python 中乘法的运算符。

4.3.1　在图片中使用循环

我们可以做的是获取图片中的每个像素，并将其设置为红色或绿色或蓝色的新值。假设我们希望将红色减少 50%。我们总是可以写如下的代码：

```
>>> file="C:/ip-book/mediasources/barbara.jpg"
>>> pict=makePicture(file)
>>> show(pict)
>>> pixels = getPixels(pict)
>>> setRed(pixels[0],getRed(pixels[0]) * 0.5)
>>> setRed(pixels[1],getRed(pixels[1]) * 0.5)
>>> setRed(pixels[2],getRed(pixels[2]) * 0.5)
>>> setRed(pixels[3],getRed(pixels[3]) * 0.5)
>>> setRed(pixels[4],getRed(pixels[4]) * 0.5)
>>> setRed(pixels[5],getRed(pixels[5]) * 0.5)
>>> repaint(pict)
```

这种写法非常烦琐，特别是对于所有像素，即使是在小图像中也是如此。我们需要一种方法，告诉计算机一遍又一遍地做同样事情。好吧，不完全一样——我们希望以明确的方式改变正在发生的事情。我们希望每次一步，或再处理一个像素。

我们可以用 for 循环来做到这一点。for 循环针对（你提供的）数组中的每个项，执行某个（你指定的）命令块，每次执行命令时，（你命名的）特定变量将具有该数组的不同元素的值。数组是有序的数据集合。getPixels 返回输入图片中所有像素对象的数组。

我们要编写如下所示的语句：

```
for pixel in getPixels(picture):
```

让我们来谈谈这里的各个部分。

- 首先是命令名称 for。

- 接下来是你要在代码中使用的变量名，用于寻址（和操作）序列的元素。在这里使用单词 pixel，因为我们希望处理图片中的每个像素。
- 单词 in 是需要的——你必须输入它！与省略它相比，键入 in 使得命令的可读性更好，因此额外的 4 次击键（空格-i-n-空格）是有好处的。
- 然后你需要一个数组。每次通过循环时，数组的每个元素将赋给变量 pixel：数组的一个元素，循环的一次迭代，数组的下一个元素，循环的下一次迭代。我们使用函数 getPixels 为我们生成数组。
- 最后，你需要一个冒号（“:”）。冒号很重要——它表示接下来是一个语句块（你应该记得在第 2 章中读到过有关语句块的内容）。

接下来是你要针对每个像素执行的命令。每次执行命令时，变量（在我们的示例中是 pixel）将是与数组不同的元素。命令（称为循环体）被指定为一个块。这意味着它们应该紧跟 for 语句，每个语句都在自己的行上，并且缩进两个空格！例如，下面是一个 for 循环，它将每个像素的红色通道设置为原始值的一半。

```
for pixel in getPixels(picture):
  value = getRed(pixel)
  setRed(pixel,value * 0.5)
```

我们来谈谈这段代码。

- 第一个语句说我们将有一个 for 循环，它将变量 pixel 设置为从 getPixels(picture)输出的数组的每个元素。
- 下一个语句是缩进的，因此它是 for 循环体的一部分——每次像素有一个新值时将执行的一个语句（无论图片中的下一个像素是什么）。它获取当前像素的当前红色值，并将它放入变量 value。
- 第三个语句仍然缩进，因此它仍然是循环体的一部分。在这里，我们将名为 pixel 的像素的红色通道的值设置为（setRed）变量 value 的值乘以 0.5。这将使原始值减半。

记住，函数定义 def 语句之后的内容也是一个块。如果函数内部有 for 循环，则 for 语句已经缩进了两个空格，因此 for 的循环体（要执行的语句）必须缩进 4 个空格。for 循环的块在函数块内。这称为“嵌套块”——一个块嵌套在另一个块内。下面是将循环变成一个函数的示例。

```
def decreaseRed(picture):
  for pixel in getPixels(picture):
    value = getRed(pixel)
    setRed(pixel,value * 0.5)
```

实际上，你不必将循环放入函数中来使用它们。你可以在 JES 的命令区中键入它们。如果你指定一个循环，JES 足够聪明，可以知道你需要输入多个命令，所以它会将提示符从>>>更改为...。当然，它无法知道你什么时候完成，所以你必须单按 Enter 键而不输入任何其他内容，从而告诉 JES 你已经完成了循环体。你可能意识到我们并不真正需要变量 value——我们可以就用具有相同值的函数替换该变量。以下是在命令行中执行此操作的方法：

```
>>> for pixel in getPixels(picture):
...   setRed(pixel,getRed(pixel) * 0.5)
```

既然我们已经看到了如何让计算机完成数以千计的命令而无需编写成千上万的单独代

码行，那么就让我们试一试。

4.3.2 增加/减少红色（绿色、蓝色）

处理数码照片时的一个常见愿望是调整照片的红色（或绿色或蓝色——最常见的是红色）。你可以将它增大让图片“变暖”，或者将它减小让图片“变冷”，或对付偏红的数码相机。

下面给出的程序减少了输入图像中 50%的颜色数量。它使用变量 pix 代表当前像素。我们在前一个函数中使用了变量 pixel。没关系，名字可以是我们想要的任何东西。

程序 34：将图片中的红色数量减少 50%

```
def decreaseRed(picture):
  for pix in getPixels(picture):
    value=getRed(pix)
    setRed(pix,value*0.5)
```

接下来，在 JES 程序区中输入上述代码。单击 Load Program，让 Python 处理该函数（确保保存它，例如保存为 reduceRed.py），从而使名称 reduceRed 代表此函数。请跟随下面的示例，更好地了解这一切是如何工作的。

让它工作提示：程序文件可以有任意数量的函数

我们让你保存文件 reduceRed.py，其中只包含单个函数，即 reduceRed。我们可以在 Python 文件中包含多个函数。实际上，你放入文件的函数数量没有实际限制。

这个菜谱以图片作为输入——我们将用它来获取像素。要获得图片，我们需要一个文件名，然后需要从中生成图片。我们还可以使用函数 explore(picture)，在一张图片上打开 JES 图片工具。这将产生当前图片的一个拷贝，并在 JES 图片工具中显示。将函数 reduceRed 应用于图片之后，我们可以再次浏览它，并将两张图片并排比较。因此，该程序可以如下使用：

```
>>> file="C:/ip-book/mediasources/eiffel.jpg"
>>> picture=makePicture(file)
>>> explore(picture)
>>> decreaseRed(picture)
>>> explore(picture)
```

常见问题：耐心——for 循环总是会结束

对于这种代码，最常见的错误是在它自己结束之前放弃，并单击 Stop 按钮。如果你使用 for 循环，程序总是会停止。但对于我们将要做的一些操作，可能需要整整一分钟（或两分钟！），特别是如果你的源图像很大。

原始图片及其减少红色的版本如图 4.14 所示。显然，50%减少了很多红色。图片看起来像是通过蓝色滤镜拍摄的。注意，第一个像素的红色值原来是 133，已更改为 66。

图 4.14 原始图片（左）和减少红色的版本（右）

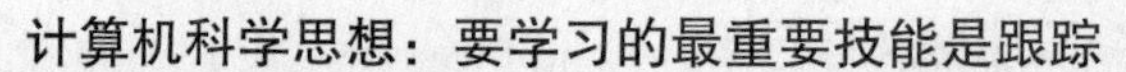

计算机科学思想：要学习的最重要技能是跟踪

在编程的第一门课程中，你可以培养的最重要技能是跟踪程序的能力。（这有时也称为单步调试程序。）跟踪程序是逐行执行它，并确定发生了什么。看一个程序，你能预测它会做什么吗？通过思考它的行为，你应该能预测。最终，你希望能够设计新程序，但在有效地创建新程序之前，你必须了解程序的工作原理。

工作原理

让我们跟踪减少红色的函数，看看它如何工作。我们希望在刚刚调用 reduceRed 处中断：

```
>>> file="C:/ip-book/mediasources/Katie-smaller.jpg"
>>> picture=makePicture(file)
>>> explore(picture)
>>> decreaseRed(picture)
>>> explore(picture)
```

现在发生了什么？decreaseRed 实际上表示我们之前看到的函数，因此它开始如下执行：

```
def decreaseRed(picture):
  for p in getPixels(picture):
    value=getRed(p)
    setRed(p,value*0.5)
```

执行的第一行是 def decreaseRed(picture)： 这一行，这表示函数期望某个输入，并且在执行函数期间，该输入被命名为 picture。

计算机科学思想：函数内的名称与函数外的名称不同

函数内的名称（如 decreaseRed 示例中 picture、p 和 value）与命令区或任何其他函数中的名称完全不同。我们说它们有不同的作用域，这意味着名称的定义区域。在函数 decreaseRed 中，名称 p 在局部作用域内。无法从命令区访问它。在命令区中创建的名称具有更全局的作用域。可以从程序区中定义的函数中访问这些名称。

在计算机内部，我们可以想象它现在的样子：单词 picture 和作为输入的图片对象之间存在某种关联。

现在我们到达 for p in getPixels(picture):这一行，这意味着图片中的所有像素都作为一个序列（在一个数组中）排列起来（在计算机内），并且变量 *p* 应该被赋值为（关联）第一个像素。我们可以想象，在计算机内部现在看起来像下面一样：

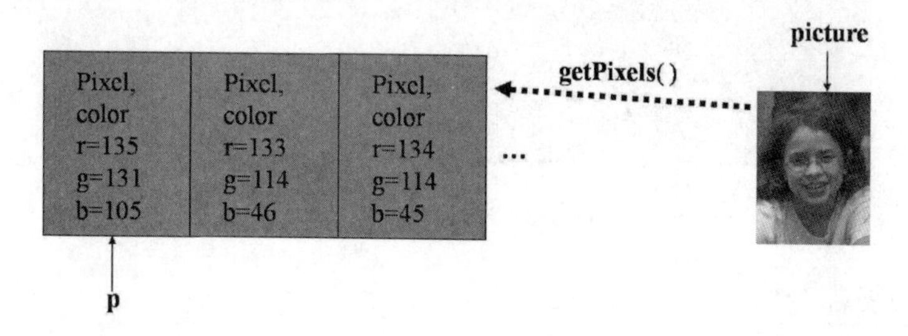

每个像素都有自己的 RGB 值。*p* 指向第一个像素。注意，变量 picture 仍在那里——我们可能不再使用它了，但它仍然存在。

现在我们到达 value=getRed(p)。这只不过是为计算机已经为我们跟踪的那些数据添加了另一个名称，并为其提供了一个简单的数值。

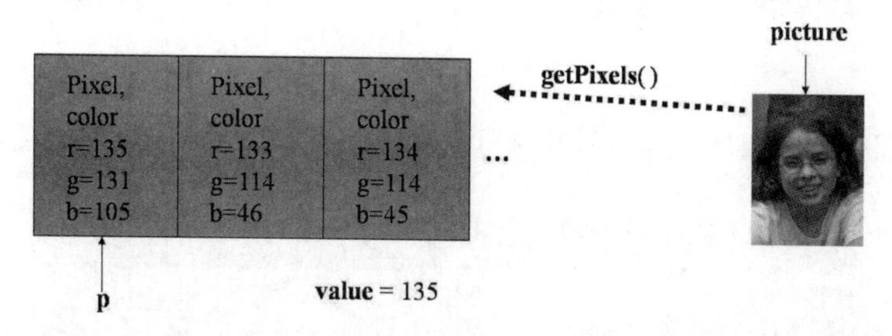

最后，我们位于循环的底部。计算机执行 setRed(p,value* 0.5)，它将像素 p 的红色通道更改为 value 的 50%。*p* 的值是奇数，所以当乘以 0.5 时我们得到 67.5，但是我们将结果放在一个整数中，这样就会简单地抛弃数字的小数部分。所以原始红色值 135 变为 67。

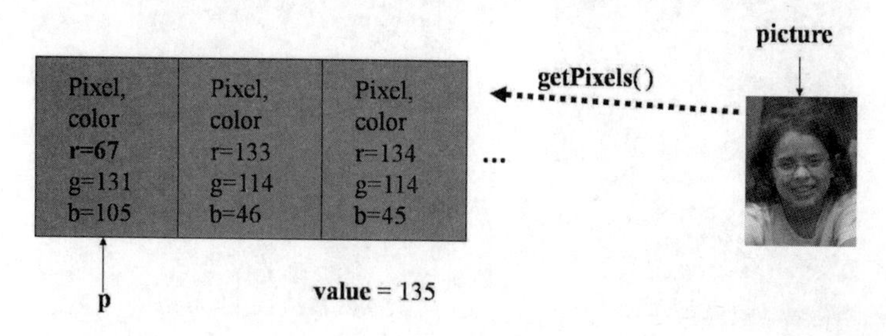

接下来发生的事情非常重要：循环重新开始！我们回到 for 循环并获取数组中的下一个

值。名称 *p* 与下一个值相关联。

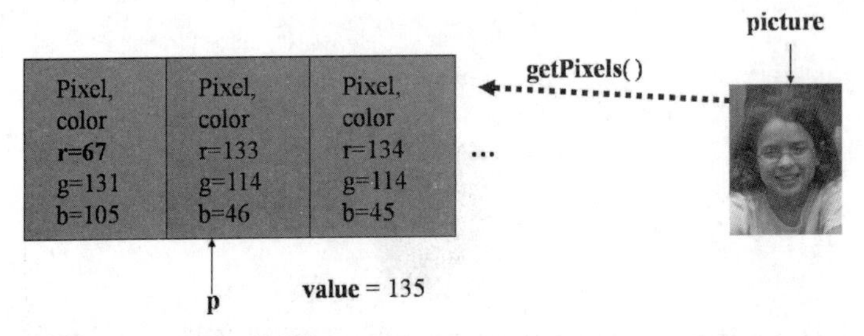

我们在 value=getRed(p)处获得 value 的新值，所以现在值为 133，而不是第一个像素的 135。

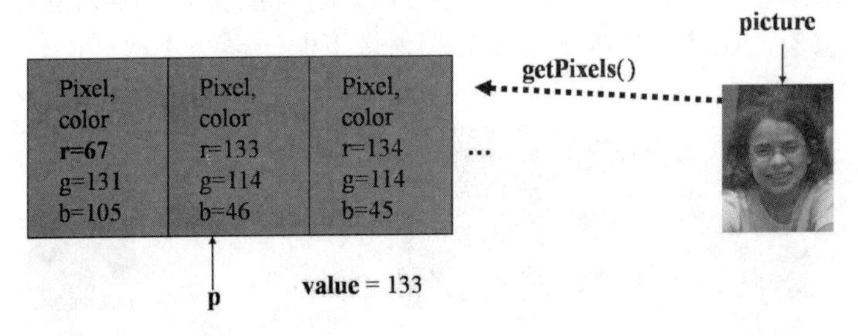

然后我们改变那个像素的红色通道。

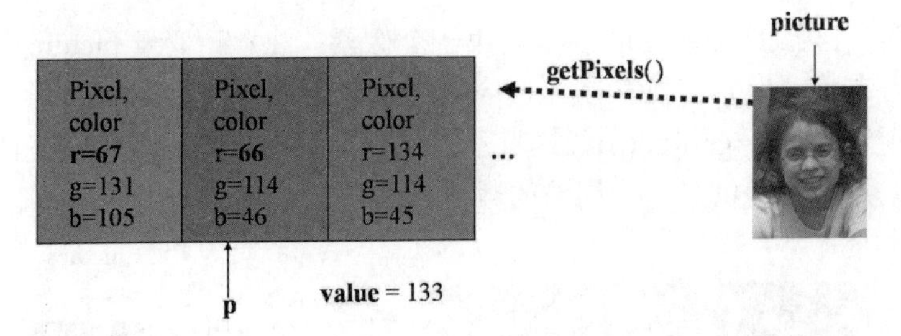

最后，我们得到图 4.15。我们继续浏览序列中的所有像素，并更改所有红色值。

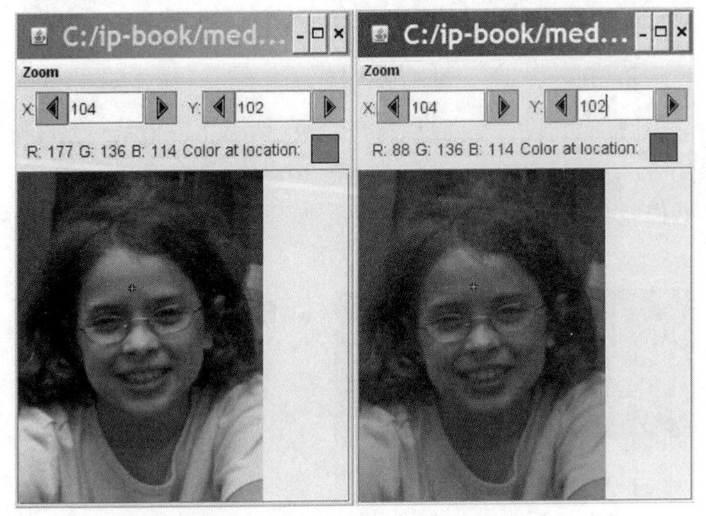

图 4.15 使用 JES 图片工具让自己相信红色已经减少

4.3.3 测试程序：这真的有效吗

我们怎么知道我们做的确实有效呢？当然，图片上发生了一些事情，但我们真的减少了红色吗？减少了 50%？

让它工作提示：不要只是相信自己的程序

很容易误导你自己，认为你的程序有效。毕竟，你告诉计算机要做点什么，所以如果计算机做了你想做的事，你不应该感到惊讶。但计算机真的很愚蠢——它们无法猜到你想要的东西。它们只做你告诉它们的事。很容易变成"几乎"正确。一定要检查。

我们可以通过几种方式检查它。一种方法是使用 JES 图片工具。你可以使用图片工具检查前后图片中相同 x 和 y 坐标处的 RGB 值。单击并将光标拖动到一个位置以检查前图片，然后在图片工具中键入相同的 x 和 y 坐标并按 Enter 键。这将显示前后图片中所需 x 和 y 位置的颜色值（图 4.15）。

还可以用我们在命令区中知道的函数来检查各个像素的红色值。

```
>>> file = pickAFile()
>>> pict = makePicture(file)
>>> pixel = getPixel(pict,0,0)
>>> print pixel
Pixel, color=color r=168 g=131 b=105
>>> decreaseRed(pict)
>>> newPixel = getPixel(pict,0,0)
>>> print newPixel
Pixel, color=color r=84 g=131 b=105
>>> print 168 * 0.5
84.0
```

4.3.4 一次更改一种颜色

让我们现在增加图片中的红色。如果将红色分量乘以 0.5 会减小它，将它乘以超过 1.0 的值就会增加它。

程序 35：将红色分量增加 20%

```
def increaseRed(picture):
  for p in getPixels(picture):
    value=getRed(p)
    setRed(p,value*1.2)
```

工作原理

像我们对 reduceRed 做的那样，我们用相同的命令区语句来使用 increaseRed。当我们输入类似 increaseRed(pict)的东西时，会发生同样的过程。我们得到输入图片 pict 的所有像素（无论是什么），然后将变量 p 赋值为列表中的第一个像素。我们得到它的红色值（如 100）

并将它命名为 value。我们将当前由名称 *p* 表示像素的红色值赋值为 1.2 × 100 或 120。然后，我们对输入图像中的每个像素 *p* 重复该过程。

如果增加具有大量红色的图片中的红色，导致一些红色值超过 255，会怎样？在这种情况下有两种选择。该值可能被剪裁为最大值 255，或者可能使用模（余数）运算符将它折叠。例如，如果值为 200，你尝试将其加倍为 400，则它可能被剪裁为 255，或被折叠为 144（400 − 256）。尝试一下，看看会发生什么，然后检查你的选项是如何设置的。JES 提供了将颜色值剪裁为 255 或对它们进行折叠的选项。要更改此选项，可单击菜单中的“Edit”，然后单击“Options”。要更改的选项是按 256 对像素颜色值取模。折叠用的是模运算。要防止增长超过 255，不是使用取模。

我们甚至可以完全消除颜色分量。下一个程序从图片中删除蓝色分量。

程序 36：清除图片中的蓝色分量

```
def clearBlue(picture):
  for p in getPixels(picture):
    setBlue(p,0)
```

4.4 创造日落

我们当然可以同时进行多种图片操作。有一次，马克希望从岛屿场景中产生日落。他的第一次尝试是增加红色，但这不起作用。给定图片中的一些红色值非常高。如果你的通道值超过 255，则默认为折叠。如果将一个像素 setRed 为 256，则实际上会得到 0。因此，增加红色会产生明亮的蓝绿色（无红色）斑点。

马克的第二个想法是，在日落中发生的事情可能是蓝色和绿色较少，因此强调了红色，而不是实际增加红色。下面是他为此写的程序：

程序 37：日落

```
def makeSunset(picture):
  for p in getPixels(picture):
    value=getBlue(p)
    setBlue(p,value*0.7)
    value=getGreen(p)
    setGreen(p,value*0.7)
```

工作原理

像过去的例子一样，我们接受一个输入 picture，并用变量 *p* 表示输入图像中的每个像素。我们得到每个蓝色分量，然后用原始值乘以 0.70 来设置它。接着我们对绿色做同样的事情。实际上，我们正在改变蓝色和绿色通道——每个通道减少 30%。效果非常好，如图 4.16 所示。

理解函数

此时你可能对函数有很多疑问。为什么我们以这种方式编写这些函数？我们如何在函数和命令区中重用像 picture 这样的变量名？还有其他方法来编写这些函数吗？有没有所谓的较好或较差的函数呢？

图 4.16 原始岛屿场景（左）和（假）日落（右）

由于我们总是选择一个文件（或输入文件名），然后生成一个图片，再调用一个图片处理函数，然后显示或浏览图片，因此很自然地会问，为什么我们不将它们放在一起呢？为什么不是每个函数中都有 pickAFile()和 makePicture 呢？

我们以这种方式使用这些函数，让它们更通用、可复用。我们希望每个函数只做一件事，这样就可以在需要完成那件事的新环境中再次使用该函数。一个例子可以使这更清楚。考虑创造日落的程序（程序 37）。它的工作是减少绿色和蓝色，每种减少 30%。如果我们重写这个函数，使得它调用两个较小的函数来执行两个操作呢？ 我们最终得到的程序类似于程序 38。

程序 38：将日落作为 3 个函数

```
def makeSunset2(picture):
  reduceBlue(picture)
  reduceGreen(picture)

def reduceBlue(picture):
  for p in getPixels(picture):
    value=getBlue(p)
    setBlue(p,value*0.7)

def reduceGreen(picture):
  for p in getPixels(picture):
    value=getGreen(p)
    setGreen(p,value*0.7)
```

工作原理

首先要意识到的是，这确实能工作。makeSunset2 在这里做的与 makeSunset 的上一个菜谱相同。函数 makeSunset 获取输入图片，然后用相同的输入图片调用 reduceBlue。reduceBlue 用 *p* 表示输入图像中的每个像素，并将每个像素的蓝色减少 30%（乘以 0.7）。然后 reduceBlue 结束，控制流（即下一个执行的语句）返回到 makeSunset2，再执行下一个语句。那是用相同的输入图片调用函数 reduceGreen。与以前一样，reduceGreen 处理每个像素，将绿色值降低 30%。

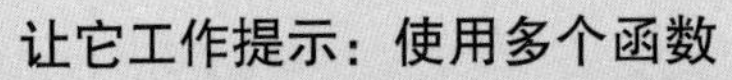

让它工作提示：使用多个函数

在一个程序区中有多个函数，保存在一个文件中，这是完全可行的。它可以使读取和复用函数更容易。

有一个函数（在这个例子中是 makeSunset2）使用程序员在同一个文件中编写的其他函数（reduceBlue 和 reduceGreen），这是完全可行的。你可以像使用 makeSunset 一样使用 makeSunset2。它是相同的菜谱（它告诉计算机做同样的事情），但具有不同的函数。早期的菜谱在一个函数中完成所有事情，而这个菜谱在 3 个函数中完成。实际上，你还可以使用 reduceBlue 和 reduceGreen——在命令区中生成图片，并将它作为输入传递给其中任何一个。它们就像 reduceRed 一样工作。

不同之处在于，函数 makeSunset2 更易于阅读。它非常明确地说："创造日落意味着减少蓝色和减少绿色。"易于阅读很重要。

计算机科学思想：程序是为人类编写的

计算机毫不关心程序的样子。编写程序是为了与人沟通。使程序易于阅读和理解，这意味着它们更容易被更改和复用，并且它们更有效地将过程告诉其他人。

如果我们用 pickAFile、show 和 repaint 来编写 reduceBlue 和 reduceGreen，会怎样呢？像下面的东西：

```
def reduceBlueNotReusable():
  picture = makePicture(pickAFile())
  show(picture)
  for p in getPixels(picture):
    value=getBlue(p)
    setBlue(p,value*0.7)
  repaint(picture)

def reduceGreenNotReusable():
  picture = makePicture(pickAFile())
  show(picture)
  for p in getPixels(picture):
    value=getGreen(p)
    setGreen(p,value*0.7)
    repaint(picture)
```

每次使用该函数时，都要求提供图片。由于这些函数可以获得自己的图片，因此我们无法像 makeSunset2 那样提供图片作为输入。基本上，这些版本不能用于新目的——它们不容易重复使用。因为我们编写了原来的函数 reduceBlue 和 reduceGreen 来减少蓝色和减少绿色（"做且只做一件事"），所以可以在 makeSunset2 等新函数中复用它们。

现在假设我们将 pickAFile 和 makePicture 放入 makeSunset2 中，如下所示：

```
def makeSunset2NotReusable():
  picture = makePicture(pickAFile())
  show(picture)
```

```
  reduceBlue(picture)
  reduceGreen(picture)
  repaint(picture)
```

函数 reduceBlue 和 reduceGreen 非常灵活，又可以重复使用。但 makeSunset2 现在不那么灵活和可复用了。这是一个大问题吗？不，如果你只希望让该函数向一张图片提供日落的外观，那就不是问题。但是，如果你以后希望制作一个有几百帧的电影，希望添加一个日落效果呢？你真的希望用 pickAFile()来挑选那几百帧中的每一帧吗？还是你宁愿做一个循环来处理这些帧（我们将在几章后学习如何做），将它们作为输入发送到更一般形式的 makeSunset2？这就是为什么我们让函数变得通用和可复用——永远不知道什么时候你希望在更大的上下文中再次使用函数。

让它工作提示：开始不要试图编写应用程序

新程序员常常想要编写非技术用户可以使用的完整应用程序。你可能希望编写一个 makeSunset 应用程序，该应用程序将为用户提取图片并生成日落。建立任何人都可以使用的良好用户界面，是一项艰苦的工作。开始要更慢一点。制作一个可重复使用的函数，将图片作为输入，这已经够难了。你可以稍后处理用户界面。

我们也可以在其中一个菜谱的开头说明这些函数和显式文件名：

```
file="C:/ip-book/mediasources/bridge.jpg"
```

这样不会每次都提示输入文件。但这些函数只适用于一个文件，如果我们希望它们适用于其他文件，就必须修改它们。你是否真的希望在每次使用时更改函数？保持函数不变并改变你传给它的图片，这样会更容易。

当然，我们可以将所有函数更改为接受文件名而不是图片。例如，我们可以写成：

```
def makeSunset3(filename):
  reduceBlue(filename)
  reduceGreen(filename)

def reduceBlue(filename):
  picture = makePicture(filename)
  for p in getPixels(picture):
    value=getBlue(p)
    setBlue(p,value*0.7)

def reduceGreen(filename):
  picture = makePicture(filename)
  for p in getPixels(picture):
    value=getGreen(p)
    setGreen(p,value*0.7)
```

这比我们之前看到的代码更好还是更差？在某种程度上，这不重要——我们可以处理图片或文件名，无论哪个对我们更有意义。但是，作为输入文件名的文件确实有几个缺点。首先，它不能工作！图片是在 reduceGreen 和 reduceBlue 中的每一个中生成的，但是它没有保存，所以在函数结束时丢失了。makeSunset2 的早期版本（及其子函数，它调用的函数）通过副作用工作——函数不返回任何内容，但它直接更改输入对象。

在每个函数的工作完成之后，将文件保存到硬盘，这样可以修复图像丢失的问题，但这样函数就超出了“做且只做一件事”。生成图片两次还有效率低的问题，如果我们要添加保存，要将图片保存两次。同样，最好的函数“做且只做一件事”。

甚至更大的函数，比如makeSunset2，也是“做且只做一件事”。makeSunset2生成了一张看起来很漂亮的图片。它通过减少绿色和减少蓝色来实现。它调用另外两个函数来做到这一点。我们最终实现了层次化的目标——当前正在“做且只做一件事”。通过让另外两个函数做它们的一件事，makeSunset做了它的一件事。我们称之为“层次分解”（将问题分解为较小的部分，再分解较小的部分，直到获得可以轻松编程的内容）。用你理解的片段来创建复杂的程序，这非常强大。

函数中的名称与命令区中的名称是完全分开的。让任何数据（图片、声音、文件名、数字）从命令区进入函数的唯一方法，是将它作为输入传递给函数。在函数中，你可以使用任何你想要的名称。你在函数中首先定义的名称（如上一个示例中的picture）和用于表示输入数据的名称（如filename），仅在函数运行时存在。函数完成后，变量名称就不再存在了。

这确实是一个优势。早些时候，我们说命名对计算机科学家来说非常重要：我们命名一切，从数据到函数。但如果每个名字永远只能意味着一件事，我们就会用完名字。在自然语言中，单词在不同的上下文中意味着不同的东西（例如，“What do you mean?”和“You are being mean!”）。函数是一个不同的上下文——名称在函数内和函数外可能意味着不同的东西。

有时候，你需要在函数内部计算某些内容，将结果返回给命令区或调用函数。我们已经看到输出值的函数，比如pickAFile，它输出一个文件名。如果在函数内部执行了makePicture，则可能需要输出在函数内创建的图片。你可以用return来执行此操作，稍后我们将详细介绍。

你为函数输入提供的名称可以看成占位符。每当占位符出现时，想象一下输入数据会出现。所以对于下面的函数，

```
def decreaseRed(picture):
  for p in getPixels(picture):
    value=getRed(p)
    setRed(p,value*0.5)
```

我们将用decreaseRed(myPicture)这样的语句来调用decreaseRed。无论myPicture中的图片是什么，在reduceRed运行时，都会被称为picture。对于那几秒，decreaseRed中的picture和命令区中的myPicture指的是相同的图片。改变一个中的像素也会改变另一个中的像素。

我们现在讨论了编写相同函数的不同方法——有些较好，有些较差。还有其他方法几乎相同，有些方法要好得多。让我们考虑更多的编写函数的方法。

我们一次可以传入多个输入。考虑这个版本的decreaseRed：

```
def decreaseRed(picture, amount):
  for p in getPixels(picture):
    value=getRed(p)
    setRed(p,value*amount)
```

我们会通过像decreaseRed(mypicture, 0.25)这样的调用来使用这个函数。这种用法会使红色减少75%。我们可以调用decreaseRed(mypicture, 1.25)，将红色增加25%。也许这个函数

应该更好地命名为changeRed，因为这就是它现在的功能：一种改变图片中所有红色的一般方法。这是一个非常有用而强大的函数。

回想一下在程序36中看到的代码：

```
def clearBlue(picture):
  for p in getPixels(picture):
    setBlue(p,0)
```

我们也可以写下面的程序：

```
def clearBlue(picture):
  for p in getPixels(picture):
    value = getBlue(p)
    setBlue(p,value*0)
```

重要的是要注意，这个函数实现了与早期程序完全相同的功能。两者都将所有像素的蓝色通道设置为0。后一个函数有一个优点：它具有与我们所见的所有其他颜色变化函数相同的形式。这可能让它更容易理解，这是有用的。效率稍差——在将蓝色值设置为0之前不必先获取它，也不需要在我们只想要零值时乘以0。这个函数所做的确实超出了它的需要——它不是“做且只做一件事”。

4.5 变亮和变暗

使图片变亮或变暗非常简单。它与我们之前看到的模式相同，但不是更改颜色分量，而是更改整体颜色。下面是变亮和变暗的程序。图4.17展示了图片的原始版本和较暗版本。

程序39：图片变亮

```
def lighten(picture):
  for px in getPixels(picture):
    color = getColor(px)
    color = makeLighter(color)
    setColor(px,color)
```

工作原理

变量px用于表示输入图像中的每个像素。(不是p!这重要吗？对计算机来说不重要——如果p意味着“像素”，那就使用它，但可以随意使用px或pxl甚至pixel!）color取得像素px的颜色。makeLighter函数返回新的较亮的颜色。setColor方法将像素的颜色设置为新的较亮的颜色。

程序40：图片变暗

```
def darken(picture):
  for px in getPixels(picture):
    color = getColor(px)
    color = makeDarker(color)
    setColor(px,color)
```

图 4.17 原始图片（左）和较暗版本（右）

4.6 创造负片

创造图片的负片图像比你开始想象的要容易得多。让我们思考一下。我们想要的是红色、绿色和蓝色的每个当前值的相反颜色。在极端情况下最容易理解。如果红色分量为 0，我们需要 255。如果分量是 255，我们希望负色对应分量为 0。

现在让我们考虑中间颜色。如果红色分量仅略带红色（比如 50），我们想要几乎完全是红色的东西——其中“几乎”与原始图片中的红色相当。我们想要最大的红色（255），但比它少 50。我们想要一个 255 − 50 = 205 的红色分量。一般来说，负色应该是 255 − 原始分量。我们需要计算每个红色、绿色和蓝色的负色分量，然后创建一个新的负色，并将像素设置为负色。

这是做这件事的程序，你可以看到它确实有效（图 4.18）。

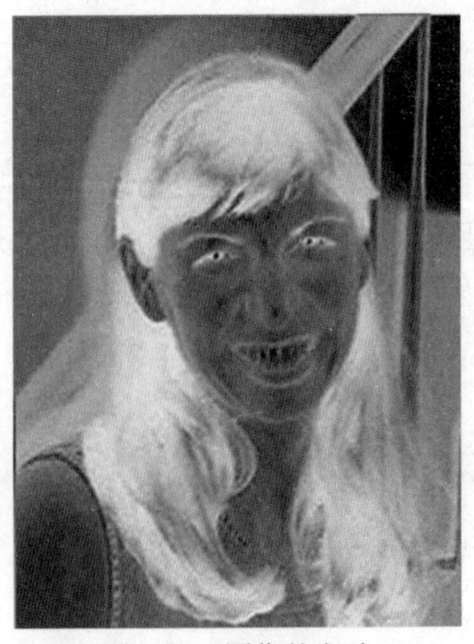

图 4.18 图像的负片

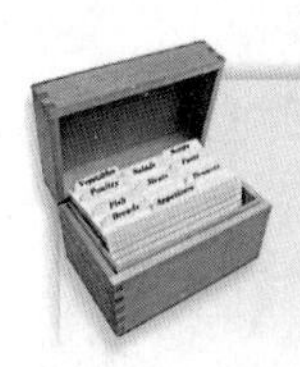

程序 41：创建原始图片的负片

```
def negative(picture):
  for px in getPixels(picture):
    red=getRed(px)
    green=getGreen(px)
    blue=getBlue(px)
    negColor=makeColor(255-red, 255-green, 255-blue)
    setColor(px,negColor)
```

工作原理

我们用 px 来表示输入图像中的每个像素。对于每个像素 px，用变量 red、green 和 blue 来命名像素颜色的红色、绿色和蓝色分量。我们用 makeColor 生成一个新颜色，其红色分量为 255−red，绿色为 255−green，蓝色为 255−blue。这意味着新颜色与原始颜色相反。最后，我们将像素 px 的颜色设置为新的负色（negColor），并转到下一个像素。

4.7 转换为灰度图

转换为灰度图是一个有趣的程序。它很短，不难理解，但却有非常引人注目的视觉效果。通过操作像素颜色值，人们可以轻松地完成强大的操作，这是一个非常好的例子。

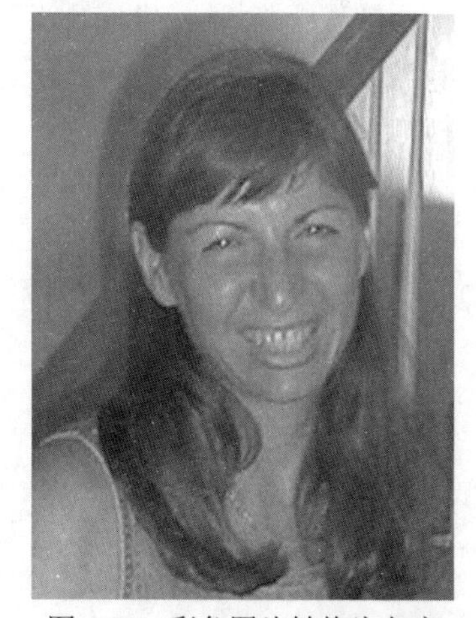

图 4.19 彩色图片转换为灰度

回想一下，只要红色分量、绿色分量和蓝色分量具有相同的值，结果颜色就是灰色。这意味着我们的 RGB 编码支持 256 级灰度，从（红色= 0，绿色= 0，蓝色= 0）（黑色），到（1,1,1），到（100,100,100），最后到（255,255,255）（白色）。棘手的部分是弄清楚复制的值应该是什么。

我们想要的是对颜色强度的感觉，称为亮度。事实证明，有一种非常简单的计算方法：平均 3 种分量颜色。由于有 3 个组成部分，因此我们将采用的强度公式是：

$$\frac{(\text{红色}+\text{绿色}+\text{蓝色})}{3}$$

这导致了以下的简单程序和图 4.19。

程序 42：转换为灰度图

```
def grayScale(picture):
  for p in getPixels(picture):
    intensity = (getRed(p)+getGreen(p)+getBlue(p))/3
    setColor(p,makeColor(intensity,intensity,intensity))
```

这实际上是一个过于简单的灰度概念。以下的程序考虑了人眼如何感知亮度。请记住，我们认为蓝色比红色更暗，即使反射的光量相同。因此，在计算平均值时，我们将蓝色降低，将红色升高。

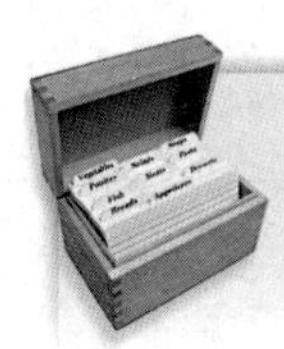

程序 43：带权重转换为灰度图

```
def grayScaleNew(picture):
  for px in getPixels(picture):
    newRed = getRed(px) * 0.299
    newGreen = getGreen(px) * 0.587
    newBlue = getBlue(px) * 0.114
    luminance = newRed+newGreen+newBlue
    setColor(px,makeColor(luminance,luminance,luminance))
```

工作原理

我们用 *px* 表示图片中的每个像素。然后，我们根据经验研究表明的人类感知每种颜色的亮度的方法，来确定红色、绿色和蓝色的权重。注意，0.299 + 0.587 + 0.114 是 1.0。我们仍然会得到一个 0～255 的值，但我们让更多的亮度值来自绿色部分，更少来自红色，更少来自蓝色（蓝色我们已经证明看起来是最暗的）。然后，我们将这 3 个加权值相加，以获得新的亮度。我们生成颜色，并将像素 *px* 的颜色设置为生成的新颜色。

4.8　用索引指定像素

在第 3 章中，我们用索引表示法来指定字符串中的字符位置和列表中的项。函数 getPixels 实际上返回一个像素列表。我们可以使用方括号（[]）索引表示法，来操作图片中的像素。

我们先重写 reduceRed 函数，以使用数组表示法。下面是原来的函数：

```
def decreaseRed(picture):
  for pixel in getPixels(picture):
    value = getRed(pixel)
    setRed(pixel,value * 0.5)
```

我们需要做一些改动：

- 用名称 pixels 表示 getPixels(picture)。
- for 循环将更改一个 index 变量。
- 为列表 pixels 中位于 index 处的像素命名变量 pixel。

下面是新版本。

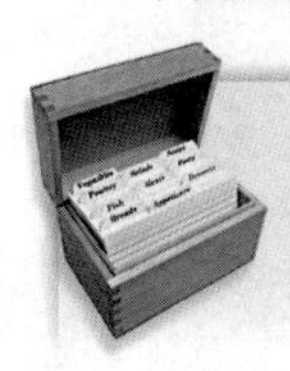

程序 44：使用索引表示法减少红色

```
def decreaseRedIndexed(picture):
  pixels = getPixels(picture)
  for index in range(0,len(pixels)):
    pixel = pixels[index]
    value = getRed(pixel)
    setRed(pixel,value * 0.5)
```

函数 decreaseRedIndexed 与 decreaseRed 的作用完全相同。但在内部，它们做的事情有点不同。这一点点差异让我们可以做一些新事情。例如，我们可以对图片中的 1/2 像素执行某些操作。

程序 45：对图片的前半部分减少红色

```
def decreaseRedHalf(picture):
  pixels = getPixels(picture)
  for index in range(0,len(pixels)/2):
    pixel = pixels[index]
    value = getRed(pixel)
    setRed(pixel,value * 0.5)
```

现在，当我们运行 decreaseRedHalf 时，哪一半图片的红色会减少呢？左半边？右半边？上半边？下半边？这一切都取决于 getPixels 用于收集像素的顺序。我们来试试吧：

```
>>> file = "/Users/guzdial/Desktop/mediasources-4ed/statue-tower.jpg"
>>> pict = makePicture(file)
>>> decreaseRedHalf(pict)
>>> explore(pict)
```

正如我们所看到的（图 4.20），函数 decreaseRedHalf 处理图片中的上半部分像素。这告诉我们，getPixels 从上到下工作。

一旦知道 getPixels 如何返回像素，就可以做一些更有趣的操作。例如，我们可以将上半部分复制到下半部分。我们在雕像塔上运行了这个程序，得到图 4.21 中的结果。

图 4.20 左侧是原始图片，右侧是减少一半红色后的图片

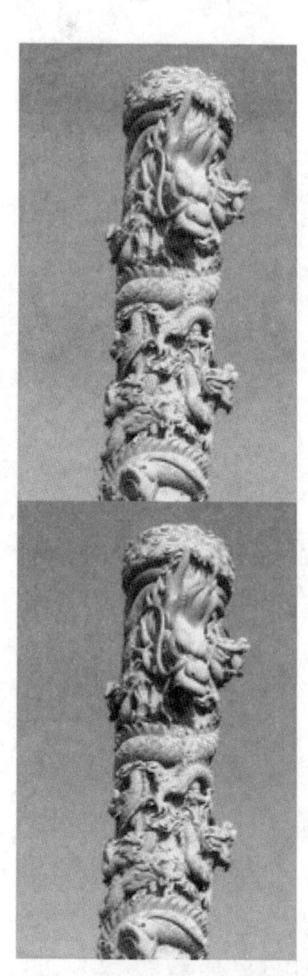

图 4.21 图片的顶部复制到图片的底部

程序 46：将图片的上半部分复制到图片的下半部分

```
def copyHalf(picture):
 pixels = getPixels(picture)
 for index in range(0,len(pixels)/2):
   pixel1 = pixels[index]
   color1 = getColor(pixel1)
   pixel2 = pixels[index + len(pixels)/2]
   setColor(pixel2,color1)
```

工作原理

函数 copyHalf 就像 reduceRedHalf 函数一样开始。我们得到所有像素，并构造一个 for 循环，使得 index 变量取得图片上半部分中的索引值。

- 从 pixels[index]获得一个像素（命名为 pixel1）。
- 得到它的颜色，color1 = getColor(pixel1)。这将整个颜色（全部红色、绿色和蓝色分量）存储在名称 color1 中。
- 现在，我们从图片中获得第二个像素。由于我们知道索引值从 0 到 len(pixels)/2，所以知道像素的后半部分从 len(pixels)/2 变为 len(pixels)。通过在 index 上加上 len(pixels)/2，我们在图片的下半部分得到一个像素。
- 将第二个像素 pixel2 的颜色设置为从 pixel1 获得的颜色，它存储在变量 color1 中。

在第 3 章中，我们学习了如何镜像字符串。它与图片有点不同，但如果我们可以将图片的一半复制到另一半，我们也应该能够镜像。下面是做这件事的一个函数。

程序 47：将图片的上半部分镜像到图片的下半部分

```
def mirrorHalf(picture):
 pixels = getPixels(picture)
 target = len(pixels) - 1
 for index in range(0,len(pixels)/2):
   pixel1 = pixels[index]
   color1 = getColor(pixel1)
   pixel2 = pixels[target]
   setColor(pixel2,color1)
   target = target - 1
```

以下是我们如何使用它（结果如图 4.22 所示）。

```
>>> pict = makePicture("/Users/guzdial/Desktop/mediasources-4ed/llama.jpg")
>>> mirrorHalf(pict)
>>> explore(pict)
```

工作原理

函数 mirrorHalf 开始就像 copyHalf 函数一样。我们取得所有像素 pixels，并构造一个 for 循环，使得 index 变量取图片上半部分中的索引值。我们还开始一个 target 索引（有点像之前使用的 pile 变量），用它来确定将像素复制到的位置。我们希望将第一个像素（索引 0）复制到图片的最后一个像素中。我们在第 3 章中了解到，序列的长度比最后一个索引多 1，所以 target 将从 len(pixels) − 1 开始。

图 4.22 左侧是原始羊驼图片，右侧是镜像上半部分后的图片

- 从 pixels[index]获得一个像素（名为 pixel1）。
- 取得它的颜色，color1 = getColor（pixel1）。（到目前为止，与复制相同。）
- 现在，从图片中获取第二个像素——从像素 target 所指的位置获取。
- 将第二个像素 pixel2 的颜色，设置为从 pixel1 取得的颜色。
- 更进一步——从 target 值中减 1，并将它存回名称 target。回想一下，赋值意味着计算右边的值，然后用左边的名称命名。该语句将 target 减 1。它从图片中的最后一个像素开始，然后反向移动——而 index 正向移动。结果就是镜像（图 4.22）。

编程小结

在本章中，我们讨论了几种数据（或对象）的编码。

图片	图像的编码，通常由 JPEG 文件创建
像素集	像素对象的一维数组（序列）。代码 pixels[0]返回图片中最左上角的像素
像素	图中的一个点。它有一个颜色和与之相关的(x, y)位置。它会记住自己的图片，使得更改该像素会改变图片中实际的点
颜色	红色、绿色和蓝色值的混合，每个值介于 0～255

图片程序片段

getPixels	以图片作为输入，返回该图片的一维像素对象，其中第一行的像素首先是第一行的像素，然后是第二行的像素，依此类推
getPixel	以图片、*x* 位置和 *y* 位置（两个数字）作为输入，返回该图片中该点的像素对象
getWidth	以图片作为输入，返回该图片宽度的像素数
getHeight	以图片作为输入，返回该图片从上到下的长度的像素数
writePictureTo	以图片和文件名（字符串）作为输入，然后将图片作为 JPEG 写入文件（务必以“.jpg”作为文件名结尾，以便操作系统正确理解）

像素程序片段

getRed, getGreen, getBlue	这些函数都以像素对象作为输入，分别返回该像素中的红色、绿色和蓝色分量的值（0～255）
setRed, setGreen, setBlue	这些函数都以像素对象和值（0～255）作为输入，分别将该像素的红色、绿色或蓝色设置为给定值
getColor	以像素作为输入，返回该像素的颜色对象
setColor	以像素对象和颜色对象作为输入，设置该像素的颜色
getX, getY	以像素对象作为输入，分别返回该像素在图片中的 x 或 y 位置

颜色程序片段

makeColor	以红色、绿色和蓝色分量（按顺序）作为3个输入，返回一个颜色对象
pickAColor	没有输入，但弹出颜色选择器。找到你想要的颜色，该函数返回你选择的颜色
makeDarker, makeLighter	都以一种颜色作为输入，分别返回较亮或较暗的颜色

本章中有许多“常量”很有用。这些是具有预定义值的变量。这些值是颜色 black（黑色），white（白色），blue（蓝色），red（红色），green（绿色），gray（灰色），darkGray（深灰色），lightGray（浅灰色），yellow（黄色），orange（橙色），pink（粉红色），magenta（品红色）和 cyan（青色）。这些是在 JES 中定义的，实际使用的 Python 代码如下所示。

```
#Constants
black = Color(0,0,0)
white = Color(255,255,255)
blue = Color(0,0,255)
red = Color(255,0,0)
green = Color(0,255,0)
gray = Color(128,128,128)
darkGray = Color(64,64,64)
lightGray = Color(192,192,192)
yellow = Color(255,255,0)
orange = Color(255,200,0)
pink = Color(255,175,175)
magenta = Color(255,0,255)
cyan = Color(0,255,255)
```

问题

4.1 图片概念问题：

- 为什么我们在图片中的每个位置都看不到红色、绿色和蓝色的斑点？
- 什么是层次分解？到底有什么好处呢？
- 什么是亮度？

- 为什么任何颜色分量（红色、绿色或蓝色）的最大值为255？
- 我们使用的颜色编码是RGB。就表示颜色所需的内存量而言，这意味着什么？我们可以表示的颜色数量是否有限制？RGB中是否可以表示足够多的颜色？

4.2 程序34显然减少了太多的红色。写一个版本只减少10%的红色，然后写一个减少20%。你能找到最适用每个程序的图片吗？注意，你总是可以重复减少图片中的红色，但你不希望这样做太多次。

4.3 写出减少红色函数（程序34）的蓝色和绿色版本。

4.4 以下各个函数等同于增加红色函数——程序35。测试它们并让你自己相信它们的工作。你更喜欢哪个？为什么？

```
def increaseRed2(picture):
  for p in getPixels(picture):
    setRed(p,getRed(p)*1.2)

def increaseRed3(picture):
  for p in getPixels(picture):
    redC = getRed(p)
    greenC = getGreen(p)
    blueC = getBlue(p)
    newRed=int(redC*1.2)
    newColor = makeColor(newRed,greenC,blueC)
    setColor(p,newColor)
```

4.5 如果你继续增加红色值并打开折叠，最终一些像素会变为亮绿色和蓝色。如果使用图片工具检查这些像素，你会发现红色的值非常低。你认为发生了什么？它们怎么这么小？折叠是如何工作的？

4.6 编写一个函数来交换两种颜色的值，例如，将红色值与蓝色值交换。

4.7 编写一个函数将红色、绿色和蓝色值设置为0。结果是什么？

4.8 编写一个函数将红色、绿色和蓝色值设置为255。结果是什么？

4.9 以下函数有什么作用？

```
def test1 (picture):
    for p in getPixels(picture):
        setRed(p,getRed(p) * 0.3)
```

4.10 以下函数有什么作用？

```
def test2 (picture):
    for p in getPixels(picture):
        setBlue(p,getBlue(p) * 1.5)
```

4.11 以下函数有什么作用？

```
def test3 (picture):
    for p in getPixels(picture):
        setGreen(p,0)
```

4.12 以下函数有什么作用？

```
def test4 (picture):
    for p in getPixels(picture):
        red = getRed(p) + 10
        green = getGreen(p) + 10
        blue = getBlue(p) + 10
```

```
        color = makeColor(red, green, blue)
        setColor(p,color)
```

4.13 以下函数有什么作用？

```
def test5 (picture):
    for p in getPixels(picture):
        red = getRed(p) - 20
        green = getGreen(p) - 20
        blue = getBlue(p) - 20
        color = makeColor(red,green,blue)
        setColor(p,color)
```

4.14 以下函数有什么作用？

```
def test6 (picture):
    for p in getPixels(picture):
        red = getRed(p)
        green = getGreen(p)
        blue = getBlue(p)
        color = makeColor(blue, red, green)
        setColor(p,color)
```

4.15 以下函数有什么作用？

```
def test7 (picture):
    for p in getPixels(picture):
        red = getRed(p)/2
        green = getGreen(p)/2
        blue = getBlue(p)/2
        color = makeColor(red,green,blue)
        setColor(p,color)
```

4.16 以下函数有什么作用？在阅读而不运行该程序的情况下，你认为 test8 的结果会比 test7 的结果更亮还是更暗？

```
def test8 (picture):
   for p in getPixels(picture):
      red = getRed(p) /3
      green = getGreen(p) /3
      blue = getBlue(p) /3
      color = makeColor(red,green,blue)
      setColor(p,color)
```

4.17 以下函数有什么作用？在阅读而不运行该程序的情况下，你认为 test9 的结果会比 test7 的结果更亮还是更暗？

```
def test9 (picture):
   for p in getPixels(picture):
      red = getRed(p) * 2
      green = getGreen(p) * 2
      blue = getBlue(p) * 2
      color = makeColor(red,green,blue)
      setColor(p,color)
```

4.18 写一个函数，将一张脸“变蓝”。编写一个以图片作为输入的函数。如果任何像素的蓝色值小于 150，则将该像素的颜色设置为白色。在一张脸的照片上尝试，看看你得到了什么。

4.19 编写一般的“变蓝”函数。编写一个以图片作为输入的函数，然后将每个像素的蓝色值加倍，并将红色和绿色值减半。

4.20 编写一般的“变红”函数。编写一个以图片作为输入的函数，然后将每个像素的红色值加倍，并将蓝色和绿色值减半。

4.21 编写一个函数将图片更改为灰度，然后变成负片。

4.22 编写一个函数，创建一个变亮的灰度图像。首先，将每个像素的红色、绿色和蓝色分量增加 75，从而让图像变亮。由于较大的数字更接近白色，这应该使像素更亮。然后，让新图像成为灰度图。

4.23 利用 makeLighter，编写一个函数来创建一个较亮的灰度图像。

首先，在每个颜色上使用 makeLighter 函数来使图像变亮。然后，让新图像成为灰度图。将结果与问题 4.22 创建的图片进行比较。与每个像素的红色、绿色和蓝色分量增加 75 相比，makeLighter 如何？

4.24 写 3 个函数，一个用于清除蓝色（程序 36），一个用于清除红色，另一个用于清除绿色。对于其中每一个，哪个在实际实践中最有用？它们的组合怎么样？

4.25 重写清除蓝色程序（程序 36），将蓝色最大化（即将其设置为 255）而不是清除它。这有用吗？最大化红色或绿色的函数版本是否有用？在什么条件下？

4.26 编写一个以图片作为输入的函数，并将图片的上半部分设为黑色。

4.27 函数 copyHalf 将图片的上半部分复制到下半部分。编写一个新函数 copyUpHalf，将图片的下半部分复制到上半部分。

4.28 函数 mirrorHalf 将图片的上半部分镜像到下半部分。编写一个新函数 mirrorUpHalf，将图片的下半部分镜像到上半部分。

深入学习

Margaret Livingstone 的 *Vision and Art: The Biology of Seeing* [28]，是一本关于视觉的工作原理以及艺术家如何学会操作它的精彩图书。

第 5 章　使用选择的图片技术

本章学习目标

本章的媒体学习目标是：

- 实现受控的颜色变化，如红眼消除、棕褐色调和海报化
- 利用背景消除将前景与背景图像分开，了解它何时有效以及如何有效
- 利用抠像将前景与背景图像分开
- 根据位置绘制线条和边框

本章的计算机科学目标是：

- 使用条件选择特定像素
- 使用 if、else 和 elif

5.1　替换颜色：红眼、棕褐色调，海报化

用另一种颜色替换一种颜色非常容易。我们可以广泛地替换（在整个图片中），或仅在一个（*x* 和 *y* 值的）范围内替换。更有用的可能是改变一些颜色，它们接近我们希望的颜色。这种技术允许我们在整个画面上创建一些有趣的效果或调整效果，对图片进行特定的操作，比如将某人的白色牙齿变成紫色。

下面是我们如何利用更有趣的技术——让计算机做出决定。在程序中，我们告诉它要测试什么，如果测试证明为真，我们告诉它该做什么。我们让计算机利用 if 语句选择某些像素。

if 语句使用一个测试和一个代码块。如果测试为真，则执行该代码块。if 语句的一般形式如下：

```
if (some test):
   print "The test was true."
print "This will print whether or not the test is true"
```

“some test（某种测试）”可以是任何类型的逻辑表达。1 < 2 是一个始终为真的逻辑表达式。a < 2 是一个取决于 a 值的逻辑表达式。我们可以测试<、<=（小于等于）、==（相等）、>、>=或<>（不相等）。

对于颜色替换技术，我们需要一种方法来确定一种颜色是否接近另一种颜色。我们在 JES 中有一个叫作 distance 的函数。distance 函数返回一个数字，表示两种颜色彼此之间的接近程度。它并没有弄清楚对于人类的眼睛来说颜色有多相似（这是最好的方式）。作为替代，它计算笛卡儿坐标空间中两种颜色之间的欧几里得距离。这也许听起来很复杂，但你可能在学校里已经学到了（x_1, y_1）和（x_2, y_2）之间距离的公式。

$$\sqrt{((x_1 - x_2)^2 + (y_1 - y_2)^2)}$$

想想这对于两种颜色（red_1，$green_1$，$blue_1$）和（red_2，$green_2$，$blue_2$）之间的距离意味着什么。

$$\sqrt{((red_1 - red_2)^2 + (green_1 - green_2)^2 + (blue_1 - blue_2)^2)}$$

以下是 JES 中距离的计算方法：

```
>>> print red
color r=255 g=0 b=0
>>> print magenta
color r=255 g=0 b=255
>>> print pink
color r=255 g=175 b=175
>>> print black
color r=0 g=0 b=0
>>> print white
color r=255 g=255 b=255
>>> print distance(white,black)
441.6729559300637
>>> print distance(white,pink)
113.13708498984761
>>> print distance(black,pink)
355.3519382246282
>>> print distance(magenta,pink)
192.41881404893857
>>> print distance(red,magenta)
255.0
>>> print distance(red,pink)
247.48737341529164
```

我们可以使用 distance 函数作为 if 测试的一部分，以便只选择那些像素，它们的颜色接近我们希望改变的颜色。如果从给定像素的颜色到我们希望改变的颜色的距离小于某个值，我们就改变颜色。我们认为颜色“足够接近”。

下面是一个用红色取代凯蒂头发中棕色的程序。我们用 JES 图片工具大致计算出凯蒂棕色头发的 RGB 值，然后写一个程序来寻找接近棕色的颜色，并增加这些像素的红色。我们用了较多的距离值（此处为 50.0）以及红色值的乘数（此处为 2）。结果她身后的沙发也增加了红色（图 5.1）。

程序 48：将凯蒂变成红头发的人

```
def turnRed():
  brown = makeColor(42,25,15)
  file="/Users/guzdial/Desktop/mediasources/katieFancy.jpg"
  picture=makePicture(file)
  for px in getPixels(picture):
    color = getColor(px)
    if distance(color,brown)<50.0:
      r=getRed(px)*2
      b=getBlue(px)
      g=getGreen(px)
      setColor(px,makeColor(r,g,b))
  show(picture)
  return picture
```

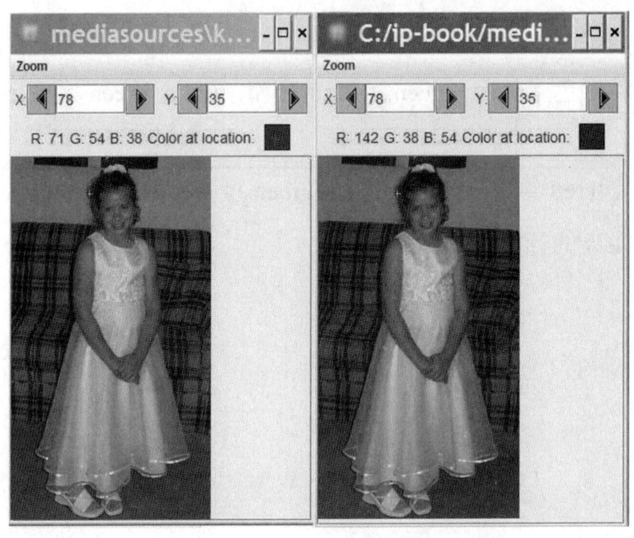

图 5.1 将棕色变为红色

工作原理

这实际上与我们的增加红色程序非常相似，但使用另一种设置颜色的方法。

- 生成一个 brown（棕色）颜色，这是用 JES 中的图片工具在凯蒂的头发中找到的。
- 生成凯蒂的图片。
- 对于图片中的每个像素 px，取得它的颜色，然后将该颜色与之前确定的棕色进行比较。我们希望知道像素 px 处的颜色是否足够接近棕色。如何定义“足够接近？”我们说它在 50.0 之内。从哪里得到这个数字？我们试过 10.0，但改变的像素很少。我们试过 100.0，但匹配的像素太多（就像凯蒂头后面沙发上的条纹）。我们尝试了不同的数字，直到得到希望的效果。
- 如果颜色“足够接近”，我们会在 px 处获得颜色的红色、绿色和蓝色分量。将红色乘以 2 加倍。
- 将 px 处的颜色设置为新颜色，即调整后的红色和相同的蓝色和绿色成分。然后转到下一个像素。

利用 JES 图片工具，我们还可以找出凯蒂脸部周围的坐标，以便只处理她脸部附近的棕色。凯蒂脸部的左上角位于第 6 行（$y=6$）和第 63 行（$x=63$），右下角是 $x=125$，$y=76$。每个像素实际上都知道它在图片中的位置。函数 getX(pixel)返回像素的 x 坐标，函数 getY(pixel)返回像素的 y 坐标。我们可以用 if 语句来问：“这个像素是否在我们希望处理的像素的范围内？x 在 63～125，y 在 6～76 吗？”效果不是太好，尽管很明显它有效果。红色线条太尖锐，并且有矩形效果，即你可以看到稍微触及了她身后的沙发（图 5.2）。

程序 49：范围内的颜色替换

```
def turnRedInRange():
  brown = makeColor(42,25,15)
  file="/Users/guzdial/Desktop/mediasources/katieFancy.jpg"
  picture=makePicture(file)
```

```
    for px in getPixels(picture):
      x = getX(px)
      y = getY(px)
      if 63 <= x <= 125:
        if 6 <= y <= 76:
          color = getColor(px)
          if distance(color,brown)<50.0:
            r=getRed(px)*2
            b=getBlue(px)
            g=getGreen(px)
            setColor(px,makeColor(r,g,b))
    show(picture)
    return picture
```

图 5.2 矩形区域范围内的红色加倍

工作原理

像之前一样，我们取得棕色。我们得到 katieFancy.jpg 的文件名，并从中生成图片。用变量 *px* 对图片中的每个像素进行寻址。从 *px* 得到 *x* 坐标和 *y* 坐标。如果 *x* 在正确的范围内（63 <= *x* <= 125），就测试 *y*。如果 *y* 在正确的范围内（6 <= *y* <= 76），就取得颜色并检查它与棕色的距离。如果匹配，就将红色加倍。

5.1.1 减少红眼

"红眼"是指来自相机的闪光灯从主角眼睛反射的效果。减少红眼是一件非常简单的事情。我们发现与红色"非常接近"（到红色的距离为 165 就很好）的像素，然后插入替换颜色。

我们可能不希望改变整张图片。在图 5.3 中，珍妮穿着一件红色连衣裙。我们不希望消除那种红色。我们只改变珍妮眼睛所在的范围，从而解决这个问题。利用 JES 图片工具，我们可以找到她眼睛的左上角和右下角，这两个点是（109,91）和（202,107）。

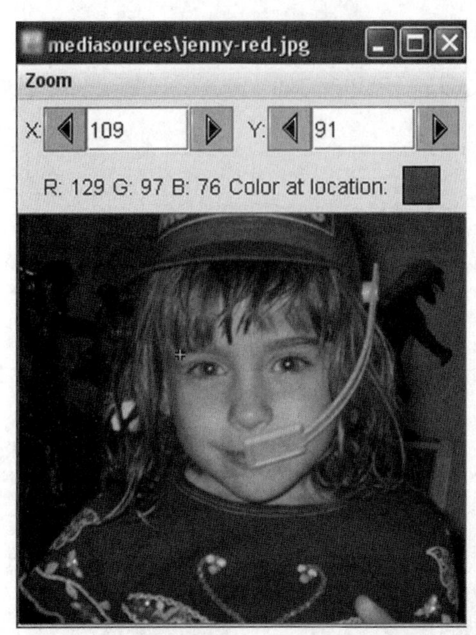

图 5.3　找到珍妮红色眼睛的范围

我们可以用单个 if 语句来指定整个测试，而不是上一个示例中使用的两个 if 语句。如果 x 坐标在正确的范围内[(startX <= x <= endX)]，并且 y 坐标也在正确的范围内[(startY <= y <= endY)]，我们希望处理该像素。Python 理解 and 这个词连接了两个逻辑表达式。只有当两个表达式都为真时，整个表达式才为真。

程序 50：减少红眼

```
def removeRedEye(pic,startX,startY,endX,endY,endColor):
 for px in getPixels(pic):
  x = getX(px)
  y = getY(px)
  if (startX <= x <= endX) and (startY <= y <= endY):
   if (distance(red,getColor(px)) < 165):
    setColor(px,endColor)
```

让我们尝试使用新的东西。键入文件名的长路径是一项挑战。一个字符错误，它就起不了作用。如果我们总是要使用相同的文件，那么使用 pickAFile()是不正确的——它需要用户额外的工作。JES 知道有一个媒体文件夹或媒体路径，你的媒体将始终存储在其中。使用函数 setMediaPath()打开一个对话框，你可以在其中选择存储媒体的文件夹，或者提供存储媒体的目录的完整路径输入，例如 setMediaPath("/Users/guzdial/Desktop/mediasources-4ed")。设置媒体路径后，你可以仅通过其基本名称来引用文件，例如 barbara.jpg。JES 将知道在媒体文件夹中检查该文件。如果你需要获取文件的完整路径，可以执行 getMediaPath("barbara.jpg")，这将为你提供媒体路径中该文件的完整路径。

执行 setMediaPath 后，就可以像以下一样使用红眼消除程序：

```
>>> jenny=makePicture("jenny-red.jpg")
>>> # Same thing to say:
>>> # jenny = makePicture(getMediaPath("jenny-red.jpg"))
>>> removeRedEye(jenny, 109, 91, 202, 107, black)
```

```
>>> explore(jenny)
```

在这个例子中，我们用黑色替换红色——当然其他颜色也可以用作替换颜色。结果很好，我们可以检查眼睛现在真的有全黑像素（图 5.4）。注意，此程序使用的颜色名称为 black。你可能还记得 JES 为你预定义了 black、white、blue、red、green、gray、lightGray、darkGray、yellow、orange、pink、magenta 和 cyan 等一堆颜色。

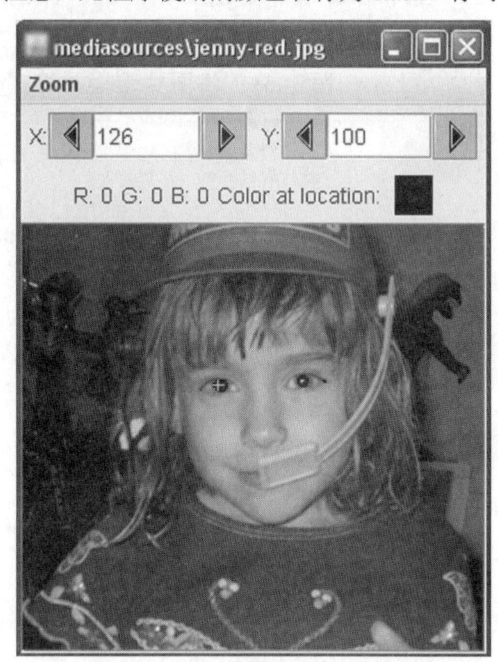

图 5.4 检查红色是否已变为黑色

工作原理

这个算法非常类似于我们用来将凯蒂的头发变成红色的算法。在那个程序中，我们寻找特定的渐变棕色，然后在匹配时加倍红色。在这里，我们寻找接近红色的像素，然后用输入 endcolor 替换它。

- 对于每个像素 px，取得该像素的 *x* 和 *y*。
- 通过 if (startX <= *x* <= endX) and (startY <= *y* <= endY)：检查像素是否在眼睛所需的范围内。
- 如果处于正确的范围内，我们会检查此像素的颜色是否接近红色（预定义的红色）。我们通过寻找阈值内的距离来确定“足够接近”。我们尝试了不同的距离并确定为 165，因为这个距离能覆盖我们关心的大部分眼睛红色。如果匹配良好，我们就用 endcolor 替换像素颜色。

5.1.2 棕褐色调和海报化图片：使用条件选择颜色

到目前为止，我们通过简单地用另一种颜色替换一种颜色来进行颜色消除。我们的颜色更换可以更加复杂。我们可以通过使用 if 来查找一定范围的颜色，并选择替换原始颜色的某些分量，或更改为特定颜色。结果非常有趣。

例如，我们可能希望生成棕褐色调的印刷品。较旧的印刷品有时会有淡黄色。我们可以做一个整体的颜色变化，但最终的结果并不美观。通过寻找不同种类的颜色（高光，阴影），并以不同方式对待它们，我们可以获得更好的效果（图 5.5）。

图 5.5 原始场景（左）和使用棕褐色调程序的结果（右）

我们这样做的方法是首先将所有内容转换为灰度，因为较旧的印刷品处于灰度级，也因为这使得它更容易处理。然后我们寻找高、中、低范围的颜色（实际上是亮度），并单独更改它们。（为什么是这些特殊的值？试错，调整它们直到我们喜欢这种效果为止。）

程序 51：将图片转换为棕褐色调

```
def sepiaTint(picture):
  #Convert image to grayscale
  grayScaleNew(picture)

  #loop through picture to tint pixels
  for p in getPixels(picture):
    red = getRed(p)
    blue = getBlue(p)

    #tint shadows
    if (red < 63):
      red = red*1.1
      blue = blue*0.9

   #tint midtones
    if (red > 62 and red < 192):
      red = red*1.15
      blue = blue*0.85

    #tint highlights
    if (red > 191):
      red = red*1.08
      if (red > 255):
        red = 255
      blue = blue*0.93

    #set the new color values
    setBlue(p, blue)
    setRed(p, red)
```

工作原理

该函数首先以图片作为输入，然后用 grayScaleNew 函数将其转换为灰度。（建议你将 grayScaleNew 函数与 sepiaTint 一起复制到程序区中——我们只是不在此处显示。）对于每个像素，取得像素的红色和蓝色。我们知道红色和蓝色将是相同的值，因为图片现在都是灰色的，但我们需要红色和蓝色来改变。我们寻找特定的颜色范围，并以不同的方式对待它们。注意，为了着色高光点（光线最亮的地方），我们在 if 块内部有一个 if。我们这里的想法是不希望值折叠——如果红色太高，我们希望将它限制为 255。最后，我们将蓝色和红色值设置为新的红色和蓝色值，然后继续前进到下一个像素。

海报化是一个非常相似的过程，导致将图片转换为较少数量的颜色。我们将通过查找特定范围的值，然后将该范围内的所有值设置为一个值来实现。结果是我们减少了图片中的颜色数量（图 5.6）。例如，在下面的程序中，如果红色是 1,2,3，…，64，我们将它变为 31。我们因此擦除整个各种红色的范围，并使其成为一个特定的红色值。我们在一名计算机专业学生安东尼的照片上尝试了这个方法。我们要处理的文件的路径类似于“c:/ip-book/

mediasources/anthony.jpg”，但是如果使用了 setMediaPath()，就可以说“anthony.jpg”。

```
>>> student = makePicture("anthony.jpg")
>>> explore(student)
>>> posterize(student)
>>> explore(student)
```

图 5.6 在原始图片（左）中减少颜色（右）

程序 52：图片海报化

```
def posterize(picture):

  #loop through the pixels
  for p in getPixels(picture):
    #get the RGB values
    red = getRed(p)
    green = getGreen(p)
    blue = getBlue(p)

    #check and set red values
    if(red < 64):
      setRed(p, 31)
    if(red > 63 and red < 128):
      setRed(p, 95)
    if(red > 127 and red < 192):
      setRed(p, 159)
    if(red > 191 and red < 256):
      setRed(p, 223)

    #check and set green values
    if(green < 64):
      setGreen(p, 31)
```

```
    if(green > 63 and green < 128):
      setGreen(p, 95)
    if(green > 127 and green < 192):
      setGreen(p, 159)
    if(green > 191 and green < 256):
      setGreen(p, 223)

    #check and set blue values
    if(blue < 64):
      setBlue(p, 31)
    if(blue > 63 and blue < 128):
      setBlue(p, 95)
    if(blue > 127 and blue < 192):
      setBlue(p, 159)
    if(blue > 191 and blue < 256):
      setBlue(p, 223)
```

同时使用灰度和海报化，会产生有趣的效果。我们通过计算亮度来做到这一点，然后只将像素的颜色设置为黑色或白色两个级别。结果是一张看起来像印章图像或炭笔画的图片（图 5.7）。我们发现，在选择什么时候用黑色或白色时，64 是一个很好的值，但也请你尝试其他的值。

图 5.7 图片海报化为两个灰度等级

程序 53：海报化为两个灰度等级

```
def grayPosterize(pic):
  for p in getPixels(pic):
    r = getRed(p)
```

```
g = getGreen(p)
b = getBlue(p)
luminance = (r+g+b)/3
if luminance < 64:
  setColor(p,black)
if luminance >= 64:
  setColor(p,white)
```

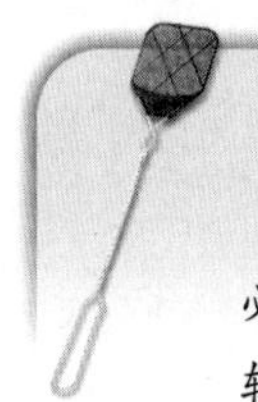

调试提示：括号不是必需的，但可能有用

注意，我们上面写的是 if luminance < 64，而不是 if (luminance < 64)。你不必在逻辑测试周围使用括号。但是，如果你开始使用 and 和 or 创建更复杂的逻辑测试，可能希望用括号帮助理解你正在测试的内容。

5.2 比较像素：边缘检测

边缘检测是比较像素以决定是将像素设置为黑色还是白色的过程。我们希望使用亮度的概念。我们之前看到，亮度可以通过对像素的红色、绿色和蓝色分量求和或求平均值来估计。目标是尝试画出一些线条，就像艺术家看到的线条和草图勾画一样。

我们的视觉系统真的有一个惊人的特点：我们可以看着一个人的线条画，挑出一张脸或其他特征。看看你周围的世界。确实没有明确界定世界特征的线条。你的鼻子或眼睛周围没有明显的线条，但是所以小孩都可以画一张脸，用一个勾表示鼻子，用两个圈表示眼睛——我们都会认出它是一张脸！通常，我们会看到亮度存在差异的线条。

下面有几种不同的边缘检测方法。在每一种方法中，我们将比较给定像素与下面和右边的像素。与更多像素（如上面和左边）比较，可能边缘检测的效果更好。这两个例子可以让我们了解它是如何工作的。

在第一次尝试中，我们将做一些比计算亮度更简单的事情。我们将当前像素 px 中的红色、绿色和蓝色相加，它右下侧像素的红色、绿色和蓝色相加。然后，我们计算两个总和的差异，并将颜色的红色、绿色和蓝色分量设置为该差异。效果是黑色背景上的白色草图（图 5.8）。

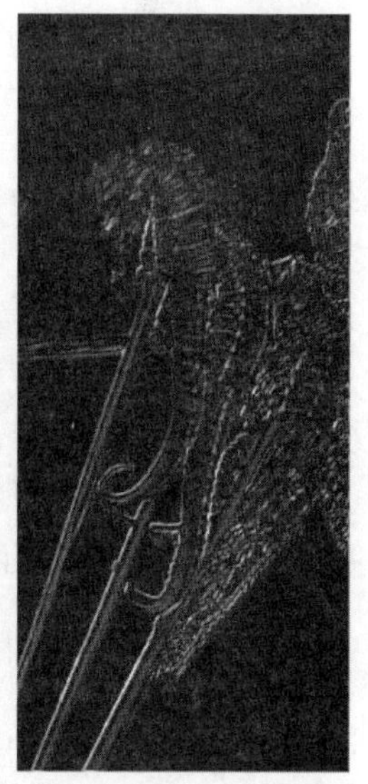

图 5.8 一根棍子上的海马（左）转换为“线条画”（右）

你可能希望知道我们如何获得其他像素，即当前像素右下侧的像素。我们将使用 getPixel，它以图片、x 坐标和 y 坐标作为输入，返回 x 和 y 处的像素。给定当前像素 px 的 x 和 y，用 getPixel 来获得 $x+1$ 和 $y+1$ 处的像素非常容易，只是我们必须确保最终不会尝试取得超出图片边缘的像素。

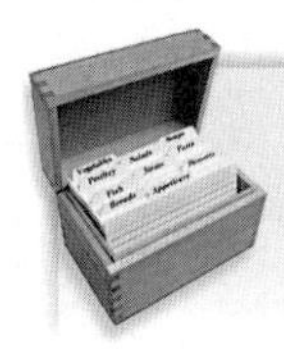

程序 54：使用简单边缘检测创建简单线条图

```
def edge(source):
  for px in getPixels(source):
    x = getX(px)
    y = getY(px)
    if y < getHeight(source)-1 and x < getWidth(source)-1:
      sum = getRed(px)+getGreen(px)+getBlue(px)
      botrt = getPixel(source,x+1,y+1)
      sum2 = getRed(botrt)+getGreen(botrt)+getBlue(botrt)
      diff = abs(sum2-sum)
      newcolor = makeColor(diff,diff,diff)
      setColor(px,newcolor)
```

工作原理

我们遍历所有像素，每个像素都是 px。我们从该像素中得到 *x* 和 *y*。由于我们将查看每个像素的下面和右边，即 getPixel(source,x+1,y+1)，我们只希望在右边和下面之前处理这些像素。所以我们测试 if y < getHeight(source)-1 和 x < getWidth (source)-1。

然后我们用了一点技巧。由于亮度是 3 个像素的平均值，我们要比较两个像素，所以就简单地将每个像素的红色、绿色和蓝色分量相加，针对 px 和右下侧像素（botrt = getPixel(source, x+1, y+1)）。我们使用绝对值（abs）来得到两个颜色总和的差异，因为我们只关心两个颜色总和之间的差异，并不关心哪一个更大。我们用该差异作为颜色的红色、绿色和蓝色分量，放入 px 中。由于大多数差异很小，所示颜色大多非常暗。当差异较大时，颜色看起来更白（图 5.8）。

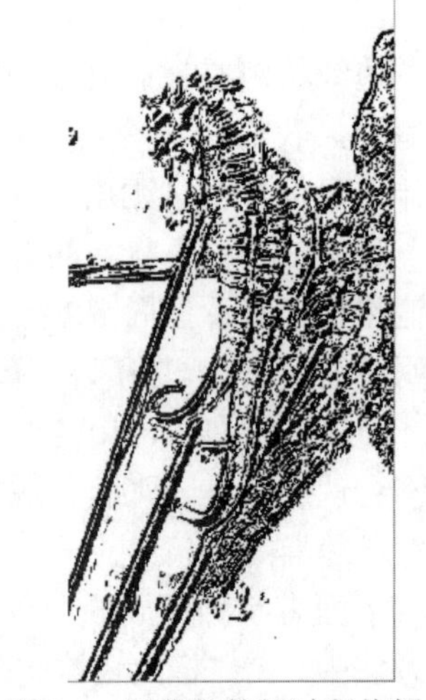

图 5.9 用我们的新过程将棍子上的海马转换为“线条画”

虽然这段代码有效，但它的工作原理并不明显。我们可以明确地计算亮度，并比较当前像素和右下侧像素之间的亮度（图 5.9）。为了更容易编写这段代码，我们引入了一个名为 brightness 的辅助函数，它以一个像素作为输入，返回该像素的亮度。可以将返回一个值想象为函数 abs 或 pickAFile 或 makePicture 所做的事。事实证明，我们也可以编写有返回值的函数。

程序 55：使用更清晰的边缘检测创建简单线条图

```
def luminance(pixel):
  r = getRed(pixel)
  g = getGreen(pixel)
  b = getBlue(pixel)
  return (r+g+b)/3
def edgedetect(source):
  for px in getPixels(source):
    x = getX(px)
    y = getY(px)
    if y < getHeight(source)-1 and x < getWidth(source)-1:
      botrt = getPixel(source,x+1,y+1)
```

```
thislum = luminance(px)
brlum = luminance(botrt)
if abs(brlum-thislum) > 10:
  setColor(px,black)
if abs(brlum-thislum) <= 10:
  setColor(px,white)
```

工作原理

与灰度等级海报化一样，此处的目标是将每个像素设置为黑色或白色，具体取决于是否存在亮度差异。

前 5 行定义了 luminance 函数。它以一个像素 pixel 作为输入。然后该函数取得红色、绿色和蓝色分量，并返回三者的平均值。一旦定义了 luminance 函数，就可以简单地用一个像素调用 luminance，并相信它返回的数字是亮度值。

然后我们可以定义 edgedetect 函数。像 edge 函数一样，我们处理所有像素 px，得到每个像素的 x 和 y。我们测试以确保仍然在界限内，并且得到右下侧的像素。下面才是不同之处。

接下来，计算像素 px 的亮度值以及 botrt 处的像素的另一个亮度值。我们称第一个为 thislum（当前亮度），第二个为 brlum（右下亮度）。我们检查差异的绝对值是否大于 10。如果是，将 px 设为黑色；如果差异小于或等于 10，将 px 设为白色。（为什么是 10？只是因为它有效。请尝试不同的值！）效果（图 5.9）类似于 edge 函数的反转（图 5.8），可能还有一些细节不同。

有一些算法可以完成更好的边缘检测和线条绘制。例如，这里我们只是将每个像素设置为黑色或白色。我们并没有真正考虑“线条”的概念。我们可以使用模糊等技术来平滑图像，使点看起来更像线条。只有当我们要将附近的像素设为黑色时，才能将像素设为黑色。也就是说，创建一条线，而不是简单地生成点。

5.3 背景消除

设想一下，你有一张某人的照片和一张他们站立的地方但没有他们的照片（图 5.10）。你能消除人的背景（即弄清楚颜色完全相同的地方），然后替换成另一个背景吗？比如说月球（图 5.11）。

程序 56：消除背景，并用新的背景进行替换

```
def swapBack(pict,bg,newBg):
  for px in getPixels(pict):
    x = getX(px)
    y = getY(px)
    bgPx = getPixel(bg,x,y)
    pxcol = getColor(px)
    bgcol = getColor(bgPx)
    if (distance(pxcol,bgcol)<15.0):
      newcol=getColor(getPixel(newBg,x,y))
      setColor(px,newcol)
```

图 5.10 一张孩子（凯蒂）的照片和没有她的背景

图 5.11 一个新的背景：月球

我们如下运行它：

```
>>> kid = makePicture("kid-in-frame.jpg")
>>> bg = makePicture("bgframe.jpg")
>>> moon = makePicture("moon-surface.jpg")
>>> swapBack(kid,bg,moon)
>>> explore(kid)
```

工作原理

函数 swapBack（更换背景）以一张图片（前景和背景都有）、背景图片和新背景图片作为输入。对于输入图片中的所有像素：

- 遍历图片中的所有像素 px。从该像素中得到 x 和 y。
- 从 bg 图片中获得匹配的像素（相同的 x 和相同的 y）。
- 从 px 和 bgPx 中获取颜色。
- 比较颜色之间的距离。我们在这里使用 15.0 的阈值，但请尝试其他值。
- 如果距离很小（小于阈值），则假设像素是背景的一部分。从新背景中相同坐标处的像素获取颜色（newBg），并将输入图片中的像素设置为新背景中的新颜色。

你可以这样做，但效果不如你希望的那么好（图 5.12）。我们女儿的衬衫颜色太接近墙壁的颜色，所以月球渗入了她的衬衫。虽然光线昏暗，但阴影肯定会产生影响。阴影不在背景图片中，因此算法将阴影视为前景的一部分。这个结果表明，背景和前景之间的颜色差异对于进行背景消除工作非常重要——具有良好的照明效果因此也很重要！

图 5.12 凯蒂在月球上

马克在椅子上用我们的狗的照片尝试了同样的事情。马克真的试图让像素对齐（桌子上的相机，没有移动），但它们之间存在细微差别（图 5.13）。背景中的树叶移动了，相机稍稍有点移动，使得木材中的纹理和狗背后的纹理没有对齐。背景更换（用月球）能工作，但没有像用凯蒂的照片那么好。我们尝试了两次，阈值为 20 和 50。阈值 50 更接近，但我们然后在狗的眼睛周围有渗透，并且我们仍然无法弥补在背景中移动的叶子（图 5.14）。

图 5.13 一只狗坐在椅子上（左）和没有狗的椅子（右）

图 5.14 将狗放在月球上，阈值为 20（左）和 50（右）

```
>>> dog = makePicture("dog-bg.jpg")
>>> bg = makePicture("nodog-bg.jpg")
>>> swapBack(dog,bg,moon)
>>> explore(dog)
```

简单地改变阈值并不总能改善结果。它肯定会使更多的前景被归类为背景。但是对于像衣服和背景之间颜色匹配的渗透问题，阈值并没有多大的帮助。

5.4　抠像

电视天气预报员挥手示意在地图上出现风暴前线。现实情况是，他们正在拍摄站在固定颜色（通常是蓝色或绿色）的背景之前，然后用所需地图中的像素数字地替换该背景颜色。这叫作“抠像”。更换已知颜色更容易，并且对照明问题不敏感。马克带着我们儿子的蓝色床单，将它贴在家庭娱乐中心，然后用照相机上的定时器拍下了自己的照片（图 5.15）。

图 5.15　在蓝色床单前的马克

程序 57：抠像：用新背景替换所有蓝色

```
def chromakeyBlue(source,bg):
  for px in getPixels(source):
    x = getX(px)
    y = getY(px)
    if (getRed(px) + getGreen(px) < getBlue(px)):
      bgpx = getPixel(bg,x,y)
      bgcol = getColor(bgpx)
      setColor(px,bgcol)
```

工作原理

在这里，我们以一个源图片（前景和背景）和一个新背景 bg 作为输入。它们必须大小相同！马克使用 JES 图片工具为该程序提出了“蓝色”规则。他不想寻找等于颜色（0,0,255）甚至是离颜色（0,0,255）有一定距离的颜色，因为他知道，很少有蓝色是完全强度的蓝色。他发现，他认为是蓝色的像素往往具有较小的红色和绿色值，事实上，蓝色值大于红色和绿色的总和。这就是他在这个程序中寻找的东西。只要蓝色大于红色加绿色，他就会换成新的背景像素的颜色。

该函数使用变量 px 遍历所有像素。对于每一个像素，计算 x 和 y 位置。如果该像素 px 的蓝色大于红色加绿色，那么我们取得同样在 x 和 y 处的背景像素。我们从该像素获得颜色，并将它设置为 source 图片中像素 px 的颜色。

效果非常惊人（图 5.16）。不过要注意月球表面的“褶皱”。

图 5.16 马克在月球上

你肯定不会希望用红色这样的常见颜色的抠像——你脸上有很多红色。马克尝试使用图 5.17 中的两张图片：一张闪光灯打开，另一张闪光灯关闭。他将测试更改为 if getRed(p) > (getGreen(p) + getBlue(p)):。没有闪光灯的那个人太可怕了——学生的脸像“丛林一样”。有闪光灯的那个较好，但是在更换后闪光仍然可见（图 5.18）。为什么电影制作人和天气预报制作人员用蓝色或绿色背景来抠像，原因很明显——与常见颜色（如脸部颜色）的重叠较少。

图 5.17 学生在红色背景前，没有闪光灯（左）和有闪光灯（右）

图 5.18 使用红色背景的抠像程序，没有闪光灯（左）和有闪光灯（右）

让抠像正常工作需要仔细拍摄，即良好的照明和良好的背景颜色选择。但是在动画节目中，很容易将所有这些方面都恰到好处。芭芭拉用编程语言 Alice，生成了图 5.19 中的图像。它是完全绿色背景前面的角色爱丽丝。（爱丽丝有蓝色的眼睛和蓝色的连衣裙，所以绿色对她来说是更好的抠像选择。)

图 5.19 完全绿色背景上的角色爱丽丝

我们写了一个略微不同的抠像函数。这个用背景颜色替换绿色像素。

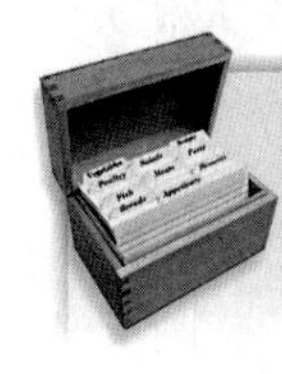

程序 58：ChromakeyGreen：用新背景替换所有绿色

```
def chromakeyGreen(source,bg):
  for px in getPixels(source):
    x = getX(px)
    y = getY(px)
    if (getRed(px) + getBlue(px) < getGreen(px)):
    bgpx = getPixel(bg,x,y)
    bgcol = getColor(bgpx)
    setColor(px,bgcol)
```

我们运行了两次。一次使用从 Alice 中保存为 JPEG 的图像，另一次使用保存为 PNG 的图像。考虑图 5.20 中的结果。两张图都清楚地显示了爱丽丝在丛林中，但看看脚。为什么 PNG 中爱丽丝有鞋子，而 JPEG 中爱丽丝没有呢？JPEG 是一种有损格式。将图片保存为 JPEG 时，某些颜色值方面的细节会丢失。PNG 是一种无损格式。PNG 保持颜色细节。我们怀疑是爱丽丝的 JPEG 版本将鞋子颜色与背景颜色混合在一起，足以使抠像函数混淆。PNG 版本使鞋子的黑色与背景不同，因此在抠像函数之后保留了它们。

```
>>> alice = makePicture("Alice.jpg")
>>> chromakeyGreen(alice,jungle)
>>> explore(alice)
>>> alice = makePicture("Alice.png")
>>> chromakeyGreen(alice,jungle)
>>> explore(alice)
```

专业实现抠像的设备和软件，使用的方法与此不同。我们的算法寻找要替换的颜色，然后进行替换。在专业的抠像中，会生成一个掩模。掩模与原始图像具有相同的大小，其中要改变的像素在掩模中是白色的，而不应该改变的像素是黑色的。然后使用掩模来决定要改变哪些像素。使用掩模有一个优点，即我们分离了检测哪些像素将被改变以及对像素进行改变。通过将它们分开，我们可以对每一个过程进行改进，从而提高整体效果。

图 5.20 爱丽丝在丛林，JPEG（上）和 PNG（下）

5.5 在范围内着色

在本章中，我们使用了一种迭代所有像素的通用技术，计算 x 坐标和 y 坐标，然后用 if 语句来决定是否需要根据像素的位置来操作像素。我们可以使用这种通用方法对图片进行各种更改。我们可以在图片上放置边框，或者仅将图像技术应用于图片的一部分。

5.5.1 添加边框

例如，假设我们希望在希腊遗址的图片上放置一个蓝白边框。蓝色和白色是希腊国旗上的颜色。我们希望创建图 5.21 中所示的效果。

程序 59：添加蓝白边框

```
def greekBorder(pic):
  bottom = getHeight(pic)-10
  for px in getPixels(pic):
    y = getY(px)
```

```
    if y < 10:
      setColor(px,blue)
    if y > bottom:
      setColor(px,white)
```

图 5.21 希腊废墟（左）与顶部和底部添加蓝白边框的图像（右）

工作原理

此函数在输入图像的顶部添加 10 像素高的蓝色边框，在输入图像的底部添加 10 像素高的白色边框。顶部边框的坐标很简单。我们希望将 y 值小于 10 的所有像素着色为蓝色。底部有点棘手。我们计算一个 bottom（底部）值，即图片的高度减去 10。我们希望将 y 值大于 bottom 的所有像素着色为白色。

在函数的顶部，我们计算 bottom。我们迭代所有像素 px，但只需获得 y 值。如果 y 小于 10，我们将像素设为蓝色；如果 y 大于 bottom，我们将像素设为白色。

5.5.2 加亮图片的右半部分

我们之前学到了如何以不同方式处理图片的上下两半。我们可以索引像素，用 0 到 len(pixels)/2 的范围来处理图片的上半部分。但如何处理图片的左右切片呢？

我们可以用迭代所有像素的技术，获取像素的坐标，然后用 if 语句处理我们关心的像素。下面的函数 rightHalfBright 使图片的右半部分更亮（图 5.22）。

图 5.22 花园的图像（左）和右侧加亮（右）

程序 60：加亮图片的右半部分

```
def rightHalfBright(pic):
  halfway = getWidth(pic) / 2
  for px in getPixels(pic):
    x = getX(px)
    if x > halfway:
      color = getColor(px)
      setColor(px,makeLighter(color))
```

工作原理

函数 rightHalfBright 将一张图片作为输入。我们计算 halfway（中间）点，即图片在水平方向的中间点。对于图片像素中的每个像素 px，我们取得 *x* 坐标，然后检查 *x* 是否大于中间点（在右侧）。如果它在右侧，我们得到颜色，使它更亮，并将它设置回该像素。

5.6 选择无需再次测试

考虑本章前面的 grayPosterize 函数：

```
def grayPosterize(pic):
  for p in getPixels(pic):
    r = getRed(p)
    g = getGreen(p)
    b = getBlue(p)
    luminance = (r+g+b)/3
    if luminance < 64:
      setColor(p,black)
    if luminance >= 64:
      setColor(p,white)
```

如果 luminance 不小于 64，就必定大于或等于 64。再次测试亮度似乎效率有点低。我们刚刚那样做了。我们基本上希望在这里采用一个分支：将像素设置为白色或黑色，没有其他选项。

因为决策分支经常发生，所以 Python（以及许多其他语言）为你提供了一种方法来做出这种选择，即用一个 else。else 出现在 if 之后，并带着一个语句块。只有 if 测试为 false，才会发生 else 块。

我们可以像下面一样重写那个程序。

程序 61：灰度海报化为两个级别，使用 else

```
def grayPosterize(pic):
  for p in getPixels(pic):
    r = getRed(p)
    g = getGreen(p)
    b = getBlue(p)
    luminance = (r+g+b)/3
    if luminance < 64:
      setColor(p,black)
    else:
      setColor(p,white)
```

有时你希望有 3 个选项的分支。如果某事为真，你想做一件事，然后你想选择另外两条路径。你想说，if 这样，那么做一件事，else if 另一件事为真，采取路径二，else 采取路径三。else if 组合很常见，所以它可以缩写为 elif。

下面是一个例子，海报化为黑色、白色和红色。如果亮度较低，我们将像素设为黑色；如果亮度非常高，我们将其设为白色；如果介于两者之间，我们将其设为红色。结果如图 5.23 所示。我们使用之前使用过的同一张安东尼的图片（图 5.7）进行测试和比较。

图 5.23 安东尼被海报化为黑色、白色和红色

程序 62：灰度海报化为 3 个级别，使用 elif

```
def posterizeBWR(pic):
  for p in getPixels(pic):
    r = getRed(p)
    g = getGreen(p)
    b = getBlue(p)
    luminance = (r+g+b)/3
    if luminance < 64:
      setColor(p,black)
    elif luminance > 120:
      setColor(p,white)
    else:
      setColor(p,red)
```

那个描述 esle 和 elif 的段落是否令人困惑？这正是 else 和 elif 的问题。比较两个版本的海报化为黑色和白色。它们做了完全相同的事情。第二个版本意味着在 else 中 luminance >= 64，但是它不明确。这是一件坏事吗？事实证明，对计算机不太好的事，对人类却很好。

else 让计算机不用进行第二次测试，这样效率会更高一些。但明确表达可以提高可读性。至少在一项研究中[①]，进行明确的第二次测试，可以将新程序员理解他们程序的能力提高 10 倍！

① Sime, M., Green, T., & Guest, D. (1976). Scope marking in computer conditionals: A psychological evaluation. International Journal of Man-Machine Studies, 9, 107–118.

再次重复：程序是为人类编写的，而不是为计算机编写的。写程序时，可理解性优先，其次再担心效率。

编程小结

下面是本章中介绍的函数。

setMediaPath()	允许你使用文件选择器选择媒体目录
setMediaPath(directory)	允许你指定媒体目录
getMediaPath(baseName)	获取基本文件名，然后返回该文件的完整路径（假设它在媒体目录中）

问题

5.1 编写一个名为 changeColor 的函数，它的输入包括一张图片、一个用于增加或减少颜色的数量以及一个数字（1 表示红色，2 表示绿色，3 表示蓝色）。数量将介于−0.99～0.99。

- changeColor(pict,-.10,1)应将图片中的红色数量减少 10%。
- changeColor(pict,.30,2)应将图片中的绿色数量增加 30%。
- changeColor(pict,0,3)根本不应对图片中的蓝色（或红色或绿色）数量执行任何操作。

5.2 想象一下，你有一张照片，而你打算画它的一张拷贝。但你只有 8 种颜色。编写一个函数，以图片作为输入，并对每个像素进行下列更改：对于红色、绿色和蓝色分量，如果该分量小于 100，则将其设为 0；否则，将其设为 255。

5.3 编写一个函数，输入是一张图片、一种颜色和一个数字。该数字是你要在图片的 4 条边上绘制边框的宽度，使用给定的颜色。你可以假设，该数字始终是小于 50 的整数。

5.4 我们用于绘制边框的过程，实际上也可用于绘制线条。例如，如果你有一张正方形图片，那么 x 值等于 y 值的每个像素，都位于从左上角到右下角的对角线上。编写一个函数，输入一张正方形图片（可以假定为方形）和一种颜色，从左上角到右下角绘制对角线，使用输入的颜色作为线条的颜色。

5.5 编写一个函数，使用相同的过程在图片中间画一条垂直线，在图片中间画一条水平线，将图片整齐地分成 4 个象限。此函数适用于任何正方形或矩形图片。

5.6 编写一个函数，从左下角到右上角绘制正方形图片的对角线，这要复杂一些。注意，x 和 y 的总和应该等于行中的像素数。

5.7 编写一个函数，在输入图片的左边界、中间和右边界放置 10 个像素宽的“监狱铁条”。

5.8 编写一个函数，根据非常具体的过程，将输入图片海报化。如果红色值大于 180，则将像素设置为红色。如果没有，则检查蓝色值是否大于 180，如果是，则将像素设置为蓝色。如果没有，则检查绿色值是否大于 180，如果是，则将像素设置为绿色。如果 3 个通道都不大于 180，将像素设置为黑色。

5.9　编写一个使图片中的白色变为粉红色的函数。输入一张图片，然后检查每个像素，看看红色、绿色和蓝色是否都在100以上。如果是这样，则将该像素设置为粉红色。

5.10　编写一个函数，在图片左侧减少红色50%，在右侧增加红色200%。

5.11　编写一个函数，使图像左侧变亮，并将右侧变为灰度。

5.12　编写一个函数，以不同方式处理图片上、中、下3部分。使输入图像的上三分之一更亮，然后将中三分之一的蓝色和绿色减少30%，再将下三分之一变成负片。

5.13　使用以下辅助函数重写程序52，使它更短。

```
def pickPosterizeValue(current):
  if (current < 64):
     return 31
  if (current > 63 and current < 128):
     return 95
  if (current > 127 and current < 192):
     return 159
  if (current > 191 and current < 256):
     return 223
```

5.14　如果你执行以下各项操作，此函数将打印出什么结果？

```
(a) testMe(1, 2, 3)
(b) testMe(3, 2, 1)
(c) testMe(5, 75, 20)
def testMe(p,q,r):
  if q > 50:
    print r
  value = 10
  for i in range(0,p):
    print "Hello"
    value = value - 1
  print value
  print r
```

5.15　从你认识的人的照片开始，对它进行特定的颜色更改：

- 将牙齿变成紫色。
- 将眼睛变成红色。
- 将头发变成橙色。

当然，如果你朋友的牙齿已经是紫色，或者眼睛是红色，或者头发是橙色，也可选择其他的目标颜色。

5.16　编写程序checkLuminance，输入红色、绿色和蓝色值，并使用加权平均值计算亮度（如下所示）。然后根据计算出的亮度，向用户打印警告：

- 如果亮度小于10，打印“That’s going to be awfully dark.”
- 如果亮度在50～200，打印“Looks like a good range.”
- 超过250，打印“That’s going to be nearly white!”

5.17　尝试在一个范围内抠像。图片“statue-tower.jpg”有一点蓝色背景，但不足以使用chromakeyBlue。然而，如果你将规则更改为getRed(px) + getGreen(px) < getBlue(px)+100，这对天空来说效果很好，但是在地面附近会造成混乱。

- 更改chromakeyBlue以使用修改后的规则，并将其应用于“statue- tower.jpg”。
- 现在，编写 chromakeyBlueAbove，以图片、新背景和数字作为输入。该数字是 y

值，你应该只对该输入 y 以上的像素执行 chromakey。将它应用于“statue-tower.jpg”，使天空的蓝色变为月球或丛林，但不动地面附近区域。

5.18 尝试在范围内进行背景消除。以图片“dog-bg.jpg”和“nodog-bg.jpg”作为输入，带上左上角的 *x* 和 *y*、右下角的 *x* 和 *y*。只在椅子上的狗周围做背景消除，留下树叶和房子。

5.19 编写一个函数来混合两张图片，上面的三分之一来自第一张图片，然后将两张图片混合在中间的三分之一，然后最后三分之一来自第二张图片。如果两张图片大小相同，则效果最佳。

5.20 编写一个函数，让两张输入图片交错。最开始的 20 个像素取自第一张图片，然后 20 个像素取自第二张图片，然后接下来的 20 个像素取自第一张图片，然后接下来的 20 个像素取自第二张图片，依此类推，直到所有像素都被使用。

5.21 编写一个函数来混合两张图片：一张图片的 25%与另一张图片的 75%混合。

5.22 重写程序 52，使用带有 else 的 if。

5.23 为什么电影制作人用绿幕或蓝幕制作特效，而不是红幕？

5.24 取一张绿色广告纸板，在它前面拍一张朋友的照片。现在用 chromakey 将你的朋友放在丛林中。或者更好的是，放在巴黎。

深入学习

John Maeda 设计了一个处理环境，用于开发交互式艺术，实时视频处理和数据可视化。这些处理让你能实现与本章中相同的一些效果。

第 6 章　按位置修改像素

本章学习目标

本章的媒体学习目标是：

- 水平或垂直镜像图片
- 将图片彼此组合，创建拼贴图
- 旋转图片
- 缩放图片
- 使用混合来合并图像
- 为原有图片添加文本和形状
- 使用模糊来平滑品质下降

本章的计算机科学目标是：

- 使用嵌套循环来寻址矩阵的元素
- 仅循环遍历数组的一部分
- 开发一些调试策略——特别是使用 print 语句来探索执行代码
- 能够在使用矢量图和位图图像格式之间进行选择
- 能够选择何时应该为任务编写程序，何时使用已有的应用程序软件

6.1　更快地处理像素

在第 5 章中，我们操作了图片的一部分，方法是遍历所有像素，并根据 *x* 和 *y* 位置选择我们希望操作的像素。这很好用。但它运行缓慢。

循环 for pixel in getPixels(picture)：处理每个像素。if 语句选出我们关心的那些像素。但处理所有像素可能需要很长时间，尤其是在大图中。如果我们只希望对少量像素做一些事情，处理所有像素就是浪费时间，因为我们只希望处理其中的一些像素。

到目前为止，我们使用 for 循环来处理所有像素。for 循环实际上是循环的一般语句。我们可以用它来循环我们实际关心的像素。为此，我们需要使用 range 函数。

下面是一种考虑 range 函数的方法。让别人拍手 10 次。你怎么知道她做得对不对？你可能会计数每次拍手。所以她第一次拍时你想到了 1，第二次拍时是 2，依此类推，直到她停了下来。如果她停止时计数是 10，那么她就拍了 10 次。计数从什么值开始？如果你在拍了一次之后想到了 1，那么在第一次拍手之前，计数实际上是 0。

用于计算索引的 for 循环与此类似。它使索引变量依次从序列中获取每个值。我们使用了从 getPixels 生成的像素序列，但事实证明，我们可以用 Python 函数 range 轻松生成数字序列。函数 range 有整数起始点和整数结束点两个输入。第二个数字不包括在序列中。虽然

看起来很奇怪，但我们会发现，它对我们想要索引的东西来说实际上很方便。以下是 range 函数的一些示例。Range 函数从第一个数字开始，并继续添加数字，直到它达到第二个数字。在最后一个示例中，第一个数字大于后一个数字，因此根本不生成任何数字。

```
>>> print range(0,3)
[0, 1, 2]
>>> print range(0,10)
[0, 1, 2, 3, 4, 5, 6, 7, 8, 9]
>>> print range(3,1)
[]
```

方括号中的内容（例如上面第一个例子中的[0,1,2]）表示序列，或者用我们的话来说是表示数组。这就是 Python 打印出一系列数字来表明这是一个数组的方法[①]。如果用 range 为 for 循环生成数组，变量将遍历我们生成的每个连续数字。

另外，range 可以接受第三个输入：序列的元素之间递增多少。

```
>>> print range(0,10,3)
[0, 3, 6, 9]
>>> print range(0,10,2)
[0, 2, 4, 6, 8]
```

由于大多数循环确实以 0 开始（例如，在索引某些数据时），因此仅向范围提供单个输入会假定起点是 0。

```
>>> print range(10)
[0, 1, 2, 3, 4, 5, 6, 7, 8, 9]
```

6.1.1 用 range 在像素上循环

如果我们希望知道像素的 *x* 和 *y* 值，就不得不使用两个 for 循环：一个在像素上水平移动（*x*），另一个在垂直方向上移动（*y*），从而获得每个像素。函数 getPixels 本身就是这样做的，这样可以更容易地编写简单的图片处理。内部循环将嵌套在外部循环内，确实是在其语句块内部。此时，你必须小心缩进代码，确保语句块正确对齐。

你需要了解图片中像素的坐标是如何工作的。让我们取一张图片（图 6.1）并查看其坐标。

```
>>> h = makePicture("horse.jpg")
>>> print h
Picture, filename /Users/guzdial/Desktop/mediasources-4ed/horse.jpg height 640 width 480
>>> print getHeight(h)
640
>>> print getWidth(h)
480
>>> print getPixel(h,0,0)
Pixel red=62 green=78 blue=49
>>> print getPixel(h,479,639)
Pixel red=113 green=89 blue=77
>>> print getPixel(h,480,640)
getPixel(picture,x,y): x (= 480) is less than 0 or bigger than the width (= 479)
The error was:
Inappropriate argument value (of correct type).
An error occurred attempting to pass an argument to a function.
```

① 技术上，range 返回一个序列，这是一个与数组有些不同的数据集合。

图 6.1 中的图片横向有 480 像素、纵向有 640 像素。我们说宽度是 480，高度是 640。这意味着最左上角的像素是（0,0），其中 $x = 0$，$y = 0$。最右下方的像素不是（480,640）——这超出图片的边缘，访问它会产生错误。最右下方的像素是（479,639）。

图 6.1 图片坐标

要处理所有这些像素，我们的循环如下：

```
for x in range(0,getWidth(picture)):
  for y in range(0,getHeight(picture)):
    pixel=getPixel(picture,x,y)
```

我们称之为嵌套循环，因为 y 循环在 x 循环内。对于 x 的每个值，我们生成 y 的所有值。对于 x 和 y 的每个值，循环体（例如，示例中的 pixel = getPixel（picture，x，y））被执行一次。事实是 range 函数达到但不包括第二个输入的最后一个值，下面就是它有效的地方。x 坐标上升但不包括图片的 getWidth，y 坐标上升但不包括图片的 getHeight。

下面是一个重写之前的函数（程序 39）的例子，使用显式 x 和 y 索引来访问像素。

程序 63：使用嵌套循环使图片变亮

```
def lighten2(picture):
  for x in range(0,getWidth(picture)):
    for y in range(0,getHeight(picture)):
      px = getPixel(picture,x,y)
      color = getColor(px)
      color = makeLighter(color)
      setColor(px,color)
```

工作原理

让我们一起来（追踪）它是如何工作的。设想我们刚刚执行了 lighten2(myPicture)。

1．lighten2(myPicture)：变量 picture 成为 myPicture 中图片的新名称。

2．for x in range(0,getWidth(picture))：变量 x 取值 0。

3．for y in range(0,getHeight(picture))：变量 y 取值 0。

4．px = getPixel(picture,x,y)：变量 px 取得位置（0,0）处的像素对象的值。

5．setColor(px,color)：将（0,0）处的像素设置为较亮的新颜色。

6．for y in range(0,getHeight(picture))：变量 y 现在变为 1。我们刚刚修改了像素（0,0）处的颜色，现在将处理像素（0,1）。换言之，我们正沿着第一列像素慢慢向下移动，即 x 为 0 的列。

7．px = getPixel(picture,x,y)：px 变成位置（0,1）处的像素。

8．让那个像素的颜色变亮。

9．for y in range(0,getHeight(picture))：变量 y 现在变为 2。然后我们将处理像素（0,2），然后（在下一个循环中）是（0,3），（0,4），等等，直到 y 变为图片的高度减去 1（即增长到最后一个值，但不包括它）。

10．for x in range(0,getWidth(picture))：变量 x 取值 1。

11．现在 y 再次变为 0，我们开始下一列，其中 x 是 1。我们处理像素（1,0），然后（迭代 y 变量）（1,1），（1,2），依此类推，直到 y 等于图片的高度减去 1（即增长到最后一个值，但不包括它）。然后我们增加 x，并开始沿着列 $x = 2$ 向下，处理每个 y，使得我们处理像素（2,0），（2,1），（2,2），依此类推。

12．这一直持续到所有像素的所有颜色都变亮为止。

函数 lighten2 使用嵌套循环，但基本上与原来的函数做了同样的事情，即每个像素都被操作。更好的例子是 removeRedEye2，它通过仅处理我们关心的区域中的像素来消除红眼。我们在第 5 章中看到了原来的版本。

程序 64：使用嵌套循环消除红眼

```
def removeRedEye2(pic,sX,sY,eX,eY,endColor):
  for x in range(sX,eX):
    for y in range(sY,eY):
      px = getPixel(pic,x,y)
      if (distance(red,getColor(px)) < 165):
        setColor(px,endColor)
```

使用这个版本就像使用前一个版本一样：

```
>>> jenny=makePicture("jenny-red.jpg")
>>> removeRedEye2(jenny, 109, 91, 202, 107, black)
>>> explore(jenny)
```

在使用最终颜色（本例中为黑色）替换珍妮眼中的红色这方面，这个新版本完全相同。但这个版本只需要 1/10 的时间。实际上可以计算出差异，我们将在 6.1.2 小节中做到这一点。

6.1.2 编写更快的像素循环

我们可以证明，使用 for 循环生成像素位置的索引，比使用 getPixels（picture）中的像素要快。想象一下，你有一张图片，你要画一个黄色的小盒子，比如 10×10 像素，左上角是（10,10），右下角是（19,19）。绘制代码可以采用两种不同的方式：处理所有像素并仅选择范围中的像素，或者使用嵌套循环仅处理范围中的像素。

Python 提供了一个特殊库函数，名为 clock，它以秒为单位返回时间。通过在函数的开头和结尾计时，差值就告诉我们代码运行了多长时间。要使用此函数，我们必须在程序顶部使用命令 from time import clock，将它从库中取出。

下面是制作黄色盒子的两个函数。

程序 65：以两种方式制作黄色盒子

```
from time import clock

def yellowbox1(pict):
  start = clock()
  for px in getPixels(pict):
    x = getX(px)
```

```
    y = getY(px)
    if 10 <= x < 20 and 10 <= y < 20:
      setColor(px,yellow)
  print "Time:",clock()-start

def yellowbox2(pict):
  start = clock()
  for x in range(10,20):
    for y in range(10,20):
      setColor(getPixel(pict,x,y),yellow)
  print "Time:",clock()-start
```

下面是运行它的样子。

```
>>> b = makePicture("bridge.jpg")
>>> b
Picture, filename /Users/guzdial/Desktop/mediasources-4ed/bridge.jpg
   height 640 width 480
>>> yellowbox1(b)
Time: 1.317775
>>> yellowbox2(b)
Time: 0.00316000000001
```

处理所有像素的函数 yellowbox1 运行约 1.3 秒，使用嵌套循环的函数 yellowbox2 运行约 0.003 秒。这基本上是 1/1000 的时间。这是 640×480 的小图片。这是百万像素的 1/3。对于 1 200 万像素的图片，yellowbox1 可能需要大约 47 秒。函数 yellowbox2 需要 0.1 秒。现在想象一下，如果你正在处理一部电影的帧，每秒有 30 张照片（帧）。这个差异就非常大了。

嵌套循环让我们专注于关心的像素，这会导致更快的代码。使用嵌套循环的好处还不止于此。因为它允许我们专注于特定 x 和 y 值的特定像素，所以我们可以做一些很难用全像素方法做的很酷的事情。

6.2 镜像图片

让我们沿着一幅画的垂直轴镜像它。这是一个有趣的效果，偶尔有用，很好玩。换言之，假设你有一面镜子并将它放在一张照片上，使照片的左侧出现在镜子里。这就是我们要实现的效果。我们将用几种不同的方式做到这一点。

首先，让我们思考一下要做的事情。简化一下。让我们考虑镜像二维数组。我们选择一个水平的 mirrorPoint（镜像点），即在图片的中间，getWidth(picture)/2。

当图片的宽度为偶数时，我们将从左到右复制一半图片，如图 6.2 所示。此数组的宽度为 2，因此 mirrorPoint 为 2/2 = 1。我们需要从 $x = 0$，$y = 0$ 复制到 $x = 1$，$y = 0$，并且从 $x = 0$，$y = 1$ 复制到 $x = 1$，$y = 1$。注意，mirrorPoint 实际上并不是图片的中间部分，因为图片的宽度是偶数。想一想如果图片的宽度为 4 会发生什么。哪些像素会被复制到哪里？

当图片的宽度为奇数时，我们不会复制像素的中间列，如图 6.2 所示。我们需要从 $x = 0$，$y = 0$ 复制到 $x = 2$，$y = 0$，并从 $x = 0$，$y = 1$ 复制到 $x = 2$，$y = 1$。

每当我们镜像时，从 x 为 0、y 为 0 开始。我们迭代所有值 x，范围从 0 到 mirrorPoint−1，y 的范围从 0 到高度减 1。要从左到右镜像图片，应将第一列的颜色复制到同一行的最后一列、第二列的颜色复制到同一行中的倒数第二列，依此类推。所以当 x 等于 0 时，我们将 x

= 0 和 y = 0 处的像素颜色复制到 x = width−1 和 y = 0 处；当 x 等于 1 时，我们将 x = 1 和 y = 0 处的像素颜色复制到 x = width−2 和 y = 0 处；当 x 等于 2 时，我们将 x = 2 和 y = 0 的像素颜色复制到 x = width−3 和 y = 0 处。我们每次将左侧当前在 x 和 y 处的像素颜色，复制到右侧的一个像素，它位于图片宽度减去当前 x 值再减 1。

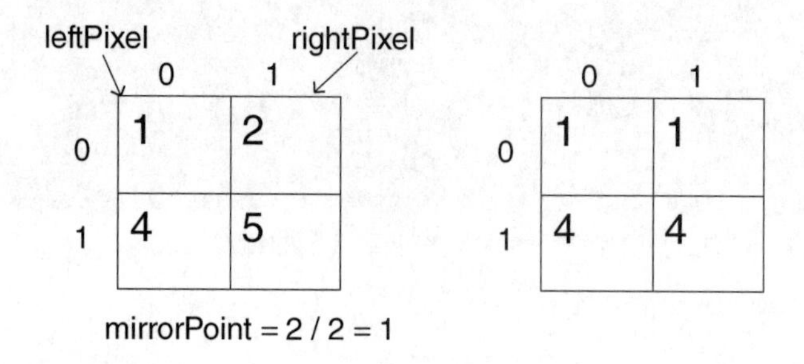

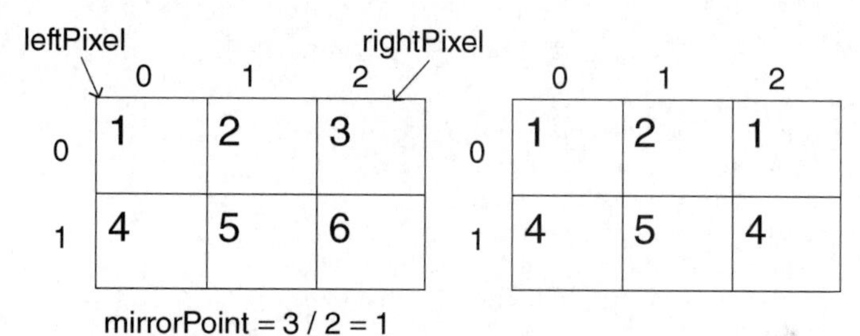

图 6.2 按照镜像点从左到右复制像素

观察图 6.2，确信我们实际上会使用这个方案处理每个像素。下面是实际的程序。

程序 66：沿垂直线镜像图像中的像素

```
def mirrorVertical(source):
  mirrorPoint = getWidth(source) / 2
  width = getWidth(source)
  for y in range(0,getHeight(source)):
    for x in range(0,mirrorPoint):
      leftPixel = getPixel(source,x,y)
      rightPixel = getPixel(source,width - x - 1,y)
      color = getColor(leftPixel)
      setColor(rightPixel,color)
```

工作原理

mirrorVertical 以 source（源）图片作为输入。我们在图片中间使用一个垂直的镜子，因此 mirrorPoint 是图片的宽度除以 2。我们对图片的整个高度来镜像，因此 y 的循环从 0 到图片的高度。x 值从 0 到 mirrorPoint−1（即增长到 mirrorPoint，但不包括它）。每次经过该循环，我们都会从左到右复制另一列像素的颜色。

我们如下使用它（结果如图 6.3 所示）。

```
>>> picture=makePicture("blueMotorcycle.jpg")
>>> explore(picture)
>>> mirrorVertical(picture)
>>> explore(picture)
```

图 6.3 原始图片（左）和沿垂直轴的镜像（右）

我们可以水平镜像吗？当然可以！

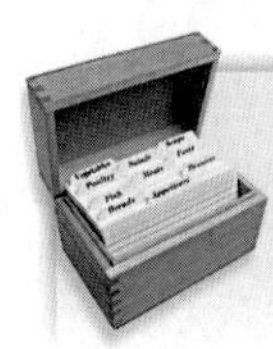

程序 67：沿水平线镜像像素，上面镜像到下面

```
def mirrorHorizontal(source):
  mirrorPoint = getHeight(source) / 2
  height = getHeight(source)
  for x in range(0,getWidth(source)):
    for y in range(0,mirrorPoint):
      topPixel = getPixel(source,x,y)
      bottomPixel = getPixel(source,x,height - y - 1)
      color = getColor(topPixel)
      setColor(bottomPixel,color)
```

现在，最后一个程序从图片的上面复制到下面（图 6.4）。你可以看到，我们从 topPixel 获取颜色，该颜色来自当前的 *x* 和 *y*，它始终位于 mirrorPoint 之上，因为较小的 *y* 值更接近图片的顶部。要将下面复制到上面，只需交换 topPixel 和 bottomPixel 即可（图 6.4）。

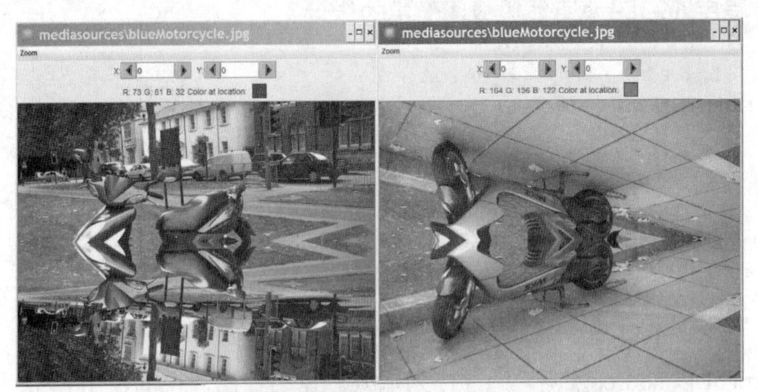

图 6.4 水平镜像，上面镜像到下面（左）和下面镜像到上面（右）

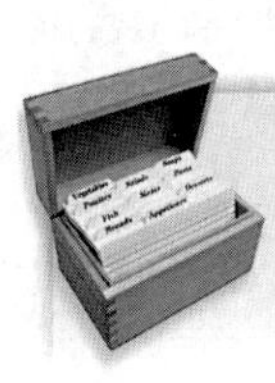

程序 68：水平镜像像素，下面镜像到上面

```
def mirrorBotTop(source):
  mirrorPoint = getHeight(source) / 2
  height = getHeight(source)
for x in range(0,getWidth(source)):
  for y in range(0,mirrorPoint):
    topPixel = getPixel(source,x,y)
    bottomPixel = getPixel(source,x,height - y - 1)
```

```
        color = getColor(bottomPixel)
        setColor(topPixel,color)
```

有用的镜像

虽然镜像主要用于有趣的效果，但偶尔它会有一些更严肃（但仍然很有趣）的用途。马克在参加会议时，拍摄了希腊雅典古代广场中赫菲斯托斯神庙的照片（图 6.5）。纯粹是运气，他拍的山形墙完全水平。赫菲斯托斯神庙的山形墙遭到了破坏。他想知道，是否可以将好的部分镜像到破坏的部分，从而“修复”它。

图 6.5　来自雅典古代广场的赫菲斯托斯神庙

要找到我们需要镜像的坐标，可使用 JES 中的图片工具来浏览图片。

```
>>> templeP = makePicture("temple.jpg")
>>> explore(templeP)
```

他浏览了图片，以确定镜像所需的值范围和镜像点（图 6.6）。本节描述了他编写的用于修复的函数，最终的图片如图 6.7 所示：它工作得很好！仍然可以看出来该结果是经过数字处理的。例如，如果检查阴影，就会发现太阳必须同时位于左侧和右侧。

图 6.6　确定我们需要进行镜像的位置坐标

图6.7 操作后的神庙

由于本节中构建的函数是专门针对神庙图片编写，因此我们将利用媒体路径的概念。如果你希望同一目录中处理多个媒体，但又不希望拼出整个目录名，它会特别有用。你只需要记住首先使用 setMediaPath()。函数 setMediaPath()会打开一个文件选择器对话框，允许你选择一个文件夹（或目录，它们是不同的术语，但在文件系统中意味着同样的东西），然后打印出你选择的新文件夹的路径。

```
>>> setMediaPath()
New media folder: 'C:\\ip-book\\mediasources\\'
```

在上面的示例中，当我们执行 setMediaPath()时，我们将媒体文件夹设置为 mediasources，它位于目录 ip-book 中，该目录位于硬盘 C:的根目录（主目录）上（这告诉你，该示例是在一台 Windows 计算机上）。如果在 macOS X 计算机上执行 setMediaPath()，可能会看到如下内容：

```
>>> setMediaPath()
'/Users/guzdial/Desktop/MediaComp/mediasources/'
```

在这个例子中也发生了同样的事情。显示文件选择器对话框，选择目录，然后打印。在 Mac OS X 上，主硬盘根目录简称为“/”，上面的路径表明文件夹 Users 位于主磁盘目录中，其中有一个名为 guzdial 的目录，然后是 Desktop，再是 MediaComp，最后媒体存储在其中的 mediasources 文件夹中。

getMediaPath 所做的，就是将 setMediaPath 中找到的路径添加到输入文件名中。

```
>>> getMediaPath("barbara.jpg")
'C:\\ip-book\\mediasources\\barbara.jpg'
>>> barb=makePicture(getMediaPath("barbara.jpg"))
```

但 JES 也很聪明，如果你告诉 makePicture 打开一个基本文件名，它会首先查看媒体路径。所以这也有效：

```
>>> barb=makePicture("barbara.jpg")
```

程序 69：镜像赫菲斯托斯神庙

```
def mirrorTemple():
 source = makePicture("temple.jpg")
 mirrorPoint = 276
```

```
    for x in range(13,mirrorPoint):
     for y in range(27,97):
      pleft = getPixel(source,x,y)
      pright = getPixel(source,mirrorPoint + mirrorPoint - 1 - x,y)
      setColor(pright,getColor(pleft))
    show(source)
    return source
```

常见问题：首先设置媒体文件夹

如果你要使用包含 getMediaPath(baseName)的代码，则首先需要执行 setMediaPath()。

工作原理

通过在 JES 中浏览该图片，我们找到了 mirrorPoint（276）。实际上，我们不必从 0 复制到 276，因为神庙边缘的 x 索引为 13。

这个程序也是我们最早编写的明确返回值的程序之一。关键字 return 设置的值成为函数提供的输出。在 mirrorTemple()中，返回值是图片对象 source，其中存储了修复的神庙。如果我们用 fixedTemple = mirrorTemple()调用此函数，则名称 fixedTemple 将表示从 mirrorTemple()返回的图片。

常见问题：关键字 return 总是最后一句

关键字 return 指定函数的返回值，但它也具有结束函数的效果。一个常见的错误，是尝试在 return 语句后 print 或 show，但这不起作用。执行 return 后，不再执行函数中的语句。

为什么我们 return 修复的神庙图片对象呢？什么我们以前没有返回值呢？我们之前编写的函数直接操作输入图片，这称为副作用计算。mirrorTemple()没有输入。我们创建了在函数内部操作的图片。什么时候需要 return 的经验法则是：如果在函数内部创建了感兴趣的对象，则需要返回它，否则当函数结束时，对象将消失。因为在函数 mirrorTemple()内部创建了图片对象 source（利用 makePicture），所以该对象仅存在于该函数中。

究竟为什么要 return 某个东西呢？这样做是为了将来使用。你能想象也许希望用镜像后的神庙做点什么吗？也许把它组成一个拼贴图，或改变它的颜色？你应该 return 该对象，以便稍后使用它。

神庙的例子很适合用来向自己提问。如果你真的理解它，就可以回答诸如此类的问题："在这个函数中要镜像的第一个像素是什么？有多少像素被复制？"你应该能够通过思考程序来找出答案——假装你是计算机，并在脑海中执行该程序。

如果这太难了，可以插入 print 语句，如下所示：

```
def mirrorTemplePrinting():
 source = makePicture("temple.jpg")
 mirrorPoint = 276
 for x in range(13,mirrorPoint):
  for y in range(27,97):
   print"Copying color from",x,y,"to",mirrorPoint+mirrorPoint-1-x,y
```

```
    pleft = getPixel(source,x,y)
    pright = getPixel(source,mirrorPoint+mirrorPoint-1-x,y)
    setColor(pright,getColor(pleft))
  show(source)
  return source
```

如果我们运行这个版本（mirrorTemplePrinting()），会需要很长时间才能完成。过一段时间即可点击 Stop，因为我们只关心前几个像素。下面是我们得到的结果：

```
>>> p2=mirrorTemple()
Copying color from 13 27 to 538 27
Copying color from 13 28 to 538 28
Copying color from 13 29 to 538 29
```

它从（13,27）复制到（538,27），其中 538 是通过 mirrorPoint（276）加上 mirrorPoint（552）减 1（551）然后减去 *x*（551-13 = 538）计算来的。

我们处理了多少像素？我们也可以让计算机求出这个值。在循环之前，我们让计数为 0。每次复制像素时，我们让计数加 1。

```
def mirrorTempleCounting():
 source = makePicture("temple.jpg")
 mirrorPoint = 276
 count = 0
 for x in range(13,mirrorPoint):
  for y in range(27,97):
   pleft = getPixel(source,x,y)
   pright = getPixel(source,mirrorPoint + mirrorPoint - 1 - x,y)
   setColor(pright,getColor(pleft))
   count = count + 1
 show(source)
 print "We copied",count,"pixels"
 return source
```

这返回的结果是“We copied 18410 pixels（我们复制了 18 410 个像素）”。这个数字是怎么来的？我们复制了 70 行像素（*y* 从 27～96）、263 列像素（*x* 从 13～275），70×263 是 18 410。

6.3 复制和转换图片

当我们在图片间复制像素时，可以创建全新的图片。我们最终将追踪一张源图片（从中获取像素）和一张目标图片（要设置像素）。实际上，我们不会复制像素——我们只是让目标图片中的像素与源图片中的像素颜色相同。复制像素需要我们跟踪多个索引变量：源中的（*x*，*y*）位置和目标中的（*x*，*y*）。

复制像素令人兴奋之处在于，在处理索引变量方面做一些小改动不仅会导致复制图像，而且会导致图像变换。在本节中，我们将讨论复制、裁剪、旋转和缩放图片。

我们的目标图片是用 makeEmptyPicture 创建的空白图片。函数 makeEmptyPicture 至少需要两个输入：一个表示新图片宽度的数字，一个表示新图片高度的数字。

```
>>> pic = makeEmptyPicture(1000,1000)
>>> print pic
Picture, filename None height 1000 width 1000
```

我们可以 show 或 explore 该图片 pic，但这有点无聊。它是一张很大的白纸。另外，函数 makeEmptyPicture 可以接受第三个参数：填充新图片的颜色。默认为白色。如果执行 blank = makeEmptyPicture(1000,1000,red)，则名称 blank 将表示一张很大的红色空白图片。

6.3.1 复制

要将图片从一个对象复制到另一个对象，我们只需确保让 sourceX 和 targetX 变量（*x* 轴的源图片索引变量和目标图片索引变量）一起增加，并让 sourceY 和 targetY 变量一起增加。我们可以用 for 循环，但只增加一个变量。我们必须确保在 for 循环递增时，利用表达式（尽可能接近）同时递增另一个变量（不在 for 循环中的那一个）。我们将使用两个步骤执行这个操作：

1. 恰好在循环开始之前设置初始值。
2. 在循环底部增加该索引变量。

下面是将马的图片复制到画布上的程序。

程序 70：将图片复制到画布上

```
def copyHorse():
  # Set up the source and target pictures
  src = makePicture("horse.jpg")
  canvas = makeEmptyPicture(1000,1000)
  # Now, do the actual copying
  targetX = 0
  for sourceX in range(0,getWidth(src)):
    targetY = 0
    for sourceY in range(0,getHeight(src)):
      color = getColor(getPixel(src,sourceX,sourceY))
      setColor(getPixel(canvas,targetX,targetY), color)
      targetY = targetY + 1
    targetX = targetX + 1
  show(src)
  show(canvas)
  return canvas
```

计算机科学思想：注释很好

你在程序 70 中看到，有些行开始使用了“#”。这个符号告诉 Python，“忽略这一行的其余部分。”这有什么用处吗？它允许你将消息放入程序中，让人阅读，而不是让计算机阅读——这些消息解释工作原理、程序的哪些部分做什么事以及你这样做的原因。记住，程序是为人类编写的，而不是为计算机编写的。注释让程序更适合人类阅读。

工作原理

该程序将马的图片复制到画布上（图 6.8）。

- 前几行只设置了源（src）和目标（canvas）图片。
- 接下来是管理 *X* 索引变量的循环，源图片的 sourceX 和目标图片的 targetX。以下是循环的关键部分：

图6.8　将图片复制到画布上

```
targetX = 0
for sourceX in range(0,getWidth(src)):
  # Y LOOP GOES HERE
  targetX = targetX + 1
```

由于这些语句的排列方式，从 *Y* 循环的角度来看，targetX 和 sourceX 总是一起递增。targetX 变为 0，恰好在 sourceX 在 for 循环中变为 0 之前。在 for 循环结束时，targetX 增加 1，然后循环重新开始，sourceX 也通过 for 语句递增 1。

递增 targetX 的语句可能看起来有点奇怪。targetX = targetX + 1 不是一个数学命题（这不可能为真），而是给计算机的指令。它表示“令 targetX 的值为（=右侧的）targetX 的当前值（无论是什么）加 1”。

- *X* 变量的循环内部是 *Y* 变量的循环。它具有非常相似的结构，因为它的目标是以完全相同的方式保持 targetY 和 sourceY 同步。

```
targetY = 0
for sourceY in range(0,getHeight(src)):
  color = getColor(getPixel(src,sourceX,sourceY))
  setColor(getPixel(canvas,targetX,targetY), color)
  targetY = targetY + 1
```

正是在 *Y* 循环内部，我们真正从源图片获取颜色，并将目标图片中的相应像素设置为相同的颜色。

事实证明，我们可以很容易地将目标图片变量放在 for 循环中，并设置源图片变量。以下程序与程序 70 相同。

程序 71：以另一种方式将图片复制到画布上

```
def copyHorse2():
  # Set up the source and target pictures
  src = makePicture("horse.jpg")
  canvas = makeEmptyPicture(1000,1000)
  # Now, do the actual copying
  sourceX = 0
  for targetX in range(0,getWidth(src)):
    sourceY = 0
```

```
    for targetY in range(0,getHeight(src)):
      color = getColor(getPixel(src,sourceX,sourceY))
      setColor(getPixel(canvas,targetX,targetY), color)
      sourceY = sourceY + 1
    sourceX = sourceX + 1
  show(src)
  show(canvas)
  return canvas
```

当然，我们不必将源中的（0,0）复制到目标中的（0,0）。我们可以轻松地复制到画布中的其他位置。我们要做的就是改变目标 *X* 和 *Y* 坐标的起始位置。其余部分保持完全相同（图 6.9）。

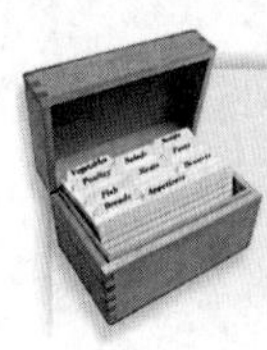

程序 72：复制到画布中的其他位置

```
def copyHorseMidway():
  # Set up the source and target pictures
  src = makePicture("horse.jpg")
  canvas = makeEmptyPicture(1000,1000)
  # Now, do the actual copying
  targetX = 100
  for sourceX in range(0,getWidth(src)):
    targetY = 200
    for sourceY in range(0,getHeight(src)):
      color = getColor(getPixel(src,sourceX,sourceY))
      setColor(getPixel(canvas,targetX,targetY), color)
      targetY = targetY + 1
    targetX = targetX + 1
  show(src)
  show(canvas)
  return canvas
```

同样，我们不必复制整张图片。裁剪就是仅从整个图片中取出一部分。从数字上来说，这只是改变起点和终点坐标的问题。要从图片中抓取马的脸部，我们只需要弄清楚脸部所在的坐标是什么，然后将这些坐标用于 sourceX 和 sourceY 的 range 函数（图 6.10）。我们可以通过浏览图片来做到这一点。脸部位于（104,114）（左上）至（266,421）（右下）。

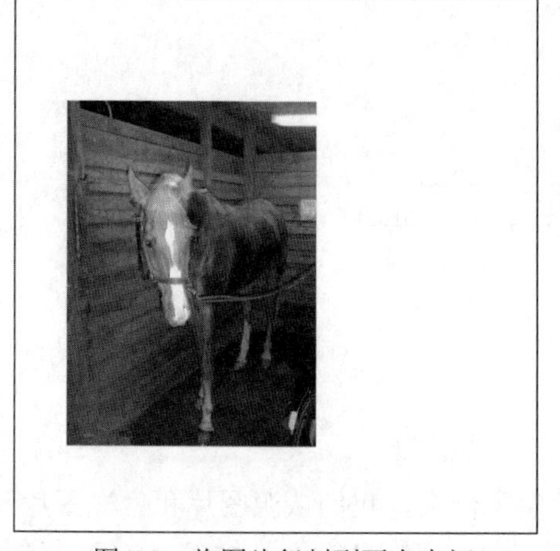

图 6.9 将图片复制到画布中间

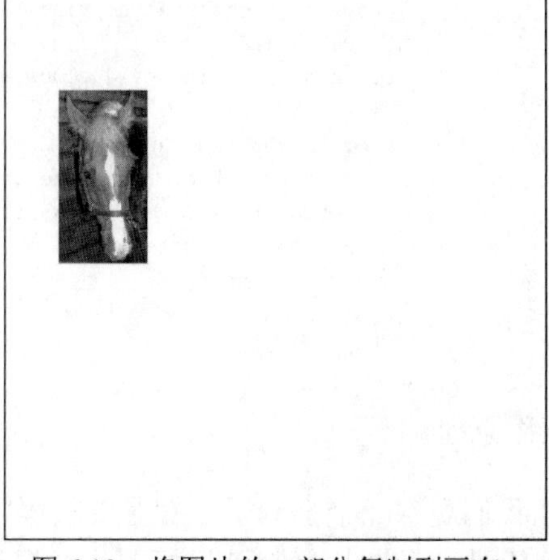

图 6.10 将图片的一部分复制到画布上

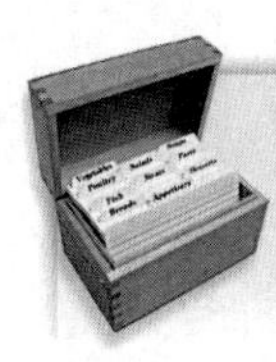

程序 73：将图片裁剪到画布上

```
def copyHorseFace():
  # Set up the source and target pictures
  src = makePicture("horse.jpg")
  canvas = makeEmptyPicture(1000,1000)
  # Now, do the actual copying
  targetX = 100
  for sourceX in range(104,267):
    targetY = 200
    for sourceY in range(114,422):
      color = getColor(getPixel(src,sourceX,sourceY))
      setColor(getPixel(canvas,targetX,targetY), color)
      targetY = targetY + 1
    targetX = targetX + 1
  #show(src)
  show(canvas)
  return canvas
```

工作原理

该程序与之前程序之间的唯一区别，就是 source 索引的范围。我们只想要 x 在 104～266 的像素，因此对于 sourceX 的 range，输入为 104，267；我们只想要 y 在 114～421 的像素，因此对于 sourceY 的 range，输入为 114，422。我们已经注释掉 show(src)行，因为我们确定你知道它现在做了什么。

我们仍然可以交换哪些变量放在 for 循环中、哪些变量递增。但是，计算目标的范围有点复杂。如果我们希望开始复制到（100,200），那么图片的宽度是 $267-204=163$，高度是 $422-114=308$。下面是程序。

程序 74：以不同方式将脸部裁剪到画布中

```
def copyHorseFace2():
  # Set up the source and target pictures
  src=makePicture("horse.jpg")
  canvas = makeEmptyPicture(1000,1000)
  # Now, do the actual copying
  sourceX = 104
  for targetX in range(100,100+163):
    sourceY = 114
    for targetY in range(200,200+308):
      color = getColor(getPixel(src,sourceX,sourceY))
      setColor(getPixel(canvas,targetX,targetY), color)
      sourceY = sourceY + 1
    sourceX = sourceX + 1
  show(canvas)
  return canvas
```

工作原理

让我们观察一个小例子，看看复制程序中发生了什么。我们从源图片和目标图片开始，逐个像素地从源图片复制到目标图片。想象一下，我们正在从源图片中的（0,0）复制到目标图片中的（3,1）。

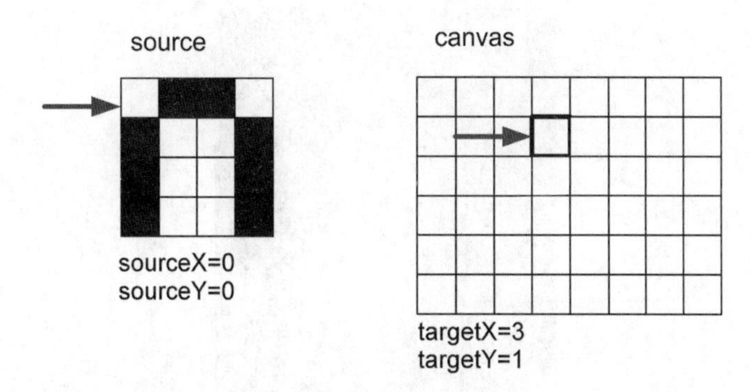

然后我们增加 sourceY 和 targetY，并再次复制。

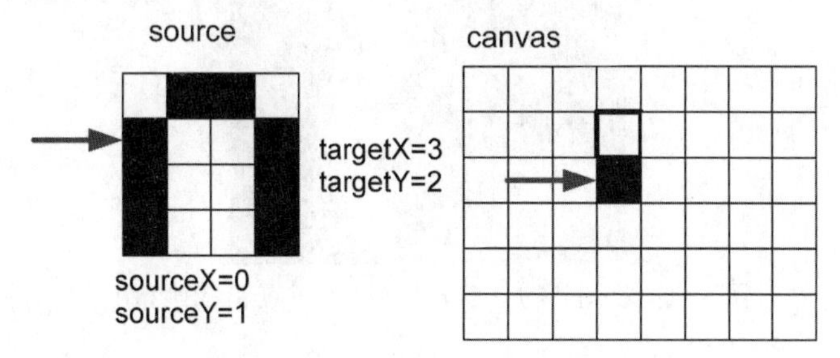

我们沿着该列继续向下，递增两个 *Y* 索引变量。

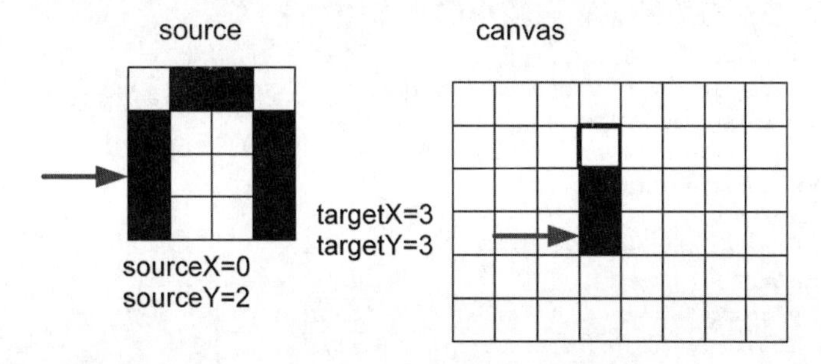

完成该列后，我们递增 *X* 索引变量并继续下一列，直到复制了每个像素。

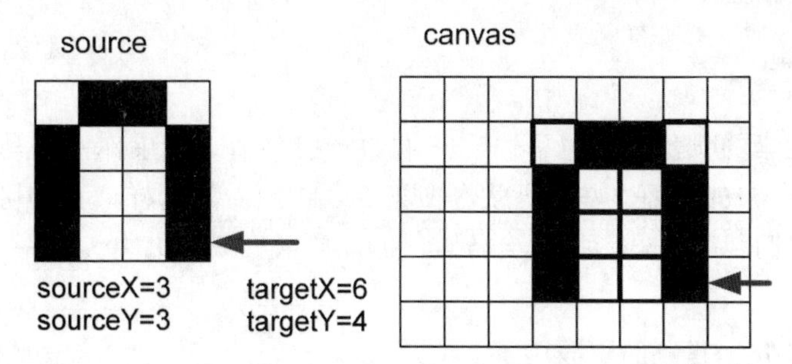

6.3.2 复制到较小的图片和修改

一旦知道了马脸的宽度和高度，我们就不需要将它复制到 1 000×1 000 像素的画布中。我们可以只复制一张脸。这个函数与 copyHorseFace 函数的工作方式非常相似，只是我们创建了一个较小的目标图片，并将其复制到目标图片中的（0,0）（图 6.11）。

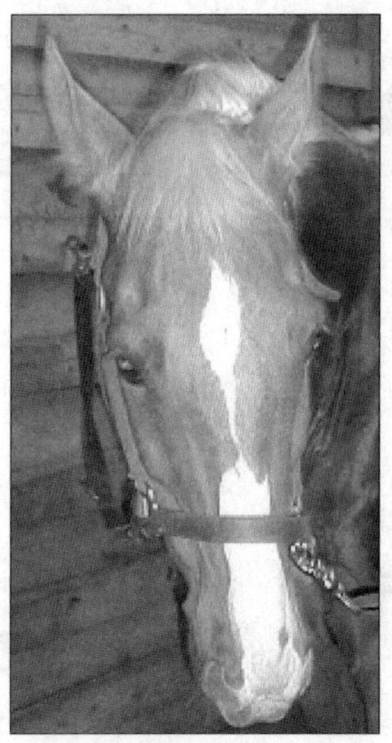

图 6.11 将图片的一部分复制到大小正好的画布上

程序 75：将脸部裁剪到较小的画布中

```
def copyHorseFaceSmall():
  # Set up the source and target pictures
  src = makePicture("horse.jpg")
  canvas = makeEmptyPicture(163,308)
  # Now, do the actual copying
  targetX = 0
  for sourceX in range(104,267):
    targetY = 0
    for sourceY in range(114,422):
      color = getColor(getPixel(src,sourceX,sourceY))
      setColor(getPixel(canvas,targetX,targetY), color)
      targetY = targetY + 1
    targetX = targetX + 1
  show(canvas)
  return canvas
```

当我们复制像素的颜色时，也可以对它们做一些事情。如果你检查马的褐色，会看到它是红 = 216，绿 = 169，蓝 = 143。就像在第 5 章中所做的那样，我们可以寻找接近它的颜色，然后改变它们。在这里，我们给马黑色的高亮（图 6.12）。

程序 76：复制时更改脸部

```
def copyHorseFaceSmallBlack():
  hcol = makeColor(216,169,143)
  # Set up the source and target pictures
  src = makePicture("horse.jpg")
  canvas = makeEmptyPicture(163,308)
  # Now, do the actual copying
  targetX = 0
  for sourceX in range(104,267):
```

```
    targetY = 0
    for sourceY in range(114,422):
      color = getColor(getPixel(src,sourceX,sourceY))
      if distance(color,hcol) < 40:
        setColor(getPixel(canvas,targetX,targetY), black)
      else:
        setColor(getPixel(canvas,targetX,targetY), color)
      targetY = targetY + 1
    targetX = targetX + 1
  show(canvas)
  return canvas
```

图 6.12 复制部分图片，并在复制时更改颜色

6.3.3 复制和引用

当我们输入一个数字进入函数时，我们所做的事情不同于复制一张图片进入函数。这种差异值得留意。

计算机科学思想：复制与引用

当我们将源图片中的颜色复制到目标图片时，目标图片仅包含颜色信息。它对源图片一无所知。如果我们更改源图片，目标图片不会更改。在计算机科学中，我们也可以生成引用。引用是指向另一个对象的指针。如果目标图片包含对源图片的引用，并且我们更改源图片，那么目标图片也将改变。

这是计算机科学的一个深刻思想，所以让我们通过一些实验来更好地解释它。当我们使用简单变量（例如，仅包含数字的变量）时，赋值会将值从一个地方复制到另一个地方。

```
>>> a = 100
>>> b = a
>>> print a,b
100 100
>>> b = 200
>>> print a,b
100 200
>>> a = 300
>>> print a,b
300 200
```

在这个例子中，当我们说 $a = 100$ 时，我们将值 100 复制到变量 a。当我们指定 $b = a$ 时，我们将值从 a（它是 100）复制到 b 中。它们现在都具有值 100。当我们更改 b，将值 200 复制到其中时，我们不会更改 a。我们是怎么做到的呢？变量 a 和 b 只保存复制到它们中的值。所以 a 仍然是 100，而 b 现在是 200。当我们将 300 复制到 a 时，不会改变 b。

当我们赋值图片和像素之类的复杂对象时，情况会不同。将像素分配给另一个对象，是创建了一个引用。改变一个会导致另一个改变。

```
>>> pictureBarb = makePicture("barbara.jpg")
>>> pixel1 = getPixelAt(pictureBarb,0,0)
>>> print pixel1
Pixel red=168 green=131 blue=105
>>> anotherpixel = pixel1
>>> print anotherpixel
Pixel red=168 green=131 blue=105
>>> setColor(pixel1,black)
>>> print pixel1
Pixel red=0 green=0 blue=0
>>> print anotherpixel
Pixel red=0 green=0 blue=0
```

在这个例子中，我们生成了一张图片，并指定 pixel1 表示图片中的第一个像素，即(0,0)处的像素。它的颜色为红= 168，绿= 131，蓝= 105。当我们将另一个像素分配给 pixel1 时，它们将成为同一对象的两个不同名称。当我们打印另一个像素时，它与 pixel1 具有相同的颜色。然后我们将 pixel1 的像素颜色设置为黑色。当我们打印它时，它全是 0。但是当我们打印另一个像素时，它也都是 0。只涉及一个像素，并且通过任一名称更改像素，将导致两个名称中的相同更改。这是引用和副本之间的区别。

当我们从计算机做的事情来考虑它时，两个例子都使用了副本。在第一个示例中，复制的是值；在第二个示例中，复制的是对像素对象的引用。可以将 getPixelAt(pictureBarb, 0,0) 视为返回图片 pictureBarb 中第一个像素的位置。首先，pixel1 获取该地址的副本。在赋值 anotherpixel = pixel1 时，我们将地址复制到 anotherpixel。函数调用 setColor(pixel1,black)是说，“将此地址（pixel1）的像素更改为黑色。”这是与 anotherpixel 是相同的地址，因此它们都引用了相同的像素，它刚刚被设置为黑色。

6.3.4 创建拼贴图

下面有一对花的图像（图 6.13），每个图像的宽和高都是 100 像素。让我们结合几种效果来制作不同的花朵，从而生成它们的拼贴图。我们将它们全部复制到空白图像 640×480.jpg 中。我们真正需要做的，就是将像素颜色复制到正确的位置。

以下是我们创建拼贴图的方法（图 6.14）。

```
>>> flowers=createCollage()
```

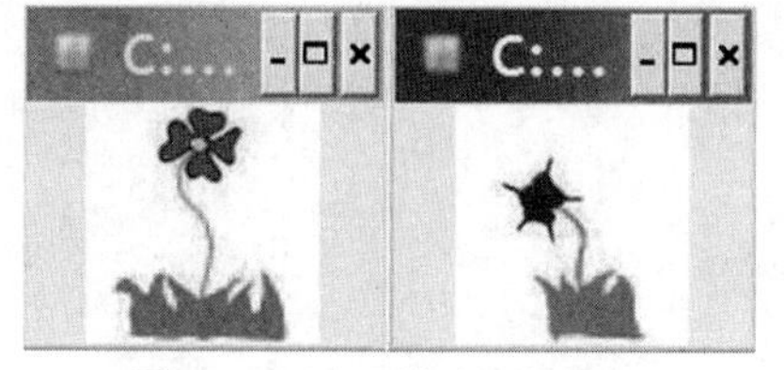

图 6.13 用于拼贴图的花

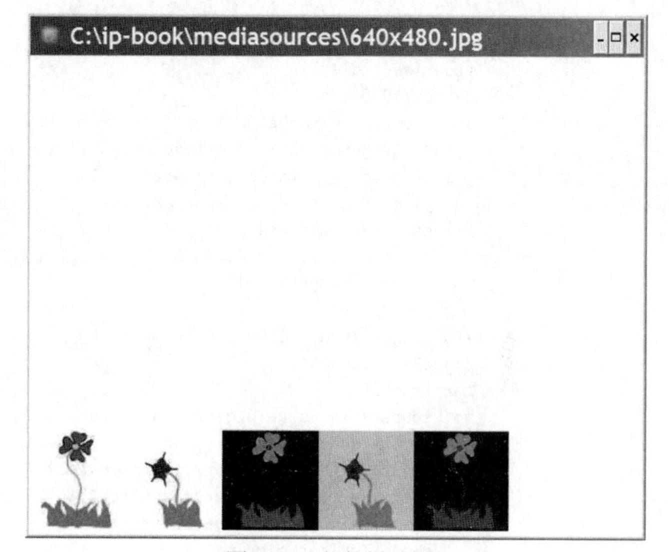

图 6.14 花的拼贴图

常见问题：引用的函数必须在文件中

该程序使用我们之前编写的函数。必须将这些函数复制到与 createCollage 函数相同的文件中，才能让它正常工作。（稍后我们将看到，作为替代，如何用 import 来执行此操作。）

程序 77：创建拼贴图

```
def createCollage():
  flower1=makePicture("flower1.jpg")
  print flower1
  flower2=makePicture("flower2.jpg")
  print flower2
  canvas=makeEmptyPicture(640,480)
  print canvas
  #First picture, at left edge
  targetX=0
  for sourceX in range(0,getWidth(flower1)):
    targetY=getHeight(canvas)-getHeight(flower1)-5
    for sourceY in range(0,getHeight(flower1)):
      px=getPixel(flower1,sourceX,sourceY)
      cx=getPixel(canvas,targetX,targetY)
      setColor(cx,getColor(px))
      targetY=targetY + 1
    targetX=targetX + 1
  #Second picture, 100 pixels over
  targetX=100
  for sourceX in range(0,getWidth(flower2)):
    targetY=getHeight(canvas)-getHeight(flower2)-5
    for sourceY in range(0,getHeight(flower2)):
```

```
      px=getPixel(flower2,sourceX,sourceY)
      cx=getPixel(canvas,targetX,targetY)
      setColor(cx,getColor(px))
      targetY=targetY + 1
    targetX=targetX + 1
  #Third picture, flower1 negated
  negative(flower1)
  targetX=200
  for sourceX in range(0,getWidth(flower1)):
    targetY=getHeight(canvas)-getHeight(flower1)-5
    for sourceY in range(0,getHeight(flower1)):
      px=getPixel(flower1,sourceX,sourceY)
      cx=getPixel(canvas,targetX,targetY)
      setColor(cx,getColor(px))
      targetY=targetY + 1
    targetX=targetX + 1
  #Fourth picture, flower2 with no blue
  clearBlue(flower2)
  targetX=300
  for sourceX in range(0,getWidth(flower2)):
  targetY=getHeight(canvas)-getHeight(flower2)-5
  for sourceY in range(0,getHeight(flower2)):
    px=getPixel(flower2,sourceX,sourceY)
    cx=getPixel(canvas,targetX,targetY)
    setColor(cx,getColor(px))
    targetY=targetY + 1
  targetX=targetX + 1
#Fifth picture, flower1, negated with decreased red
decreaseRed(flower1)
targetX=400
for sourceX in range(0,getWidth(flower1)):
  targetY=getHeight(canvas)-getHeight(flower1)-5
  for sourceY in range(0,getHeight(flower1)):
    px=getPixel(flower1,sourceX,sourceY)
    cx=getPixel(canvas,targetX,targetY)
    setColor(cx,getColor(px))
    targetY=targetY + 1
  targetX=targetX + 1
show(canvas)
return canvas
```

工作原理

虽然这个程序看起来很长，但它实际上只是我们反复看到的、同样的复制循环，一个循环接一个循环。

- 首先我们创建 flower1，flower2 和 canvas 图片对象。我们将 flower1 和 flower2 复制到画布上。
- 第一朵花就是 picture1 的简单副本，放在画布最左边。我们希望花的底部距离边缘 5 个像素，因此 targetY 从画布的高度开始减去花的高度，再减去 5。当 targetY 递增（增加）时，它将朝着底部向下增长。它将增长花的高度的像素数（参见 sourceY 循环），因此 targetY 取得的最大值是画布高度减去 5。
- 接下来我们复制第二张图片，targetX 从右边 100 像素开始，但实际上使用了相同的循环。
- 现在我们生成 flower1 的负片，然后复制它，向右移动更远（targetX 现在从 300 开始）。

- 然后我们从 flower2 中消除蓝色，并将它复制到画布右边更远的位置。
- 第五朵花减少了 flower1 中的红色，flower1 已经是负片了（来自第三组循环）。
- 然后我们用 show 显示画布，并将它返回（return）。我们需要返回画布，因为我们在拼贴图函数中创建了它。如果不返回它，它会在函数结束时消失。

6.3.5 通用复制

创建拼贴图的代码非常长，而且有重复。每次我们将图片复制到目标时，都要计算 targetY 并设置 targetX。然后，我们遍历源图片中的所有像素，并将它们全部复制到目标图片。有什么方法可以缩短它吗？如果我们创建一个通用复制函数，其输入是要复制的图片、目标图片，并指定在目标图片中开始复制的位置，会怎样呢？

程序 78：一个通用复制函数

```
def copy(source, target, targX, targY):
  targetX = targX
  for sourceX in range(0,getWidth(source)):
    targetY = targY
    for sourceY in range(0,getHeight(source)):
      px=getPixel(source,sourceX,sourceY)
      tx=getPixel(target,targetX,targetY)
      setColor(tx,getColor(px))
      targetY=targetY + 1
    targetX=targetX + 1
```

现在我们可以用这个新的通用复制函数来重写拼贴图函数。

程序 79：使用通用复制函数改进拼贴图

```
def createCollage2():
  flower1=makePicture("flower1.jpg")
  flower2=makePicture("flower2.jpg")
  canvas=makeEmptyPicture(640,480)
  #First picture, at left edge
  copy(flower1,canvas,0,getHeight(canvas)-getHeight(flower1)-5)
  #Second picture, 100 pixels over
  copy(flower2,canvas,100,getHeight(canvas)-getHeight(flower2)-5)
  #Third picture, flower1 negated
  negative(flower1)
  copy(flower1,canvas,200,getHeight(canvas)-getHeight(flower1)-5)
  #Fourth picture, flower2 with no blue
  clearBlue(flower2)
  copy(flower2,canvas,300,getHeight(canvas)-getHeight(flower2)-5)
  #Fifth picture, flower1, negated with decreased red
  decreaseRed(flower1)
  copy(flower1,canvas,400,getHeight(canvas)-getHeight(flower2)-5)
  return canvas
```

现在，创建拼贴图的代码更容易阅读、更改和理解。（注意，我们最后删除了 show()，因此你需要用 show 或 explore 来查看 createCollage2 返回的图片。）编写接受参数的函数让它们更容易复用。如果重复的代码包含错误，那么在函数中多次重复代码也可能是个问题。你必须在几个地方而不只是一个地方修复错误。

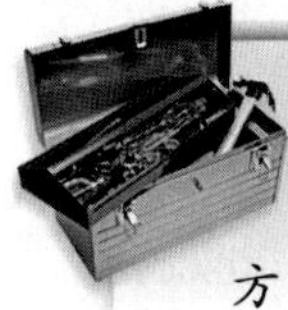

让它工作提示：复用函数而不是复制

尝试编写可以通过指定参数而复用的函数。尝试抵制将代码复制到多个地方，因为它会使代码更长，并且可能让错误更难以修复。

6.3.6　旋转

可以保持相同的复制算法不变，但使用索引变量的方式不同，或以不同方式递增它们，从而转换图像。让我们将马向左旋转 90 度——至少看起来是这样。我们真正要做的是将图像沿对角线翻转。我们通过简单地交换目标图片中的 X 和 Y 变量来做到这一点——我们以完全相同的方式递增它们，但将 X 用于 Y、Y 用于 X（图 6.15）。

图 6.15　将图片翻转到画布上

程序 80：旋转（翻转）图片

```
def flipHorseSideways():
  # Set up the source and target pictures
  src = makePicture("horse.jpg")
  canvas = makeEmptyPicture(1000,1000)
  # Now, do the actual copying
  targetX = 0
  for sourceX in range(0,getWidth(src)):
    targetY = 0
    for sourceY in range(0,getHeight(src)):
      color = getColor(getPixel(src,sourceX,sourceY))
      # Change is here
      setColor(getPixel(canvas,targetY,targetX), color)
      targetY = targetY + 1
    targetX = targetX + 1
  show(canvas)
  return canvas
```

工作原理

旋转（沿对角线翻转）从相同的源图片和目标图片开始，甚至从相同的变量值开始，但由于使用不同的目标图片的 *X* 和 *Y*，得到了不同的效果。为了让这个问题更容易理解，我们使用一个小的颜色值矩阵。

现在，当递增 *X* 变量时，我们将在源数组中横向移动，但在目标数组中向下移动。以下是在 sourceX 循环的第二次迭代之后的样子，上面是 src 表，下面是 canvas。变量 sourceX 取值为 0 和 1，我们将这些颜色粘贴到画布 *y* 轴的 0 和 1 上。

	X=0	X=1	X=2
Y=0			
Y=1		黄色	白色
Y=2			

	X=0	X=1	X=2
Y=0			
Y=1			
Y=2			

当我们完成后，将复制每种颜色，但 *x* 和 *y* 从源图片（上面）交换到目标图片（下面）。

	X=0	X=1	X=2
Y=0			
Y=1		黄色	白色
Y=2			

	X=0	X=1	X=2
Y=0			
Y=1		黄色	
Y=2		白色	

如何真正旋转 90 度？我们需要考虑每个像素的位置。下面的程序真正完成了图片的 90 度旋转。关键区别在于 setColor 函数调用。我们仍然需要交换 *x* 和 *y* 索引，就像翻转时所做的那样。但不是将 targetX 用于 *y* 坐标，而是计算 *y* 的值 width - targetX - 1。将图 6.15 与图 6.16 进行比较，确信对角线翻转和旋转图片之间存在差异。

程序 81：旋转图片

```
def rotateHorseSideways():
 # Set up the source and target pictures
 src = makePicture("horse.jpg")
 canvas = makeEmptyPicture(1000,1000)
 # Now, do the actual copying
 targetX = 0
 width = getWidth(src)
 for sourceX in range(0,getWidth(src)):
  targetY = 0
  for sourceY in range(0,getHeight(src)):
   color = getColor(getPixel(src,sourceX,sourceY))
```

```
    # Change is here
    setColor(getPixel(canvas,targetY,width - targetX - 1), color)
    targetY = targetY + 1
   targetX = targetX + 1
  show(canvas)
  return canvas
```

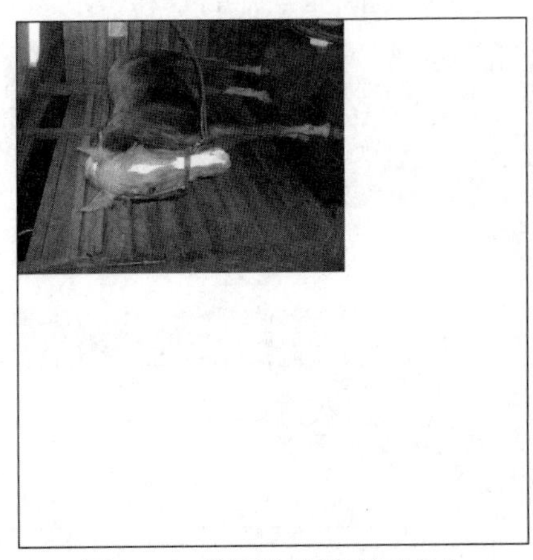

图 6.16 将图片旋转到画布上

我们如何进行不同的旋转？也许是 45 度？或者 33.3 度？现在它变得非常困难，因为像素仅处于离散的整数位置。在（0,0）和（1,2）处有像素，但（0.33,2.5）处没有。没有带小数分量的像素坐标，因此需要用小数值计算旋转，然后弄清楚如何将这些结果转换为整数坐标。我们不会在这里进行这些计算。

6.3.7 缩放

缩放是很常见的对图片的转换。放大意味着使它们变大，缩小则意味着使它们变小。将 100 万像素或 300 万像素的照片缩小到较小的尺寸，以便更容易放在网上，这是很常见的。较小的图片需要较少的磁盘空间和较少的网络带宽，因此下载更容易、更快。

缩放图片需要使用采样，我们稍后也会对声音采样。为了将图片缩小，我们将在从源图片复制到目标图片时，每隔一个像素取一次。为了将图片放大，我们将每个像素取两次。

缩小图片是较容易的函数。我们将从程序 71 开始。我们只是复制脸部，我们之前计算的是 163 像素宽、308 像素高。因此，我们只需要一个 82 像素宽、155 像素高的图片。我们不是将源图片的 *X* 和 *Y* 变量递增 1，而是增加 2。我们将空间量减少了一半，因为我们将填充一半的空间——宽度将是 163/2（使用 int 转换为整数，因为 range 无法处理非整数值），高度将是 308/2。结果是马脸的一个小副本。

程序 82：缩小图片（变小）

```
def copyHorseFaceSmaller():
  # Set up the source and target pictures
  src=makePicture("horse.jpg")
  canvas = makeEmptyPicture(82,155)
  # Now, do the actual copying
  sourceX = 104
```

```
    for targetX in range(0,int(163/2)):
      sourceY = 114
      for targetY in range(0,int(308/2)):
        color = getColor(getPixel(src,sourceX,sourceY))
        setColor(getPixel(canvas,targetX,targetY), color)
        sourceY = sourceY + 2
      sourceX = sourceX + 2
    show(canvas)
    return canvas
```

工作原理

- 我们开始创建图片对象：src 作为源图片，一张图片 canvas（我们将马脸放入其中，它的尺寸正好能放一半大小的马脸）。
- 马脸位于（104,114）至（266,405）的矩形中。这意味着 sourceX 从 104 开始，sourceY 从 114 开始。我们没有指定源图片索引的结束范围，因为它们由目标图片索引的 for 循环控制。
- 由于我们要复制，所以从 targetX 和 targetY 分别为 0 处开始。范围的终点是什么？我们希望得到全部的马脸。马脸的宽度是 163 像素（最大 x 索引减去最小 x 索引，加上 1，因为我们希望包含那些像素，即 266-104 + 1）。因为我们希望将马的脸缩小一半（在每个方向上），我们每隔一行、每隔一列取一个像素。这意味着我们在最终图像中只有一半的宽度 (163)/2。y 轴和变量 targetY 以相同的方式工作，从 0～308 的一半。
- 因为我们希望在源图片中每隔一行、每隔一列取像素，所以每次通过循环将 sourceX 和 sourceY 增加 2。

缩小图片实际上是每隔一个像素丢弃一个像素。它本质上是一个有损过程。我们删除了一些信息，消除了原始图片中的一些像素信息。这种有损在意义上等同于 JPEG，它丢弃了一些信息，以便更容易将图片压缩为较小的文件。

放大图片（让它变大）有点棘手。我们希望取每行和每列的像素两次。我们会做两次。第一次，我们直接每个像素取两次。

程序 83：每个像素取两次，从而放大图片

```
def copyHorseLarger():
  # Set up the source and target pictures
  src = makePicture("horse.jpg")
  w = getWidth(src)
  h = getHeight(src)
  canvas = makeEmptyPicture(w*2,h*2)
  srcPixels = getPixels(src)
  trgPixels = getPixels(canvas)
  trgIndex = 0
  # Now, do the actual copying
  for pixel in srcPixels:
    color = getColor(pixel)
    # Once
    trgPixel = trgPixels[trgIndex]
    setColor(trgPixel,color)
    trgIndex = trgIndex + 1
    # Twice
    trgPixel = trgPixels[trgIndex]
```

```
    setColor(trgPixel,color)
    trgIndex = trgIndex + 1
  show(canvas)
  return canvas
```

工作原理

- 取得 src 图片（我们的马），并生成一张画布，尺寸在每个方向上都是两倍。不同的是，我们也会对两张图片执行 getPixels。
- 将名称 trgIndex 设置为目标图片像素（trgPixels）的索引。
- 对于每个源图片像素 pixel，取得该像素的颜色。
- 取得 trgIndex 处的目标像素。将颜色复制到那里。增加目标索引 trgIndex。
- 然后再做一次。我们确实将每个像素都复制了两次。

结果并不是我们希望的（图 6.17）。这匹马是水平拉伸的。为什么？因为当每一行和每一列复制两次时，实际上是每个像素复制 4 次。使用简单的索引表示法很难完全正确。它也很难裁剪，比如你只希望放大图片的一部分。

放大的更好方法是使用相同的函数 copyHorseFaceSmaller，但将图片源索引变量递增 0.5。考虑将索引增加到 1.5 这样的值。我们无法取得索引为 1.5 的像素。但是如果我们取索引 int (1.5)（取整函数），会再次得到 1，这就可以了。1,1.5,2,2.5,…的序列将变为 1,1,2,2,…结果是图片变大了（图 6.18），我们可以抓取想要的部分（例如马的脸）。

图 6.17 加倍每个像素

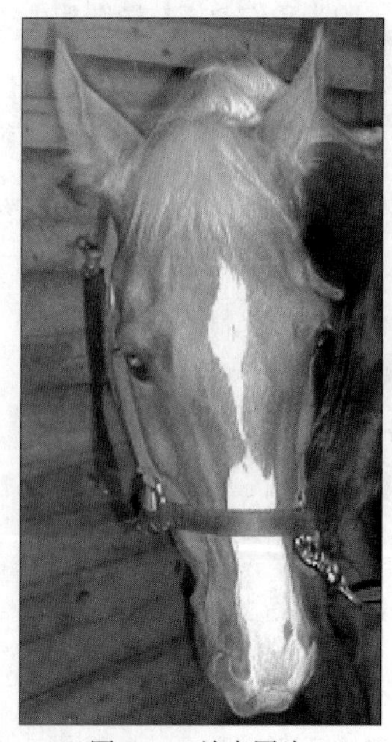

图 6.18 放大图片

程序 84：放大图片（变大）

```
def copyHorseFaceLarger():
  # Set up the source and target pictures
  src=makePicture("horse.jpg")
  canvas = makeEmptyPicture(163*2,308*2)
```

```
# Now, do the actual copying
sourceX = 104
for targetX in range(0,163*2):
  sourceY = 114
  for targetY in range(0,308*2):
    srcpx = getPixel(src,int(sourceX),int(sourceY))
    color = getColor(srcpx)
    setColor(getPixel(canvas,targetX,targetY), color)
    sourceY = sourceY + 0.5
  sourceX = sourceX + 0.5
show(canvas)
return canvas
```

工作原理

我们同样从原来复制的地方开始。

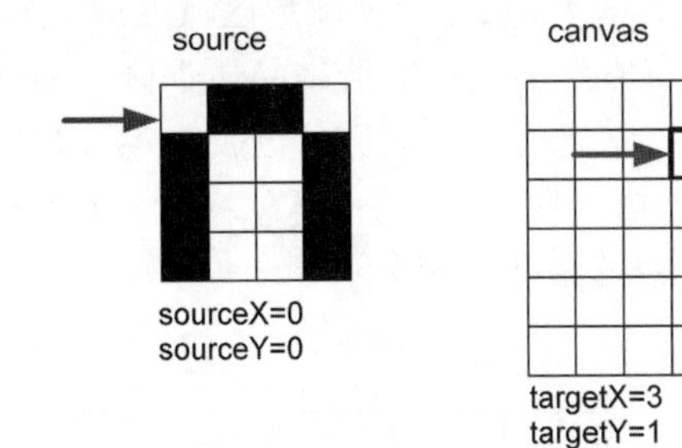

当我们将 sourceY 增加 0.5 时，结果是引用源图片中的相同像素，但目标图片已移至下一个像素。

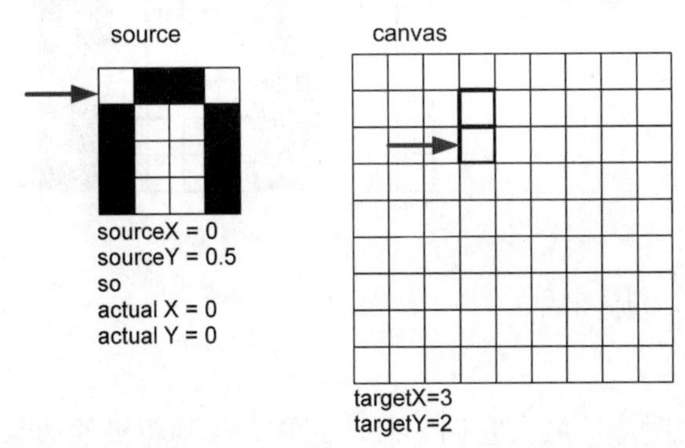

当我们第二次将 sourceY 增加 0.5 时，转到了下一个像素，结果是在垂直方向上复制两次。因此，像素的每一行都被复制了两次。

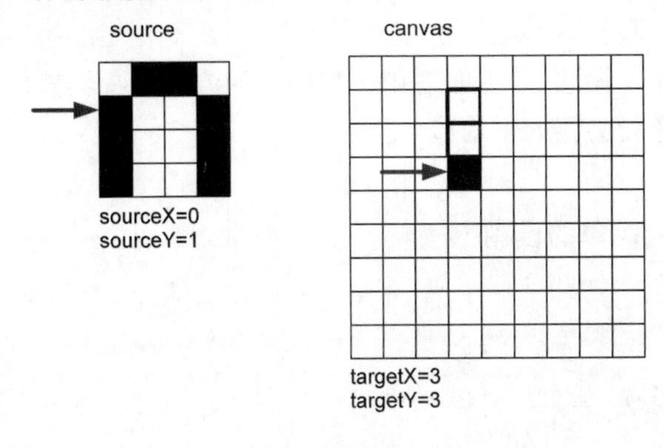

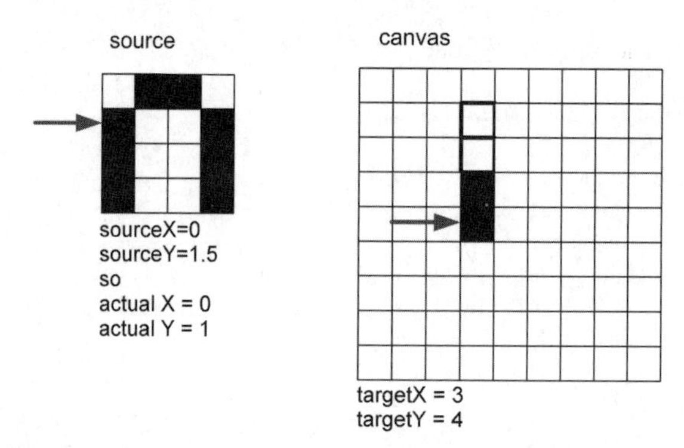

当我们移动到目标图片中的新列时，还留在源图片的同一列中。注意，每列也会出现两次。因此，我们最终在水平方向和垂直方向上将每个像素复制了两次。

最终，我们在两个方向上将图片加倍，实际上使图形区域变成了原来的 4 倍。注意，最终结果品质有点下降：它比原始图片更不连贯。这是品质下降，但它不像缩小意义上的损失——我们没有丢失原始图片中的任何信息。我们可以减少不连贯吗？如果你不是仅仅第二次复制，而是混合两个像素颜色值（比如左右），会怎样呢？有很多方法可以估计，为了避免波动（称为像素化），复制值应该是什么颜色。

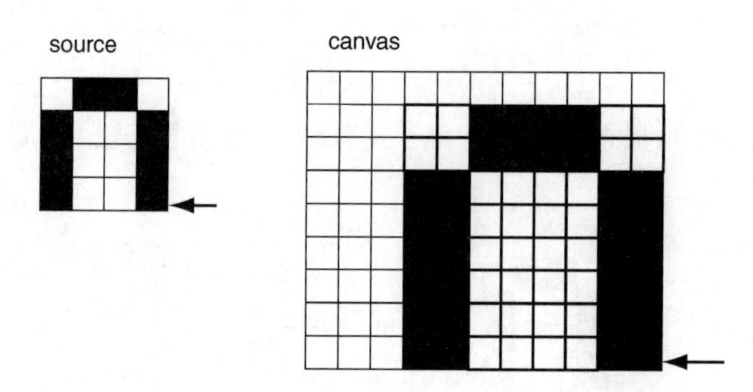

6.4 组合像素：模糊

当我们制作更大的图片（放大它们）时，通常会得到粗糙的边缘：线条中有尖锐的阶梯，我们称之为“像素化”。看看图 6.18 中马脸周围的绿色。我们可以通过模糊图像来减少像素化——有目的地使一些硬边缘变“柔和”（即更平滑和更弯曲）。这是一种信息损失，但使图片让人看了更舒服。

模糊有很多种方法（算法）。下面使用一种简单的方法。我们要做的，是将每个像素的颜色设置为它与周围像素颜色的平均值。

程序 85：简单的模糊

```
def blur(source):
  target=duplicatePicture(source)
  for x in range(1, getWidth(source)-1):
    for y in range(1, getHeight(source)-1):
      top = getPixel(source,x,y-1)
```

```
        left = getPixel(source,x-1,y)
        bottom = getPixel(source,x,y+1)
        right = getPixel(source,x+1,y)
        center = getPixel(target,x,y)
        newRed=(getRed(top)+ getRed(left) + getRed(bottom) + getRed(right)¬
+ getRed(center))/5
        newGreen=(getGreen(top) + getGreen(left) + getGreen(bottom)+¬
getGreen(right)+getGreen(center))/5
        newBlue=(getBlue(top) + getBlue(left) + getBlue(bottom) + getBlue¬
(right)+ getBlue(center))/5
        setColor(center, makeColor(newRed, newGreen, newBlue))
  return target
```

程序中带¬的行表示应继续接下一行。Python 中的单个命令不能跨越多行。

让它工作提示：不要在 Python 代码行中折行

在这些示例中，你可能会看到“折行”。你预期在一行的代码，实际上出现在两行上。将代码放在一页书上必须这么做，但我们不能在 Python 中真正这样折行。在语句或表达式完成之前，我们不能通过按回车键来折行。

下面是一个很好的例子，展示了使用 return 返回值的优点。图 6.19 使用了如下的一行：

```
>>> explore(blur(copyHorseFaceLarger()))
```

图 6.19 展示了与图 6.18 相同的马脸。你可以看到原始图片脸部的像素化，特别是在笼头的曲线周围——尖锐的块状边缘。通过模糊，一些像素化消失了。更仔细的模糊考虑了颜色区域（使颜色之间的边缘保持清晰），从而能够减少像素化，但不会消除锐度。

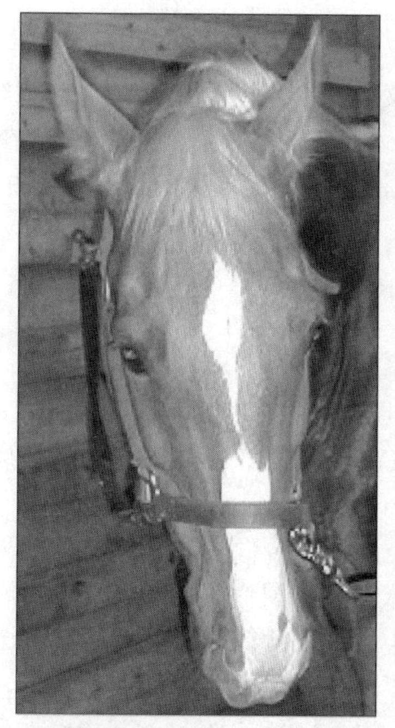
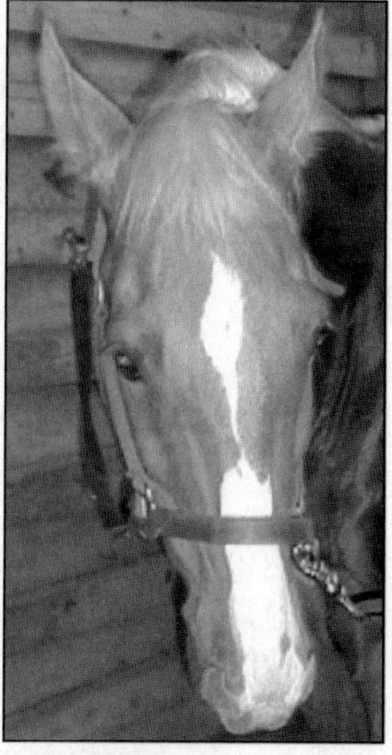

图 6.19 原始放大的图片（左）和模糊后的马脸图片（右）

工作原理

我们用需要模糊的图片来调用 blur。用 JES 函数 duplicatePicture 生成（显然）与原始尺寸相同的副本。我们仅修改 target（目标图片），以便总是取来自 source（源图片）的原始颜色的平均值。我们遍历 *x* 索引值，从 1 到宽度减去 1——这里明确地利用了 range 不包括结束值的事实。对 *y* 索引值做同样的事情。我们不始于 0，也不终于宽度/高度，其原因是需要对每个 *x* 和 *y* 加 1 和减 1，从而获得那些像素用于求平均值。我们不会模糊图片边缘的像素，但这导致边缘很分辨。对于每个（x，y），我们得到左边的像素（x－1，y）、右边的像素（x＋1，y）、上面的像素（x，y - 1）和下面的像素（x，y＋1），以及在中心的该像素本身（x，y）（取自 target，因为我们可以肯定还没有改变（x，y））。我们计算所有 5 个像素的红色、绿色和蓝色的平均值，然后将（x，y）处的颜色设置为平均颜色。

设想我们正在查看图 6.20 中心的像素，其（红，绿，蓝）（RGB）值为（10,200,40）。我们用它的 RGB 值和上、左、右、下的像素求平均值。为了计算新的红色值，我们对 100（上）、10（左）、10（中）、20（右）和 5（下）求平均，得到值为 29。同样求平均，得到绿色（168）和蓝色（30）。注意，我们在 target 中设置像素，同时从 source 中读取像素。如果只用一张图片进行读取和设置，就不会得到我们希望得到的模糊，因为设置的像素稍后会用于读取。

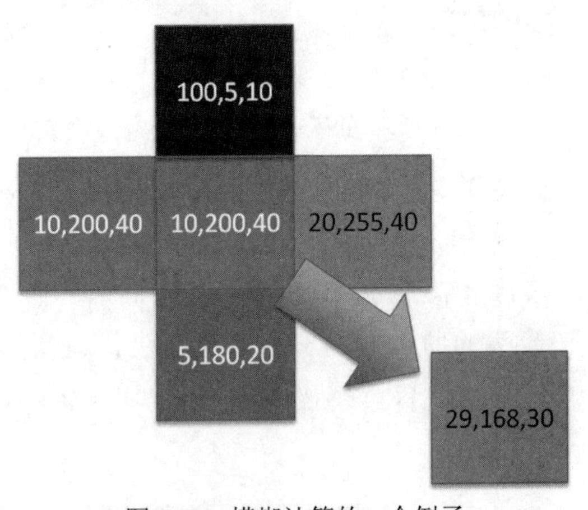

图 6.20　模糊计算的一个例子

虽然这种效果非常好（图 6.19），但我们可能获得更好的效果。当你像这样模糊时，一些细节就会丢失。如果我们的模糊既能除去像素化，又能保留细节，会怎样？如何才能做到？如果我们在计算平均值之前检查亮度值，会怎样——也许我们不应该在跨越大亮度边界时模糊，因为这会丢失细节？这只是一个想法——有很多很好的模糊算法。

6.5　混合图片

在第 5 章中，我们探讨了从其他部分创建图片的技巧。我们将以新的方式组合图片（例如，将某人从一个背景中拉出来，并将其放在新环境中），从头开始创建图片，而无需明确设置每个像素。

组合图片以创建新图片的一种方法，就是通过混合像素的颜色来反映两张图片。当我们通过复制创建拼贴图时，任何重叠通常意味着一张图片显示在另一张图片上面。最后绘制的图片会出现在另一张图片上面。但不一定必须如此。我们可以通过重迭和叠加颜色来混合图片。这给出了透明的效果。

我们知道 100%的某物是一个整体， 50%的某物和 50%另外某物也是一个整体。在下面的程序中，我们将母亲和女儿的图片混合在一起，重叠 70 列（芭芭拉的宽度减去 150）

像素（图 6.21）。

图 6.21 混合了母亲和女儿的照片

程序 86：混合两张图片

```
def blendPictures():
  barb = makePicture("barbara.jpg")
  katie = makePicture("Katie-smaller.jpg")
  canvas = makeEmptyPicture(640,480)
  #Copy first 150 columns of Barb
  sourceX=0
  for targetX in range(0,150):
    sourceY=0
    for targetY in range(0,getHeight(barb)):
      color = getColor(getPixel(barb,sourceX,sourceY))
      setColor(getPixel(canvas,targetX,targetY),color)
      sourceY = sourceY + 1
    sourceX = sourceX + 1
  #Now, grab the rest of Barb
  # at 50% Barb and 50% Katie
  overlap = getWidth(barb)-150
  sourceX=0
  for targetX in range(150,getWidth(barb)):
    sourceY=0
    for targetY in range(0,getHeight(katie)):
      bPixel = getPixel(barb,sourceX+150,sourceY)
      kPixel = getPixel(katie,sourceX,sourceY)
      newRed= 0.50*getRed(bPixel)+0.50*getRed(kPixel)
      newGreen=0.50*getGreen(bPixel)+0.50*getGreen(kPixel)
      newBlue = 0.50*getBlue(bPixel)+0.50*getBlue(kPixel)
      color = makeColor(newRed,newGreen,newBlue)
      setColor(getPixel(canvas,targetX,targetY),color)
      sourceY = sourceY + 1
    sourceX = sourceX + 1
  # Last columns of Katie
  sourceX=overlap
  for targetX in range(150+overlap,150+getWidth(katie)):
    sourceY=0
```

```
      for targetY in range(0,getHeight(katie)):
        color = getColor(getPixel(katie,sourceX,sourceY))
        setColor(getPixel(canvas,targetX,targetY),color)
        sourceY = sourceY + 1
      sourceX = sourceX + 1
    show(canvas)
    return canvas
```

工作原理

这个函数有 3 个部分：有芭芭拉没有凯特的部分，两人都有的部分，只有凯特的部分。

- 我们首先为 barb（芭芭拉）、katie（凯特）创建图片对象，以及目标图片 canvas。
- 对于 150 像素列，我们只需将像素从 barb 复制到 canvas 中。
- 下一部分是实际的混合。targetX 索引从 150 开始，因为在画布中已经有来自 barb 的 150 列。我们用 sourceX 和 sourceY 来索引 barb 和 katie，但是必须在索引 barb 时为 sourceX 加上 150，因为我们已经复制了 barb 的 150 个像素。我们的 y 索引只会达到 katie 图片的高度，因为它比 barb 图片短。
- 循环体是混合发生的地方。我们从 barb 得到一个像素，称之为 bPixel；我们从 katie 得到一个像素，称之为 kPixel。然后我们通过获取每个源图片 50%的红色、绿色和蓝色，来计算目标像素（targetX 和 targetY 上的那个）的红色、绿色和蓝色。
- 最后，我们复制剩下的 katie 像素。

6.6 绘制图像

有时你希望从头开始创建自己的图像。我们知道，这就是将像素值设置为我们希望的任何颜色。正如在第 5 章中看到的那样，绘制垂直或水平线或绘制边框并不困难。在一般情况下，通过设置单个像素值来绘制线或圆或某些字母，这是很困难的。

正如在第 5 章中看到的，绘制图像的一种方法就是设置像素。通过使用嵌套循环，我们可以绘制更复杂的图像，超过仅使用 getPixels 循环的方法。下面是一个在卡罗琳娜的照片上创建水平线和垂直线的例子，她以前是佐治亚理工学院的计算机专业学生（图 6.22）。该程序的工作方式是要求你选择一个文件，然后从该文件创建一个图片。然后它调用函数 verticalLines，在图片上绘制间隔 5 个像素的垂直线。然后它调用函数 horizontalLines，在图片上绘制间隔 5 个像素的水平线。它显示并返回结果图片。

程序 87：通过设置像素绘制线条

```
def lineExample():
  img = makePicture(pickAFile())
  verticalLines(img)
  horizontalLines(img)
  show(img)
  return img

def horizontalLines(src):
  for x in range(0,getHeight(src),5):
```

```
      for y in range(0,getWidth(src)):
        setColor(getPixel(src,y,x),black)

def verticalLines(src):
  for x in range(0,getWidth(src),5):
    for y in range(0,getHeight(src)):
      setColor(getPixel(src,x,y),black)
```

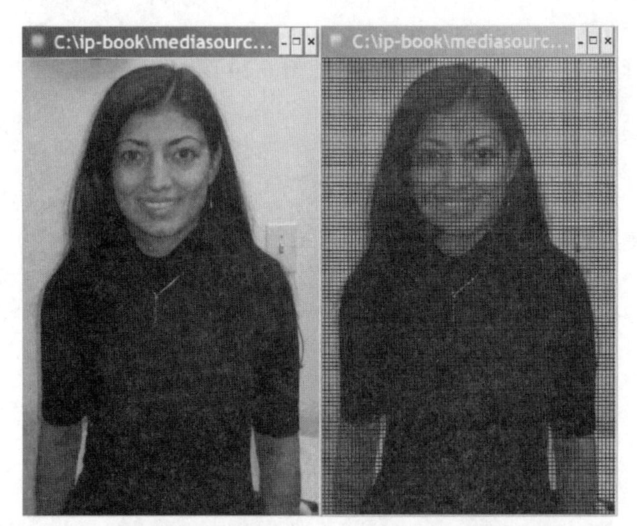

图 6.22　卡罗琳娜的正常图片（左）和添加了线条的图片（右）

可以想象，只是将单个像素设置为我们想要的任何颜色，从而绘制我们想要的任何东西。我们可以只是确定哪些像素需要是什么颜色，从而绘制矩形或圆形。我们甚至可以绘制字母——通过将适当的像素设置为适当的颜色，可以制作任何我们想要的字母。虽然我们可以做到这一点，但要完成所有不同形状和字母，需要进行大量的数学运算工作。这是许多人都需要的工作，所以基本的绘图工具已经将这种工作内置到了库中。

6.6.1　使用绘图命令绘图

大多数带图形库的现代编程语言提供了一些函数，使我们能够直接在图片上绘制各种不同形状，并将文本直接绘制到图片上。以下是其中一些函数。

- addText(pict,x,y,string) 从图片中位置(x, y)处开始放置字符串。
- addLine(pict,x1,y1,x2,y2)从位置(x1, y1)到(x2, y2)绘制一条线。
- addRect(pict,x1,y1,w,h)绘制一个黑色的矩形，左上角在(x1, y1)处，宽度为 w，高度为 h。
- addRectFilled(pict,x1,y1,w,h,color)绘制一个矩形，填充指定的颜色，左上角为(x1, y1)，宽度为 w，高度为 h。

我们可以用这些命令，将内容添加到已有图片中。如果沙滩上冲上来一个神秘的红色盒子，会是什么样子呢？我们可以用这些命令来展示该场景（图 6.23）。

图 6.23　沙滩上冲上来一个盒子

程序 88：在海滩上添加一个盒子

```
def addABox():
  beach = makePicture("beach.jpg")
  addRectFilled(beach,190,320,50,50,red)
  show(beach)
  return beach
```

下面是使用这些绘图命令的另一个例子（图 6.24）。

图 6.24 一张非常小的、画出来的图片

程序 89：使用绘图命令的示例

```
def littlepicture():
  canvas=makePicture(getMediaPath("640x480.jpg"))
  addText(canvas,10,50,"This is not a picture")
  addLine(canvas,10,20,300,50)
  addRectFilled(canvas,0,200,300,500,yellow)
  addRect(canvas,10,210,290,490)
  return canvas
```

6.6.2 矢量和位图表示

下面是一个想法：图片（图 6.24）或程序，哪个更小？磁盘上的图片大约是 15 千字节（千字节是 1 000 字节）。littlepicture 函数小于 100 字节。但对于许多用途，它们是等价的。如果你刚刚保存了程序而不是像素，会怎样？这就是图形的“矢量表示”。

基于矢量的图形表示是在需要时生成图像的可执行程序。基于矢量的表示用于 PostScript、Flash 和 AutoCAD。当你在 Flash 或 AutoCAD 中对图像进行更改时，实际上是对基础表示进行了更改——实际上，你正在更改程序，就像 littlepicture 中的程序一样。然后再次执行程序以显示图像。但是由于摩尔定律，执行和新显示发生得如此之快，以至于感觉就像是在改变画面。

像 PostScript 和 TrueType 这样的字体定义语言，实际上为每个字母或符号定义了微型程序（或方程式）。当你想要特定大小的字母或符号时，运行程序已确定应将哪些像素设置为什么值。（有些指定了多种颜色，来创建更平滑曲线的效果。）因为编写的这些程序能够以所需的字体大小作为输入，所以可以生成任何大小的字母和符号。

与此不同，位图图形表示存储每个单独的像素，或像素的压缩表示。BMP、GIF 和 JPEG 等格式本质上是位图表示。GIF 和 JPEG 是压缩表示——它们不用 24 比特表示每个像素。作为替代，它们表示相同的信息，但使用的比特数较少。

“压缩”是什么意思？这意味着人们使用了各种技术，让文件更小。一些压缩技术是“有损压缩”——某些细节丢失了，但希望是最不重要的细节（甚至可能人眼或耳朵发现不了的细节）。另一些技术称为“无损压缩”，没有丢失任何细节，但仍然压缩了文件。一种无损技术是“行程编码（RLE）”。

想象一下，你在图片中有一长串黄色像素，被一些蓝色像素包围。像这样：

B B Y Y Y Y Y Y Y Y Y B B

如果你对此进行编码，不是作为长长的一行像素，而是像下面一样，会怎样呢？

B B 9 Y B B

用语言来表示，你编码了“蓝色，蓝色，然后是 9 个黄色，然后是蓝色和蓝色”。因为每个黄色像素占用 24 位（红色，绿色和蓝色为 3 字节），但记录“9”只需要 1 字节，节省了很多。我们说我们编码了黄色“行走的路程”——因此称为行程编码。这只是用于缩小图片的压缩方法之一。

与位图表示相比，基于矢量的表示有几个好处。如果你可以使用基于矢量的表示来表示要发送的图片（例如，通过 Internet），它比发送所有像素要小得多——在某种意义上，矢量表示法已经是压缩的。本质上，你正在发送如何制作图片的说明，而不是发送图片本身。然而，对于非常复杂的图像，指令可能和图像一样长（想象一下，发送关于如何绘制蒙娜丽莎的所有指令），因此没有任何好处。但是当图像足够简单时，Flash 中使用的表示方法有更快的上传和下载时间，胜过发送相同的 JPEG 图像。

当你希望更改图像时，基于矢量表示法的真正好处就体现出来了。假设你正在处理建筑图纸，并在绘图工具中延长一条线。如果你的绘图工具仅使用位图图像（有时称为 painting tool，绘画工具），那么你所有的只是屏幕上的更多像素，它们与屏幕上的其他像素相邻，代表这条线。计算机中没有任何内容表明所有这些像素代表任何类型的线——它们只是像素。但是，如果你的绘图工具使用基于矢量的表示（有时称为 drawing tool，绘图工具），那么延长线意味着你正在更改一条线的底层表示。

为什么这很重要呢？底层表示实际上是绘图的规范，它可以在需要规范的任何地方使用。想象一下，绘制一个零件，然后根据该图纸实际运行切割和冲压机。这种情况在许多工厂中经常发生，这是可能的，因为绘图不只是像素——它是线条及其关系的规范，这可以缩放并用于决定机器的行为。

你可能想知道，“但我们怎么能改变这个程序呢？我们能编写一个程序，本质上是重新键入该程序或该程序的一部分吗？”是的，可以，我们将在后面的章节中这样做。

6.7 程序作为指定绘图的过程

像这样的绘图函数可用于创建精确指定的图片，这种图片可能难以通过手工完成。举例来说，见图6.25。

图6.25 编程的灰度效果

这是一个著名的视错觉的渲染，它的效果不如那些著名的错觉——但很容易理解这个版本是如何工作的。我们的眼睛告诉我们，图片的左半部分比右半部分亮，即使两端的四分之一是完全相同的灰色。只有中间的两个四分之一才真正有变化。效果是由中间两个四分之一之间的清晰边界引起的，其中中心左侧的四分之一从灰色变为白色（从左到右），而中心右侧从黑色变为灰色（从左到右）。

图 6.25 中的图像是经过精心定义和创建的图片。用铅笔和纸很难做到。像 Photoshop 这样的软件是可能做到的，但也并不容易。然而，通过使用本章中的图形函数，我们可以轻松指定该图片应该是什么。

程序90：绘制灰色效果

```
def grayEffect():
  pic = makeEmptyPicture(640,480)
  # First, 100 columns of 100-gray
  gray = makeColor(100,100,100)
  for x in range(0,100):
    for y in range(0,100):
      setColor(getPixel(pic,x,y),gray)
  # Second, 100 columns of increasing grayness
  grayLevel = 100
  for x in range(100,200):
    gray = makeColor(grayLevel, grayLevel, grayLevel)
    for y in range(0,100):
    setColor(getPixel(pic,x,y),gray)
  grayLevel = grayLevel + 1
# Third, 100 columns of increasing grayness, from 0
grayLevel = 0
for x in range(200,300):
  gray = makeColor(grayLevel, grayLevel, grayLevel)
  for y in range(0,100):
    setColor(getPixel(pic,x,y),gray)
  grayLevel = grayLevel + 1
# Finally, 100 columns of 100-gray
gray = makeColor(100,100,100)
for x in range(300,400):
  for y in range(0,100):
    setColor(getPixel(pic,x,y),gray)
return pic
```

图形函数非常适合画重复的图形，其中线条和形状的位置以及颜色的选择可以通过数学关系来进行。注意下一个程序中有趣的东西。我们对范围函数使用负步长。表达式 range(25,0,−1) 从25减少到1，步长为−1。

我们为什么要编写程序

我们为什么要编写程序，特别是绘制图片的程序？我们可以在 Photoshop 或 Visio 中绘制这些图片（图 6.26 和图 6.27）吗？当然可以，但我们必须知道如何做，这不是容易获得的知识。我们可以教你如何在 Photoshop 中做到这一点吗？也许可以，但这可能需要付出很多努力——Photoshop 并不简单。

图 6.26　嵌套的彩色矩形图像

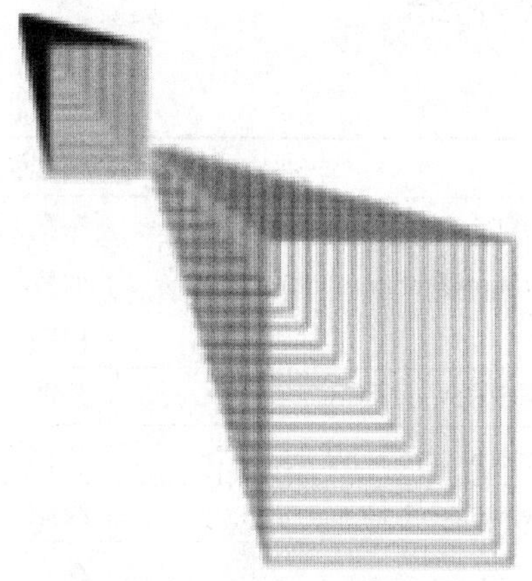

图 6.27　嵌套的空白矩形图像

程序 91：绘制图 6.26 中的图片

```
def coolPic():
  canvas=makeEmptyPicture(640,480)
  for index in range(25,0,-1):
    color = makeColor(index*10,index*5,index)
    addRectFilled(canvas,0,0,index*10,index*10,color)
  show(canvas)
  return canvas
```

程序 92：绘制图 6.27 中的图片

```
def coolPic2():
  canvas=makeEmptyPicture(640,480)
  for index in range(25,0,-1):
    addRect(canvas,index,index,index*3,index*4)
    addRect(canvas,100+index*4,100+index*3,index*8,index*10)
  show(canvas)
  return canvas
```

但是，如果我们为你提供了这些程序，你可以随时创建图片。更重要的是，通过提供程序，就为你提供了可以自行更改的确切定义。

计算机科学思想：我们编写程序来封装和沟通过程

我们编写程序的原因，是准确地指定一个过程，并将它传递给其他人。

想象一下，你要沟通某个过程。它不一定是绘图——假设它是一个财务过程（这样你可以在电子表格或像 Quicken 这样的程序中完成），或者你用文本做的事情（比如为书或宣传册安排文本）。如果你可以手工做，就应该这样做。如果你需要教别人这样做，应考虑编写一个程序来完成它。如果你需要对很多人解释如何这样做，一定要用一个程序。如果你希望很多人能够自己完成这个过程，不需要有人事先教他们一些东西，那么一定要编写一个程序，并提供给他们。

编程小结

range	创建数字序列的函数。可用于创建数组或矩阵的索引
makeEmptyPicture(width,height)	接受高度和宽度作为输入，并返回所需大小的空白（全白色）图片。或者，makeEmptyPicture 可以接受第三个输入，即用于填充新的空白图片的颜色
addText(pict,x,y,string)	从图片中位置(x, y)处开始放置字符串
addLine(picture,x1,y1,x2,y2)	从位置($x1$,$y1$)到($x2$,$y2$)绘制一条线
addRect(pict,x1,y1,w,h)	绘制一个黑线条矩形，左上角为($x1$,$y1$)，宽度为 w，高度为 h
addRectFilled(pict,x1,y1,w,h, color)	绘制一个矩形，填充所选的 color，左上角为($x1$,$y1$)，宽度为 w，高度为 h

问题

6.1 编写一个函数来截取珍妮的眼睛，而不是去掉其中的红色，然后将它们粘贴到画布上。

6.2 重写珍妮的眼睛函数，让珍妮的眼睛重复出现两次。

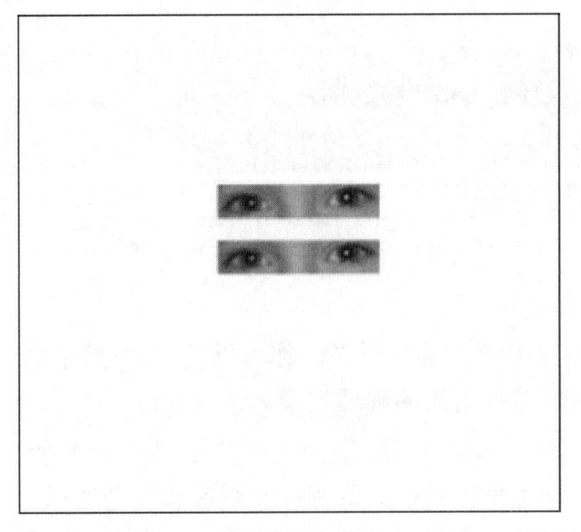

6.3 函数 copyHorseFaceSmallBlack 中的黑色在那匹马上看起来不太好。红色（red）看起来会更好吗？试试吧。

6.4　通过在图片上绘制文本来创建电影海报。

6.5　通过在水平方向上相邻放置 3～4 张图片并添加文本来创建漫画。

6.6　使用绘图函数，画出靶心。

6.7　使用这里提供的绘图工具，画出一个房子——只需要一个简单的小孩的房子，一个门、两个窗户、一些墙壁和一个屋顶。

6.8　在图片上绘制水平和垂直线，线条之间相隔 10 个像素。

6.9　在图片上绘制水平和垂直线，线条之间的间隔线性增加。从 10 开始，然后是 12，再是 14。

6.10　使用 addLine，从左上角到右下角绘制图片上的对角线。

6.11　使用 addLine，从右上角到左下角绘制图片上的对角线。

6.12　什么是基于矢量的图像？它与位图图像有何不同？什么时候使用基于矢量的图像更好？

6.13　在我们放置神秘盒子的海滩上画一座房子。

6.14　现在用你的房屋函数，画出一个有不同大小的数十栋房屋的小镇。你可能需要修改房屋函数，在输入的坐标处绘制，然后更改每个房屋绘制的坐标。

6.15　写一个函数，在一张图片，用眼睛和嘴巴画一张简单的脸。

6.16　通过在循环中使用简单的脸部函数来绘制一大群人。

6.17　绘制彩虹——利用你对颜色、像素和绘图操作的了解来绘制彩虹。用绘图函数还是操作单个像素，哪个更容易？为什么？

6.18　以下哪个程序接受一张图片，并从蓝色值超过 100 的每个像素中去除所有蓝色？

1．只有 A

2．只有 D

3．B 和 C

4．C 和 D

5．没有

6．全部

其他程序做了什么？

A.
```
def blueOneHundred(picture):
    for x in range(0,100):
        for y in range(0,100):
            pixel = getPixel(picture,x,y)
            setBlue(pixel,100)
```

B.
```
def removeBlue(picture):
    for p in getPixels(picture):
        if getBlue(p) > 0:
            setBlue(p,100)
```

C.
```
def noBlue(picture):
    blue = makeColor(0,0,100)
    for p in getPixels(picture):
        color = getColor(p)
        if distance(color,blue) > 100:
            setBlue(p,0)
```

D.
```
def byeByeBlue(picture):
    for p in getPixels(picture):
    if getBlue(p) > 100:
        setBlue(p,0)
```

6.19
```
def newFunction(a, b, c):
    print a
    list1 = range(0,4)
    value = 0
    for x in list1:
        print b
        value = value +1
    print c
    print value
```

如果通过输入 newFunction("I", "you", "walrus")来调用上述函数，会打印出什么？

6.20 我们已经看到，如果将源图片索引增加 2，同时针对每个复制的像素，将目标图片索引增加 1，最终会将源图片缩小到目标图片上。如果将目标图片索引增加 2，会发生什么？如果将两者都增加 0.5 并使用 int 来获得整数部分，会发生什么？

6.21 编写一个函数，沿着从(0, 0)到(width, height)的对角线镜像。

6.22 编写一个函数，沿着从(0, height)到(width, 0)的对角线镜像。

6.23 当我们复制像素两次时，函数 copyHorseLarger 并没有真正起作用。如果我们复制 4 次，会怎样？这样看起来更好吗？

6.24 每隔一个像素就跳过一个像素，你会从 copyHorseLarger 得到什么结果？

6.25 编写一个可以放大部分图片的函数。试着让某人的鼻子更长。

6.26 编写一个可以缩小图片某一部分的函数。让某人的头看起来更小。

6.27 编写一个翻转图片的函数，使得如果有人向右看，结果他们会向左看。

6.28 编写通用的 crop（裁剪）函数，该函数以源图片、起始 *X* 值、起始 *Y* 值、结束 *X* 值和结束 *Y* 值作为输入。创建并返回一张新图片，并将指定区域复制到新图片中。

6.29 编写通用的 scaleUp 函数，它以任意图片作为输入，利用 makeEmptyPicture (width,height)创建并返回两倍大的新图片。

6.30 编写通用的 scaleDown 函数，它以任意图片作为输入，利用 makeEmptyPicture (width,height)创建并返回一半大的新图片。

6.31 修改第 5 章中的任意一个函数，以使用嵌套循环。检查结果，确保它仍然做同样的事情。

6.32 编写通用函数，将三角形区域从一张图片复制到另一张图片。

6.33 编写一个函数，将输入图像的最左边 20 个像素镜像到 20～40 个像素。

6.34 使用嵌套循环，编写一个函数，减少图片上面三分之一的红色，并去除下面三分之一的蓝色。

6.35 编写一个名为 makeCollage 的函数，以创建至少 4 次相同图像的拼贴图，放入空白 JPEG 文件 7in.x95in.jpg 中。（欢迎你添加其他图像。）这 4 个副本中的一个可以是原始图片。其他 3 个应该是修改后的形式。你可以缩放、裁剪或旋转图像，创建图像的负片，移动或更改图像上的颜色，使其更暗或更亮。

合成图像后，镜像它。你可以在垂直或水平方向上，或者在任何方向上，执行此操作——

只要确保在镜像后仍可看到4个基本图像。

你应该用单个函数做到所有这一切——所有效果和合成必须来自单个函数 makeCollage。当然，使用其他函数也是完全可以的，但要使程序的测试人员只需调用 setMediaPath()，将所有输入图片放在 mediasources 目录中，然后执行 makeCollage()，以查看拼贴图生成、显示和返回。

*6.36 想想灰度算法是如何工作的。基本上，如果你知道任何视觉元素（例如小图像，字母）的亮度，就可以用类似于创建拼贴图的方式，用该视觉元素来替换一个像素。尝试实现这个想法。你需要 256 个亮度递增的视觉元素，大小都相同。你可以用这些可视元素之一替换原始图像中的每个像素，从而创建拼贴图。

6.37 以下4个函数之一产生了这张图。

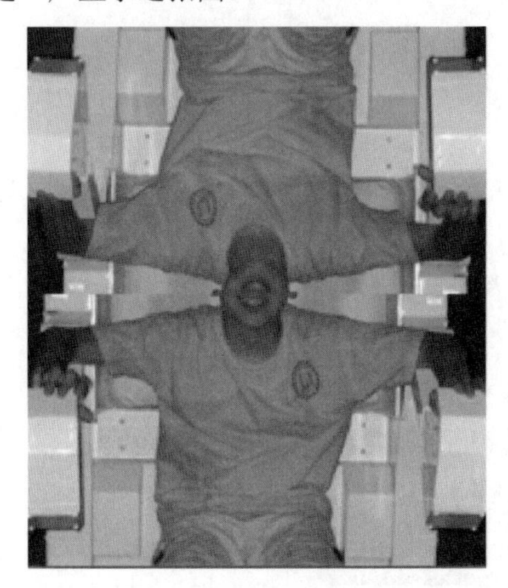

是哪一个函数？

A.
```
def flip1(picture):
  allpixels = getPixels(picture)
  ln = len(allpixels)-1
  address = ln
  for index in range(0,ln/2):
    mypixel = allpixels[index]
    color = getColor(mypixel)
    newpixel = allpixels[address]
    setColor(newpixel,color)
    address = address - 1
  show(picture)
```

B.
```
def flip2(picture):
  allpixels = getPixels(picture)
  ln = len(allpixels)-1
  address = ln/2
  for index in range(ln/4,(3*ln)/4):
    mypixel = allpixels[index]
    color = getColor(mypixel)
    newpixel = allpixels[address]
```

* 更有挑战性的问题。

```
    setColor(newpixel,color)
    address = address - 1
  show(picture)
```

C.
```
def flip3(picture):
  allpixels = getPixels(picture)
  ln = len(allpixels)-1
  address = 0
  for index in range(ln,ln/2,-1):
    mypixel = allpixels[index]
    color = getColor(mypixel)
    newpixel = allpixels[address]
    setColor(newpixel,color)
    address = address + 1
  show(picture)
```

D.
```
def flip4(picture):
  allpixels = getPixels(picture)
  ln = len(allpixels)-1
  address = ln
  for index in range(0,ln/2,2):
    mypixel = allpixels[index]
    color = getColor(mypixel)
    newpixel = allpixels[address]
    setColor(newpixel,color)
    address = address - 1
  show(picture)
```

6.38 以下 4 个函数之一产生了这张图。

是哪一个函数？

A.
```
def newpic1(inpic):
  w = getWidth(inpic)
  h = getHeight(inpic)
  outpic = makeEmptyPicture(w,h)
  outX = w-1
  for inX in range(0,w/2):
    outY = h-1
    for inY in range(0,h/2):
      inpixel = getPixelAt(inpic,inX,inY)
      color = getColor(inpixel)
      newpixel = getPixelAt(outpic,outX,outY)
      setColor(newpixel,color)
      outY = outY - 1
    outX = outX - 1
  show(outpic)
  return(outpic)
```

B.
```
def newpic2(inpic):
  w = getWidth(inpic)
  h = getHeight(inpic)
  outpic = makeEmptyPicture(w,h)
  outX = 0
```

```
    for inX in range(0,w/2):
      outY = 0
      for inY in range(0,h/2):
        inpixel = getPixelAt(inpic,inX,inY)
        color = getColor(inpixel)
        newpixel = getPixelAt(outpic,outX,outY)
        setColor(newpixel,color)
        outY = outY + 1
      outX = outX + 1
    show(outpic)
    return(outpic)
```

C.
```
def newpic3(inpic):
    w = getWidth(inpic)
    h = getHeight(inpic)
    outpic = makeEmptyPicture(w,h)
    outX = w/2
    for inX in range(w/2,w):
      outY = 0
      for inY in range(0,h/2):
        inpixel = getPixelAt(inpic,inX,inY)
        color = getColor(inpixel)
        newpixel = getPixelAt(outpic,outX,outY)
        setColor(newpixel,color)
        outY = outY + 1
      outX = outX - 1
    show(outpic)
    return(outpic)
```

D.
```
def newpic4(inpic):
    w = getWidth(inpic)
    h = getHeight(inpic)
    outpic = makeEmptyPicture(w,h)
    outX = w-1
    for inX in range(0,w/2):
      outY = 0
      for inY in range(0,h/2):
        inpixel = getPixelAt(inpic,inX,inY)
        color = getColor(inpixel)
        newpixel = getPixelAt(outpic,outX,outY)
        setColor(newpixel,color)
        outY = outY + 1
      outX = outX - 2
    show(outpic)
    return(outpic)
```

深入学习

计算机图形学的“圣经”是 *Introduction to Computer Graphics* [20]。强烈推荐。

第2部分　声音

第 7 章　用循环修改声音

本章学习目标

本章的媒体学习目标是：

- 了解如何将声音数字化，以及允许我们将声音数字化的人类听觉限制
- 利用奈奎斯特定理，确定数字化声音所需的采样率
- 操作音量
- 产生（和避免）削波

本章的计算机科学目标是：

- 了解并使用数组作为数据结构
- 利用 n 比特导致 2^n 种可能模式的公式来确定保存值所需的比特数
- 使用声音对象
- 调试声音程序
- 使用迭代（在 for 循环中）处理声音
- 使用作用域来理解变量何时可用

7.1　声音如何编码

理解声音的编码和操作方式有两个部分。

- 首先，声音的物理特性是什么？我们如何听到各种各样的声音？
- 然后，如何将声音映射为计算机上的数字？

7.1.1　声音的物理学

在物理上，声音是气压波。当某些东西发出声音时，它会在空气中产生涟漪，就像扔进池塘的石头或雨滴会在水面上产生涟漪（图 7.1）一样。每个雨滴都会引起压力波通过水面，从而导致水中可见的上升，同时水中也有不那么明显、但同样大的下降。在水上升的地方，那里的压力增加了；在水下降的地方，压力降低了。我们看到的一些涟漪实际上来自涟漪的组合——某些波浪是其他波浪相互作用的叠加。

图 7.1　雨滴会在水面上引起涟漪，就像声音会在空气中引起涟漪一样

在空气中，我们将这些压力增加称为“密

部”，压力减少称为“疏部”。正是这些密部和疏部使我们能够听到声音。波的形状、频率和振幅，都会影响我们对声音的感知。

世界上最简单的声音是“正弦波”（图 7.2）。在正弦波中，密部和疏部以相同的大小和规律到达。在正弦波中，一次密部加一次疏部称为一个“周期”。在周期中的某个点，必定有一个压力为 0 的点，就在密部和疏部之间。从零点到最大压力（或最小压力）的距离称为“振幅”。

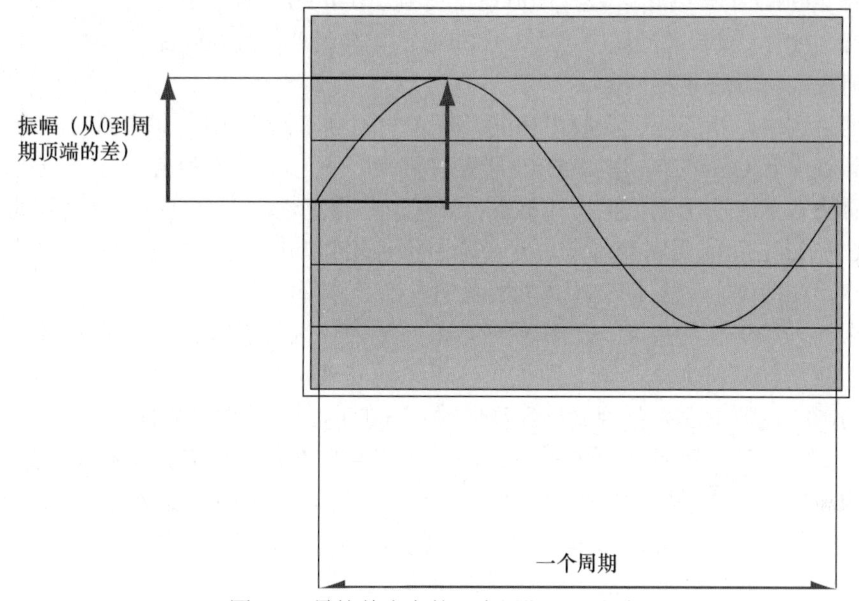

图 7.2　最简单声音的一个周期：正弦波

一般来说，振幅是我们音量感知中最重要的因素：如果振幅上升，我们通常认为声音更大。当我们感觉到音量增加时，就说我们感觉到声音强度的增加。

人类对声音的感知并不是物理现实的直接映射。对人类声音感知的研究称为“心理声学”。关于心理声学有一个奇怪的事实，即我们对声音的大部分感知与实际现象呈对数关系。

我们以“分贝（dB）”来衡量强度的变化。这可能是最常与音量相关联的单位。分贝是一种对数测量，因此它与我们感知音量的方式相匹配。它始终是一个比率，即两个值的比较。$10\times\log_{10}(I_1/I_2)$是两个强度 I_1 和 I_2 之间的分贝强度变化。如果在相同条件下测量两个振幅，我们可以用振幅表示同一个定义：$20\times\log_{10}(A_1/A_2)$。如果 $A_2=2\times A_1$（即振幅加倍），则差值约为 6dB。

当分贝用作绝对测量值时，它参考了可以听到的声压级（SPL）的阈值：0 dB SPL。正常语音的强度约为 60 dB SPL，大喊的语音约为 80 dB SPL。

周期发生的频度称为“频率”。如果一个周期很短，那么每秒可能有很多周期。如果一个周期很长，那么它们就会较少。随着频率的增加，我们认为“音高”会增加。我们以每秒周期数（c/s）或赫（Hz）来测量频率。

所有的声音都是周期性的——总会有某种疏部和密部的模式导致周期。在正弦波中，周期的概念很容易。在自然的波中，模式重复的位置并不那么清晰。即使在池塘的涟漪中，波浪也不像你想象的那样有规律。波峰之间的时间并不总是相同的，它会变化。这意味着一个周期可能涉及几个波峰和波谷，直到它重复。

人类能听到 2～20 000 赫（或 20 千赫，缩写为 20 kHz）。同样，与振幅一样，这是一个巨大的范围。为了让你了解音乐在该频谱的位置，在传统的平均律音调中，中音 C 上的音符 A 为 440 Hz（图 7.3）。

图 7.3 中音 C 上的音符 A 是 440Hz

像强度一样，我们对音高的感知几乎与频率的对数成正比。我们不是察觉到音高的绝对差异，而是频率的比率。如果你听到 100 Hz 的声音后跟着 200 Hz 的声音，以及从 1000 Hz 变到 2 000 Hz，你会感觉到相同的音高变化（或音高间隔）。显然，100 Hz 的差异远小于 1 000 Hz 的差异，但我们感觉它是相同的。

在标准音调中，相邻八度音阶中相同音符之间的频率比为 2:1。每个音阶频率加倍。我们之前提到，中音 C 上的 A 是 440Hz。于是你知道，下一个音阶的 A 是 880Hz。

如何看待音乐取决于我们的文化标准，但有一些普遍性。其中包括音调间隔的使用（例如，音符 C 和 D 之间的比例在每个八度音阶中保持相同），八度音程之间的恒定关系，以及一个八度中存在四到七个主音高（这里不考虑升半音和降半音）。

是什么让一种声音的体验与另一种声音不同？为什么演奏音符的长笛听起来与小号或单簧管演奏相同的音符如此不同？我们仍然不了解心理声学的全部知识，以及物理属性对声音感知的影响，但下面一些因素导致我们对不同的声音（特别是乐器）感受不同。

- 真实的声音几乎从来不是单频声波。大多数自然声音中有几个频率，通常是不同的振幅。这些额外的频率有时称为泛音。例如，当钢琴演奏音符 C 时，音调的丰富度部分是因为音符 E 和 G 也在声音中，但振幅较低。不同乐器在音符中有不同的泛音。我们要演奏的中心音调称为基音。
- 乐器声音在振幅和频率方面不连续。有些慢慢地达到目标频率和振幅（如管乐器），而有些则很快达到目标频率和振幅，然后音量逐渐消失，但频率保持相当稳定（如钢琴）。
- 并非所有声波都能用正弦波表示。真实的声音包含有趣的起伏和锐利的边缘。我们的耳朵可以分辨它们，至少是前面几个波。我们可以合理地使用正弦波进行合成，但合成器有时也会使用其他类型的波形来获得不同类型的声音（图 7.4）。

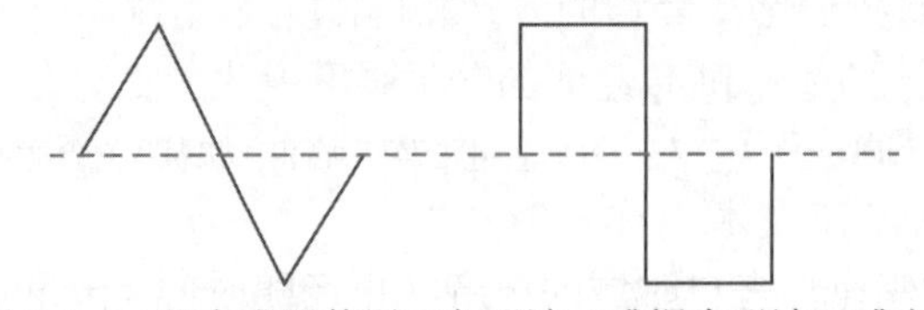

图 7.4 一些合成器使用三角形波（或锯齿形波）或方波

7.1.2 研究不同的声音

有多种工具可以让你实时显示声音的可视化效果。利用这些工具，你可以深入了解可以在软件中操作的声音特征。当声音进入计算机的麦克风时，你可以实际观察声音，以便了解更响亮和更柔和的声音，高音和低音看起来是什么样子。

我们成功地使用了 Sonogram 工具，它适用于 macOS、Windows 和 Linux。在本书配套的媒体工具中，你可以找到 MediaTools 应用程序，它也可以让你以不同的方式查看声音。MediaTools 应用程序包含声音、图形和视频工具。你也可以在 JES 中找到 MediaTools 菜单。该菜单中的工具也允许你检查声音和图片，但你无法像使用 Sonogram，MediaTools 和类似应用程序那样实时查看声音。

MediaTools 应用程序的声音编辑器如图 7.5 所示。你可以录制声音，打开磁盘上的 WAV 文件，并以各种方式查看声音。（当然，假设你的计算机上有麦克风！）

要查看声音，可单击“Record Viewer（录音查看器）”按钮，然后单击“Record（录音）”按钮。[按“Stop（停止）”按钮停止录音。] 你可以查看声音的 3 种视图。

第一种是“信号视图”（图 7.6）。在信号视图中，你看到的是原始声音——空气压力的每次增加都会导致图形上升，声压的每次降低都会导致图形下降。注意波的变化有多快。

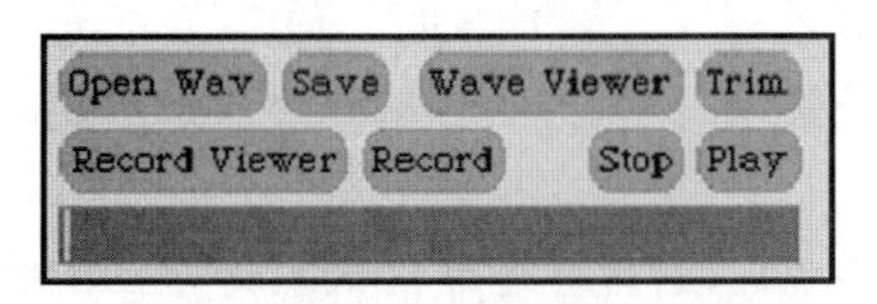

图 7.5 声音编辑器的主要工具

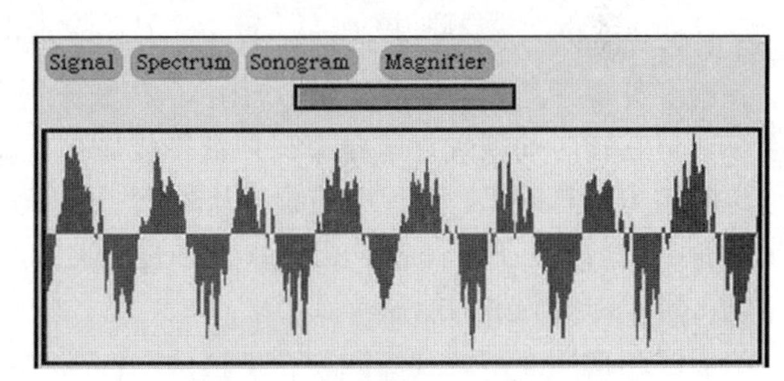

图 7.6 在声音进入时查看声音信号

尝试一些更柔和或更响亮的声音，你就可以发现它们看起来有何变化。通过单击“Signal（信号）”按钮，就可以从另一个视图返回信号视图。

第二种视图是“频谱视图”（图 7.7）。频谱视图是对声音的完全不同的视角。之前提到过，自然的声音通常实际上是由几个不同的频率组成。频谱视图展示了这些单独的频率。该视图也称为频域。

频谱视图中的频率从左到右增加。列的高度表示声音中该频率的能量（大致上相当于音量）。自然的声音如图 7.7 所示，有一个以上的尖峰（图中上升）。（尖峰周围较小的上升通常被视为噪声。）

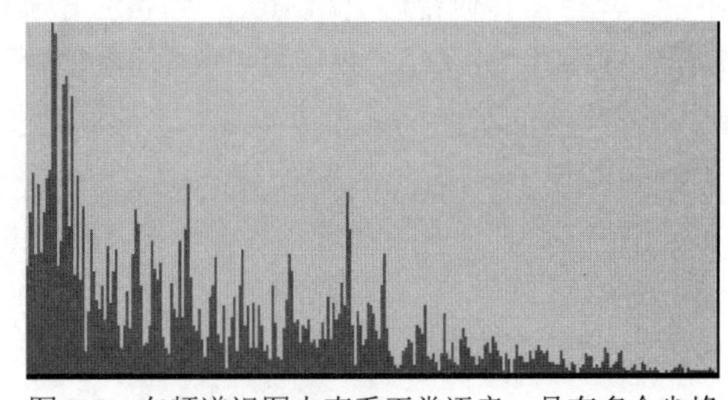

图 7.7 在频谱视图中查看正常语音，具有多个尖峰

如何生成频谱视图，在技术上称为“傅立叶变换”。傅里叶变换将来自时域的声音（声音随时间上升和下降）转换为频域（识别声音中有哪些频率，以及这些频率的能量随时间如何变化）。此视图中的频率从左向右增加（最左侧较低，最右侧较高），并且频率处能量越多，将导致越高的尖峰。

唱歌的音符尖峰较少（图 7.8）。主音和泛音与音调有关。在我们认为是音乐的声音中，音调和泛音的模式很常见，但音调和泛音的模式对于不同的乐器是不同的。图 7.9 展示了吹奏口琴音符和在尤克里里上弹奏弦乐的频谱视图。在本书的后面，我们将正弦波叠加，以创建具有不同能量频率模式的声音。

图 7.8　频谱视图中的唱歌音符

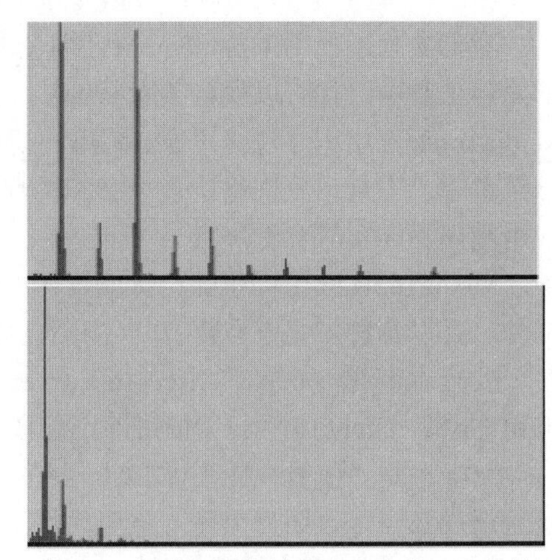

图 7.9　频谱视图中的口琴和尤克里里音符

第三种视图是“声波图”（图 7.10）。声波图视图非常类似于频谱视图，因为它描述了频域，但它按时间展现这些频率。声波图视图中的每列（有时称为切片或时间窗口）表示给定时刻的所有频率。切片中的频率从较低（底部）到较高（顶部）增加。图 7.10 表示正常语音，然后是上升和下降的哨声（几乎是完美的单正弦波）。列中斑点的暗度表示给定时刻输入声音中该频率的能量。

声波图视图非常适合研究声音如何随时间变化，例如，当音符逐渐消失时，敲击的钢琴键的声音如何变化，不同乐器的声音差异如何，或声音的差异有多大。例如，在图 7.10 中，我们可以看到哨音在声波图中的音高变化。在图 7.11 中，我们可以看到几个口琴音符和尤克里里音符。每个都有独特的音调和泛音模式。注意，口琴音在整个持续时间内保持相当一致。这对管乐器来说很常见。还应注意，尤克里里音符在最初被弹拨后会逐渐消失，有些泛音会比其他音色更早消失。弹拨弦乐器很常见。音符如何渐强和渐弱（称为衰减）的模式称为其“包络”。我们可以编写形状声音的函数来获得特定的包络。

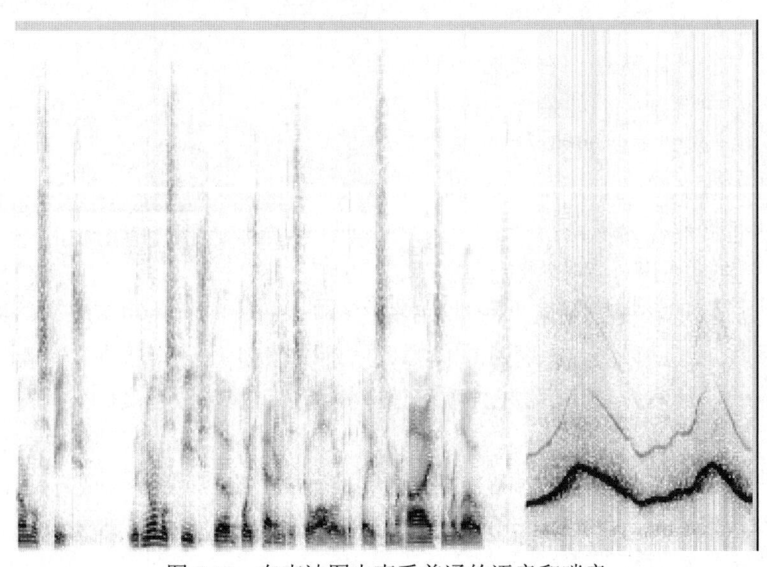

图 7.10　在声波图中查看普通的语音和哨音

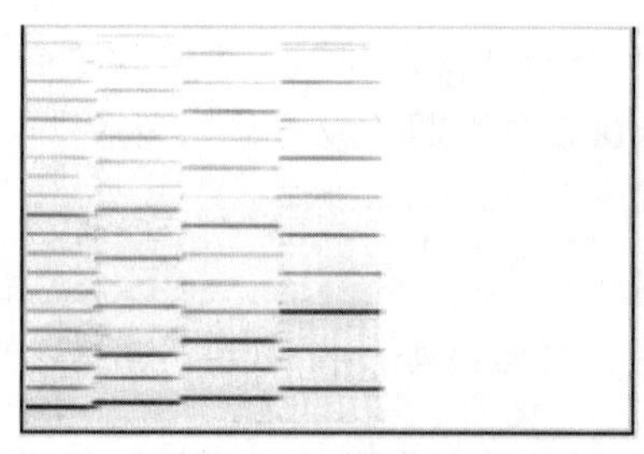
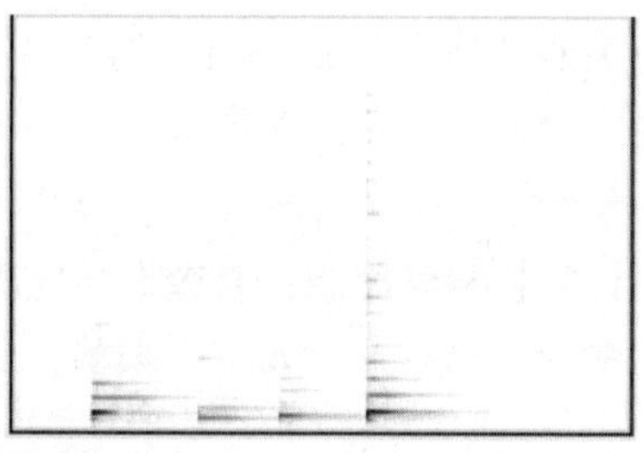

图 7.11 在声波图中查看口琴（左）和尤克里里（右）音符

让它工作提示：浏览声音

不论选择什么工具，你确实应该在上面尝试不同真实声音的视图。你将更好地理解声音，以及我们在本章中对声音所做的操作。

7.1.3 编码声音

你刚刚看到了声音的物理原理，以及我们如何感知声音。要操作计算机上的声音并在计算机上播放它们，必须将它们数字化。数字化声音意味着接受这种声波流并将其转化为数字。我们希望能够捕获声音，可能对它进行操作，然后将它播放出来（通过计算机的扬声器），尽可能准确地听到我们捕获的声音。

数字化声音过程的第一部分由计算机的硬件处理，即计算机的物理装置。如果计算机配有麦克风和适当的声音设备（如 Windows 计算机上的 SoundBlaster 声卡），则可以随时将麦克风的气压量作为单个数字进行测量。正数对应于压力上升，负数对应于疏部。我们称之为模数转换（ADC）——我们已经从模拟信号（不断变化的声波）转变为数字值。这意味着我们可以得到瞬时声压的测量值，但这只是整个过程中的一步。声音是一个不断变化的压力波。我们如何将它存储在计算机中呢？

顺便说一句，计算机上的回放系统基本上是同样的方式反过来。声音硬件进行数模转换（DAC），然后将模拟信号发送到扬声器。DAC 过程也需要表示压力的数字。

如果你了解微积分，就会知道我们如何做到这一点。你知道，我们可以用越来越多的矩形，近似测量曲线下的面积，这些矩形的高度与曲线相匹配（图 7.12）。利用这个思想，很明显，如果捕获足够多的麦克风压力读数，我们就能捕获声波。我们称每个压力读数为一个样本——我们确实是“采样”那个时刻的声音。但我们需要多少样本呢？在积分计算中，通过（概念上）具有无限数量的矩形来计算曲线下面积。虽然计算机存储器一直在变得越来越大，但我们无法对每个声音捕获无限数量的样本。

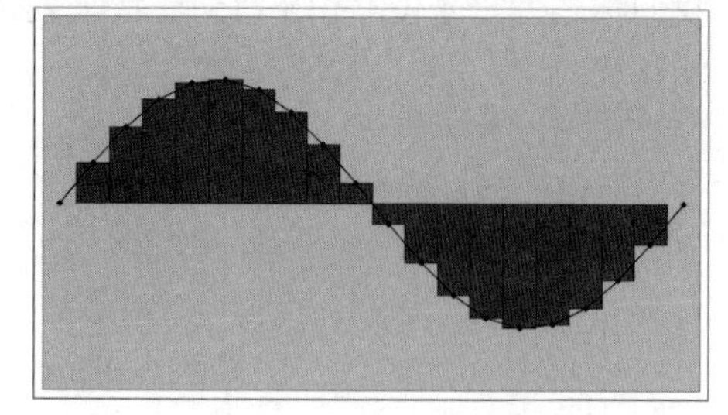

图 7.12 用矩形估计的曲线下的面积

早在有计算机之前，数学家和物理学家就已经对这些问题感到疑惑，实际上，需要多少样本，答案很久以前就计算出来了。答案取决于你希望捕获的最高频率。

假设你不关心任何高于 8 000 Hz 的声音。“奈奎斯特定理”说，我们需要每秒捕获 16 000 个样本，才能完全捕获和定义频率低于每秒 8 000 个周期的波。

计算机科学思想：奈奎斯特定理

要捕获每秒最多 n 个周期的声音，你需要每秒捕获 2n 个样本。

只需要一点思考，就可以明白奈奎斯特定理的基本推理。很明显，采样低于声音中最高音高的频率会导致错过很多周期。想象一下，用与声音本身相同的频率对声音进行采样。你可能意外地捕获每个周期的峰值或低谷。当你查看所有值时，它们就是一条直线。当你达到频率的两倍时，就有可能在每个周期取到峰值和低谷。

奈奎斯特定理不只是一个理论结果。它影响我们日常生活中的应用。事实证明，人类的声音通常不会超过 4 000Hz。这就是为什么我们的电话系统设计为每秒捕获 8 000 个样本。这就是为什么通过电话播放音乐效果并不是很好。（大多数）人类听觉的极限是大约 22 000 Hz。如果我们每秒捕获 44 000 个样本，就能够捕获实际上可以听到的任何声音。CD 是通过以每秒 44 100 个样本捕获声音而创建的——由于技术原因和容差系数，仅略高于 44 kHz。

我们将收集样本的频率称为“采样率”。我们在日常生活中听到的大多数声音的频率远低于我们听力的最高限度。你可以以 22 kHz 的采样率（每秒 22 000 个样本）捕获和处理此类中的声音，它们听起来非常合理。如果你使用太低的采样率来捕获高音调的声音，在播放该声音时，你仍会听到声音，但听起来很奇怪。

通常，这些样本中的每一个都以 2 字节或 16 比特编码。虽然样本量较大，但 16 比特适用于大多数应用。CD 品质的声音使用 16 比特样本。

7.1.4 二进制数和二进制补码

用 16 比特，可编码的数字范围是从−32 768～32 767。这些不是魔法数字——如果你理解编码，它们非常有意义。利用名为“二进制补码表示法”的技术，这些数字以 16 比特来编码，但我们可以在不知道该技术细节的情况下理解它。我们有 16 比特来表示正数和负数。我们留出这些比特中的一位（记住，它只是 0 或 1）来表示我们是在谈论正数（0）还是负数（1）。我们称之为符号位。留下 15 比特来表示实际值。15 比特有多少不同的模式呢？我们可以开始计算：

```
000000000000000
000000000000001
000000000000010
000000000000011
...
111111111111110
111111111111111
```

这看起来不太妙。让我们看看是否可以找出一种模式。如果我们有 2 比特，则有 00、01、10、11 共 4 种模式；如果我们有 3 比特，则有 000、001、010、011、100、101、110、111 共 8 种模式。事实表明，2^2 是 4，2^3 是 8。用 4 比特，有多少种模式？$2^4 = 16$。事实表明，我们可以将它作为一般原则。

计算机科学思想：n 比特中的 2^n 个模式

如果你有 n 比特，那 n 比特中有 2^n 种可能的模式。

2^{15} = 32 768。为什么在负数范围内还有一个值大于正数值？0 既不是负数也不是正数，但如果我们想将它表示为比特，就需要将某个模式定义为 0。我们使用正范围值之一（符号比特为零）表示 0，因此它占据了 32 768 个模式中的一个。

计算机通常表示正整数和负整数的方式称为二进制补码。在二进制补码中，正数通常以二进制形式显示。数字 9 是二进制的 00001001。负数的二进制补码的计算方式，是从二进制中的正数开始，将它反转，使得所有 1 变为 0 且所有 0 变为 1，最后在结果中加 1。所以−9 从 00001001 开始，其反转后为 11110110，然后加 1 得到 11110111。用二进制补码中表示数字的一个优点在于，如果将负数（−3）加到相同值的正数（3），结果为 0，因为 1 加 1 为 0，进位 1（图 7.13）。

```
 1111111
 00001001
+11110111
 00000000
```

图 7.13 在二进制补码中 9 和−9 相加

7.1.5 存储数字化的声音

样本大小限制了可以捕获的声音振幅。如果你的声音产生的压力大于 32 767（或疏部大于−32 768），则你只能至多捕获 16 比特的极限。如果看信号视图中的波，看起来会像有人拿剪刀剪掉了波峰。因此，我们称这种效果为削波。如果你播放（或生成）被削波的声音，听起来会很糟糕——听起来就像你的扬声器坏了。

还有其他数字化声音的方法，但这是迄今为止最常见的方法。这种编码声音方式的技术术语是“脉冲编码调制（PCM）”。如果你进一步阅读音频或使用音频软件，可能会遇到这个术语。

这意味着计算机中的声音是一长串的数字，每个数字都是瞬时的样本。这些样本有一个排序：如果不按顺序播放样本集，就根本不会得到相同的声音。在计算机上存储有序数据项列表的最有效方法是使用“数组”。数组实际上是内存中彼此相邻的字节序列。我们将数组中的每个值称为“元素”。

我们可以轻松地将构成声音的样本集存储在数组中。将每 2 字节视为存储单个样本。数组将很大——对于 CD 质量的声音，每录制一秒钟将有 44 100 个元素。录制一分钟将产生包含 26 460 000 个元素的一个数组。

每个数组元素都有一个与之关联的数字，称为“索引”。索引数字依次增加。数组的第一个元素是索引 0，第二个元素是索引 1，依此类推。数组中的最后一个元素的索引等于数组中元素的数量减 1。你可以将数组视为一长排盒子，每个盒子都持有一个值，且都有一个索引号（图 7.14）。

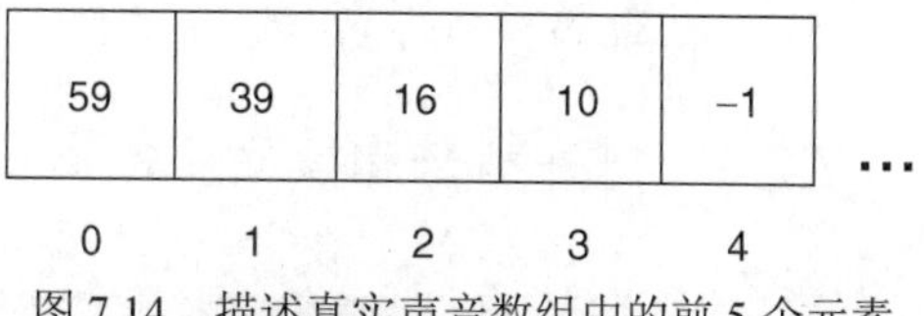

图 7.14 描述真实声音数组中的前 5 个元素

利用 MediaTools，你可以浏览声音（图 7.15）并了解声音轻微（小振幅）和响亮（大振幅）的位置。如果你想要操作声音，这一点很重要。例如，录音单词之间的空隙往往是声音轻微的——至少比单词本身更轻。你可以通过查找空隙来找出单词结束的位置，如图 7.15 所示。

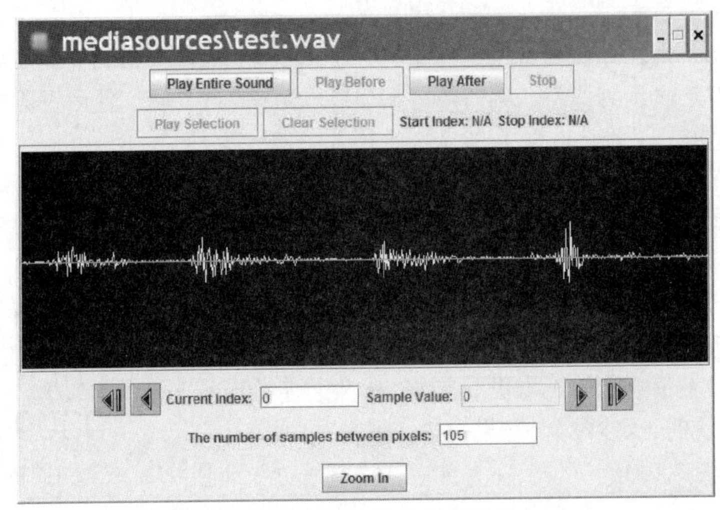

图 7.15　MediaTools 中录制的声音

你很快会读到如何将包含录音的文件读入一个“声音对象”，查看声音中的样本集，以及更改声音数组元素的值的内容。通过更改数组中的值，可以更改声音。操作声音就是操作数组中的元素。

7.2　操作声音

既然已经知道声音是如何编码的，我们就可以用 Python 程序来处理声音。下面是我们需要做的。

1．我们需要取得 WAV 文件的文件名，并从中生成一个声音对象。

2．你通常会取得该声音的样本集。样本对象易于操作，并且它们知道，当你更改它们时，它们应该自动更改原始的声音。你会先读到有关操作样本集的内容，然后读到如何从声音对象本身中操作声音样本集。

3．无论是从声音对象中获取样本对象，还是直接处理声音对象中的样本集，你都需要对样本集执行某些操作。

4．你可能希望浏览原始声音和修改过的声音，以检查结果是否与预期相符。

5．你可能希望将声音写回新文件，以供其他地方使用。

7.2.1　打开声音和操作样本集

可以用 pickAFile 选择文件来获取文件的完整路径名，然后用 makeSound 创建声音对象。下面是在 JES（在 Windows 上）执行此操作的示例。

```
>>> filename=pickAFile()
>>> print filename
C:/ip-book/mediasources/preamble.wav
>>> aSound=makeSound(filename)
>>> print aSound
Sound file: C:\ip-book\mediasources\preamble.wav
    number of samples: 421110
```

如果将声音存储在同一个媒体文件夹中，并在命令区中执行 setMediaPath()，就可以将上面的示例缩减为下面的样子（在 macOS X 上）。

```
>>> aSound = makeSound("preamble.wav")
>>> print aSound
Sound file: /Users/guzdial/Desktop/mediasources-4ed/preamble.wav
    number of samples: 421110
```

makeSound 做的是从提供的文件名中提取所有字节，将它们转储到内存中，然后在它们上面放一个大标记说，“这是一个声音对象！”当你执行 aSound = makeSound（filename）时是说，“将那个声音对象称为 aSound！”当你使用该声音对象作为函数的输入时是说，“用那个声音对象（是的，我命名为 aSound 的那个）作为这个函数的输入。”

你可以使用 getSamples 从声音对象中获取样本集。函数 getSamples 将声音对象作为输入，并将所有样本的数组作为一组样本对象返回。执行此函数时，可能需要一段时间才能完成——较长时间的声音会更长，较短时间的声音会更短。

函数 getSamples 从基本样本数组中生成一个样本对象数组。一个对象不仅仅是你之前读到的一个简单的值——例如有一个区别，一个样本对象也知道它来自哪个声音对象、它的索引是什么。稍后你将读到有关对象的更多信息，但是现在 getSamples 为你提供了一组可以操作的示例对象，这实际上使操作非常简单。你可以用 getSampleValue（以一个样本对象作为输入）获取样本对象的值，并用 setSampleValue 设置样本值（以一个样本对象和新值作为输入）。

但在开始操作之前，让我们看看获取和设置样本值的其他方法。我们可以使用函数 getSampleValueAt 来要求声音对象给出特定索引处样本的值。getSampleValueAt 的输入值是声音对象和索引号。

```
>>> print getSampleValueAt(aSound,0)
36
>>> print getSampleValueAt(aSound,1)
29
```

有效的索引值是任意整数（0.128 9 不是一个好的索引值），只要在 0 到该声音对象中样本集的长度减 1 之间。我们用 getLength()得到长度。如果尝试使用数组的长度来获取样本，应注意我们得到的错误。

```
>>> print getLength(aSound)
421110
>>> print getSampleValueAt(aSound,421110)
You are trying to access the sample at index: 421110,
but the last valid index is at 421109
The error was:
Inappropriate argument value (of correct type).
An error occurred attempting to pass an argument
to a function.
```

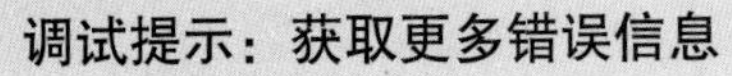

如果你遇到错误并希望了解更多信息，可转到 JES 的“Edit（编辑）”菜单中的“Options（选项）”项，然后选择“Expert（专家）”而不是“Normal（普通）”（图 7.16）[①]。专家模式有时可以为你提供更多详细信息——可能比你想要的更多，但有时可能会有所帮助。专家模式显示你在 JES 之外的 Jython 中会遇到的错误。

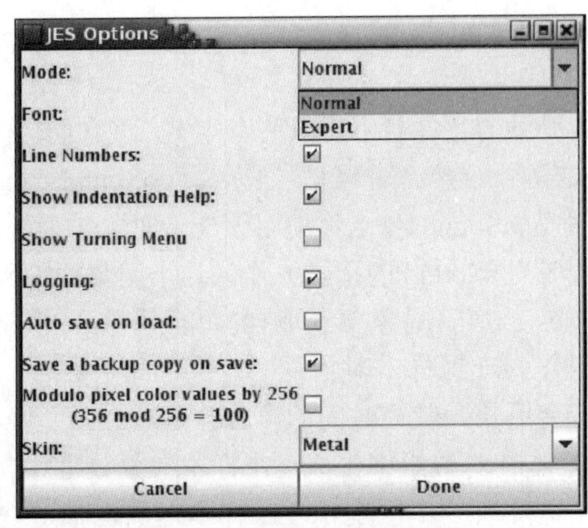

图 7.16 启用专家错误模式

类似地，我们可以用 setSampleValueAt 更改样本值。它以一个声音对象和索引作为输入，但还包括该索引处样本的新值。可以用 getSampleValueAt 再次检查它。

```
>>> print getSampleValueAt(aSound,0)
36
>>> setSampleValueAt(aSound,0,12)
>>> print getSampleValueAt(aSound,0)
12
```

常见问题：名称输入错误

你刚看到一大堆函数名，其中有一些很长。如果输错其中一个会怎么样呢？JES 会抱怨说它不懂你的意思，像这样：

```
>>> writeSndTo(aSound,"mysound.wav")
Name not found globally.
A local or global name could not be found. You need to
define the function or variable before you try to use
it in any way.
```

这没什么大不了的。用键盘上的向上箭头键调出你键入的最后一行内容，然后用左箭头转到该位置。修复错误。在按 Enter 键之前，务必用向右箭头键返回到行中的最后一个字符。

① 你可能会在“Preferences（首选项）”窗口中看到更多选项，这取决于你使用的 JES 版本。

如果我们播放这个声音，你认为会发生什么？它是否真的听起来与以前不同，既然我们已经将第一个样本从数字 36 变为数字 12？并不是的。为了解释原因，我们用函数 getSamplingRate 找出这个声音对象的采样率，它以声音对象作为输入。

```
>>> print getSamplingRate(aSound)
22050.0
```

我们在这个例子中操作的声音对象的采样率为每秒 22 050 个样本。更改一个样本会改变声音第一秒的 1/22 050。如果你能听到这个，则说明你的听力就非常好——我们会怀疑你不诚实！

显然，要对声音进行重要操作，我们必须操作数百甚至数千个样本。我们肯定不会通过键入数千行下面一样的命令来实现这一目标。

```
setSampleValueAt(aSound,0,12)
setSampleValueAt(aSound,1,24)
setSampleValueAt(aSound,2,100)
setSampleValueAt(aSound,3,99)
setSampleValueAt(aSound,4,-1)
```

我们需要利用计算机来执行我们的菜谱，告诉它将某事做几百或几千次。这是 7.2.2 节的主题。

但是，我们将讨论如何将结果写回文件，从而结束本节。一旦你操作了声音对象，并希望将其保存到其他地方，就可以使用 writeSoundTo，它以声音对象和新文件名作为输入。如果要保存声音，应确保文件以扩展名“.wav”结尾，以便操作系统知道如何处理它。

```
>>> print filename
C:/ip-book/mediasources/preamble.wav
>>> writeSoundTo(aSound,"C:/ip-book/mediasources/new-preamble.wav")
```

你可能会想到，当播放很多声音时，如果你快速连续播放几次，就会混合这些声音。第二次播放在第一次播放结束前开始了。如何确保计算机只播放一个声音，然后等待它结束呢？你要用 blockingPlay。它与 play 相同，但它会等待声音结束，以便在播放声音时没有其他声音产生干扰。

7.2.2 使用 JES MediaTools

JES MediaTools 可从 JES 的 MediaTools 菜单中获得。当你选择图片或声音工具时，会看到一个弹出式菜单，其中包含图片或声音的变量名称，符合你选择的相应工具。单击 OK（确定），你将进入 JES 声音工具。也可以通过浏览声音来调出声音工具，就像你对图片所做的那样。

```
>>> explore(aSound)
```

声音工具可以让你浏览声音。

- 你可以播放声音，然后单击其中的任意位置以设置光标点，再播放光标之前或之后的内容。
- 你可以选择一个区域（通过单击并拖动），然后仅播放该区域的内容（图 7.17）。
- 设置光标时，会显示该点的样本索引和样本值。

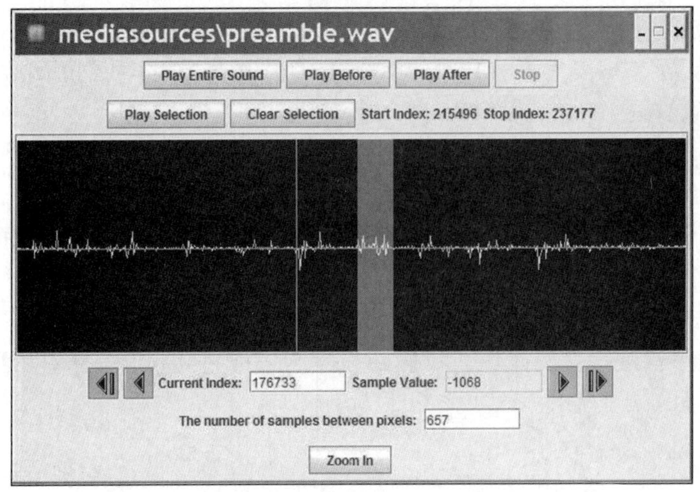

图 7.17 在 JES 中浏览声音

- 你还可以放大以查看每个声音值（图 7.18）。你必须滚动才能看到所有的值。

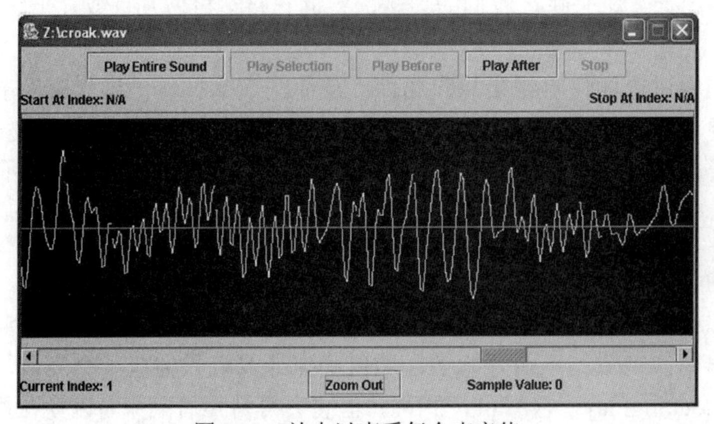

图 7.18 放大以查看每个声音值

常见问题：Windows 和 WAV 文件

WAV 文件的世界并不像人们想象的那样兼容和流畅。使用其他应用程序（如 Windows Recorder）创建的 WAV 文件可能无法在 JES 中播放，JES WAV 文件可能无法在所有其他应用程序（如 WinAmp 2）中播放。Apple QuickTime Player Pro 擅长读取任何 WAV 文件，并导出几乎所有其他应用程序可以读取的新文件。

7.2.3 循环

我们面临的问题是计算中常见的问题：如何让计算机一遍又一遍地做某事？我们需要让计算机“循环或迭代”。

Python 具有特别用于循环（或迭代）的命令。我们主要使用命令 for。for 循环连续数次

（你提供）执行一些命令（你指定），每次执行命令时，特定变量（你命名）将具有不同的值。

7.3 改变声音的音量

早些时候，我们说声音的振幅是音量的主要因素。这意味着如果我们增加振幅，就会增加音量。同样，如果减小振幅，就会减小音量。

不要在这里感到困惑——改变振幅不会伸出手来扭动扬声器上的音量旋钮。如果你的扬声器的音量（或计算机的音量）被调低，声音永远不会响亮。关键是让声音本身更响亮。你有没有遇到过这种情况：在电视上看一部片时，并没有改变电视音量，但声音变得如此之低，以至于你几乎听不到声音？（我想到了马龙·白兰度在电影《教父》中的对话。）或者你是否注意到，商业广告总是比普通电视节目更响亮？这就是我们在这里所做的。我们可以通过调整振幅来让声音咆哮或呢喃。

7.3.1 增加音量

让我们将声音中每个样本的值加倍，从而增加声音的音量。我们可以用 getSamples 来获取声音中样本的序列（数组）。我们可以用 for 循环遍历序列中的所有样本。对于每个样本，我们将获得当前值，然后将其设置为当前值乘以 2。

下面是一个将输入声音的振幅加倍的函数。

程序 93：通过加倍振幅增加输入声音的音量

```
def increaseVolume(sound):
  for sample in getSamples(sound):
    value = getSampleValue(sample)
    setSampleValue(sample,value * 2)
```

继续在 JES 程序区输入上述内容。单击 Load Program，让 Python 处理该函数，并允许我们使用名称 increaseVolume。跟随下面的示例，更好地了解这一切是如何工作的。

要使用这个菜谱，你必须先创建声音对象，然后将声音对象传递给函数 increaseVolume 作为输入。在下面的示例中，我们假设你已使用 setMediaPath()告诉 JES 媒体文件夹的位置。然后，你可以使用基本文件名而不是整个路径生成声音对象。

```
>>> s=makeSound("test.wav")
>>> explore(s)
>>> increaseVolume(s)
>>> explore(s)
```

我们创造了一个声音对象，命名为 s。然后我们浏览该声音对象，它用 JES 声音工具打开该声音的副本。接下来我们求值 increaseVolume(s)，名为 s 的声音对象也被命名为 sound，但仅在该函数内。这是非常重要的一点。两个名字都指同一个声音对象！在 increaseVolume 中发生的变化实际上改变了相同的声音。你可以将每个名称视为另一个名称的别名：它们指的是同一个对象。

这里有一点需要提及，稍后它将变得更加重要：当函数 increaseVolume 结束时，名称 sound

就没有值了。它仅在该函数执行期间存在。我们说它只存在于函数 increaseVolume 的作用域内。变量的作用域是知道它的区域。例如，命令区中定义的变量具有命令区作用域。它们仅在命令区中是知道的。函数中定义的变量具有函数作用域。它们仅在该函数中是知道的。

我们现在可以播放该文件，听到它变得更响亮，并将它写入新文件。

```
>>> play(s)
>>> writeSoundTo(s,"c:/ip-book/mediasources/test-louder.wav")
```

常见问题：保持声音简短

较长的声音占用更多的内存，处理速度会更慢。

7.3.2 真的有效吗

现在，它真的更响亮，还是只是似乎这样？ 我们可以通过几种方式检查这一点。通过对声音对象多次执行 increaseVolume，你可以让声音更响亮——最终，你会完全相信声音确实更响亮了。但是有一些方法可以测试更微妙的效果。

如果用 JES MediaTools 声音工具比较两个声音的图形，你会发现，在使用我们的函数增加之后，该声音的图形确实具有更大的振幅。请看图 7.19。

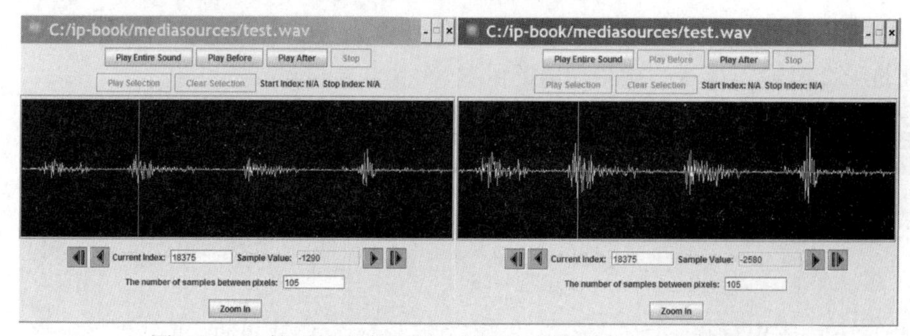

图 7.19 比较原始声音（左）和更响亮的声音（右）的图形

也许你不确定在第二张照片中真的看到了更大的声波。你可以使用 JES 声音工具检查各个样本值。在一个声音工具中单击波形中值不为 0 的部分，然后在另一个声音工具中输入索引，然后按 Enter 键。比较样本值。注意，在图 7.19 中，索引 18 375 处的值最初为−1 290，而在音量增加后为−2 580，因此该函数确实使该值加倍。

最后，你可以随时在 JES 中自己查看。如果你一直跟随示例操作[①]，那么变量 s 现在是更响亮的声音。继续生成一个新的声音对象，这是原始的声音，名称为 sOriginal（意为原始声音）。检查任意的样本值。声音越大，原始声音的样本值就越大。

```
>>> print s
Sound file: C:/ip-book/mediasources/test.wav number of samples: 67585
>>> sOriginal=makeSound("test.wav")
>>> print getSampleValueAt(s,0)
0
```

① 什么？你还没有试？ 你应该试一下！亲自尝试会让你更有感觉。

```
>>> print getSampleValueAt(sOriginal,0)
0
>>> print getSampleValueAt(s,18375)
-2580
>>> print getSampleValueAt(sOriginal,18375)
-1290
>>> print getSampleValueAt(s,1000)
4
>>> print getSampleValueAt(sOriginal,1000)
2
```

你可以看到，负值变得更负。这就是“增加振幅”的意思。声波的振幅有两个方向，我们必须在正值和负值的方向上让声波更大。

大胆去怀疑你的程序。这真的做了我想做的事吗？你检查的方式是通过测试。这就是本节的内容。你刚刚看到了几种测试方法：

- 通过检查结果（利用 JES 声音工具）。
- 通过编写检查原始程序结果的其他代码语句。

工作原理

让我们慢慢地浏览代码，并思考这个程序的工作原理。

```
def increaseVolume(sound):
  for sample in getSamples(sound):
    value = getSampleValue(sample)
    setSampleValue(sample,value * 2)
```

回想一下，声音数组中样本看起来是怎样的景象。下面显示了从文件 gettysburg.wav 创建的声音对象中的前几个值。

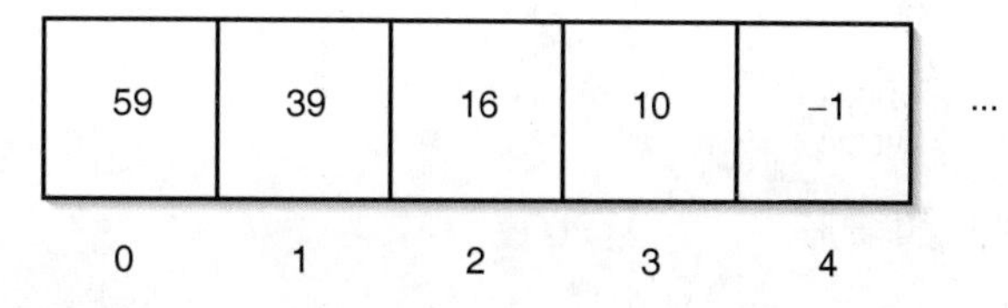

这就是 getSamples(sound)将返回的内容：一组样本值，每个都有编号。for 循环允许我们一次一个地遍历每个样本。名称 sample 将依次赋值为每个样本。

当 for 循环开始时，sample 将是第一个样本的名称。

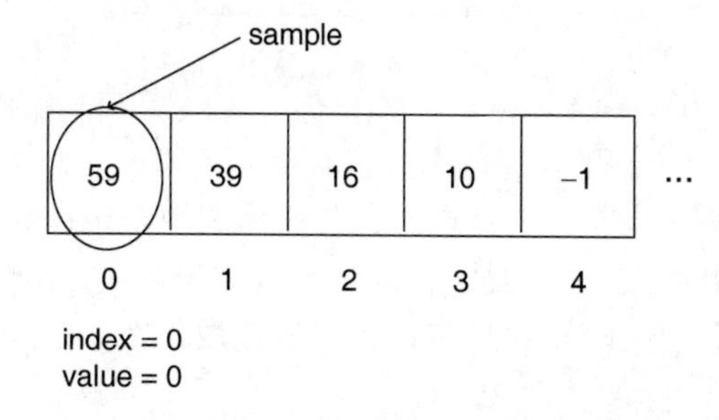

执行 value=getSampleValue- (sample)时，变量 value 将取值 59。然后，用 setSampleValue (sample,value*2)将名称 sample 引用的样本加倍。

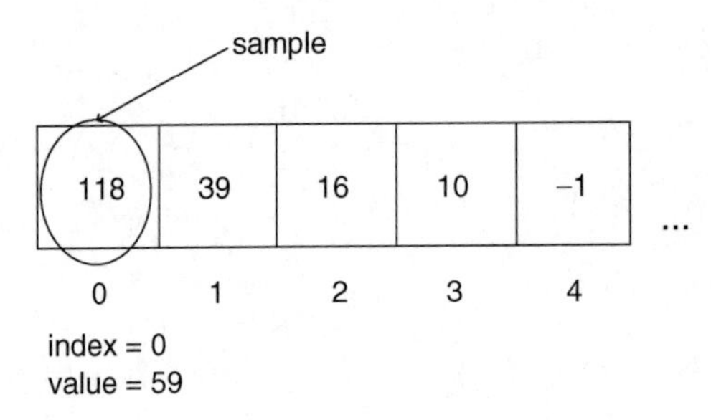

第一次通过 for 循环体就结束了。然后，Python 将开始下一次循环，并将 sample 移动到指向数组中的下一个元素。

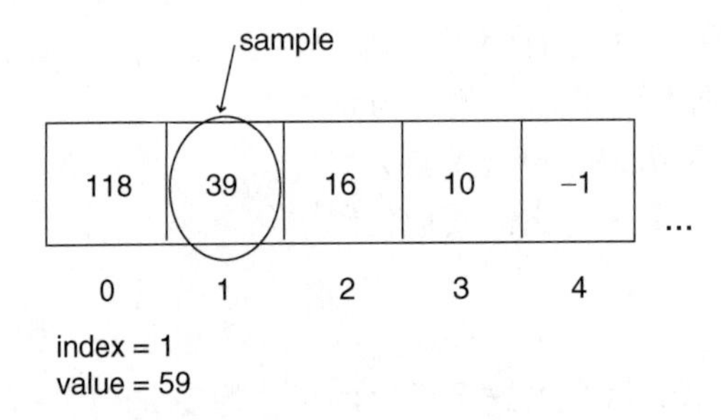

value 再次设置为该样本的值，然后该样本将加倍。

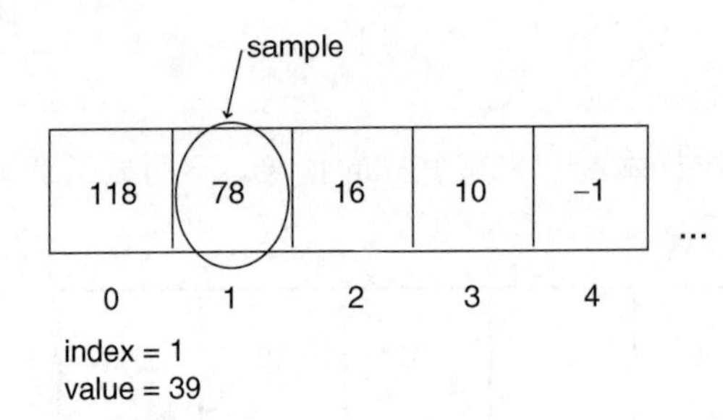

下面是循环 5 次之后的情形。

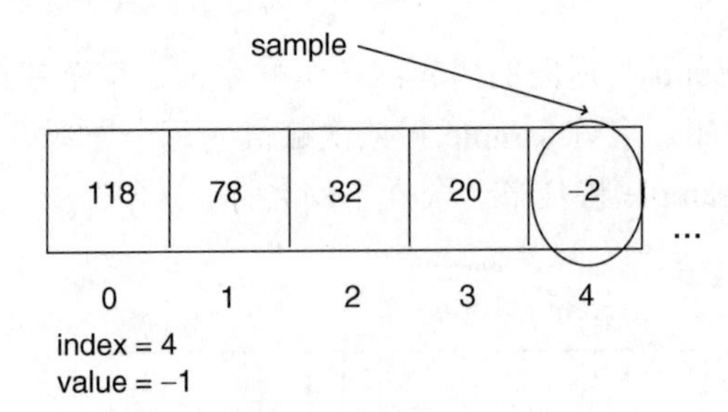

for 循环不断地遍历所有样本——数以万计！谢天谢地，是计算机在执行这个程序！

思考这里发生的事情的一种方法是，在改变声音对象方面，for 循环实际上并没有做任何事情。只有循环体做了工作。for 循环告诉计算机该做什么。它是一名经理。计算机实际上做了下面的事：

```
sample = sample #0
value = value of the sample, 59
change sample to 118
sample = sample #1
```

```
value = 39
change sample to 78
sample = sample #2
...
sample = sample #4
value = -1
change sample to -2
...
```

for 循环只是说，“对数组中的每个元素执行所有操作。”是包含 Python 命令的循环体得到了执行。

你在本节中刚刚阅读的内容称为“跟踪”程序。我们慢慢地了解程序中的每个步骤是如何执行的。我们画图片来描述程序中的数据。我们使用数字、箭头、方程式甚至简单的英语，来解释程序中发生了什么。这是编程中最重要的一项技术。这是调试的一部分。你的程序并非总是有效。绝对、肯定、毫无疑问，你会写出一些代码，它们没有做你想做的事情。但是计算机会做点什么。你怎么知道它在做什么？你会调试，最有效的调试方法就是跟踪程序执行。

7.3.3 减小音量

为了减小音量，我们需要让声波的振幅变小。通过将每个样本除以 2（即乘以 1/2），我们使波变小，同时保持其形状和频率不变。

程序 94：通过减小振幅来减小输入声音的音量

```
def decreaseVolume(sound):
  for sample in getSamples(sound):
    value = getSampleValue(sample)
    setSampleValue(sample,value * 0.5)
```

工作原理

- 我们的函数将声音对象作为输入。在函数 decreaseVolume 中，输入的声音对象称为 sound——无论它在命令区中具有什么名称。
- 变量 sample 代表输入声音对象中的每个样本。
- 每次 sample 赋值为一个新样本时，我们取得该样本的值，将它放在变量 value 中。
- 然后，我们将 value 乘以 0.5，将该样本值设置为其当前值的 50%。

我们可以如下使用它。

```
>>> f=pickAFile()
>>> print f
C:/ip-book/mediasources/louder-test.wav
>>> sound=makeSound(f)
>>> explore(sound)
>>> play(sound)
>>> decreaseVolume(sound)
>>> explore(sound)
>>> play(sound)
```

我们甚至可以再做一次，进一步减小音量。

```
>>> decreaseVolume(sound)
```

```
>>> explore(sound)
>>> play(sound)
```

7.3.4 使用数组索引表示法

函数 getSamples 返回一个样本数组，可以使用索引表示法对其进行索引，我们之前曾对字符串、列表和像素数组使用过索引表示法。方括号（“[”和“]”）让我们索引来自 getSamples 的样本。如果要处理所有样本，数组表示法并没有多大帮助。在第 8 章中，当我们试图找出要操作的声音中的特定位置时，它会更有价值。

程序 95：使用索引表示法增加声音的音量

```
def increaseVolume2(sound):
  samples = getSamples(sound)
  for index in range(len(samples)):
    sample = samples[index]
    value = getSampleValue(sample)
    setSampleValue(sample, value * 2)
```

工作原理

就像在 increaseVolume 中一样，函数 increaseVolume2 以声音对象作为输入。声音中的所有样本被命名为 samples。我们使用带一个输入参数的 range 版本，来指定从 0 到 len(samples)-1 的所有索引①。我们从 samples[index]中取出想要的样本 sample。该函数的其余部分与 increaseVolume 完全相同。

7.3.5 在声音中理解函数

关于函数如何在图片中工作的经验（来自第 4.4.1 节）也适用于声音。例如，我们可以将所有的 pickAFile 和 makeSound 调用直接放入 increaseVolume 和 reduceVolume 这样的函数中，但这意味着函数不只是“做且只做一件事”。如果我们不得不对一批声音对象增加或减少音量，就会发现必须不断挑选文件很烦人。

我们可以编写带有多个输入的函数。例如，下面是一个改变音量的程序。它接受一个与每个样本值相乘的因子。这个函数可用于增大或减小振幅（从而增加或减小音量）。

程序 96：用给定因子改变声音的音量

```
def changeVolume(sound, factor):
  for sample in getSamples(sound):
    value = getSampleValue(sample)
    setSampleValue(sample,value * factor)
```

该程序显然比 increaseVolume 或 decreaseVolume 更灵活。这会让它变得更好吗？对于某些目的来说肯定更好（例如，如果你正在编写软件来进行一般音频处理），但对于其他目的来说，使用单独且明确命名的函数来增加和减少音量更好。记住，软件是为人类编写的——编

① 回忆一下，range 增长到最终值，但不包括它。

写软件，让它对于将要阅读和使用软件的人是可以理解的。

我们多次重复使用 sound 这个名称。我们用它来命名在命令区中从磁盘读取的声音对象，我们将它用作占位符，作为函数的输入参数。这样做没问题。根据上下文，名称可以具有不同的含义。函数内部与命令区不同。如果在函数上下文中创建变量（如程序 96 中的 value），那么在返回命令区时该变量将不存在。我们可以用 return 将函数上下文中的值返回给命令区（或其他调用函数），稍后我们将详细介绍。

7.4 规格化声音

如果你想一下，可能会发现上面两个程序能工作是很奇怪的。我们可以将表示声音的数字相乘：对我们的耳朵来说，声音似乎（基本上）是一样的，但更响亮。我们体验声音的方式取决于具体数字，而不是它们之间的关系。记住，声波的整体形状取决于许多样本。一般来说，如果我们将所有样本乘以相同的乘数，只会影响对音量的感觉（强度），而不会影响声音本身。（我们将在后面的小节中改变声音本身。）

人们想对声音做的一个常见操作，是让声音尽可能大。这称为“规格化”。这不是很难，但它需要更多变量。下面是自然语言描述的菜谱，我们需要告诉计算机这样做。

- 我们必须弄清楚声音中最大的样本是什么。如果它已经处于最大值（32 767），就无法真正增加音量并仍能获得似乎相同的声音。记住，我们必须将所有样本乘以相同的乘数。

找到最大值是一个简单的菜谱（算法）——相当于整个规格化菜谱中的一个子菜谱。定义一个名称（比方说 largest）并为其分配一个小值（0 是可行的）。现在检查所有样本。如果你发现样本大于 largest，就更改 largest 以获得更大的值。继续检查样本集，现在与新的最大值进行比较。最终，数组中最大的值将在变量 largest 中。

为了做到这一点，我们需要一种方法来计算两个值的较大值。Python 提供了一个名为 max 的内置函数，可以完成此操作。

```
>>> print max(8,9)
9
>>> print max(3,4,5)
5
```

- 接下来，我们需要确定将所有样本乘以的值。我们希望最大值变为 32 767。因此，我们想要找出一个乘数 multiplier，使得(multiplier)(largest) = 32 767。

求解 multiplier：

multiplier = 32 767 / largest。乘数需要是一个浮点数（有小数部分），所以我们需要让 Python 相信，并非这里所有的数都是整数。事实证明这很容易，使用 32 767.0。只需加上“.0”即可。

- 现在循环遍历所有样本，就像我们对 increaseVolume 所做的那样，并将样本乘以乘数 multiplier。

下面是一个规格化声音的程序。

程序 97：将声音标准化为最大振幅

```
def normalize(sound):
    largest = 0
    for s in getSamples(sound):
        largest = max(largest,getSampleValue(s) )
    multiplier = 32767.0 / largest
    print "Largest sample value in original sound was",largest
    print "Multiplier is", multiplier

    for s in getSamples(sound):
        louder = multiplier * getSampleValue(s)
        setSampleValue(s,louder)
```

关于这个程序有几点需要注意。

- 那里有空白行！Python 并不关心它们。添加空行有利于分断较长程序，提高可理解性。
- 那里有 print 语句！print 语句非常有用。首先，它们会提供程序运行的一些反馈——在长时间运行的程序中是有用的。其次，它们展示了它的发现，这可能很有趣。再次，它是一种极好的测试和调试程序的方法。假设打印输出显示乘数小于 1.0。我们就知道这种乘数会减少音量。你可能应该怀疑哪里出了问题。
- 该程序的一些语句很长，因此它们在本书中有折行。将它们键入为一行！在语句结束之前，Python 不会允许你按回车键——应确保你的 print 语句都在一行上。

下面是程序运行的样子。

```
>>> s = makeSound("test.wav")
>>> explore(s)
>>> normalize(sound)
Largest sample value in original sound was 11702
Multiplier is 2.8001196376687747
>>> explore(s)
>>> play(sound)
```

令人兴奋，是吧？显然，有趣的是听到更大声的音量，这在书中很难展示。

产生削波

早些时候，我们谈到了削波，当声音的正常曲线被样本大小的限制打破时的效果。产生削波的一种方法是不断增加音量，另一种方法是明确地强制削波。

如果只有最大和最小的可能样本值，会怎样？如果所有正值都是最大值并且所有负值都是最小值，会怎样？试试下面的程序，特别是对于其中有单词的声音。

程序 98：将所有样本设置为最大值

```
def onlyMaximize(sound):
  for sample in getSamples(sound):
    value = getSampleValue(sample)
    if value >= 0:
      setSampleValue(sample,32767)
    if value < 0:
      setSampleValue(sample,-32768)
```

最终结果看起来很奇怪（图 7.20）。当你播放声音时，会听到一些可怕的声音。声音可怕部分是因为削波。听起来很可怕还有一个原因：现在每个小的背景噪声都已经变得尽可能大！真正令人惊奇的是，在该函数处理过的声音中，你仍然可以辨认出单词。这是为什么？注意，在原始声音和最大化的声音中，频率信息完全相同。我们从噪声中解读单词的能力主要基于频率信息，这种能力非常强大。

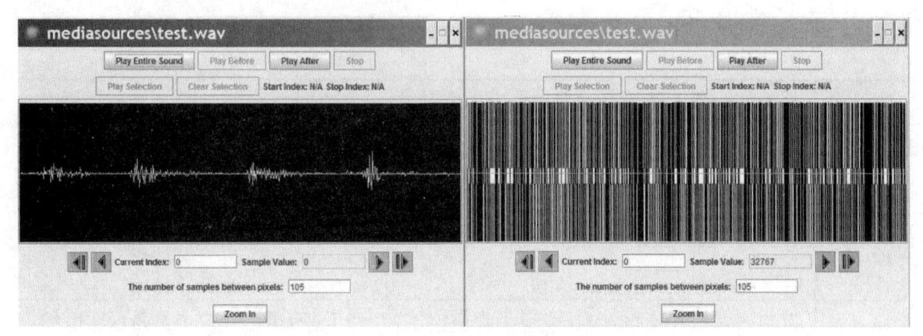

图 7.20　原始声音和只有最大值的声音

计算机科学思想：对于可辨认的语音，每个样本只需要 1 比特

在我们的最大化声音中，每个样本中有多少比特？我们知道计算机针对每个样本保存 16 比特值，但术语比特实际上指的是一定量的信息。最大化声音中的每个样本仅具有两种可能的状态或值。只有两个值的信息是 1 比特。因此，我们只使用 1 比特信息来记录最大化的声音——这是可辨认的语音。我们现在知道，如果采样率足够高，每个样本可以只用 1 比特来记录可辨认的语音。

编程小结

在本章中，我们讨论了几种数据（或对象）的编码。

声音	声音的编码，通常来自 WAV 文件
样本集	样本对象的集合，每个样本对象由数字索引（例如，样本#0，样本#1）。samples[0]是第一个样本对象。你可以像 for s in samples:一样操作样本集中的每个样本
样本	（大致）介于−32 000～32 000 的值，表示麦克风在录制声音时在给定瞬间产生的电压。该瞬间的长度通常为 1/44 100 秒（对于 CD 质量的声音）或 1/22 050 秒（对于大多数计算机上的足够好的声音）。样本对象会记住它来自哪个声音对象，因此如果你更改其值，它会知道回去更改声音对象中对应的样本

以下是本章使用或引入的函数。

int	返回输入值的整数部分
max	以任意数量的数字作为输入，并返回最大值

声音文件函数和片段

pickAFile	允许用户选择文件，并将完整的路径名作为字符串返回。没有输入
makeSound	以文件名作为输入，读取文件并从中创建声音对象。返回声音对象

声音对象函数和片段

play	播放作为输入的声音对象。没有返回值
getLength	以声音对象作为输入，返回声音对象中的样本数
getSamples	以声音对象作为输入，以一维数组的形式返回声音对象中的样本集
blockingPlay	播放作为输入的声音对象，并确保在同一时间没有其他声音播放（请尝试两次紧接着的 play 调用）
playAtRate	以声音对象和速率（1.0 表示正常速度，2.0 表示速度的 2 倍，0.5 表示速度的一半）作为输入，并以该速率播放该声音对象。持续时间总是相同的（例如，如果你播放的速度是原来的 2 倍，则声音播放 2 次以填满给定的时间）
playAtRateDur	以声音对象、速率和持续时间作为输入，这决定了要播放的样本数量
writeSoundTo	以声音对象和文件名（字符串）作为输入，将声音对象以 WAV 文件的形式写入文件（如果你希望操作系统正确处理，应确保文件名以“.wav”结尾）
getSamplingRate	以声音对象作为输入，返回一个数字，表示声音每秒的采样数
getLength	返回样本数目，表示声音的长度

面向样本的函数和片段

getSampleValueAt	以声音对象和索引（整数值）作为输入，返回该索引处样本的值（介于−32 000～32 000）
setSampleValueAt	以声音对象，索引和值（应介于−32 000～32 000）作为输入，将给定声音对象中给定索引处的样本设置为给定值
getSampleObjectAt	以声音对象和索引（整数值）作为输入，返回该索引处的样本对象
getSampleValue	以样本对象作为输入，返回其值（介于−32 000～32 000）。getValue 也一样
setSampleValue	以样本对象和值作为输入，将该样本设置为该值。setValue 也一样
getSound	以样本对象作为输入，返回它所属的声音对象

问题

7.1 定义以下术语。

1．削波；

2．规格化；

3．振幅；

4．频率；

5．疏部。

7.2　将数字-9 写成二进制补码。用二进制补码写出数字 4。将数字-27 写成二进制补码。

7.3　在 MediaTools 应用程序或类似的声音可视化工具中打开声波图（Sonogram）视图，说出一些元音字母。有独特的模式吗？“o”总是听起来一样吗？“a”呢？换人是否有区别：模式是否相同？

7.4　在 MediaTools 应用程序的声音编辑器中打开声波图（Sonogram）视图，用几种不同的乐器演奏相同的音符。所有“C”都一样吗？它们有相同的音调和泛音吗？利用 MediaTools 的可视化，你能看到声音之间的差异吗？

7.5　利用 MediaTools 应用程序中声音编辑器的钢琴键盘，尝试以各种 WAV 文件作为乐器。什么类型的录音最适合作为乐器？

7.6　增加音量的菜谱（程序 93）以声音作为输入。编写一个函数 increase VolumeNamed，它以一个文件名作为输入，然后播放更响亮的声音。

7.7　编写一个函数，增加所有正值的音量，并减小所有负值的音量。你还能理解声音中的任何单词吗？

7.8　编写一个函数，将声音的所有负值设置为 0。你还能理解声音中的任何单词吗？

7.9　编写一个函数，查找声音中的最小值，并将其打印出来。

7.10　编写一个函数，计算样本值为 0 的次数，并打印出总数。

7.11　编写一个函数，将大于 0 的值设置为声音中的最大正值（32 767），但保留所有负值不变。你还能理解声音中的任何单词吗？

7.12　有时人们认为，增加音量的方法是为每个样本增加一个值（如 1 000）。编写函数 fauxIncreaseVolume(sound, increment)，对于输入声音对象中的每个样本，增加输入值 increment。用你的函数尝试增加 1 000。你能听出声音的不同吗？为什么？

7.13　取一个声音对象。对它运行 increaseVolume，然后对同一声音对象运行 onlyMaximize。取声音对象的原始副本。现在，对新副本运行 fauxIncreaseVolume，然后对 fauxIncreaseVolume 的输出运行 onlyMaximize。声音听起来会不同。如果声音中有单词，那么在运行 fauxIncreaseVolume 后，单词会更加清晰。这是为什么？

7.14　重写增加音量（程序 93），使得它接受两个输入：要增加音量的声音对象，以及用于存储更响亮的新声音的文件名。然后增加音量，并将声音对象写入该名称的文件。你也可以尝试重写它，使得它接受输入文件名而不是声音对象，即输入是两个文件名。

7.15　重写增加音量（程序 93），使得它接受两个输入：要增加音量的声音对象，以及一个乘数 multiplier。利用 multiplier 作为增加声音样本振幅的乘数。我们可以用同一个函数来增加和减少音量吗？展示各自要执行的命令。

7.16　在第 7.3.2 节中，我们了解了程序 93 的工作原理。绘图展示程序 94 如何以相同方式工作。

7.17　如果增加音量太大会怎样？通过创建声音对象，然后一次又一次地再次增加音量来探索这一点。声音总是越来越大吗？还是会发生其他事情？你能解释一下原因吗？

7.18　尝试在声音中添加一些特定值。如果你将声音中间的几千个样本的值设置为 32 767 会发生什么？或将几千个样本设置为-32 768？或将几千个样本设置为 0？在每种情况下，声音会发生什么变化？

深入学习

Mark 为 TEDx Georgia Tech 做过一个讲座，其中包括本章的一些材料，特别是分析声音。

有许多关于心理声学和计算机音乐的精彩书籍。Mark 喜欢的最易懂的是 Dodge 和 Jerse 的 *Computer Music: Synthesis, Composition, and Performance* [10]。计算机音乐的圣经是 Curtis Roads 的巨著 *The Computer Music Tutorial* [11]。

当你使用 MediaTools 应用程序时，实际上正在使用一种名为 Squeak 的编程语言，该语言最初由 Alan Kay、Dan Ingalls、Ted Kaehler、John Maloney 和 Scott Wallace [13]开发。Squeak 是开源的，是一款出色的跨平台多媒体工具。有一本书介绍了 Squeak，包括它的声音处理能力[32]，另一本关于 Squeak 的书[30]有一章是关于 Siren 的，这是 Squeak 的一个变种，由 Stephen Pope 专门为计算机音乐浏览和作曲而设计。

第 8 章　修改范围中的样本

本章学习目标

本章的媒体学习目标是：

- 将声音拼接在一起，进行声音合成
- 反转声音
- 镜像声音

本章的计算机科学目标是：

- 迭代范围中的数组索引变量
- 在程序中使用注释并理解原因
- 识别跨不同媒体的一些算法
- 更仔细地描述和使用作用域

8.1　对声音的不同部分进行不同操作

在第 7 章中，我们描述了对声音整体做的一些有用的事情，但真正有趣的效果来自切断声音，并对每个部分进行不同的操作：对一些单词这样操作，对其他声音那样操作。怎么做到这一点？我们需要能够循环遍历部分样本，而不是遍历全部样本。事实证明这是一件容易的事情，但我们需要以不同的方式操作样本（即我们必须使用索引号），并且必须以稍微不同的方式来使用 for 循环。

回想一下，每个样本都有一个相关的数字（索引），我们可以将它看成一个地址，描述该样本在整个声音中的位置。可以用 getSampleValueAt 获取每个单独的样本（声音对象和索引号作为输入）。可以用 setSampleValueAt 设置任意一个样本（输入声音对象、索引号和新值）。这就是不用 getSamples 和全部样本集也能操作样本的方法。但我们仍然不希望编写如下代码：

```
setSampleValueAt(sound,1,12)
setSampleValueAt(sound,2,28) ...
```

不希望针对成千上万的样本这样写！

利用 range，我们可以用 getSamples 完成所有操作，但现在直接引用索引号。下面是使用 range 重写的程序 93。

程序 99：使用 range 增加输入声音的音量

```
def increaseVolumeByRange(sound):
  for sampleIndex in range(0,getLength(sound)):
```

```
      value = getSampleValueAt(sound,sampleIndex)
      setSampleValueAt(sound,sampleIndex,value * 2)
```

尝试一下，你会发现它的表现就像以前的程序一样。

但现在可以对声音做一些非常有趣的事情，因为我们可以控制要针对哪些样本。下一个程序会增加前半部分的声音，然后减小后半部分的声音。看看你是否能追踪它，明白它的工作原理。

程序 100：增加音量，然后减小音量

```
def increaseAndDecrease(sound):
  for sampleIndex in range(0,getLength(sound)/2):
    value = getSampleValueAt(sound,sampleIndex)
    setSampleValueAt(sound,sampleIndex,value * 2)
  for sampleIndex in range(getLength(sound)/2,getLength(sound)):
    value = getSampleValueAt(sound,sampleIndex)
    setSampleValueAt(sound,sampleIndex,value * 0.2)
```

工作原理

increaseAndDecrease 中有两个循环，每个循环处理一半的声音。

- 第一个循环处理从 0 到声音长度一半的样本。这些样本都乘以 2，使其幅度加倍。
- 第二个循环从声音长度一半到结束。在这里，我们将每个样本都乘以 0.2，从而将音量减少 80%。

复习索引数组表示法

我们已经遇到过用方括号表示法来索引序列。许多语言使用方括号（[]）作为访问数组元素的标准表示法。本节将复习这种表示法，因为有时它会让处理声音的代码变得更容易。

对于任何序列，sequence[index]返回数组中第 index 个元素。方括号内的数字总是一个索引变量，但它有时被称为下标，因为这是数学家引用 a 的第 i 个元素的方式，例如 a_i。

下面展示一些例子。

```
>>> sound = makeSound("a.wav")
>>> samples = getSamples(sound)
>>> print samples[0]
Sample at 0 with value -90
>>> print samples[1]
Sample at 1 with value -113
>>> print getLength(sound)
9508
>>> samples[9507]
Sample at 9507 with value -147
>>> samples[9508]
The error was: 9508
Sequence index out of range.
The index you're using goes beyond the size of that data
    (too low or high). For instance, maybe you tried to
    access OurArray[10] and OurArray only has 5 elements
    in it.
```

数组中的第一个元素是索引 0，数组中的最后一个元素是数组的长度减 1。注意当我们引用超出数组末尾的索引时会发生什么。我们会得到一个错误，指出“Sequence index out of range（序列索引超出范围）”。

让我们用 range 来创建一个数组[1]，然后以相同的方式引用它。

```
>>> myArray = range(0,100)
>>> print myArray[0]
0
>>> print myArray[1]
1
>>> print myArray[99]
99
>>> mySecondArray = range(0,100,2)
>>> print mySecondArray[35]
70
```

代码 range(0,100)创建了一个数组，包含 100 个元素。第一个元素位于索引 0，最后一个元素位于索引 99。该数组保存了 0～99 的所有值。记住，当你使用 range(begin,end)指定范围时，begin 编号在返回的数组中，但 end 编号不在。

如果我们用低于数组始端的索引号（即负数），Python 会将索引计算为距离数组末端的偏移量。注意，下面对 myArray[-1]的引用与上面的 myArray[99]相同。数组末端以上的任何引用，都会产生我们之前看到的相同错误。

```
>>> myArray[-1]
99
>>> myArray[100]
The error was: 100
Sequence index out of range.
The index you' re using goes beyond the size of that data
    (too low or high). For instance, maybe you tried to
    access OurArray[10] and OurArray only has 5 elements
    in it.
>>> myArray[101]
The error was: 101
Sequence index out of range.
The index you' re using goes beyond the size of that data
    (too low or high). For instance, maybe you tried to
    access OurArray[10] and OurArray only has 5 elements
    in it.
```

我们可以用数组表示法重写函数 increaseAndDecrease。increaseAndDecrease2 这个版本做的事完全相同。注意，我们使用了 getSampleValue 和 setSampleValue，而不是 getSampleValueAt 和 setSampleValueAt。作为替代，我们用方括号索引来指定想要的样本。这样做有一个优点，那就是我们可以继续像第 7 章一样，使用 getSampleValue / setSampleValue。

这种表示法让你的函数更容易阅读还是更难阅读呢？

程序 101：增加音量，然后减少音量，使用索引表示法

```
def increaseAndDecrease2(sound):
  samples = getSamples(sound)
  for index in range(len(samples)/2):
    value = getSampleValue(samples[index])
```

---

① 技术上，一个序列可以像数组一样索引，但不具备数组的所有特征。对于我们的目的来说，序列的工作方式与数组几乎相同。

```
      setSampleValue(samples[index],value * 2)
    for index in range(len(samples)/2,len(samples)):
      value = getSampleValue(samples[index])
      setSampleValue(samples[index],value * 0.2)
```

8.2 拼接声音

拼接声音这个术语可以追溯到声音录制在磁带上的时代——在磁带上玩弄声音的顺序，包括将磁带切割成段，然后以合适的顺序将它黏合在一起。这就是“拼接”。当一切都数字化后，就容易多了。

要拼接声音，我们只需复制数组中的元素。使用两个（或多个）数组，而不是在同一个数组中复制，这样最简单。如果你将代表某人说出单词“the”的所有样本复制到声音的开头（从索引编号 0 开始），那么你就让声音以单词“the”开始。通过拼接，可以创建各种声音 、演讲、废话和艺术。

最简单的拼接方式是声音在几个单独的文件中。你需要做的就是将每个声音对象按顺序复制到目标声音对象中。下面是一个程序，它创建了以“Guzdial is …”开头的句子。（欢迎读者完成这句话。）

程序 102：将单词合并为单个句子

```
def merge():
  guzdialSound = makeSound("guzdial.wav")
  isSound = makeSound("is.wav")
  target = makeEmptySoundBySeconds(5)
  index = 0
  # Copy in "Guzdial"
  for source in range(0,getLength(guzdialSound)):
    value = getSampleValueAt(guzdialSound,source)
    setSampleValueAt(target,index,value)
    index = index + 1
  # Copy in 0.1 second pause (silence) (0)
  for source in range(0,int(0.1*getSamplingRate(target))):
    setSampleValueAt(target,index,0)
    index = index + 1
  # Copy in "is"
  for source in range(0,getLength(isSound)):
    value = getSampleValueAt(isSound,source)
    setSampleValueAt(target,index,value)
    index = index + 1
  play(target)
  return target
```

工作原理

函数 merge 中有 3 个循环，每个循环将一个片段复制到目标声音对象中——一个片段要么是一个单词，要么是单词之间的静音。

- 该函数首先为单词“Guzdial”（guzdialSound）和单词“is”（isSound）创建声音对象。

- 我们用 makeEmptySoundBySeconds 来创建名为 target 的目标声音对象。有一个对应的函数名为 makeEmptySound 的，它以一些样本作为输入。第二个函数允许我们对长度进行更精细的控制。我们可以使用 makeEmptySound(lengthInSamples)生成一个特定长度的静音，而不是在这个函数中用 5 秒静音作为目标对象。我们可以创建一个足够长的声音，以容纳我们想要复制到它中的声音（单词之间有 0.1 秒的静音）：

```
guzLen = getLength(guzdialSound)
silenceLen = int(0.1 * 22050)
isLen = getLength(isSound)
target = makeEmptySound(guzLen + silenceLen + isLen)
```

新声音的默认采样率为每秒 22 050 个样本。因此，如果我们希望在单词之间保持 0.1 秒的静音，则样本集的长度为 $0.1 \times 22\,050$。我们必须用 int（0.1 * 22050）将它转换回整数。我们还可以用 makeEmptySound(length, samplingRate)创建一个新的静音。

- 注意，我们在第一个循环之前将 index（针对目标对象）设置为等于 0。然后我们在每个循环中递增它，但我们再也不会将它设置为特定值。那是因为 index 总是目标声音对象中下一个空样本的索引。因为每个循环都接着前一个循环，所以我们就不断地将样本添加到目标对象的末尾。
- 在第一个循环中，我们将每个样本从 guzdialSound 复制到 target。我们让索引 source 从 0 增加到 guzdialSound 的长度。我们从 guzdialSound 获取 source 处的样本值，然后将 target 声音对象中 index 处的样本值设置为从 guzdialSound 获得的值。然后我们增加 index，让它指向下一个空样本索引。
- 在第二个循环中，我们创建了 0.1 秒的静音。由于 getSamplingRate (target)给出了 target 中 1 秒内的样本数，乘以 0.1 就得到了 0.1 秒内的样本数。这里没有取得任何源值——我们只需将索引样本设置为 0（静音），然后递增 index。
- 最后，我们复制了来自 isSound 的所有样本，就像在 guzdialSound 中复制的第一个循环一样。
- 我们用 return target 返回目标声音对象，因为我们在该函数中创建了该声音对象。目标声音对象未作为函数的输入参数传入。如果不返回在 merge 中创建的该声音对象，它将随着 merge 函数上下文（作用域）的结束而消失。返回它，就允许其他函数使用得到的声音对象。

我们可以比较函数 merge 与下面使用索引表示法的函数 merge2。

程序 103：使用索引表示法合并单词

```
def merge2():
  guzdialSound = makeSound("guzdial.wav")
  isSound = makeSound("is.wav")
  target = makeEmptySoundBySeconds(5)
  index = 0
  src1 = getSamples(guzdialSound)
  src2 = getSamples(isSound)
  trg = getSamples(target)
  # Copy in "Guzdial"
  for index1 in range(len(src1)):
    value = getSampleValue(src1[index1])
```

```
    setSampleValue(trg[index],value)
    index = index + 1
  # Copy in 0.1 second pause (silence) (0)
  for index0 in range(0,int(0.1*getSamplingRate(target))):
    setSampleValue(trg[index],0)
    index = index + 1
  # Copy in "is"
  for index2 in range(len(src2)):
    value = getSampleValue(src2[index2])
    setSampleValue(trg[index],value)
    index = index + 1
  play(target)
  return target
```

有一种更常见的拼接，即单词位于已有声音对象的中间，而你需要将它们从那里取出。这种拼接要做的第一件事，就是找出分隔你感兴趣的部分的索引号。利用 JES 声音工具，这很容易做到。

- 在 JES 声音工具中打开 WAV 文件。你可以通过创建声音对象并浏览它来完成这个操作。
- 滚动和移动光标（通过在图中拖动光标），直到你认为光标位于感兴趣的声音之前或之后。
- 利用声音工具中的按钮，通过播放光标前后的声音来检查你的定位。

利用这个过程，马克找到了 preamble10.wav 中前几个单词的结束点（图 8.1）。他认为第一个单词从索引 0 开始。

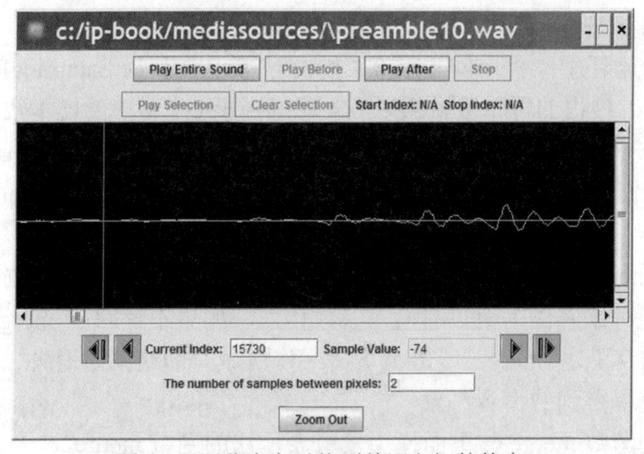

图 8.1 浏览声音以找到单词之间的静音

单词	结束索引
We	15 730
the	17 407
People	26 726
of	32 131
the	33 413
United	40 052
States	55 510

写一个循环，将一个数组中的内容复制到另一个数组中，这需要一点技巧。你需要考虑跟踪两个索引：在复制源数组中的位置，以及在复制目标数组中的位置。这是两个不同的变量，跟踪两个不同的索引。但它们都以同样的方式增加。

我们做这件事的方式（一个子菜谱或子程序），是用一个索引变量指向目标数组中的正确条目（我们的复制目标），用一个 for 循环，让第二个索引变量在源数组的正确条目上移动（我们的复制源），并且每次复制时移动目标索引变量（非常重要!）。这是让两个索引变量保持同步的机制。

我们将目标索引加 1，从而让它移动。很简单，我们告诉 Python 执行 targetIndex = targetIndex + 1。记住，这会将 targetIndex 的值更改为当前的值加 1，从而移动（增加）目标索引。如果将它放在正在改变源索引的循环体中，我们将使它们同步移动。

该子程序的一般形式是：

```
targetIndex = Where-the-incoming-sound-should-start
for sourceIndex in range(startingPoint,endingPoint)
  setSampleValueAt(target, targetIndex,
    getSampleValueAt(source, sourceIndex))
  targetIndex = targetIndex + 1
```

以下程序改变了联邦宪法序言，从“We the people of the United States”变成“We the united people of the United States”。

程序 104：拼接序言，使之包含 united people

在计算机上尝试这个程序之前，务必更改文件变量。

```
# Splicing
# Using the preamble sound,
# make "We the united people"
def splicePreamble():
    file="preamblelo.wav"
    source = makeSound(file)
    source = makeSound(file)
    # This will be the newly spliced sound
    target = makeSound(file)
    # targetIndex starts at just after
    # "We the" in the new sound
    targetIndex=17408
    # Where the word "United" is in the sound
    for sourceIndex in range(33414, 40052):
        value = getSampleValueAt(source, sourceIndex)
        setSampleValueAt(target, targetIndex, value)
        targetIndex = targetIndex + 1

    # Where the word "People" is in the sound
    for sourceIndex in range(17408, 26726):
        value = getSampleValueAt(source, sourceIndex)
        setSampleValueAt(target, targetIndex, value)
        targetIndex = targetIndex + 1

    #Stick some quiet space after that
    for index in range(0,1000):
        setSampleValueAt(target, targetIndex,0)
        targetIndex = targetIndex + 1

    #Let's hear and return the result
```

```
    play(target)
    return target
```

我们如下使用这个函数：

```
>>> newSound=splicePreamble()
```

工作原理

这个程序有很多事情要做。让我们慢慢地过一遍。

注意，其中有许多行带有“#”。井号字符表示该行该字符后面的内容是程序员的注解，应该被 Python 忽略。#号字符后面的内容称为注释。

让它工作提示：注释很好

注释是向别人和自己解释你正在做什么的好方法！现实情况是，很难记住程序的所有细节，因此，如果你再次使用该程序，或者其他人正试图理解它，那么留下关于你所做事情的记录通常非常有用。

函数 splicePreamble 不带参数。当然，编写一个函数，可以进行我们想要的任意拼接，这会很棒，就像我们让增加音量和规格化变得通用一样。但是你要怎么做？如何让所有起点和终点变得通用？至少开始时，创建处理特定拼接任务的单个程序会更容易。

我们在这里看到 3 个复制循环，就像我们之前设置的一样。实际上，只有两个循环。第一个将“united”一词复制到位。第二个将“people”一词复制到位。但是等等，你可能会想，“people”这个词已经在声音中了！是这样的，但当我们复制“united”时，会覆盖“people”的一部分，所以我们再次复制它。

在程序的最后，我们返回 target 声音对象。target 声音对象是在函数中创建的，不是传入函数的。如果不返回它，就没有办法再次引用。返回它，就可以为它命名，在函数停止执行后播放它（甚至进一步操作它）。

下面是更简单的形式。试试吧，听听结果：

```
def spliceSimpler():
  source = makeSound("preamble10.wav")
  # This will be the newly spliced sound
  target = makeSound("preamble10.wav")
  # targetIndex starts at just after "We the" in the new sound
  targetIndex=17408
  # Where the word "United" is in the sound
  for sourceIndex in range(33414, 40052):
    value = getSampleValueAt(source, sourceIndex)
    setSampleValueAt(target, targetIndex, value)
    targetIndex = targetIndex + 1
  #Let’s hear and return the result
  play(target)
  return target
```

让我们看看，是否能够弄清楚数学上发生了什么。回顾一下 8.2 节中的单词表格。我们将开始在样本索引 17 408 处插入样本。“united”一词有（40 052 − 33 414）6 638 个样本。（给读者的练习：这有几秒钟？）这意味着我们将写入目标对象，从样本索引 17 408～24 046（即 17 408 + 6 638）。从表中我们知道，“people”这个词在索引 26 726 处结束。如果单词

"people"超过（26 726 - 24 046）2 680 个样本，那么它将比 24 046 更早开始，而我们插入的"united"将会侵占它的一部分。既然单词"united"已超过 6 000 个样本，我们不相信"people"这个词会小于 2 000 个样本。这就是为什么声音会被挤占。为什么它不会挤占"of"的位置？朗读者肯定在那里停顿了。如果你再次查看表格，会看到单词"of"在样本索引 32 131 处结束，而它之前的单词结束于 26 726。单词"of"包含的样本少于 5 405（即 32 131 - 26 726）个，这就是原始程序能工作的原因。

原始程序 104 中的第三个循环看起来像是同一种类型的复制循环，但它实际上只是放入几个 0。值为 0 的样本表示静音。加入一些会产生一个听起来更好的停顿。（有一个练习建议你将它们去掉，试试你听到了什么。）

图 8.2 在左边的声音编辑器中展示了原始的 preamble10.wav 文件，右边是新拼接的文件（用 writeSoundTo 保存）。划线之间是拼接的部分，其余声音相同。

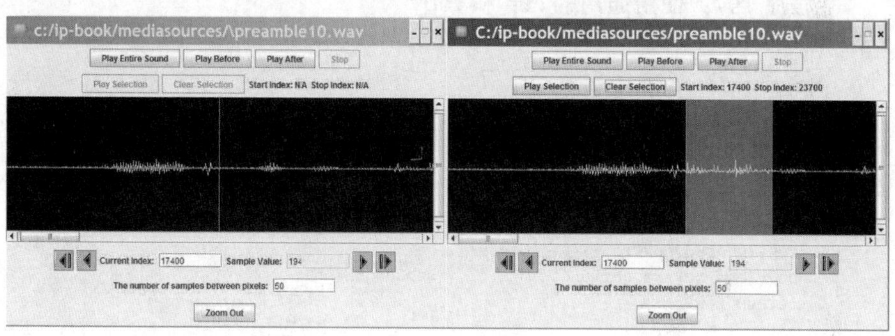

图 8.2 将原始声音（左）与拼接声音（右）进行比较

8.3 通用剪辑和复制

之前的函数有点复杂。怎么让它们更容易？如果有一个通用的剪辑方法，以一个声音对象、一个开始索引和一个结束索引作为输入，返回一个新的声音片段，只包含原始声音对象的一部分，那就好了。这样很容易创建一个只包含"united"的剪辑。

程序 105：创建声音剪辑

```
def clip(source,start,end):
  target = makeEmptySound(end - start)
  targetIndex = 0
  for sourceIndex in range(start,end):
    sourceValue = getSampleValueAt(source,sourceIndex)

    setSampleValueAt(target,targetIndex,sourceValue)
    targetIndex = targetIndex + 1
  return target
```

现在我们可以通过执行以下操作，来创建仅包含"united"一词的声音剪辑：

```
>>> preamble = makeSound(getMediaPath("preamble10.wav"))
>>> explore(preamble)
>>> united = clip(preamble,33414,40052)
>>> explore(united)
```

如果有一个通用复制方法，以源声音对象、目标声音对象和一个起始位置作为输入，并将所有源对象复制到目标对象的起始位置，也是很好的。

程序 106：通用复制

```
def copy(source,target,start):
   targetIndex = start
   for sourceIndex in range(0,getLength(source)):
   sourceValue = getSampleValueAt(source,sourceIndex)
   setSampleValueAt(target,targetIndex,sourceValue)
   targetIndex = targetIndex + 1
```

现在我们可以用新函数，再次将“united”插入序言中。

程序 107：使用通用的 clip 和 copy

```
def createNewPreamble():
  preamble = makeSound("preamble10.wav")
  united = clip(preamble,33414,40052)
  start = clip(preamble,0,17407)
  end = clip(preamble,17408,55510)
  len = getLength(start) + getLength(united) + getLength(end)
  newPre = makeEmptySound(len)
  copy(start,newPre,0)
  copy(united,newPre,17407)
  copy(end,newPre,getLength(start) + getLength(united))
  return newPre
```

注意此函数如何调用新的通用 clip 和 copy。你可以将所有这 3 个函数放在同一个文件中。如果有一个文件包含通用声音函数，可以让其他函数使用，而不必将所有函数都放在同一个文件中，那就太好了。

可以通过从其他文件“导入”函数来做到这一点。你需要添加一行 from media import *，作为包含通用声音函数的文件的第一行，以便使用 JES 提供的多媒体函数，如 getMediaPath 或 getRed。JES 会自动为你导入媒体函数，但现在我们不会通过 JES 加载这个通用文件，因此我们必须显式导入这些媒体函数。我们称这个通用声音函数文件为 mySound.py，这样它就不会与 JES 中使用名称 Sound 的其他内容冲突。

```
from media import *

def clip(source,start,end):
  target = makeEmptySound(end - start)
  targetIndex = 0
  for sourceIndex in range(start,end):
    sourceValue = getSampleValueAt(source,sourceIndex)
    setSampleValueAt(target,targetIndex,sourceValue)
    targetIndex = targetIndex + 1
  return target

def copy(source,target,start):
  targetIndex = start
  for sourceIndex in range(0,getLength(source)):
    sourceValue = getSampleValueAt(source,sourceIndex)
    setSampleValueAt(target,targetIndex,sourceValue)
    targetIndex = targetIndex + 1
```

要使用新的通用声音函数，必须先使用 addLibPath(path)。这个函数告诉 Python 在哪里查找要导入的文件。该路径是一个完整路径名，指向包含通用函数的文件的目录。

```
>>> addLibPath("c:/ip-book/programs/")
```

要在另一个文件中使用通用声音函数 copy 和 clip，我们添加一行 from mySound import *，作为该文件的第一行。from mySound import *就像将通用函数复制到 createNewPreamble 所在的同一个文件中，但它实际上比复制函数更好。如果我们将通用函数复制到大量文件中，当需要更改通用函数时，必须在复制它们的每个地方更改。但是，如果我们导入通用函数，然后更改通用函数文件，则改进的函数就在所有使用的地方生效。

```
from mySound import *

def createNewPreamble():
 preamble = makeSound("preamble10.wav")
 united = clip(preamble,33414,40052)
 start = clip(preamble,0,17407)
 end = clip(preamble,17408,55510)
 len = getLength(start) + getLength(united) + getLength(end)
 newPre = makeEmptySound(len)
 copy(start,newPre,0)
 copy(united,newPre,17407)
 copy(end,newPre,getLength(start) + getLength(united))
 return newPre
```

通用函数也是一种抽象形式，就像我们用于图片的通用 copy 函数一样。通过创建一个通用函数文件用于导入，我们允许其他人（也包括我们自己，别忘了）使用该抽象，而不必了解这些函数如何实现的细节。这就像我们使用 getRed 和 getMediaPath，而不知道它们如何工作的细节一样。

让它工作提示：通用函数目录

如果将包含通用函数的所有文件放在同一目录中，就可以用一次 setLibPath，让你能用 import 访问所有通用函数文件。你可以为声音、图片、电影等提供通用函数文件。

8.4 反转声音

在拼接示例中，我们复制了单词中的样本，就像它们在原始声音中一样。我们不必总是按照相同的顺序。我们可以反转这些词语，或者使它们更快、更慢、更响亮或更柔和。举个例子，下面是一个反转声音的程序（图 8.3）。

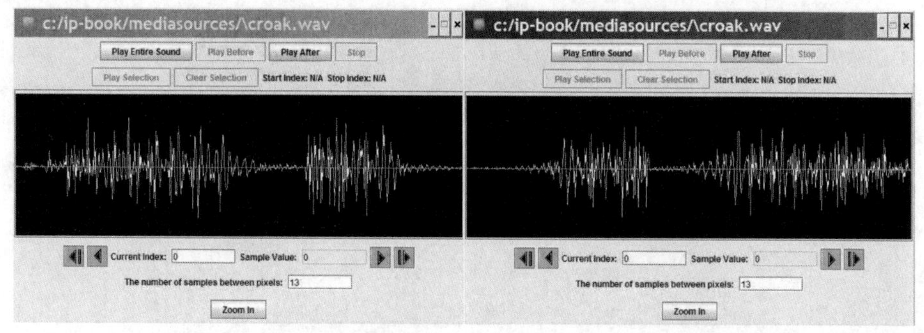

图 8.3 比较原始声音（左）和反转声音（右）

程序 108：反向播放给定声音（反转它）

```
def reverse(source):
  target = makeEmptySound(getLength(source))
  sourceIndex = getLength(source)-1
  for targetIndex in range(0,getLength(target)):
    sourceValue = getSampleValueAt(source,sourceIndex)
    setSampleValueAt(target,targetIndex,sourceValue)
    sourceIndex = sourceIndex - 1
  return target
```

你可以通过在命令区中键入以下内容来尝试它：

```
>>> croak = makeSound(getMediaPath("croak.wav"))
>>> explore(croak)
>>> revCroak = reverse(croak)
>>> explore(revCroak)
```

工作原理

该程序使用了数组元素复制子程序的另一种变体，我们曾经看到过。

- 它首先创建 target 声音对象，是与 source 声音对象长度相同的空声音对象。
- 它让 sourceIndex 从数组末尾（长度减 1）开始，而不是从数组开头开始。
- targetIndex 从 0 移动到长度减 1，在此期间，该程序：
  - 在 sourceIndex 中获取源声音对象中的样本值；
  - 将该值复制到目标对象的 targetIndex 处；
  - 将 sourceIndex 减 1，这意味着 sourceIndex 从数组的末尾向开头移动。

8.5 镜像

一旦我们知道如何向前和向后播放声音，则镜像声音与镜像图像的过程完全相同（图 8.4）。将它与程序 66 进行比较。你是否同意这是相同的算法，即使我们正在处理不同的媒体？

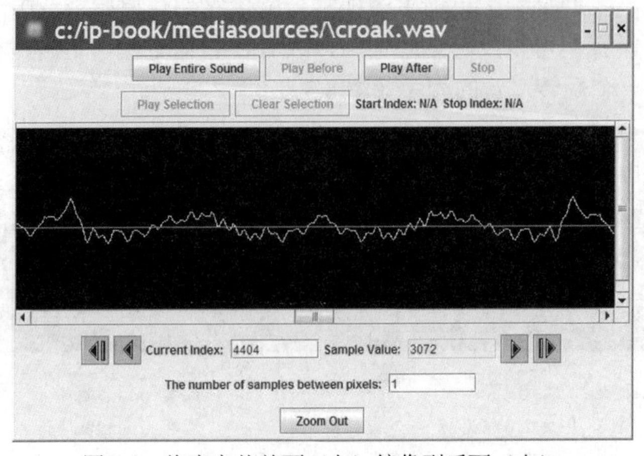

图 8.4 将声音从前面（左）镜像到后面（右）

程序 109：将声音从前面镜像到后面

```
def mirrorSound(sound):
  len = getLength(sound)
  mirrorpoint=len/2
  for index in range(0,mirrorpoint):
    left = getSampleObjectAt(sound,index)
    right = getSampleObjectAt(sound,len-index-1)
    value = getSampleValue(left)
    setSampleValue(right,value)
```

8.6 关于函数和作用域

函数参数和作用域可能会令人困惑。相同的名称可以具有不同的含义（即不同的值），这取决于该名称是在函数内部还是在函数外部创建的。想象一下，你在 JES 中使用了下面函数集（图 8.5）：

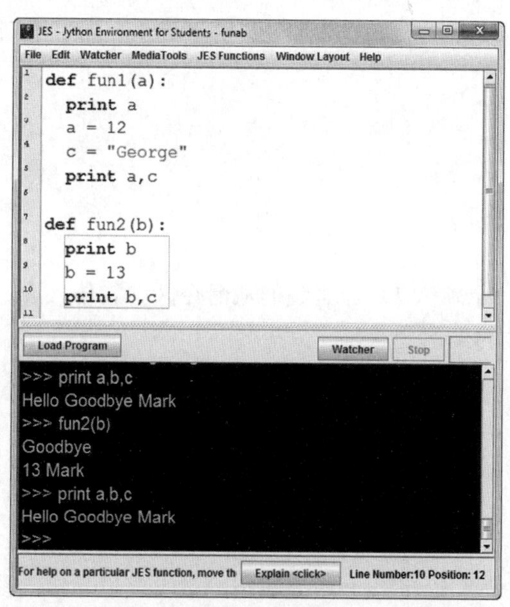

图 8.5 两个示例函数，用于探索参数和作用域

```
def fun1(a):
  print a
  a= 12
  c = "George"
  print a,c

def fun2(b):
  print b
  b= 13
  print b,c
```

现在，在命令区中，我们定义 3 个变量 a、b 和 c。

```
>>> a = "Hello"
```

```
>>> b = "Goodbye"
>>> c = "Mark"
>>> print a,b,c
Hello Goodbye Mark
```

我们用 *b* 作为输入来调用 fun1。

```
>>> fun1(b)
Goodbye
12 George
>>> print a,b,c
Hello Goodbye Mark
```

当我们调用函数 fun1 时，命令区中 *b* 的值现在的名称变为 *a*。fun1 内部的名称 *a* 将取得 *b* 值的副本，即“Goodbye”。fun1 中的参数变量 *a* 与命令区中的变量 *a* 无关。命令区有自己的“作用域”。

当我们更改 fun1 内部的 *a* 时，我们只更改了参数，这是一个局部变量。因此，fun1 将打印出“Goodbye”。然后我们为变量 *c* 赋值，它是函数 fun1 的局部变量。局部变量仅存在于函数的作用域内。为 *c* 赋值不会更改命令区中的变量。在 fun1 中，我们打印出 *a* 和 *c*，看到“12 George”。但是回到命令区，当我们打印 *a*、*b* 和 *c* 时，我们再次看到“Hello Goodbye Mark”。

如果我们用与参数同名的 *a* 来调用 fun1，会发生什么？几乎完全相同，只是我们打印出“Hello”，而不是“Goodbye”。fun1 内部的变量 *a* 是一个完全不同的变量，而不是命令区中具有相同名称的变量。

```
>>> print a,b,c
Hello Goodbye Mark
>>> fun1(a)
Hello 12George
>>> print a,b,c
Hello Goodbye Mark
```

fun2 如何？它接受一个输入 *b*。如果我们从命令区向它传入 *b*，我们仍然无法改变命令区中的 *b*。该参数是函数的局部变量。

```
>>> print a,b,c
Hello Goodbye Mark
>>> fun2(b)
Goodbye
13 Mark
>>> print a,b,c
Hello Goodbye Mark
```

注意，fun2 引用了变量 *c*。它没有对 *c* 赋值，也没有以 *c* 作为参数。当我们打印 *b* 和 *c* 时会发生什么？变量 *c* 将是命令区中的变量，因为 fun2 中没有局部副本。我们从命令区打印参数 *b* 和变量 *c*，因此打印出“13 Mark”。我们说 fun2 的作用域在命令区的作用域内。如果我们没有定义具有相同名称的局部变量，就可以访问外部作用域的变量。在所有函数中，我们可以将命令区的作用域视为全局的。如果在函数内定义了一个具有相同名称的局部变量，则局部变量会覆盖全局变量，实际上是阻止了全局变量的访问。

你应该从中领悟以下 3 点。

- 调用函数时，输入值将复制到参数变量中[①]。更改参数变量不会更改输入变量，也不会更改其他作用域中的变量。

---

① 如果输入值是对象，则参数变量将成为一个别名，即该对象的另一个名称。

- 所有局部变量（包括参数变量）在函数末尾消失。更改局部变量不会更改其他作用域中的变量。
- 我们可以引用函数外部作用域的变量，但前提是没有名称相同的局部变量。

编程小结

在本章中，我们讨论了几种数据（或对象）的编码。

声音	声音的编码，通常来自 WAV 文件
样本集	样本对象的集合，每个样本对象由数字来索引（例如，样本#0、样本#1）。samples[0]是第一个样本对象。你可以像 for s in samples：一样操作样本集中的每个样本
样本	（大致）介于−32 000～32 000 的值，表示麦克风在录制声音时在给定瞬间产生的电压。该瞬间的长度通常为 1/44 100 秒（对于 CD 质量的声音）或 1/22 050 秒（对于大多数计算机上的足够好的声音）。样本对象会记住它来自哪个声音对象，因此如果你更改它的值，它会知道回去更改声音对象中对应的样本

以下是本章使用或引入的函数。

range	以两个数字作为输入，返回一个整数数组，从第一个数字开始，到第二个数字之前停止
range	也可以接受 3 个数字作为输入，返回一个整数数组，从第一个数字开始，到第二个数字之前停止，每次递增第三个数字
addLibPath	告诉 JES 在指定的目录中查找可能导入的库

问题

8.1 重写程序 100，使得该函数接受声音对象和一个百分比两个输入值，表明声音经过多少之后从增加音量变成减小音量。

8.2 重写程序 100，使你对声音的第一秒进行规格化，然后在接下来的每秒内，以 1/5 的步长缓慢减小声音。（1 秒内有多少个样本？getSamplingRate 是给定声音对象中每秒的样本数。）

8.3 尝试重写程序 100，使音量在前一半声音中线性增加，在后一半中线性减小到 0。

8.4 如果在拼接示例（程序 104）中去掉添加到目标声音对象中的静音比特，会发生什么？试试吧？你能听出有什么不同吗？

8.5 编写程序 104 的新版本，将“We the”复制到一个新的声音对象，然后复制“united”，最后复制“people”。确保在单词之间添加值为 0 的 2 250 个样本。返回新声音对象。

8.6 编写程序 104 的新版本，使用索引数组表示法（带方括号）。

8.7 程序 108 这样的通用函数，是索引数组表示法非常有用的情形。使用索引数组表示法编写 reverse、copy 和 clip。

8.8 我们认为，如果要在拼接中说“We the united people”（程序 104），那么“united”应该得到真正的强调，即真的很响亮。更改程序，使“united”一词在短语“united people”中最响亮（规格化）。

8.9　尝试使用秒表为本章中的程序执行计时。从对命令按下回车键到出现下一个提示的时间，执行时间和声音长度之间的关系是什么？它是一种线性关系（即较长的声音需要更长的时间来处理，而较短的声音需要较少的时间来处理）还是别的关系？比较各个程序。对声音进行规格化比将振幅增加（或减少）恒定的数量要长吗？长多久？声音的长短是否重要？

8.10　制作音频拼贴组合。使其至少持续 5 秒，并包括至少两种不同的声音（即它们来自不同的文件）。复制其中一种不同的声音，并使用本章中介绍的任何一种技术进行修改（即镜像、拼接、音量操作）。将原始的两个声音和修改后的声音拼接在一起，以制作完整的拼贴组合。

8.11　将来自其他一些声音对象的单词组合成语法正确的新声音对象，从而构成一个从未有人说过的句子。编写一个名为 audioSentence 的函数，用几个独立的单词生成一个句子。在该句子中至少使用 3 个单词。你可以使用本书网站的 mediasource 文件夹中的单词，或录制自己的单词。确保在单词之间包含 0.1 秒的暂停。（提示 1：记住，样本值为 0 会产生静音。提示 2：记住，采样率是每秒的采样数。根据提示，你应该能够弄清楚，需要将多少样本设为 0，来生成 0.1 秒的静音。）确保使用 getMediaPath 访问媒体文件夹中的声音，这样只要用户先执行 setMediaPath，你的程序就能工作。

8.12　编写一个函数，将 1 秒的静音添加到一个声音对象的开头。它应该以该声音对象作为输入，创建新的空目标声音，然后从目标对象中的第一秒开始复制原始声音对象。

8.13　在网络上搜索一些歌典，当你反向播放时，可以听到隐藏的信息。

8.14　编写一个拼接单词和音乐的函数。

8.15　编写一个函数，让两个声音对象交错。它开始是第一个声音对象的 2 秒，然后是第二个声音对象的 2 秒。然后继续是第一个声音对象的下一个 2 秒，以及第二个声音对象的下一个 2 秒，依此类推，直到两个声音对象完全复制到目标声音对象中。

8.16　编写一个名为 erasePart 的函数，将 thisisatest.wav 的第 2 秒中的所有样本设置为 0——实际上是使第 2 秒静音。（提示：记住，getSamplingRate(sound)会告诉你声音对象一秒钟内的采样数。）播放并返回这个部分擦除的声音对象。

8.17　你能写一个函数，找到单词之间的静音吗？应该返回什么？

8.18　编写一个函数，在传入的开始和结束索引之间，增加传入声音对象的音量。

8.19　编写一个函数，在传入的开始和结束索引之间，反转传入声音的那一部分。

8.20　编写一个函数 mirrorBackToFront，将声音的后半部分镜像到前半部分。

8.21　编写一个函数 mirrorFrontToBack，将声音的前半部分镜像到后半部分。

8.22　编写一个函数 reverseSecondHalf，将声音作为输入，然后仅反转声音的后半部分并返回结果。例如，如果声音说“MarkBark”，则返回的声音应该说“MarkkraB”。

8.23　有一个名为 global 的 Python 关键字。了解它的作用，然后修改最后一节的 fun1，以访问和更改命令区中的变量 *c*。（你也可以更改在命令区中定义变量的方式。）

深入学习

Gareth Loy 的著作 *MusiMathics: The Mathematical Foundations of Music*，更深入地探讨了声音如何从振动产生以及如何通过压力波来理解音乐的品质。

第 9 章　通过组合片段制作声音

本章学习目标

本章的媒体学习目标是：

- 混合声音，让一个声音淡入另一个声音
- 创建回声
- 改变声音的频率（音高）
- 通过合成更多基本声音（正弦波）来创建自然界中不存在的声音
- 为不同目的选择 MIDI 和 MP3 等声音格式

本章的计算机科学目标是：

- 使用文件路径来引用磁盘上不同位置的文件
- 将混合解释为跨越不同媒体的算法
- 利用多个函数构建程序

9.1　通过叠加合成声音

以数字方式创建之前不存在的声音非常有趣。我们实际上更改了样本的值，将波叠加在一起，而不是简单地复制样本值或将它们重复数次。结果是制作出之前从未存在过的声音。

在物理学中，叠加声音涉及声波抵消以及强制实现其他因素的问题；在数学中，它涉及矩阵运算；在计算机科学中，它是人们可以想象的最简单的过程之一。假设你有一个声音对象 source，希望叠加到声音对象 target 中，只需在相同的索引号处将值相加（图 9.1）。如此而已！

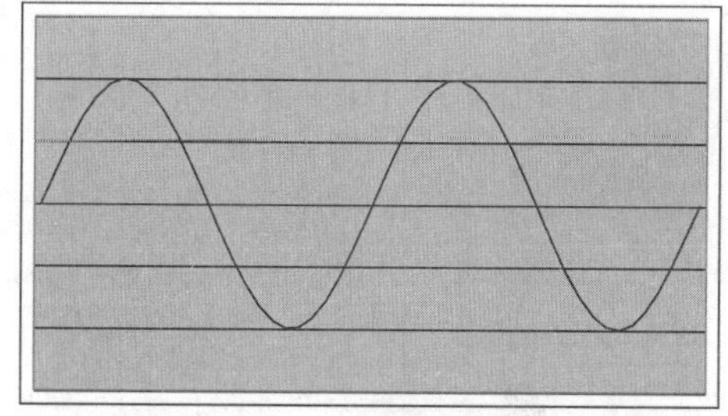

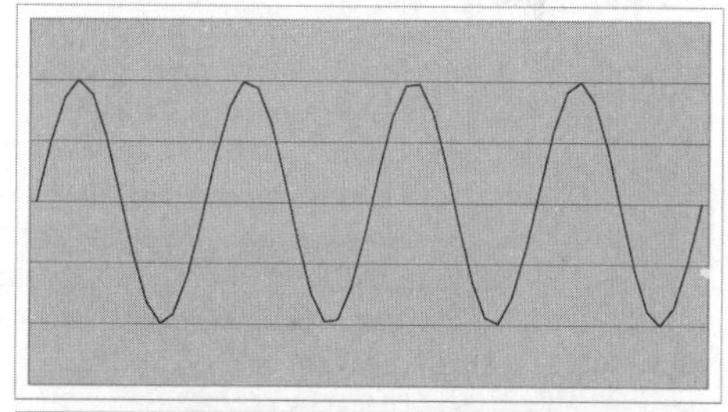

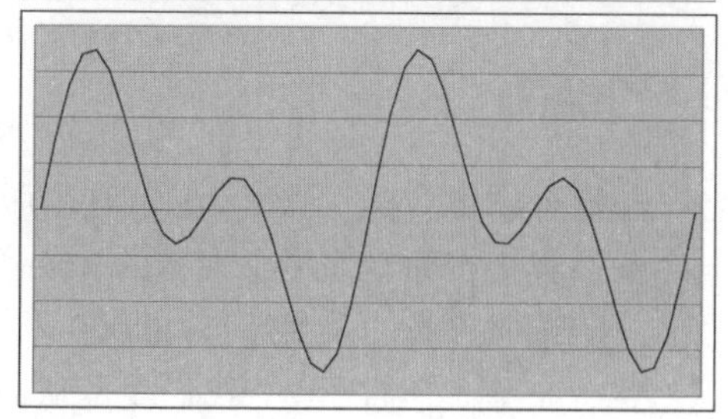

图 9.1　将上面和中间的波叠加在一起，产生下面的波

```
for sourceIndex in range(0,getLength(source)):
 targetValue=getSampleValueAt(target,sourceIndex)
 sourceValue=getSampleValueAt(source,sourceIndex)
 setSampleValueAt(target,targetIndex,sourceValue+targetValue)
```

函数 setSampleValueAt 有 3 个输入：一个声音对象，要更改的样本索引（该声音对象内），该样本的新值。它与 setSampleValue 类似，不同之处在于，你不必先从该声音对象中取得样本。

9.2 混合声音

在这个例子中，我们取两个声音（人声“Aah!”和巴松管第四个八度音阶的音符 C 的声音），并将它们混合在一起。要做到这一点，我们复制“Aah!”的部分，然后添加每种声音的 50%，再复制音符 C。这非常类似于在混音板上混合每种声音的 50%。这也非常类似于程序 86 中混合图片的方式。

这个函数假定你已在命令区域中执行了 setMediaPath()。我们在下面写的是 bass = makeSound("bassoon-c4.wav")，也可以改写为 bass = makeSound(getMediaPath("bassoon-c4.wav"))。后一种形式（使用 getMediaPath）明确指定在媒体文件夹中找到“bassoon-c4.wav”。在没有指定 getMediaPath 的情况下，我们依赖于一个事实，即 JES 会在没有完整路径的情况下搜索媒体路径中的文件。

程序 110：混合两个声音

```
def blendSounds():
  bass = makeSound("bassoon-c4.wav")
  aah = makeSound("aah.wav")
  canvas = makeEmptySoundBySeconds(3)
  for index in range(0,20000):
    aahSample = getSampleValueAt(aah,index)
    setSampleValueAt(canvas,index,aahSample)
  for index in range(0,20000):
    aahSample = getSampleValueAt(aah,index+20000)
    bassSample=getSampleValueAt(bass,index)
    newSample = 0.5*aahSample + 0.5*bassSample
    setSampleValueAt(canvas,index+20000,newSample)
  for index in range(20000,40000):
    bassSample = getSampleValueAt(bass,index)
    setSampleValueAt(canvas,index+20000,bassSample)
  play(canvas)
  return canvas
```

工作原理

与混合图像一样（程序 86），这个函数中有一些循环，用于生成混合声音的每一段。

- 我们首先创建用于混音的 bass 和 aah 声音对象，以及保存混音的静音对象 canvas。这些声音的长度超过 40 000 个样本，但我们只是以前 40 000 个样本为例。
- 在第一个循环中，我们就是从 aah 获取 20 000 个样本，并将它们复制到 canvas 中。注意，我们没有为 canvas 使用单独的索引变量，而是对两个声音对象使用相同的索引变量 index。
- 在下一个循环中，我们将来自 aah 和 bass 的 20 000 个样本复制到 canvas 中。我们用索引变量 index 来索引所有 3 个声音对象：我们用基本 index 来访问 bass，用 index 加 20 000 来访问 aah 和 canvas（因为我们已经将 aah 中的 20 000 个样本复制到 canvas 中）。我们从 aah 和 bass 各取一个样本，然后将两个样本乘以 0.5，并将结果加在一起。得到的样本代表每个样本的 50%。

- 最后，我们从 bass 复制另外 20 000 个样本。产生的声音对象被返回（因为它会消失），它听起来像是“Aah”，然后是两种声音，再然后只有巴松管音符。

9.3 创建回声

创建回声效果类似于第 8 章的拼接菜谱（程序 104），但创建了之前不存在的声音。我们通过叠加声波来实现这一点。我们在这里所做的，是在该声音对象中叠加前 delay 个样本，且乘以 0.6 以变得更弱。

程序 111：生成一个声音对象和它的一个回声

```
def echo(delay,s1):
  s2 = duplicateSound(s1)
  for index in range(delay, getLength(s1)):
    # set delay value to original value + delayed value * .6
    echoSample = 0.6*getSampleValueAt(s2, index-delay)
    comboSample = getSampleValueAt(s1,index) + echoSample
    setSampleValueAt(s2, index,comboSample)
  play(s2)
  return s2
```

工作原理

echo 函数以声音对象和它与回声之间的延迟量作为输入。函数 echo 返回带回声的声音。请尝试使用不同的延迟量。延迟值较低时，回声听起来更像颤音。较高的值（尝试 10 000 或 20 000）将提供真实的回声。

- 该函数创建输入声音的副本 s1。该函数也使用 s1 作为画布，我们将在其中创建回声。变量 s2 是 s1 的副本，我们从中获得原始纯正的样本，用于创建回声。
- 我们的 index 循环跳过 delay 个样本，然后循环到声音的结尾。
- 回声声音是前 delay 个样本，因此 index-delay 就是我们需要的样本。我们将它乘以 0.6，使其音量更小。
- 然后，我们将回音样本加到 comboSample 中的当前样本，然后将它存储在 index 处。
- 最后，我们播放声音，并将它返回。

图 9.2 提供了该程序如何工作的示例。将第一行（“100,200,1000，−150，−350,200,500, 10 ...”）看成原始声音。想象一下延迟 3（这听起来太小了，但作为例子是可以的）。我们复制该声音对象并将其乘以 0.6，得到了新行“60,120,600，−90，−210.0,120,300,6 …”。我们将这两行加在一起，但偏移一个延迟。所以我们保持 100,200,1000 不变，然后叠加−150 + 60 得到 90，然后−350 + 120 得到−230，依此类推。结果是我们已经将该声音叠加到它本身中，但有延迟，且不那么响亮（乘以 0.6）。

如果我们只用一个声音对象，会发生什么？如果你从声音的后面移动到前面，就可以做到这一点。这样你就可以避免“反馈”。下面的函数就可以做到。试着用延迟 5 000 尝试该函数。

100,200,1000,-150,-350,200,500,10,-500,-1000,-350,25,-10,1000…

100,200,1000,-150,-350,200,500,10,-500,-1000,-350,25,-10,1000…

* 0.6

60, 120, 600, -90, -210.0, 120, 300, 6, -300, -600, -210, 15, -6, 600…

100,200,1000,-90,-230,800,410,-200,-380,290,-344,-275,-610,890…

图 9.2 回声工作原理的一个例子

程序 112：用一个声音对象创建回声

```
def echoOne(delay, sound):
  soundSamples = getSamples(sound)
  for index in range(len(soundSamples)-delay,0,-1):
    value = getSampleValue(soundSamples[index])
    value2 = getSampleValue(soundSamples[index-delay])
    setSampleValue(soundSamples[index],value+value2)
```

你可能确实希望创建反馈，因为这是一个有趣的效果。如果你的索引从前向后，并且你将样本加在一起，就会从已加过的样本的索引处获取样本。结果是一个反馈回路，就像麦克风太靠近扬声器一样。下面的程序正好创建了这种效果，图 9.3 展示了声音的样子（从声音“test.wav”开始）。

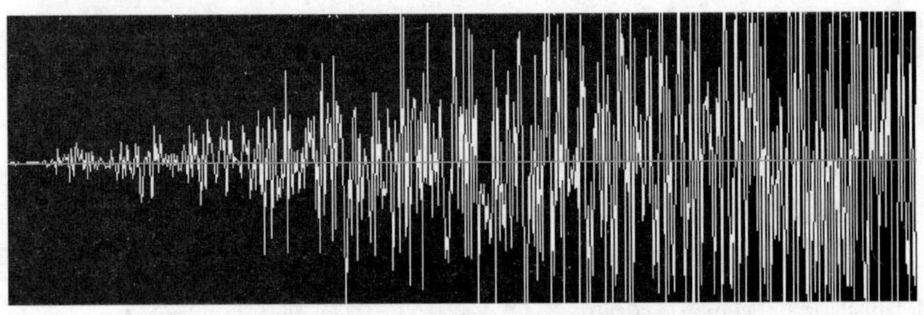

图 9.3 用 echo 创建一个反馈回路

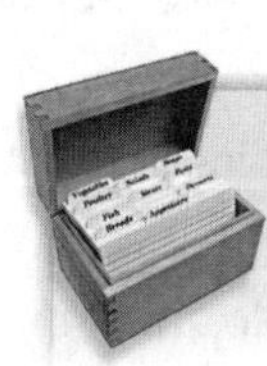

程序 113：通过在一个声音对象中产生回声来创建反馈

```
def echoFeedback(sound):
  delay = 5000
  soundSamples = getSamples(sound)
  for index in range(0,len(soundSamples)-delay):
    value = getSampleValue(soundSamples[index])
    value2 = getSampleValue(soundSamples[index+delay])
    setSampleValue(soundSamples[index+delay],value+value2)
```

9.3.1 创建多个回声

这个程序可以让你设置得到的回声数。你可以用它产生一些惊人的效果。试试 echoes (mySound,5000,5)。

程序 114：创建多个回声

```
def echoes(s1, delay,num):
  # Create a new snd, that echoes the input soundfile
  # num number of echoes, each delay apart
  ends1 = getLength(s1)
  ends2 = ends1 + (delay * num)
  s2 = makeEmptySound(ends2)

  echoAmplitude = 1.0
  for echoCount in range(1,num):
    # 60% smaller each time
    echoAmplitude = echoAmplitude * 0.6
    for posns1 in range(0,ends1):
      posns2 = posns1+(delay*echoCount)
      values1 = getSampleValueAt(s1,posns1)*echoAmplitude
      values2 = getSampleValueAt(s2,posns2)
      setSampleValueAt(s2,posns2,values1+values2)
  play(s2)
  return s2
```

9.3.2 创建和弦

音乐和弦是 3 个或更多音符，它们在一起演奏时产生和谐的声音。C 大调和弦是音符 C、E 和 G 的组合。为了创建和弦，我们可以在同一个索引处将这些值加在一起。提供的媒体文件夹中包含音符 C、E 和 G 的声音文件，都在巴松管上演奏。3 个长度完全相同。

程序 115：创建和弦

```
def createChord():
  c = makeSound("bassoon-c4.wav")
  e = makeSound("bassoon-e4.wav")
  g = makeSound("bassoon-g4.wav")
  chord = makeEmptySound(getLength(c))
  for index in range(0,getLength(c)):
    cValue = getSampleValueAt(c,index)
    eValue = getSampleValueAt(e,index)
    gValue = getSampleValueAt(g,index)
    total = cValue + eValue + gValue
    setSampleValueAt(chord,index,total)
  return chord
```

9.4 采样键盘的工作原理

采样键盘是使用声音录音（如钢琴、竖琴、小号）通过以所需音高播放来创建音乐的键盘。现代音乐和声音键盘（以及合成器）允许音乐家在日常生活中录制声音，并通过移动原始频率将其变成“乐器”。合成器如何做到这一点？这并不复杂。有趣的是，它允许你将希望的任何声音作为乐器。

采样键盘使用大量内存，来记录不同乐器的不同音高。当你按键盘上的某个键时，会选择与按下的音符最接近（音高）的录音，然后将它移动到你所要求的音高。

下面第一个程序每隔一个样本跳过一个，从而创建一个声音对象。你没有看错：在如此小心地对待所有样本后，我们现在要跳过其中的一半！在 mediasources 目录中，你会找到名为 c4.wav 的声音。这是音符 C，在钢琴的第 4 个八度音阶中，播放一秒钟。这个声音用来试验很好，但任何声音都行。

程序 116：将声音的频率加倍

```
def double(source):
  len = getLength(source) / 2 + 1
  target = makeEmptySound(len)
  targetIndex = 0
  for sourceIndex in range(0, getLength(source), 2):
    sourceValue = getSampleValueAt(source,sourceIndex)
    setSampleValueAt(target, targetIndex, sourceValue)
    targetIndex = targetIndex + 1
  play(target)
  return target
```

下面是它的用法：

```
>>> c4 = makeSound("c4.wav")
>>> play(c4)
>>> c4doubled=double(c4)
```

这个程序看起来像我们之前看到的数组复制算法。注意，range 使用了第 3 个参数：我们递增 2。如果递增 2，我们最终会每隔一个样本跳过一个。

试一试[①]！你可以很容易地听到声音确实在频率上翻倍。如果你浏览第一个声音和加倍的新声音（使用 c4.wav），将如图 9.4 所示。两个声音看起来都一样，但应注意“the number of pixels between samples（样本之间的像素数）”。一个是 43，另一个是 86。声音确实加倍了——波形看起来一样，而且应该是这样。

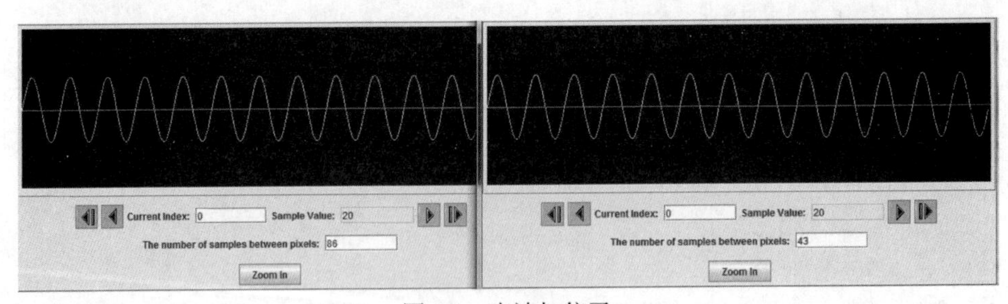

图 9.4 声波加倍了

这是怎么发生的？它并不那么复杂。可以这样想：基本文件的频率实际上是在一定时间内经过的周期数。如果你每隔一个样本跳过一个，新声音的周期就会一样多，但是它们只有一半的时间。

现在让我们尝试另一种方式。我们取每个样本两次。那么会发生什么呢？

我们将使用与缩放图片相同的 int 技巧，以返回索引的整数部分。

```
>>> print int(0.5)
0
>>> print int(1.5)
1
```

① 你正在边读边试着这样做，不是吗？

下面是将频率减半的程序。我们再次使用数组复制子菜谱，但有点像反过来用它。for 循环沿着声音的长度移动 targetIndex。sourceIndex 现在递增，但仅增加 0.5。结果是我们对源中的每个样本取两次。sourceIndex 将是 1,1.5,2,2.5 等，但由于我们使用的是该值的 int，所以将采用样本 1,1,2,2 等。

程序 117：将频率减半

```
def halve(source):
  target = makeEmptySound(getLength(source) * 2)
  sourceIndex = 0
  for targetIndex in range(0, getLength(target)):
    value = getSampleValueAt(source, int(sourceIndex))
    setSampleValueAt(target, targetIndex, value)
    sourceIndex = sourceIndex + 0.5
  play(target)
  return target
```

工作原理

函数 halve 以源声音作为输入。它创建的目标声音是源声音的两倍长度。sourceIndex 设置为 0（这是我们要复制的 source 中的位置），我们有一个 targetIndex 的循环，从 0 到 target 声音的末尾。我们从 sourceIndex 的整数值（int）获取 source 的样本值。将 targetIndex 的样本值设置为从 source 样本获得的值。然后让 sourceIndex 增加 0.5。这意味着每次循环时，sourceIndex 将取值 0,0.5,1,1.5,2,2.5 等。但是该序列的整数部分是 0,0,1,1,2,2 等。结果是从 source 声音中取出每个样本两次。

想想这里做的事情。想象一下，上面的数字 0.5 实际上是 0.75，或 2，或 3。这会有效吗？for 循环必须改变，但在所有这些情况下，这个想法基本上是相同的。我们正在对源数据进行采样，以创建目标数据。使用 0.5 的样本索引可以减慢声音并使频率减半。大于 1 的样本索引会加快声音并增加频率。

让我们尝试用下面的程序推广这个采样。（注意，这个程序不能正常工作。）

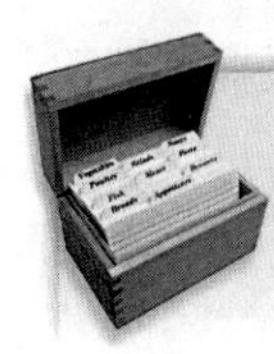

程序 118：移动声音的频率：坏了

```
def shift(source,factor):
  target = makeEmptySound(getLength(source))
  sourceIndex = 0

  for targetIndex in range(0, getLength(target)):
    sourceValue = getSampleValueAt(source,int(sourceIndex))
    setSampleValueAt(target, targetIndex, sourceValue)
    sourceIndex = sourceIndex + factor

  play(target)
  return target
```

下面是它的用法：

```
>>> cF=getMediaPath("c4.wav")
>>> print cF
c:/ip-book/mediasources/c4.wav
>>> c4 = makeSound(testF)
```

```
>>> lowerC4=shift(c4,0.75)
```

这似乎有效。但如果采样的因子 factor 超过 1.0，会怎样呢？

```
>>> higherTest=shift(c4,1.5)
You are trying to access the sample at index: 67585,
but the last valid index is at 67584
The error was:
Inappropriate argument value (of correct type).
An error occurred attempting to pass an argument to a
function. Please check line 218 of C:\ip-book\
programs\mySound.py
```

为什么？发生了什么？下面是查清楚原因的方法：在 setSampleValueAt 之前打印出 sourceIndex。你会看到 sourceIndex 变得大于源声音的长度。当然，这是有道理的。如果每次循环将 targetIndex 增加 1，但将 sourceIndex 增加 1 以上，那么在到达目标声音末尾之前，会超过源声音的末尾。但是如何避免这种情况呢？

下面是我们希望发生的事情：如果 sourceIndex 变得大于源的长度，我们希望将 sourceIndex 重置为 0。在 Python 中，我们使用 if 语句，只在测试为真时执行紧接着的代码块。可尝试 shift(t,0.33)和 shift(t,2.5)等命令。

程序 119：移动声音的频率

```
def shift(source,factor):
  target = makeEmptySound(getLength(source))
  sourceIndex = 0

  for targetIndex in range(0, getLength(target)):
    sourceValue = getSampleValueAt(source,int(sourceIndex))
    setSampleValueAt(target, targetIndex, sourceValue)
    sourceIndex = sourceIndex + factor
    if (sourceIndex >= getLength(source)):
       sourceIndex = 0

  play(target)
  return target
```

我们确实可以设置因子，以获得我们希望的任何频率。我们将此因子称为“采样间隔”。对于期望的频率 f_0，采样间隔应为：

$$\text{samplingInterval}=(\text{sizeOfSourceSound})\frac{f_0}{\text{samplingRate}}$$

这就是键盘合成器的工作原理。它有钢琴、人声、钟、鼓等的录音。通过以不同的采样间隔对这些声音进行采样，它可以将声音移动到所需的频率。

本节中的最后一个程序以其原始频率播放单个声音，然后以 2 倍频、3 倍频、4 倍频和 5 倍频播放。

程序 120：播放一系列频率的声音

```
def playASequence(inSound):
  # Play the sound five times, increasing the frequency
  for factor in range(1,6):
    sound = duplicateSound(inSound)
```

```
target = shift(sound,factor)
blockingPlay(target)
```

采样作为算法

你应该意识到频率减半菜谱（程序 117）和放大图片菜谱（使其更大，程序 84）之间的相似性。为了将频率减半，我们递增 0.5 并使用 int()函数得到整数部分，从而将每个样本取两次。为了使图片更大，我们将每个像素取两次，将索引变量增加 0.5，并对其使用 int()函数。它们使用了相同的算法——每个都使用相同的基本过程。图片与声音的细节并不重要，关键是每个程序都使用了相同的基本过程。

我们已经看到过跨不同媒体的其他一些算法。显然，我们增加红色和增加音量的函数（以及减少的版本）基本上做了同样的事情。我们混合图片或声音的方式是一样的。我们取分量颜色通道（像素）或样本（声音），将它们按一定百分比加起来，从而确定最终产品中所需的数量。只要百分比总计是 100%，我们就会获得合理的输出，以正确的百分比反映输入声音或图片。

识别这样的算法很有用，原因有几点。如果我们一般地理解算法（例如，它何时很慢、何时很快，它适用的情况和不适用的情况，限制是什么），那么所学的经验教训就适用于具体的图片或声音实例。了解算法对设计人员也很有用。在设计新程序时，心中要有这些算法，以便在适用时可以使用它们。

当我们将声音频率加倍或减半时，也会缩小或加倍声音的长度。你可能希望一个目标声音对象的长度恰好是源声音的长度，而不是必须从较长的声音中去除多余的部分。你可以用 makeEmptySound 来做到这一点。函数 makeEmptySound(22050 * 10)返回一个长 10 秒的新空声音对象，采样率为 22 050。

9.5 叠加式合成

叠加式合成通过将正弦波加在一起来创建声音。我们之前看到，将声音叠加到一起非常容易。通过叠加式合成，你可以自己塑造声波，设置频率，创建从未存在过的“乐器”。

9.5.1 制作正弦波

让我们弄清楚如何产生一组样本，以产生给定频率和振幅的声音。一种简单的方法是创建一个正弦波。例如，哨声几乎是完美的正弦波。诀窍是创建具有所需频率的正弦波。

如果你从 0～2π 取值，计算每个值的正弦值，并绘制计算值，就会得到一个正弦波。从很早期的数学课中，你知道在 0 和 1 之间存在无穷多个数字。计算机不能很好地处理无穷大，所以我们实际上只取 0～2π 的一些值。

为了创建下面显示的图形，马克填充了 20 行（完全是个任意的数字）的电子表格，其值为 0～2π（约 6.28）。马克让每一行在前一行的基础上增加大约 0.314（6.28/20）。在下一列，他取第一列中每个值的正弦值，然后绘制它。

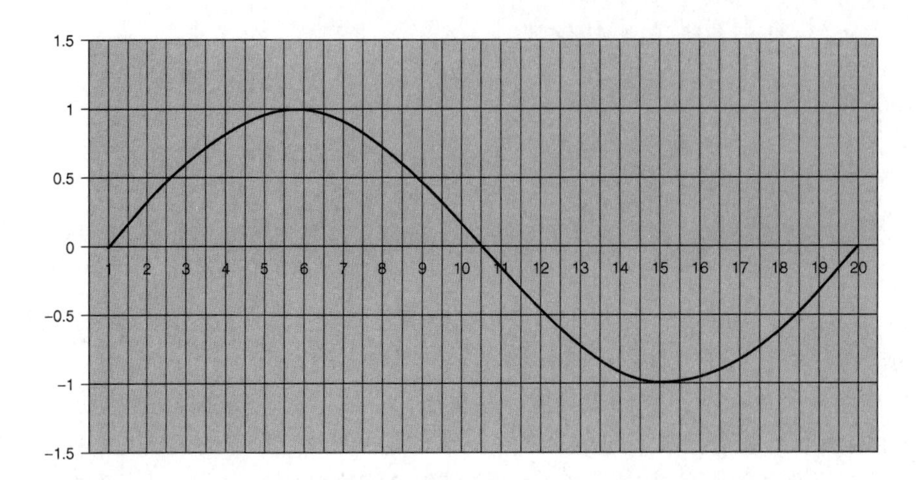

如果我们希望在给定频率（例如440 Hz）下创建声音，我们必须将图中这样一个完整的周期放入1/440秒（每秒440个周期，这意味着每个周期放入1/440秒，或0.00227秒）。马克使用20个值创建了图表。称之为20个样本。我们要把440 Hz的周期切成多少个样本？这个问题等同于0.00227秒内必须经过多少样本。我们知道采样率，就是1秒内的样本数。假设它是每秒22 050个样本（我们的默认采样率）。然后每个样本为1/22 050，等于0.0000453秒。有多少样本放入0.00227秒？这是0.00227/0.000 045 3，或大约50个。这里所做的在数学上就是：

$$\text{interval}=1/\text{frequency}$$

$$\text{samplesPerCycle}=\frac{\text{interval}}{1/\text{samplingRate}}=(\text{samplingRate})(\text{interval})$$

现在让我们将它写成Python。要获得给定频率的声波，比如说440 Hz，我们需要在1秒钟内完成440个这样的波。每个波必须放入1/frequency的时间。在该时间内需要产生的样本数量，是采样率除以频率，或时间(1/f) * (sampling rate)。我们称之为samplesPerCycle。

对于声音样本集的每一项sampleIndex，我们希望：

- 获取分数sampleIndex/samplesPerCycle。
- 将该分数乘以2π。这是我们需要的弧度数。取(sampleIndex/samplesPerCycle) * 2π的正弦值。
- 将该结果乘以所需的振幅，并放入sampleIndex处。

我们的正弦波发生器将输入频率、所需振幅和所需声音的长度（以秒为单位）。我们提供一个振幅作为输入，它将是声音的最大振幅。（因为产生的正弦值在−1～1，所以振幅范围将在−amplitude和amplitude之间。）我们可以像explore(sineWave(440,2000,3))一样调用它，产生440 Hz的正弦波，最大振幅为2 000，持续3秒。

程序121：以给定的频率和振幅生成正弦波

```
def sineWave(freq,amplitude,secs):

  # Get a blank sound
  buildSin = makeEmptySoundBySeconds(secs)

  # Set sound constant
```

```
sr = getSamplingRate(buildSin)    # sampling rate

interval = 1.0/freq     # Make sure it' s floating point
samplesPerCycle = interval * sr # samples per cycle
maxCycle = 2 * pi

for pos in range (0,getLength(buildSin)):
    rawSample = sin((pos / samplesPerCycle) * maxCycle)
    sampleVal = int(amplitude*rawSample)
    setSampleValueAt(buildSin,pos,sampleVal)
return buildSin
```

注意，我们使用 1.0 除以 freq 来计算时间间隔。我们使用 1.0 而不是 1，以确保结果是浮点数而不是整数。如果 Python 看到我们只使用整数，它会丢弃小数点后的所有数字，给出一个整数结果。至少用一个浮点数（1.0），它就会给出一个浮点数结果。

9.5.2　叠加正弦波

现在让我们叠加正弦波。正如本章开头所说的那样，这很简单：只需将相同索引的样本加在一起即可。下面是一个函数，将一个声音叠加到第二个声音中。

程序 122：叠加两个声音

```
def addSounds(sound1,sound2):
  for index in range(0,getLength(sound1)):
  s1Sample = getSampleValueAt(sound1,index)
  s2Sample = getSampleValueAt(sound2,index)
  setSampleValueAt(sound2,index,s1Sample+s2Sample)
```

让我们将 440 Hz，880 Hz（440 的两倍）和 1 320 Hz（880 + 440）叠加在一起，但我们的振幅会增加。我们每次都会将振幅加倍：2 000，然后是 4 000，再是 8 000。我们将它们全部叠加到名为 f440 的声音中，并浏览结果。最后，我们产生一个 440Hz 的声音，这样就可以聆听它们并进行比较。

```
>>> f440 = sineWave(440,2000,3)
>>> f880 = sineWave(880,4000,3)
>>> f1320 = sineWave(1320,8000,3)
>>> addSounds(f880,f440)
>>> addSounds(f1320,f440)
>>> play(f440)
>>> explore(f440)
>>> just440=sineWave(440,2000,3)
>>> play(just440)
>>> explore(f440)
```

常见问题：谨防增加振幅超过 32 767

叠加声音时，你也将它们的振幅加在一起。最大值是 2 000 + 4 000 + 8 000，永远不会超过 32 767，不要担心。记住第 8 章中振幅过高时发生的事情……

9.5.3　检查结果

怎么知道我们真的得到了想要的东西？如果浏览原始的 f440 声音和修改过的 f440 声音

（实际上是 3 种声音的组合），你会发现波形看起来非常不同（图 9.5）。这表明我们对声音做了某些事情……但是是什么事呢？

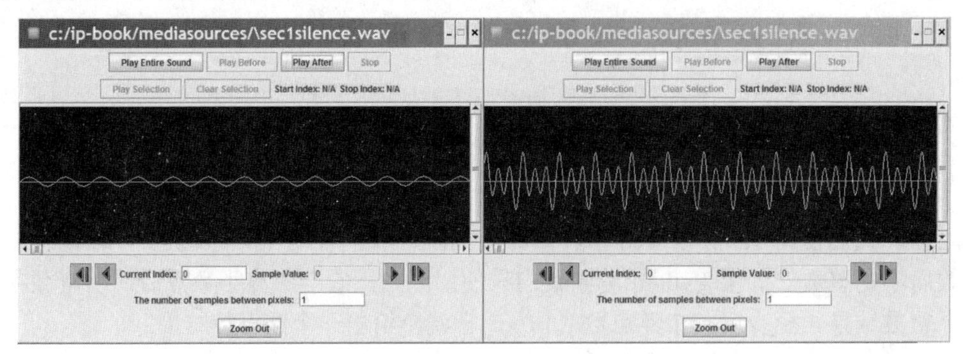

图 9.5 原始 440 Hz 信号（左）和 440 + 880 + 1 320 Hz 信号（右）

我们可以用 MediaTools 或其他声音可视化工具中的声音工具，来测试我们的代码。首先，我们保存示例声波（仅 400 Hz）和组合声波。

```
>>> writeSoundTo(just440,"C:/ip-book/mediasources/just440.wav")
>>> writeSoundTo(f440,"C:/ip-book/mediasources/combined440.wav")
```

真正检查叠加式合成的方法，是利用 FFT（快速傅里叶变换）。利用 MediaTools 应用程序为每个信号生成 FFT。你将看到 440 Hz 信号有一个尖峰（图 9.6）。这就是你所期望的——它应该是一个正弦波。现在看一下组合声波的 FFT。它也是应该的样子。你会看到 3 个尖峰，每个尖峰都是前一个高度的两倍。

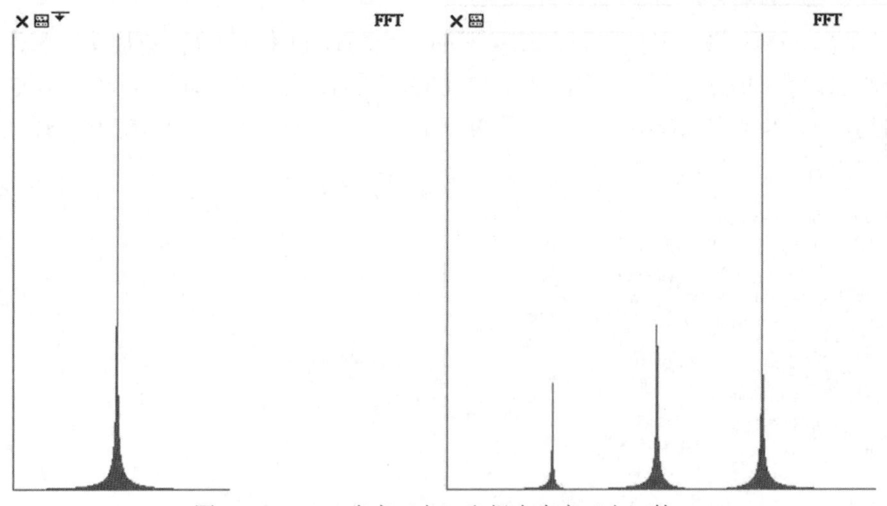

图 9.6 440 Hz 声音（左）和组合声音（右）的 FFT

9.5.4 方波

我们不一定只是叠加正弦波。我们还可以叠加方波。这些确实是方形波，在+1～−1 移动。FFT 看起来会非常不同，声音也会非常不同。它实际上可以是更丰富的声音。

尝试用这个程序替换正弦波发生器，并看看你想得对不对。注意，使用了一个 if 语句，在周期一半处切换波形的正值和负值。

程序 123：给定频率和振幅的方波发生器

```
def squareWave(freq,amplitude,seconds):

  # Get a blank sound
  square = makeEmptySoundBySeconds(seconds)

  # Set music constants
  samplingRate = getSamplingRate(square)     # sampling rate
  # Build tools for this wave
  # seconds per cycle: make sure floating point
  interval = 1.0 * seconds / freq
  # creates floating point since interval is fl point
  samplesPerCycle = interval * samplingRate
  # we need to switch every half-cycle
  samplesPerHalfCycle = int(samplesPerCycle / 2)
  sampleVal = amplitude
  s = 1
  i = 1

  for s in range (0, getLength(square)):
    # if end of a half-cycle
    if (i > samplesPerHalfCycle):
      # reverse the amplitude every half-cycle
      sampleVal = sampleVal * -1
      # and reinitialize the half-cycle counter
      i = 0
    setSampleValueAt(square,s,sampleVal)
    i = i + 1

  return(square)
```

像下面一样使用它：

```
>>> sq440=squareWave(440,4000,3)
>>> play(sq440)
>>> sq880=squareWave(880,8000,3)
>>> sq1320=squareWave(1320,10000,3)
  >>> writeSoundTo(sq440,getMediaPath("square440.wav"))
  Note: There is no file at C:/ip-book/mediasources/
  square440.wav
  >>> addSounds(sq880,sq440)
  >>> addSounds(sq1320,sq440)
  >>> play(sq440)
  >>> writeSoundTo(sq440,getMediaPath("squarecombined440.wav"))
  Note: there is no file at C:/ip-book/pmediasources/
  squarecombined440.wav
```

工作原理

该程序创建方形的波，所有的样本值或是传入的振幅，或是振幅乘以−1。让我们来看看，执行 sq440 = squareWave(440,4000)时会发生什么。

- 首先，创建足够长的静音，长 seconds 秒，名为 square。
- 接下来，根据采样率、频率和长度（秒）计算每个周期的采样数。这是(1.0 × 1/440) × 22 050，约为 50.113 63。
- 计算半个周期的样本数量，取整得到 25，这样一个周期中一半值为正，一半为负。

用 i 来跟踪已经在 square 中设置了多少个值，以便检查是否已经完成了半个周期。将 sampleVal 设置为传入的振幅。

- 如果到达了半周期的末尾（i == samplesPerHalfCycle），就将 sampleVal 乘以−1，使它反转。如果 sampleVal 是正数，它将变为负数。如果它是负数，它将变为正数。我们还将 i 重置为 0，开始计数接下来半个周期。
- 将 square 中的样本值设置为 sampleVal。我们递增 i。
- 循环结束后，我们返回 square 声音对象。

你会发现声波确实看起来很方正（图 9.7），但最令人惊奇的是 FFT 中的所有额外尖峰（图 9.8）。方波确实会产生更复杂的声音。

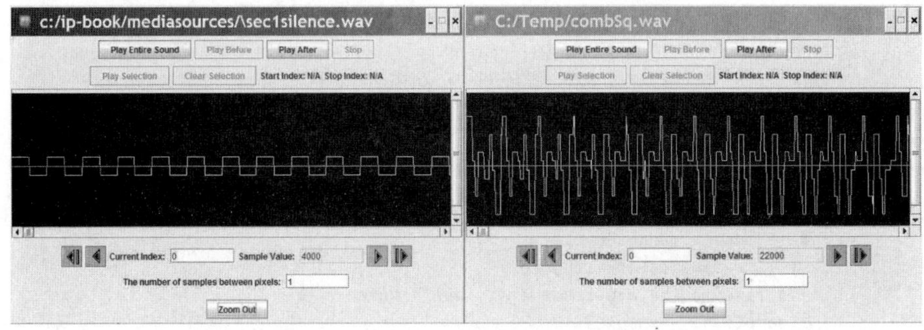

图 9.7 440 Hz 方波（左）和方波的叠加式组合（右）

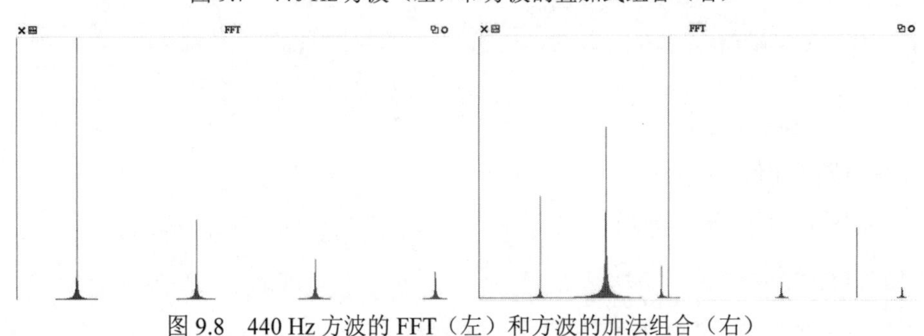

图 9.8 440 Hz 方波的 FFT（左）和方波的加法组合（右）

9.5.5 三角波

你可以用这个程序创建三角波，而不是方波（图 9.9）。

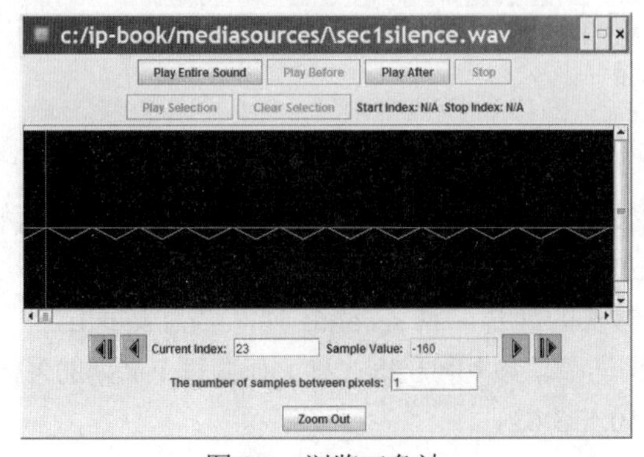

图 9.9 浏览三角波

程序 124：生成三角波

```
def triangleWave(freq, theAmplitude, seconds):

  # Get a blank sound
  triangle = makeEmptySoundBySeconds(seconds)

  # Set music constants
  # use the passed amplitude
  amplitude = theAmplitude
  # sampling rate (samples per second)
  samplingRate = 22050

  # Build tools for this wave
  # seconds per cycle: make sure floating point
  interval = 1.0 * seconds / freq
  # creates floating point since interval is fl point
  samplesPerCycle = interval * samplingRate
  # we need to switch every half-cycle
  samplesPerHalfCycle = int(samplesPerCycle / 2)
  # value to add for each subsequent sample; must be integer
  increment = int(amplitude / samplesPerHalfCycle)
  # start at bottom and increment or decrement as needed
  sampleVal = -amplitude
  i = 0

  # create 1 second sound
  for s in range (0, samplingRate):

    # if end of a half-cycle
    if (i == samplesPerHalfCycle):
      # reverse the increment every half-cycle
      increment = increment * -1
      # and reinit the half-cycle counter
      i = 0

    sampleVal = sampleVal + increment
    setSampleValueAt(triangle,s,sampleVal)
    i = i + 1

  play(triangle)
  return triangle
```

像下面一样使用它（图 9.9）：

```
>>> tri440=triangleWave(440,4000,3)
>>> explore(tri440)
```

工作原理

这个菜谱类似于创建方波的菜谱，但这些声波是三角形的。sampleValue 将被初始化为传入振幅的负值。每次通过循环，都会向 sampleValue 添加一个增量。变量 i 跟踪我们在周期中的位置，当到达周期的一半时，它将 increment 反转，并将 i 的值重置为 0。

9.6 现代音乐合成

叠加式合成是早期音乐合成器的工作方式。如今，叠加式合成并不常见，因为它产生的声音听起来并不自然。从录音合成是很常见的。

目前最常见的合成技术可能是“频率调制合成”或“FM 合成”。在 FM 合成中，振荡器（产生规则系列输出的编程对象）控制（调制）频率与其他频率。结果是更丰富的声音、更少的金属味声音或计算机式声音。

另一种常见技术是“减法合成”。在减法合成中，噪声用作输入，然后应用滤波器以去除不需要的频率。结果也是更丰富的声音，尽管通常不如 FM 合成那么丰富。

为什么我们要用计算机创建声音或音乐呢？既然世界上有很多极好的声音、音乐和音乐家，这样做有什么意义呢？意义在于，如果你希望告诉别人你是如何得到这种声音的，那么他们可以复制该过程，甚至以某种方式修改声音（也许会让它变得更好），程序就是做到这一点的方法。程序简洁地记录并沟通过程——如何生成声音或音乐。

9.6.1 MP3

如今，计算机上的音频文件通常是 MP3 文件（或 MP4，或与之相关或衍生的文件类型之一）。MP3 文件是基于 MPEG-3 标准的声音（在某些情况下是视频）编码。它们是音频文件，但以特殊方式压缩。

MP3 文件的一种压缩方式称为“无损压缩”。我们知道，存在一些技术，用较少的比特来存储数据。例如，我们知道每个样本通常是两字节宽。如果我们不是存储每个样本，而是将它与上一个样本的差异存储到这个样本中，会怎样呢？样本之间的差异通常远小于 32 767～−32 768，它可能是+/−1 000。这需要更少的比特来存储。

但 MP3 也使用“有损压缩”。它实际上丢弃了一些声音信息。例如，如果有非常轻的声音紧接着或者伴随着非常响亮的声音，你将无法听到很轻的声音。模拟录音（录音中使用的类型）保留所有这些频率。MP3 抛弃你实际听不到的声音。模拟录音与数字录音不同，因为它们连续录制声音，而数字录音则以时间间隔取样。

WAV 文件是压缩的，但没有 MP3 那么厉害，它们只使用无损技术。相同声音，MP3 文件往往比 WAV 格式的小得多。AIFF 文件类似于 WAV 文件。

9.6.2 MIDI

MIDI 是“乐器数字接口”，它实际上是计算机音乐设备（音序器、合成器、鼓机、键盘等）制造商之间关于其设备如何协同工作的一系列协议。使用 MIDI，你可以通过不同的键盘控制各种合成器和鼓机。

MIDI 更多地用于编码音乐，而不是用于编码声音。MIDI 不会记录音乐听起来像什么，而是记录它是如何演奏的。实际上，MIDI 对信息进行编码，例如“在音高 Y 上按下合成乐器 X 上的键”，然后“在乐器 X 上释放键 Y”。MIDI 音质完全取决于合成器，即生成合成乐器的设备。

MIDI 文件往往非常小。诸如“在音轨 7 上演奏键＃42”之类的指令只有大约 5 字节长。与大型声音文件相比，这使得 MIDI 具有吸引力。MIDI 特别受卡拉 OK 机的欢迎。

MIDI 具有优于 MP3 或 WAV 文件的优势，因为它可以在很少的字节中指定很多音乐。但 MIDI 无法录制声音。例如，如果希望录制特定人物演奏乐器的风格或任何人唱歌，你不会使用 MIDI。要记录实际的声音，你需要记录实际的样本，因此你需要 MP3 或 WAV。

大多数现代操作系统内置了相当不错的合成器。我们可以从 Python 中使用它们。JES 内置了一个函数 playNote，它以 MIDI 音符、持续时间（播放声音的时间，以毫秒为单位）和强度（击键的力度，从 0~127）作为输入。playNote 总是用钢琴声音的乐器。MIDI 音符对应于按键，而不是频率。第一个八度音阶中的 C 是 1，C＃是 2。第 4 个八度音阶中的 C 是 60，D 是 62，E 是 64。

下面是从 JES 演奏一些 MIDI 音符的简单示例。我们可以使用 for 循环来指定音乐中的循环。

程序 125：演奏 MIDI 音符（示例）

```
def song():
  playNote(60,200,127)
  playNote(62,500,127)
  playNote(64,800,127)
  playNote(60,600,127)
```

编程小结

if	允许 Python 做出判定。if 对一个表达式测试真或假（基本上，任何计算结果为 0 的都为假，其他都为真）。如果测试为真，则执行 if 后面的语句块
int	返回输入值的整数部分，丢弃小数部分的所有内容
setMediaPath()	允许选择一个文件夹，用于获取和存储媒体
getMediaPath (baseFileName)	获取基本文件名的输入，然后返回该文件的完整路径（假设它位于用 setMediaPath() 设置的媒体文件夹中）
playNote	以音符、持续时间和强度作为输入。每个音符表示为 0～127 的整数值，中音 C 是 60。持续时间以毫秒为单位。强度的范围也是 0～127。如果不指定强度，JES 将使用 64 作为强度

问题

9.1 以下各项是什么？

1．MIDI；

2．MP3；

3．模拟；

4．振幅；

5．采样率。

9.2 无损压缩和有损压缩有什么区别？哪种类型的声音文件使用什么类型的压缩？

9.3 重写回声函数（程序 111），产生两个回声，每个比前一个延迟 delay 个样本。（提示：以 2 * delay + 1 开始索引循环，然后在 index-delay 处访问一个回声的样本，在 index-

2*delay 处访问另一个回声的样本。)

9.4 编写一个通用的混合函数，以两个要混合的声音对象作为输入，返回一个新声音对象。

9.5 让你的通用混合函数变得更通用。接受两个数字作为输入，指明第一个声音经过多少样本才开始混合，以及要混合的样本数。

9.6 当频率加倍时，声音与原始声音相比有多长（程序 116）？如果每 4 个声音值才复制一个到目标声音，那么声音与原始声音相比有多长？

9.7 编写一个输入声音的函数，然后创建一个相同长度的画布声音。

每隔一个位置将样本从输入复制到画布，即从输入中的索引 0 复制到画布的索引 0 处，然后从输入中的索引 2（跳过索引 1）复制到画布的索引 1 处。你在画布上听到的声音如何？是同样的声音，还是更快或更慢？

9.8 编写一个函数，输入一个声音对象，然后创建相同长度的画布声音。每隔 3 个位置将样本从输入复制到画布，即从输入中的索引 0 复制到画布的索引 0 处，然后从输入中的索引 3（跳过索引 1 和索引 2）复制到画布的索引 3 处。你在画布上听到的声音如何？是同样的声音，还是更快或更慢？

9.9 编写一个函数，以两个声音作为输入。创建一个新声音，包含第一个声音的一半，然后是两个声音叠加在一起，长度是两个声音的长度，然后是第二个声音的后半部分。如果两个声音长度相同，这是最容易做到的。

9.10 编写一个函数，将 3 个声音混合在一起。开始是第一个声音的一部分，然后是 sound1 和 sound2 的混合，再是 sound2 和 sound3 的混合，最后是 sound3 的其余部分。

9.11 将某些单词与某段音乐混合。开始是 75%的音乐和 25%的单词，逐渐变成 75%的单词和 25%的音乐。

9.12 编写一个函数，以频率、最大振幅和长度（秒为单位）作为输入。使用相同的输入创建两个声音，一个是方波，一个是三角波。叠加两个声音。你得到了什么？

9.13 编写一个函数，以频率、最大振幅、混合百分比（如 0.25 代表 25%）和长度（以秒为单位）作为输入。使用相同的输入创建两个声音，一个是方波，一个是三角波。叠加两个声音，方波的混合百分比采用输入的混合百分比，三角波的混合百分比为 100%。如果尝试 0.25、0.5 和 0.75 作为混合百分比，声音会如何变化？

9.14 编写一个函数，将声音的频率大幅改变——分别是原来的频率的五分之一，以及原来的频率的 5 倍。

9.15 创建一个新版本的 shift 函数，该函数创建的目标声音对象应与得到的声音一样长。因此，如果因子小于 1，它将产生更长的声音，如果大于 1 则产生更短的声音。

9.16 shift 函数在因子为 0.3 时能工作吗？如果不能，你可以修复它，将每个源值复制到目标中 3 次吗？

9.17 嘻哈 DJ 来回转动唱盘，以便快速向前和向后播放部分声音。尝试组合反向播放（程序 108）和频移（程序 116）以获得相同的效果。快速向前播放一秒声音，然后快速反向播放，两到三次。（你可能需要移动得比速度加倍更快一点。）

9.18 考虑将频移菜谱（程序 119）中的 if 块更改为 sourceIndex = sourceIndex - getLength(source)。将 sourceIndex 设置为 0 有什么区别？这是更好还是更糟？为什么？

9.19 如果对移频菜谱（程序 119）使用因子 2.0 或 3.0，你将得到重复或 3 倍的声音。

为什么？你能修复它吗？编写 shiftDur，接受样本数（甚至秒数）作为输入来播放声音。

9.20 使用声音工具，找出不同乐器的特征模式。例如，钢琴往往具有与我们创建的相反的模式——随着我们获得更高音的正弦波，振幅减小。尝试创建各种模式，了解它们听起来如何，看起来如何。

9.21 当音乐家使用叠加式合成时，他们通常会在声音周围包上包络，甚至在每个添加的正弦波周围。包络随时间改变振幅——它可能从小开始，然后增长（快速或缓慢），再在声音期间保持一定值，然后在声音结束之前下降。这种模式有时称为“起音—延音—衰减（ASD）包络”。钢琴常常是快速起音，然后迅速衰减。长笛常常是缓慢起音，延音希望多长就有多长。尝试为正弦波和方波发生器实现这一点。

9.22 创建一个函数，使用 MIDI 播放学校的校歌。

9.23 网络上有免费版权的乐谱。将这些歌曲中的任意一首翻译成 MIDI 音符，然后编写一个函数来播放它。

9.24 挑战：对你想要的任意歌曲，用媒体文件夹中录好的巴松管音符进行演奏，上下移动频率，以创建正确的音符。

深入学习

计算机音乐方面的好书有很多关于从头开始创建声音的内容，就像本章所述。Mark 认为最好理解的一本是 Dodge 和 Jerse 的 *Computer Music: Synthesis, Composition, and Performance* [10]。计算机音乐的“圣经”是 Curtis Roads 的巨著 *The Computer Music Tutorial* [11]。

摆弄这种级别的计算机音乐，最强大的工具之一是 CSound。它是一个软件音乐合成系统，免费，而且完全跨平台。Richard Boulanger 的书[39]包含了使用 CSound 所需的一切知识。

第 10 章　构建更大的程序

本章学习目标

- 展示自顶向下和自底向上两种不同的设计策略
- 展示不同的测试策略，如黑盒和玻璃盒
- 展示在弄清楚编程问题时要使用的几种调试策略
- 确定大型项目工程的挑战

本章的计算机科学目标是：

- 使用一些方法接受用户输入，为用户生成输出
- 使用无限迭代结构 while 循环
- 访问全局变量

对于可能通过一个程序解决的许多问题，我们在本书中到目前为止所编写的那些程序类型都可以正常工作。相对较小的程序可能有十几行代码，它们可以解决许多有趣的问题，完成许多有趣的创意。然而，还有多得多的问题和创意，可以通过更大、更复杂的程序来解决。这就是本章的内容。这些是“软件工程”领域关注的问题。

编写较大的程序涉及解决一些问题，这些问题与管理编程本身的活动有关。

- 你要编写哪些程序行？你如何决定需要什么函数？这是设计的过程。有许多设计方法，但最常见的两种是自顶向下和自底向上。在自顶向下的设计中，你弄清楚必须完成的工作，细化需求，直到你认为可以识别出一些部分，然后编写这些部分（通常从最高层开始）。在自底向上的设计中，你从你所知道的开始，不断添加它，直到得到你的程序。
- 事情第一次会不行。编程曾被定义为“调试一张白纸的艺术[①]”。调试是弄清楚哪些不行、为什么不行以及如何解决它。编程活动和“调试”活动交织在一起。学习调试是一项重要技能，让你明白如何编写实际能运行的程序。
- 即使事情第一次能行，你也不太可能完全正确。大型程序有很多部分。你需要利用“测试”技术，来确保发现程序中的所有（或者大多数）错误（“缺陷”）。
- 即使在测试和调试之后，大多数大型程序也没有“完成”。许多大型程序在很长一段时间内被用来解决经常出现的问题（如簿记或跟踪库存）。这些大型程序“永远”不会完成。相反，添加了新功能，或者必须干掉新发现的缺陷。只要程序在使用，程序开发的“维护”阶段就会继续。总的来说，在程序的整个生命周期中，维护是迄今为止最昂贵的部分。
- 完成设计是迭代式的。使用该程序会激发对程序可能做的新工作的思考。维护导

---

① 源自 *The Jargon File*v.4.4.8 中“编程”的定义。

致重新思考程序最初（或最近）的设计方式。设计是一个迭代过程，自顶向下和自底向上只是通过一次循环。

10.1 自顶向下设计程序

自顶向下的设计是大多数工程学科推荐设计的方式。你首先制定一系列“需求”：需要做什么，用英语或数学描述，可以通过迭代来细化。细化需求意味着使它们更清晰、更具体。在自顶向下的设计中，细化需求的目标，是达到可以将需求的陈述直接实现为程序代码的程度。

人们常常更喜欢自顶向下的过程，因为它是可以理解的，你可以为它制订计划——它实际上让软件业务成为可能。想象一下，与希望你编程的客户合作。你会得到一个问题陈述，然后与客户合作，将其细化为一组需求。然后你构建程序。如果客户对此不满意，你可以测试软件是否符合需求。如果确实如此，并且客户同意了这些需求，那么你已经完成了协议。如果没有，那么你需要让它满足需求——但不一定满足客户的需求变化。

详细地说，该过程看起来如下：

- 从问题陈述开始。如果你没有，请写一个。你想做什么？
- 开始改进问题陈述。该程序有一些部分吗？也许你应该利用“层次分解”来定义子函数？ 你是否知道必须打开一些图片或设置一些常量值？然后是否有一些循环？你需要多少循环？
- 继续完善问题陈述，直到得到你知道（或知道如何写）的语句或命令或函数。
- 开发大型程序时，你几乎肯定会使用一些函数，它们调用其他函数（子函数）。首先编写可能从命令区调用的函数，然后编写较低层的函数，直到达到那些子函数。

10.1.1 自顶向下的设计实例

如果遵循这个过程，定义了函数（过程）而不是代码行，那么我们就是在进行“过程抽象”。在过程抽象中，你可以定义高层函数，它们调用较低层的函数。较低层的函数易于编写和测试，而较高层的函数易于阅读，因为它们只是调用较低层的函数。

在本书前面，我们已经看到了一些过程抽象。一个例子是我们用低层函数重新定义拼贴画，这些低层函数为我们复制了像素。这些低层函数是一种形式的抽象。通过使用函数名称命名这些代码行，我们可以不再考虑这些单行代码，而是对这些代码行使用有一个意义的名称。通过为函数提供参数，我们使得函数可复用。

让我们构建一个简单的“冒险游戏”。冒险游戏是一种视频游戏，玩家可以用“go north（向北走）”和“take the key（拿钥匙）”这样的命令来探索世界，在游戏中的房间和空间之间移动。通常有谜题要解决，也可以发起战斗。最初的冒险游戏由威廉·克劳瑟（William Crowther）于 20 世纪 70 年代创作，然后由唐·伍兹（Don Woods）扩展。它是基于对一组洞穴的探索。这种类型的游戏在 20 世纪 80 年代流行，其中包括像 Zork 和 Hitchhiker’s Guide to the Galaxy 这样的 Infocom 公司的游戏。现代冒险游戏往往是图形化的，如 Dreamfall 和 Portal。原始的基于文本的冒险游戏将游戏与讲故事融为一体，这正是我们的目标。

现在，我们需要定义问题。我们要打造怎样的冒险游戏？什么规模？用户能做什么？我们希望在能开发的限制范围内来定义该问题。

让我们构建一个冒险游戏，用户可以在房间之间走动，就是这样。没有谜题，没有真正的游戏。我们只想要一个简单的例子。下面是一个草图，展示了一组简单的房间如何布局。为了让它变得有趣，假设它是一个恐怖或惊悚故事的背景。

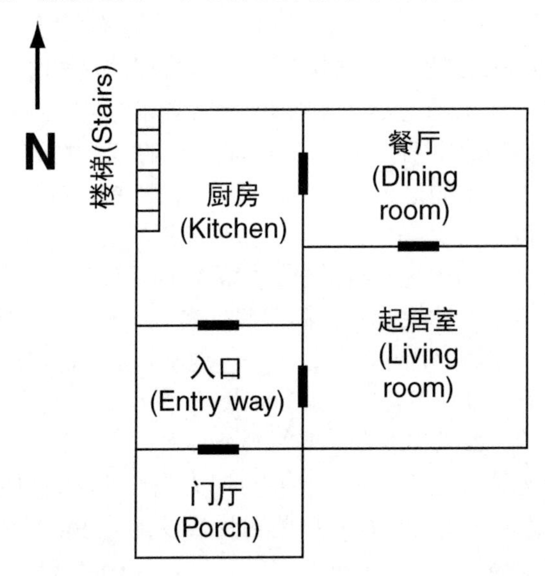

10.1.2 设计顶层函数

程序将如何工作？我们可以提出一个如何运行的大纲：

1．告诉玩家玩游戏的基本知识。

2．向玩家描述房间。开始，我们将玩家放在特定的房间。

3．收到玩家的命令 ["north（向北）" 或 "quit（退出）"]。

4．由于玩家命令选择（即用户想要前进的方向），我们确定用户接下来会进入哪个房间。

从第 2 步开始重复，直到用户说退出为止。

我们实际上现在就可以编写一个函数做这些事情。我们需要知道 Python 中的一些其他函数，之前我们还没看到过。

- printNow 是一个函数[①]，它接受一个字符串作为输入，然后在执行时将其打印到命令区。printNow 对于在游戏中显示内容非常有用。
- 要从用户那里获得输入，我们可以使用 requestString。函数 requestString 将输出一个提示，该提示将出现在请

图 10.1 requestString 对话框

① 在 Python 3.0 中，甚至 print 也是一个函数，所以它并不像看起来那么奇怪。

求用户输入的窗口中（图 10.1）。（在 Python 中，从用户那里读取字符串输入的能力称为 raw_input。）该函数返回用户键入的字符串。

```
>>> print requestString("What is your name?")
Mark
```

如果按下 Cancel 按钮，函数 requestString 将返回 None，如它所述，不是有效的字符串，就是“什么都没有”。如果按下 Stop 按钮，它就像在主 JES 窗口上按 Stop 一样。这使得即使在输入对话框中也可以停止程序。

```
>>> print requestString("What is your name?") # Cancel
None
>>> print requestString("What is your name?") # Stop
[The program was stopped by the stop button.]
```

- 另一个挑战是如何在某些特定事件发生之前，无限期地重复某些代码行。用 for 循环不能做到这一点。

我们将使用 while 循环，它允许我们循环而不指定循环多少步，索引是什么，或循环中的值（例如，getPixels）。while 循环进行测试（像 if 一样）。与 if 相比，不同之处在于 while 循环无限期地重复循环体，直到测试结果变为假。下面的代码在 x 为 0、1 和 2 时执行，但在 x 为 3 时，x < 3 不为真，因此循环不执行。

```
>>> x = 0
>>> while (x < 3):
...         print "Counting..."
...         x = x + 1
...
Counting...
Counting...
Counting...
```

利用这 3 点，我们可以编写一个函数，对应于之前的大纲。

程序 126：冒险游戏的顶层函数

```
def playGame():
  location = "Porch"
  showIntroduction()
  while not (location == "Exit") :
    showRoom(location)
    direction = requestString("Which direction?")
    location = pickRoom(direction, location)
```

这个函数非常接近之前提出的大纲，一行对应一行。这里可能有些奇怪的是，我们还没有看到或写过这些函数，比如 showIntroduction，showRoom 和 pickRoom。这是自顶向下设计的要点之一：我们可以制订计划，确定整个程序应该如何工作，以及完整的程序需要哪些函数，远在我们编写所有部分之前。

工作原理

- 我们将使用变量 location（位置）来存储玩家当前所在的房间。我们将从“Porch（门廊）”开始。
- showIntroduction 函数将向用户显示游戏说明。

- 我们将使用位置“Exit”来表示玩家离开游戏的请求。当位置不是“Exit”时，我们就继续玩游戏。
- 在每个回合开始时，我们会显示当前房间的描述。showRoom 函数将显示房间的描述，利用玩家的 location 作为要显示的房间的输入。
- 我们通过 requestString 获取用户对新 direction（方向）的请求。
- 我们根据输入的请求 direction 和当前房间 location，通过 pickRoom 函数为用户选择一个新房间。

注意，我们对这些子函数如何工作“一无所知”。我们现在不可能知道它们将如何工作，因为我们尚未编写它们。这意味着这个顶层函数 playGame 与低层子函数“解除耦合”。我们根据输入、输出和应该做的事来定义它们。其他人现在可以为我们编写这些函数。以下是顶层设计如此常用于工程的另一个原因。

- 它使维护更容易，因为不同的部分可以改变，而不会改变整体。
- 我们在编写函数之前先计划它们。
- 我们可以允许不同的程序员在同一个程序中一起工作，从计划开始工作。

10.1.3 编写子函数

既然已经有了计划，我们可以继续编写其余的子函数，完成这项工作。目前，我们将所有这些函数放在一起，以使它正常工作。我们还可以将有用的函数放在一个单独的文件中，并 import（导入）这些函数。下面我们完成冒险游戏的设计和实现。

程序 127：冒险游戏的 showIntroduction

```
def showIntroduction():
  printNow("Welcome to the Adventure House!")
  printNow("In each room, you will be told")
  printNow(" which directions you can go.")
  printNow("You can move north, south, east, or west")
  printNow(" by typing that direction.")
  printNow("Type help to replay this introduction.")
  printNow("Type quit or exit to end the program.")
```

工作原理

显示简介就是通过 printNow 函数，向用户/玩家显示信息。我们告诉玩家如何移动（通过键入方向），以及如何获得帮助或退出。注意，这样做时，我们进一步定义了后面的函数。在我们的 pickRoom 函数中，我们必须管理诸如“help（帮助）”“quit（退出）”和“exit（退出）”之类的输入。

程序 128：冒险游戏的 showRoom

```
def showRoom(room):
  if room == "Porch":
    showPorch()
  if room == "Entryway":
    showEntryway()
  if room == "Kitchen":
```

```
    showKitchen()
  if room == "LivingRoom":
    showLR()
  if room == "DiningRoom":
    showDR()
```

工作原理

我们可以将 showRoom 变成一个长函数，包含大量 printNow 函数调用。然而，那样写起来很乏味，也是对维护的挑战。如果你希望更改起居室的描述怎么办？你将在一个长函数中跋涉，才能找到正确的 printNow 进行更改。或者，你只要更改 showLR 函数。代码如下所示。

程序 129：冒险游戏的 pickRoom

```
def pickRoom(direction, room):
  if (direction == "quit") or (direction == "exit"):
    printNow("Goodbye!")
    return "Exit"
  if direction == "help":
    showIntroduction()
    return room
  if room == "Porch":
    if direction == "north":
      return "Entryway"
  if room == "Entryway":
    if direction == "north":
      return "Kitchen"
    if direction == "east":
      return "LivingRoom"
    if direction == "south":
      return "Porch"
  if room == "Kitchen":
    if direction == "east":
      return "DiningRoom"
    if direction == "south":
      return "Entryway"
  if room == "LivingRoom":
    if direction == "west":
      return "Entryway"
    if direction == "north":
      return "DiningRoom"
  if room == "DiningRoom":
    if direction == "west":
      return "Kitchen"
    if direction == "south":
      return "LivingRoom"
```

工作原理

这个函数由地图定义。给定当前房间和所需方向，这个函数返回玩家所在新房间的名称。

程序 130：在冒险游戏中展示房间

```
def showPorch():
 printNow("You are on the porch of a frightening looking house.")
 printNow("The windows are broken. It’s a dark and stormy night.")
```

```
    printNow("You can go north into the house. If you dare.")

def showEntryway():
    printNow("You are in the entry way of the house.")
    printNow(" There are cobwebs in the corner.")
    printNow("You feel a sense of dread.")
    printNow("There is a passageway to the north and another to the east.")
    printNow("The porch is behind you to the south.")

def showKitchen():
    printNow("You are in the kitchen. ")
    printNow("All the surfaces are covered with pots,")
    printNow(" pans, food pieces, and pools of blood.")
    printNow("You think you hear something up the stairs")
    printNow(" that go up the west side of the room.")
    printNow("It’s a scraping noise, like something being dragged")
    printNow(" along the floor.")
    printNow("You can go to the south or east.")

def showLR():
    printNow("You are in a living room.")
    printNow("There are couches, chairs, and small tables.")
    printNow("Everything is covered in dust and spider webs.")
    printNow("You hear a crashing noise in another room.")
    printNow("You can go north or west.")

def showDR():
    printNow("You are in the dining room.")
    printNow("There are remains of a meal on the table.")
    printNow(" You can’t tell what it is,")
    printNow(" and maybe don’t want to.")
    printNow("Was that a thump to the west?")
    printNow("You can go south or west")
```

工作原理

对于每个房间，只是有一些 printNow 调用来描述该房间。从编程的意义上说，这些都是非常简单的函数。从作者的角度来看，这正是乐趣和创造性所在。

我们现在已经有了足够的代码，可以玩游戏了。我们调用我们的顶级函数来启动它，即输入 playGame()。说明显示在命令区中，提示出现在游戏上方的对话框中（图 10.2）。程序的运行可能像下面一样：

```
>>> playGame()
Welcome to the Adventure House!
In each room, you will be told
 which directions you can go.
You can move north, south, east, or west
 by typing that direction.
Type help to replay this introduction.
Type quit or exit to end the program.
You are on the porch of a frightening looking house.
The windows are broken. It’s a dark and stormy night.
You can go north into the house. If you dare.
You are in the entry way of the house.
 There are cobwebs in the corner.
You feel a sense of dread.
There is a passageway to the north and another to the east.
```

```
The porch is behind you to the south.
You are in the kitchen.
All the surfaces are covered with pots,
 pans, food pieces, and pools of blood.
You think you hear something up the stairs
 that go up the west side of the room.
It's a scraping noise, like something being dragged
 along the floor.
You can go to the south or east.
Goodbye!
```

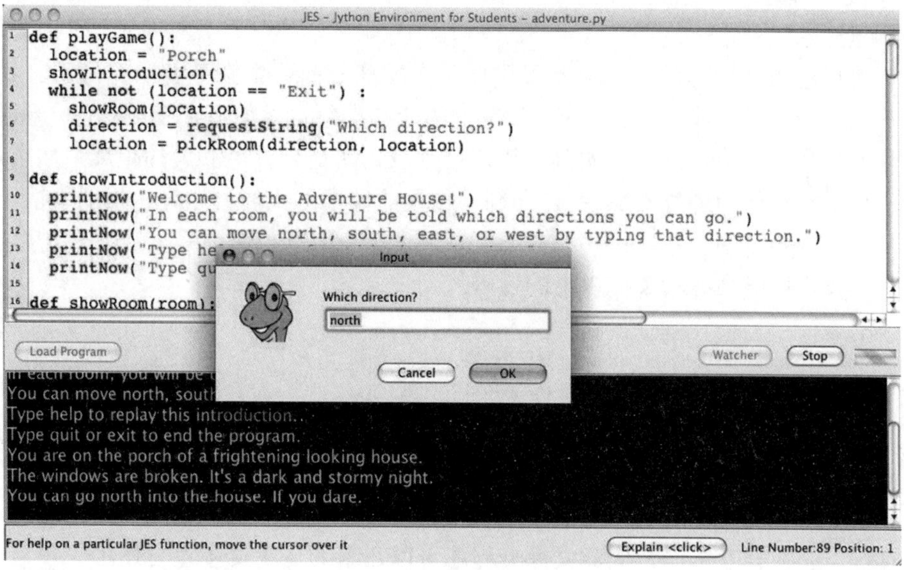

图 10.2 冒险游戏的截图

10.2 自底向上设计程序

自底向上是一个不同的过程，最终可能得到本质上同样的结果。你首先要了解自己希望做什么：你可以称之为问题陈述。但是，不是去细化问题，而是专注于构建解决方案程序。你希望尽可能多地复用其他程序中的代码。

使用自底向上设计，最重要的是经常尝试你的程序。它能做你想做的事吗？它符合你的期望吗？是否有意义？如果不是，应添加 print 语句并浏览代码，直到你了解它正在做什么为止。如果你不知道它做了什么，就无法将它改成你希望的样子。

以下是自底向上过程通常的样子，从问题陈述开始：

- 问题的哪些部分你已经知道如何解决？它的哪些部分可以取自你已经写过的程序？例如，问题是否提到你必须操作声音？尝试书中的几个声音程序，记住如何做到这一点。它是否提到你必须改变红色程度？你能否找到一个函数，做到这一点？
- 现在，你能将这些部分（你可以编写或可以从其他程序中借用）加到一起吗？你能将几个函数组合在一起吗？

- 继续扩展该程序。它是否更接近你的需要？还需要添加什么？
- 经常运行你的程序。确保它有效，而且你了解到目前为止所得到的结果。
- 重复，直到你对结果满意。

自底向上过程的示例

本书中的大多数示例是在自底向上的过程中开发的。我们完成背景消除和抠像的方法，就是一个很好的例子。我们开始时想要删除某人的背景，并将某人放在一张新照片中。我们该从哪里开始？

我们可以想象，问题的一部分是找到属于人的部分或背景部分的所有像素。我们之前做过这样的事情，当时我们找到 Katie 头发上的所有褐色，以便将它变成红色（程序 48）。这告诉我们，我们要检查一个人的颜色和背景颜色之间是否有足够大的距离，如果是这样，我们希望采用新背景中的像素颜色 ，即同一位置的像素。我们也做过这样的事情，就像我们将图片复制到画布中一样。

这时，我们可能会编写类似以下的代码：

```
if distance(personColor,bgColor)<someThresholdValue:
  bgColor = getColor(getPixel(newBackground,x,y))
  setColor(getPixel(personPicture,x,y),bgColor)
```

这是背景消除算法的关注点。其余部分只是设置变量（程序 56）。但是，当我们尝试它时，我们发现由于某些原因，它不能很好地工作。这就是我们选择抠像的原因（程序 57）。抠像是一种更好的方法，可以确定哪些像素是背景的一部分，哪些像素是前景的一部分，但基本过程与交换背景相同，因此大部分程序可以在新的上下文中重复使用。

这里的关键过程是从其他项目中获取想法（甚至是代码行），并将它们组合在一起，测试你一直在做的事情。自底向上的编程非常接近于“调试一张白纸” 。调试是自底向上设计或编程的关键技能。

10.3 测试程序

很难很好地测试你的程序，尤其是对于一名新的程序员。你写了代码，所以你假定它做了你希望做的事！成为一名优秀的测试人员需要非常谦卑。你必须接受这样一个事实：你可能写错了，或者你可能没有完全理解要写什么。

测试程序有两种主要方法。一种称为“玻璃盒测试”，在这种方法中，你测试程序中每条可能的路径。这种方法之所以被称为“玻璃盒”，是因为你实际上是在查看程序，并思考如何测试程序的每一行。你知道程序的结构是什么，因此可以根据该结构进行测试。

为了对我们的冒险游戏进行玻璃盒测试，我们将在两个方向上遍历每扇门。例如，从 Porch 向北到达 Entryway，然后向南返回 Porch。你每次都会到达正确的地方吗？房间显示正确吗？我们将测试命令“help”“quit”和“exit”的响应是什么。这将确保测试程序的每一行。

第二种方法称为“黑盒测试”，你不会考虑程序是如何编写的。相反，你要考虑程序的行为应该如何，特别是响应有效和无效输入。玩家不一定输入正确的命令。玩家可能犯了错误并输错了某些内容，或者可能尝试一种他认为合理的命令，但你没有考虑过。

例如，我们对 pickRoom 函数进行黑盒测试。首先，我们应该测试 pickRoom 的所有正确输入，如下所示：

```
>>> pickRoom("north","Porch")
"Entryway"
>>> pickRoom("north","Entryway")
"Kitchen"
```

现在，我们尝试一些无效的输入：一些拼写错误和不应该有效的东西。

```
>>> pickRoom("nrth","Porch")
>>> pickRoom("Entryway","Porch")
```

这是一个真正的问题。作为无效输入的响应，pickRoom 不会返回任何内容。如果我们尝试用该响应来设置变量 location，将无法获得有效的房间。变量 location 将为空。而且，玩家不会得到任何错误的回应。

我们需要更改 pickRoom，以便在没有其他响应匹配的情况下，提供某种合理的回复，返回合理的值。可能最合理的返回就是同一个房间，让玩家留在他所在的地方。

程序 131：改进后冒险游戏的 pickRoom

```
def pickRoom(direction, room):
  if (direction == "quit") or (direction == "exit"):
    printNow("Goodbye!")
    return "Exit"
  if direction == "help":
    showIntroduction()
    return room
  if room == "Porch":
    if direction == "north":
      return "Entryway"
  if room == "Entryway":
    if direction == "north":
      return "Kitchen"
    if direction == "east":
      return "LivingRoom"
    if direction == "south":
      return "Porch"
  if room == "Kitchen":
    if direction == "east":
      return "DiningRoom"
    if direction == "south":
      return "Entryway"
  if room == "LivingRoom":
    if direction == "west":
      return "Entryway"
    if direction == "north":
      return "DiningRoom"

  if room == "DiningRoom":
    if direction == "west":
      return "Kitchen"
    if direction == "south":
      return "LivingRoom"
```

```
        printNow("You can’t (or don’t want to) go in that direction.")
        return room
```

现在，我们的程序将更合理地响应不正确的输入。

```
>>> pickRoom("nrth","Porch")
You can’t (or don’t want to) go in that direction.
'Porch'
>>> pickRoom("Entryway","Porch")
You can’t (or don’t want to) go in that direction.
"Porch"
```

这里的第一行是说输入的方向是不允许的，第二行（'Porch'）是玩家现在所在的房间。

测试边界条件

专业程序员对每个程序进程大量测试，确保它按他们期望的方式工作。他们关注的黑盒测试项之一是测试“边界条件”。程序应该使用的最小输入是什么？程序应该使用的最大输入是什么？通过测试边界条件，确保程序可以使用最小和最大可能的输入。

你也可以使用这个策略来测试操作媒体的程序。假设你的图片处理程序因特定图片而失败（产生错误或似乎不会停止），你已尝试跟踪该程序，但无法弄清楚它失败的原因。尝试使用不同的图片。它适用于较小的图片吗？空白（全白或全黑）图片怎么样？也许你会发现你的程序能工作，但速度太慢，以至于你认为它不适用于较大的图片。

有时操作索引的函数（例如缩放程序）可能在一个大小的图片上失败，但在另一个大小的图片上成功。例如，镜像程序可能在奇数个索引时能工作，但在偶数个索引时不能工作。尝试使用不同大小的输入，来查看哪些成功、哪些失败。

10.4 关于调试的提示

如果程序能运行，但没有做你想做的事，如何弄清楚程序正在做什么？这是调试的过程。调试就是弄清楚程序正在做什么，它与你想要它做的有什么不同，以及如何让程序从它现在的状态到达你想要的状态。

从错误消息开始是最简单的调试。你有一些来自 Python 的指示，说明错误是什么，你对错误的位置有所了解（一个行号）。这告诉你查看哪里，从而解决问题，让错误消失。

更难的调试是程序能运行，但没有做你想做的事情。现在你必须弄清楚程序正在做什么，以及你希望它做什么。

第一步始终是“弄清楚程序正在做什么”。无论你是否有明确的错误消息，这始终是第一件要做的事。如果出现错误，那么重要的问题就是程序为什么会运行到那里，以及在那里出现了哪些变量值，导致发生错误。

计算机科学思想：学会追踪代码

调试程序时，最重要的是能够追踪代码。像计算机那样考虑你的程序。查看每行代码，确定它的作用。

通过查看代码来开始调试，至少是发生错误的代码行周围。这个错误说的是什么？可能导致错误的原因是什么？该点之前和之后变量的值是多少？有趣的问题是为什么现在发生错误。为什么不在程序的早期发生？

如果可以，应运行该程序。让计算机告诉你发生了什么，而不是自己去想明白，这总是比较容易。也就是说，简单地执行函数不会给你答案。在代码中添加 print 语句，以显示变量的值。

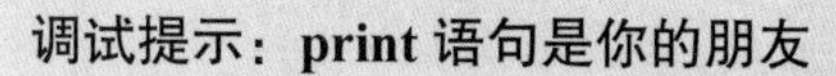

调试提示：print 语句是你的朋友

打印出程序中正在发生的事情。如果你无法通过跟踪程序来确定发生的事情，则应当这样做。打印出那些非常复杂的方程式的值。打印出简单的句子，例如“I'm in this function now!（我在这个函数中！）”，这让你知道，你进入了你认为正在调用的函数。让计算机告诉你它在做什么。

有时候，特别是在循环中，你会愿意使用 printNow。由于 printNow 一旦出现就将输入字符串打印到命令区，因此对于调试来说，它比 print 更有用。你希望能够看到正在发生的事情。

调试提示：不要害怕改变程序

保存程序的新副本，然后删除你感到困惑的所有部分。你可以让剩下的程序运行吗？现在开始从程序的原始副本中加回那些片段（复制 — 粘贴）。更改程序，以便一次只运行其中的一部分，这是确定正在发生事情的好方法。

10.4.1　寻找要担心的语句

通常最难弄清楚的错误是看起来很好的代码。空格错误和不匹配的括号就属于这种类型。这些错误在大型程序中特别难以找到，这时错误只是说在给定代码行周围“某处”存在问题，但 Python 并不确定在哪里。

找出错误有一个历史悠久的策略，就是去掉你能确定无错的所有语句。只需在你认为无错的语句前面加上“#”即可。如果你注释掉 if 或 for，应确保也注释掉该语句之后的语句块。现在再试一次。

如果错误消失了，那么你错了——你实际上已经注释掉了问题所在的语句。取消注释，然后再试一次。如果错误消息又回来了，那就说明错误就位于你刚刚取消注释的行之一。

如果错误仍然存在，那么现在只需要检查几个语句——还没有注释的那些语句。最终，要么错误消失，要么你有一行未注释。无论哪种情况，你现在都可以找出错误的位置。

10.4.2　查看变量

除了打印之外，JES 还内置了一些其他工具，帮助你弄清楚程序正在做什么。showVars 函数将显示在它执行时所有的变量及其值（图 10.3）。它将向你显示当前上下文中的变量和全局上下文中的变量（甚至可以从命令区访问）。你可以在命令区中使用 showVars()来查看你在那里创建的变量——也许你已经忘记它们的名字，或者想一次看到几个变量中的值。

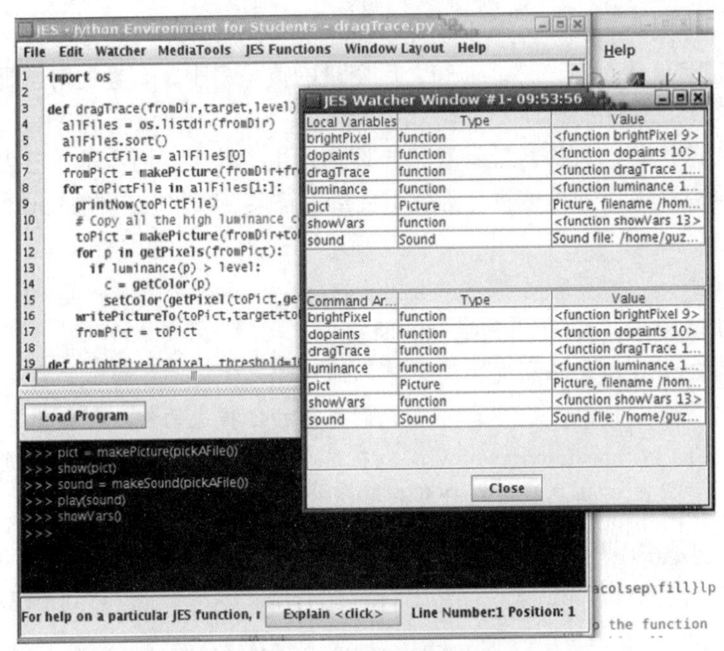

图 10.3 在 JES 中显示变量

JES 中另一个强大的工具是"Watcher（观察器）"。观察器允许你查看程序执行时正在执行的行。图 10.4 展示了观察器运行程序 38 中的 makeSunset()函数的情况。我们只需打开观察器（从 Debug 菜单或 Watcher 按钮），然后正常使用命令区。每次执行我们自己的函数时，观察器都会运行。

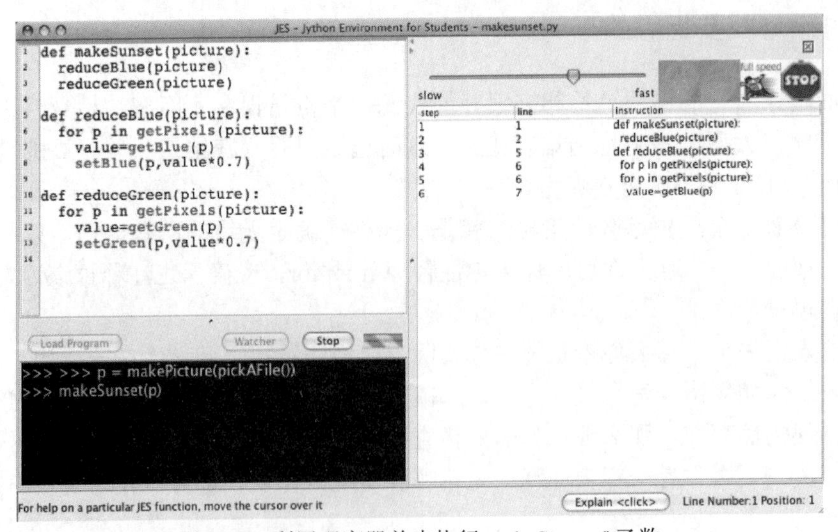

图 10.4 利用观察器单步执行 makeSunset()函数

```
def makeSunset(picture):
  reduceBlue(picture)
  reduceGreen(picture)

def reduceBlue(picture):
  for p in getPixels(picture):
    value=getBlue(p)
```

```
    setBlue(p,value*0.7)

def reduceGreen(picture):
  for p in getPixels(picture):
    value=getGreen(p)
    setGreen(p,value*0.7)
```

我们可以 Pause（暂停）执行，然后从那里 Step（单步）执行。我们还可以 Stop（停止）执行、Full Speed（全速）运行甚至可以设置从慢速到快速。当观察器打开时，程序将运行得更慢。程序运行得越快，显示的信息就越少（即并非每行执行的代码都会显示在观察器中）。

除了单步执行并查看何时执行哪些语句外，你还可以观察特定变量。单击“Add Variable（添加变量）”后，系统将提示你输入变量的名称。然后，当观察器运行时，变量的值将与该行一起显示。当变量还没有值时，你也会看到它（图 10.5）。

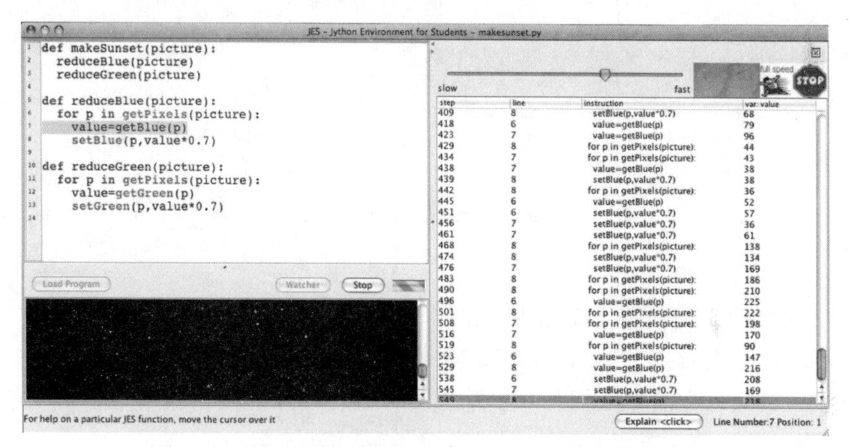

图 10.5 利用观察器监视 makeSunset()函数中的变量值

10.4.3 调试冒险游戏

让我们在冒险游戏中使用其中一些技巧。我们在冒险游戏中遇到的问题是它基本上能工作！没有产生明显的错误消息。通过测试过程，我们能够发现没有正确处理无效输入。还有什么可能是问题呢？

让我们来看看运行程序时会发生什么：

```
>>> playGame()
Welcome to the Adventure House!
In each room, you will be told
 which directions you can go.
You can move north, south, east, or west
 by typing that direction.
Type help to replay this introduction.
Type quit or exit to end the program.
You are on the porch of a frightening looking house.
The windows are broken. It’ s a dark and stormy night.
You can go north into the house. If you dare.
You are in the entry way of the house.
 There are cobwebs in the corner.
You feel a sense of dread.
There is a passageway to the north and another to the east.
```

```
The porch is behind you to the south.
You are in a living room.
There are couches, chairs, and small tables.
Everything is covered in dust and spider webs.
You hear a crashing noise in another room.
You can go north or west.
You are in the dining room.
There are remains of a meal on the table.
  You can't tell what it is,
 and maybe don't want to.
Was that a thump to the west?
You can go south or west.
You are in the kitchen.
All the surfaces are covered with pots,
 pans, food pieces, and pools of blood.
You think you hear something up the stairs
 that go up the west side of the room.
It's a scraping noise, like something being dragged
 along the floor.
You can go to the south or east.
You are in the entry way of the house.
 There are cobwebs in the corner.
You feel a sense of dread.
There is a passageway to the north and another to the east.
The porch is behind you to the south.
Goodbye!
```

这有什么问题？以下是打印输出中的两个问题：

1．很难回过头去看哪个房间是哪个。房间描述的边界模糊，混在一起。

2．不能回过头去弄清楚我们在哪里输入了什么。如果这是一张有很多房间的大地图，我们希望能够向后滚动，找出我们去不同房间要输入的命令。

我们来处理第一个问题。我们需要在房间描述之间出现某种空白或分隔符。我们在哪里加入这样的语句呢？当然，它必须在顶层主循环内。它可以放入 showRoom 函数，也许作为第一行。或者它可以放入顶层函数，就在我们展示房间之前或之后。

最好在子函数中进行细节更改，基于这一点，我们更改 showRoom。

程序 132：改进冒险游戏的 showRoom

```
def showRoom(room):
  printNow("==========")
  if room == "Porch":
    showPorch()
  if room == "Entryway":
    showEntryway()
  if room == "Kitchen":
    showKitchen()
  if room == "LivingRoom":
    showLR()
  if room == "DiningRoom":
    showDR()
```

现在，我们来处理第二个问题。我们应该打印出玩家输入的内容。我们必须在调用 requestString 之后执行此操作。同样，此更改可以位于顶层循环中，也可以位于 pickRoom 的开头。两者都可行。这一次，我们采取相反的选择。函数 pickRoom 已经相当复杂了。我们在玩家做出选择后立即给出回应。

程序 133：改进后冒险游戏的 playGame

```
def playGame():
  location = "Porch"
  showIntroduction()
  while not (location == "Exit") :
    showRoom(location)
    direction = requestString("Which direction?")
    printNow("You typed: "+direction)
    location = pickRoom(direction, location)
```

现在可以尝试调试后的程序。

```
>>> playGame()
Welcome to the Adventure House!
In each room, you will be told
 which directions you can go.
You can move north, south, east, or west
 by typing that direction.
Type help to replay this introduction.
Type quit or exit to end the program.
===========
You are on the porch of a frightening looking house.
The windows are broken. It' s a dark and stormy night.
You can go north into the house. If you dare.
You typed: north
===========
You are in the entry way of the house.
 There are cobwebs in the corner.
You feel a sense of dread.
There is a passageway to the north and another to the east.
The porch is behind you to the south.
You typed: east
===========
You are in a living room.
There are couches, chairs, and small tables.
Everything is covered in dust and spider webs.
You hear a crashing noise in another room.
You can go north or west.
You typed: north
===========
You are in the dining room.
There are remains of a meal on the table.
  You can' t tell what it is,
 and maybe don' t want to.
Was that a thump to the west?
You can go south or west.
You typed: west
===========
You are in the kitchen.
All the surfaces are covered with pots,
 pans, food pieces, and pools of blood.
You think you hear something up the stairs
 that go up the west side of the room.
It's a scraping noise, like something being dragged
 along the floor.
You can go to the south or east.
You typed: south
```

```
===========
You are in the entry way of the house.
 There are cobwebs in the corner.
You feel a sense of dread.
There is a passageway to the north and another to the east.
The porch is behind you to the south.
You typed: exit
Goodbye!
```

10.5 算法和设计

算法是一般的过程描述，可以用任何具体的编程语言实现。算法知识是专业程序员工具箱中的工具之一。到目前为止，我们已经看到了几种算法：

- 采样算法是一个过程，可用于向上或向下移动声音频率、放大或缩小图像。我们不必谈论循环或递增源对象或目标对象索引来描述采样算法。采样算法的工作原理是改变我们将样本或像素从源复制到目标的方式——不是取每个样本或像素，而是每隔一个采样/像素取一个，或每个采样/像素取两次，或其他一些采样模式。
- 我们还看到了如何将像素或样本从源对象复制到目标对象。只要跟踪在源和目标中的位置。
- 我们已经看到，对于像素和样本，混合基本上相同。我们对要求的每个像素或样本应用权重，然后将加权后的值相加，以创建混合声音或混合图片。

算法在设计中的作用在于，允许我们在基本程序代码之上，抽象出要设计程序的描述。专业程序员知道很多算法，这使他们能够在更高层面上思考程序设计问题。我们可以谈论图片负片和镜像图片负片，而不是谈论循环或源对象和目标对象索引。我们可以专注于更抽象的名称，如“镜像”，而不是关注代码。

程序员对所知道的算法也有很多了解。他们知道如何使算法有效，何时它们无用，以及它们可能存在的问题。例如，我们知道在放大声音时，必须注意不要超出声音的边界。在执行速度和需要多少内存方面，有较好的算法和较差的算法。我们将在第13章中详细介绍算法的速度。

在这个程序中，我们做出的决定可能有不同的选择。例如，我们在程序代码中描述了房间以及它们如何相互连接。我们可以设想将描述作为字符串存储在变量中。我们甚至可以使用其他数据结构（如数组或序列）来描述房间如何相互连接。然后程序看起来会非常不同。它将处理变量中的数据，而不是描述房间本身。在编写程序的替代方法中做出选择，这称为设计程序。我们可以考虑程序的设计，即可能的决策及其优缺点，完全与程序代码本身分离。

10.6 连接到函数外的数据

今天的游戏通常具有非玩家角色（NPC），它是游戏中不受用户控制的角色。让我们为游戏添加幽灵。幽灵将出现在一个房间，然后消失。重新访问那个房间将不再显示幽灵。但是，如果你访问第二个特定的房间，幽灵会出现，然后消失。现在，它会在第一个房间再次出现。

从编程角度来看，这是一个有挑战的问题。我们的幽灵不需要出现在每个函数中。将幽灵的状态作为输入传入每个函数可能有点过分，但是我们需要至少从不同的函数（两个房间的显示函数）访问幽灵数据，即它应该出现在哪个房间。

这是软件工程中的一般问题。我们如何访问程序的不同模块或部分（但不是所有部分）所需的数据，并且这样做不会以某种方式搞乱数据？在这个例子中，我们将使用一个 global（全局）变量解决它，它能工作，但不是解决该问题的最佳方法。

我们将在文件顶部创建一个 ghost 变量，在 playGame 函数之前。

```
ghost = 0

def playGame():
  location = "Porch"
  showIntroduction()
  while not (location == "Exit") :
    showRoom(location)
    direction = requestString("Which direction?")
    printNow("You typed: "+direction)
    location = pickRoom(direction, location)
```

在所有其他函数之前和之外执行 ghost = 0，会在文件作用域内创建一个变量。它不是任何函数的局部变量。但这会产生问题。如果在另一个函数中访问变量 ghost，它将作为该函数的局部作用域。如何告诉 Python 访问文件作用域内的变量 ghost？

global 语句告诉 Python，“在此作用域之外查找该变量。”我们可以重写两个房间的描述，以使用 ghost 变量。

程序 134：添加对 Ghost 全局变量的访问

```
def showEntryway():
 global ghost
 printNow("You are in the entry way of the house.")
 printNow(" There are cobwebs in the corner.")
 printNow("You feel a sense of dread.")
 if ghost == 0:
   printNow("You suddenly feel cold.")
   printNow("You look up and see a thick mist.")
   printNow("It seems to be moaning.")
   printNow("Then it disappears.")
   ghost = 1
 printNow("There is a passageway to the north and another to the east.")
 printNow("The porch is behind you to the south.")

def showKitchen():
 global ghost
 printNow("You are in the kitchen. ")
 printNow("All the surfaces are covered with pots,")
 printNow(" pans, food pieces, and pools of blood.")
 printNow("You think you hear something up the stairs")
 printNow(" that go up the west side of the room.")
 printNow("It’s a scraping noise, like something being dragged")
 printNow(" along the floor.")
 if ghost == 1:
```

```
            printNow("You see the mist you saw earlier.")
            printNow("But now it’ s darker, and red.")
            printNow("The moan increases in pitch and volume")
            printNow(" so now it sounds more like a yell!")
            printNow("Then it’ s gone.")
            ghost = 0
          printNow("You can go to the south or east.")
```

如果 ghost 变量为 0，则在 Entryway 中出现幽灵（出现一条幽灵描述）。但是一旦它出现在 Entryway 中，ghost 变量的值就会变为 1。现在，如果值为 1，则 ghost 将显示在 Kitchen 中，然后将值改回 0。

程序的运行展示了幽灵的出现和消失。

```
>>> playGame()
Welcome to the Adventure House!
In each room, you will be told
 which directions you can go.
You can move north, south, east, or west
 by typing that direction.
Type help to replay this introduction.
Type quit or exit to end the program.
===========
You are on the porch of a frightening looking house.
The windows are broken. It’ s a dark and stormy night.
You can go north into the house. If you dare.
You typed: north
===========
You are in the entry way of the house.
 There are cobwebs in the corner.
You feel a sense of dread.
You suddenly feel cold.
You look up and see a thick mist.
It seems to be moaning.
Then it disappears.
There is a passageway to the north and another to the east.
The porch is behind you to the south.
You typed: east
===========
You are in a living room.
There are couches, chairs, and small tables.
Everything is covered in dust and spider webs.
You hear a crashing noise in another room.
You can go north or west.
You typed: west
===========
You are in the entry way of the house.
 There are cobwebs in the corner.
You feel a sense of dread.
There is a passageway to the north and another to the east.
The porch is behind you to the south.
You typed: north
===========
You are in the kitchen.
All the surfaces are covered with pots,
 pans, food pieces, and pools of blood.
You think you hear something up the stairs
 that go up the west side of the room.
It’s a scraping noise, like something being dragged
 along the floor.
```

```
You see the mist you saw earlier.
But now it' s darker, and red.
The moan increases in pitch and volume
  so now it sounds more like a yell!
Then it' s gone.
You can go to the south or east.
You typed: east
===========
You are in the dining room.
There are remains of a meal on the table.
  You can' t tell what it is,
 and maybe don' t want to.
Was that a thump to the west?
You can go south or west.
You typed: west
===========
You are in the kitchen.
All the surfaces are covered with pots,
 pans, food pieces, and pools of blood.
You think you hear something up the stairs
 that go up the west side of the room.
It's a scraping noise, like something being dragged
 along the floor.
You can go to the south or east.
You typed: south
===========
You are in the entry way of the house.
 There are cobwebs in the corner.
You feel a sense of dread.
You suddenly feel cold.
You look up and see a thick mist.
It seems to be moaning.
Then it disappears.
There is a passageway to the north and another to the east.
The porch is behind you to the south.
You typed: exit
Goodbye!
```

使用全局变量确实能工作。但它也造成了一个问题。想象一下，你离开该程序，并在几个月后回来做一些更改。现在，你希望幽灵出现在 3 个不同的房间里。你将 ghost 的值设置为"DiningRoom"——忘记了你最初使用的是整数值。哪个整数值代表什么房间？ghost 的值现在遍布整个程序，没有一个地方可以清楚地表明值是什么意思（例如，0 表示 Entryway，1 表示 Kitchen）。

全局变量易于使用，它们解决了将不同模块与共享数据连接的问题。但是，它们更难维护。这是几十年前发现的问题，并且针对该问题存在许多不同的解决方案。目前，我们将使用简单但不强大的全局变量解决方案。

10.7 在 JES 之外运行程序

Python 程序可以以多种方式运行。如果你构建更大、更复杂的程序，会希望在 JES 之外运行它们。你在本书中学到的内容可直接在 Python（或 Jython）中使用。像 for 和 print 这样的命令在 Python 和 Jython 中都有效，像 ftplib 和 urllib 这样的系统库在 Python 和 Jython 中完全相同。

但是，我们使用的媒体工具并不是 Python 或 Jython 内置的。可以在 Python 中使用媒体库。像 Myro 这样的 Python 实现包含了与 JES 中相同的图像函数。还有 Python Imaging Library（PIL）提供了类似的函数，但具有不同的函数名。

你可以使用 Jython 中提供的库。我们的媒体库只需要几个额外的命令即可在 Jython 中运行。图 10.6 展示了在 Linux 中使用 Jython 中的媒体库。

图 10.6 使用 Jython 在 Linux 中的 JES 之外执行媒体函数

以下是我们如何使媒体函数在传统的 Jython 中运行。

- 为了查找要导入（import）的模块，Python 使用名为 sys.path 的变量（来自内置系统库 sys）来列出应查找模块的所有目录。要在 Jython 中使用 JES 媒体库，则需要将这些模块文件的位置放在 sys.path 中。（这就是 setLibPath 在 JES 中为你所做的。）

你需要导 import sys 才能访问 sys.path 变量。为了操作该变量，我们使用 append 方法将 JES Sources 目录放在库目录路径的末尾（参见图 10.6）。在 Macintosh 上，你需要在 JES 应用程序中引用 Java 和 Jython 代码，输入的内容类似于 sys.path.append("/users/guzdial/JES.app/Contents/Resources/Java")。

- 然后，你使用 from media import *，让 pickAFile 和 makePicture 这样的函数在 Jython 中可用。

实际上，每次按下“Load”按钮时，语句 from media import *都会插入到程序区中（你们学生程序员看不见）。这就是你的程序可以使用 JES 的特殊媒体函数的原因。

以下是从 Linux 生成图 10.6 中的图像的方法。

```
guzdial@guzdial-laptop:~$ jython
Jython 2.2.1 on java1.6.0_07
Type "copyright", "credits" or "license" for more
```

```
  information.
>>> import sys
>>> sys.path.append("/media/MyUSB/jes-4-0/Sources")
>>> from media import *
>>> p = makePicture(pickAFile())
>>> show(p)
```

弗吉尼亚理工大学的 Manuel A. Pérez-Quiñones 博士和他的学生们想出了如何在 Mac OS X 中使用 Jython 中的媒体库。他们用一个 UNIX shell 文件启动 Jython，看起来如下：

```
# Running the jython inside of JES (assumes jes-4-3.app
# is in the /Applications folder and jython is inside the
# JES app, which is the default configuration)

# Set some variables
# (the next two are of my own creation, no special meaning
# beyond this use)
# This is the path on the Mac to where the java/jython
# files are stored JESHOME="/Applications/jes-4-3.app/
# Contents/Resources/Java"

# These are all the jar files that JES uses, they are all
# at the directory above JESJARS=$JESHOME/AVIDemo.jar:$
# JESHOME/customizer.jar:$JESHOME/jl1.0.jar:$JESHOME/
# jmf.jar:$JESHOME/junit.jar:$JESHOME/jython.jar:$JESHOME/
# mediaplayer.jar:$JESHOME/multiplayer.jar

# run jython
# some of the extra options are from jython documentation
# you need to setup several paths: CLASSPATH for java to
# find jars, and jython.home for jython to find some python
# files (for now, one more below)
java -Xmx512m -Xss1024k -Dfile.encoding=UTF-8 -classpath
$JESJARS:$CLASSPATH -Dpython.home=$JESHOME/jython-2.2.1
-Dpython.executable=./jython org.python.util.jython
```

然后，在 Jython 中输入：

```
>>> import sys
>>> sys.path.insert(0, "/Applications/jes-4-3.app/
    Contents/Resources/Java/")
>>> from media import *    # import them
>>> #Then everything should work
>>> show(makePicture(pickAFile()))
```

编程小结

printNow	在程序仍在运行时立即打印函数的输入。而 print 在程序完成执行之前不会打印输入
requestString	显示带有输入提示的对话框，接受来自用户的字符串，并返回该字符串。JES 中也存在类似的函数 requestNumber，requestInteger 甚至 requestIntegerInRange（它将输入的整数限制在两个输入值之间）
showVars	显示所有已有的变量及其值
while	只要 while 语句中指定的测试为真，就循环执行 while 语句后面的语句块中的语句
global	向 Python 声明，一个命名变量应该在此函数的局部上下文之外找到

问题

10.1 通常情况下，在程序运行、调试无误且经过充分测试之后，才会优化程序（使其运行速度更快或内存使用更少）。（当然，在每次优化修改后，你仍然需要再次测试。）下面是我们可以对冒险游戏进行的优化。目前，showRoom 会将 room 变量与每个可能的房间进行比较，即使它之前已匹配过。Python 为我们提供了一种只测试一次的方法，使用 elif 而不是 if 语句。语句 elif 表示“else if”。只有前面的 if 为假，才测试 elif 语句。你可以在 if 之后接任意多个 elif 语句。你可以如下使用它：

```
if (room == "Porch"):
  showPorch()
elif (room == "Kitchen"):
  showKitchen()
```

使用 elif 更优化地重写 showRoom 方法。

10.2 像 pickRoom 这样的函数，使用了许多嵌套的 if 语句，很难阅读。通过适当使用注释来解释代码的每个部分正在做什么（检查房间，然后检查房间中可能的方向），函数可以更清楚。试为 pickRoom 添加注释，使其更易于阅读。

10.3 为所有方法添加注释，让其他人更容易阅读该函数。

10.4 为玩家添加另一个全局变量，名为 hand（手）。让手最初是空的。更改说明，使得在起居室中有一把“钥匙”。如果玩家在起居室内键入命令 key，则钥匙会拿在手中。现在，如果玩家在进入 Kitchen 时有钥匙，则可以上楼梯，让玩家“west（向西）”走上楼梯。你必须为游戏添加一些房间，以便完成这项工作。

10.5 提供从 Porch 走向下（down）的功能，探索秘密的地下世界。

10.6 在玩家手中添加额外的秘密物品，从而允许访问不同的房间，例如灯笼（lantern），允许访问 Porch 下的隧道。

10.7 在 Dining Room 中添加“炸弹”。如果玩家在 Dining Room 输入 bomb，炸弹就会拿在手中。如果玩家在食人魔（Ogre）所在的楼上输入 bomb，则炸弹就会爆炸，食人魔会被炸成碎片。

10.8 添加玩家输掉游戏的功能（可能会死亡）。当玩家输了，游戏应该打印发生的事情，然后游戏退出。也许在玩家手中没有炸弹的情况下发现食人魔会让玩家输掉游戏。

10.9 添加玩家在游戏中获胜的功能。当玩家获胜时，游戏应该打印发生的事情并退出游戏。也许在 Porch 下找到秘密宝藏房间会让玩家在游戏中获胜。

10.10 房间描述不必完全是文字的。当玩家进入特定房间时播放相关声音。使用 play，以便在播放声音时继续玩游戏。

10.11 房间描述可以是视觉的、文字的和听觉的。进入房间时显示与房间相关的图片。作为额外加分，只 show 图片一次，如果重新进入该房间，就 repaint 该图片，将它重新放回最前面。

10.12 这个冒险游戏中，房间的名称出现在几个地方，这可能是错误出现的来源。如果餐厅在一个地方拼写为“DiningRoom”，在另一个地方拼写为“DinngRoom”（缺少第二个“i”)，游戏将无法正常工作。你添加的房间越多，输入房间名称的位置越多，出现错误的可能性就越大。

有几种方法可以使这个错误不太可能发生：

- 不要使用字符串命名房间。作为替代，使用数字。输入和检查“4”比“DiningRoom”更容易。
- 使用一个变量表示 DiningRoom，并用该变量来检查位置。然后，你是用数字还是用字符串（字符串更容易阅读和理解）就不重要了。

使用其中一种技术重写冒险游戏，减少潜在错误。

10.13　目前，用户在输入方向时必须正确使用大小写。对字符串使用 lower()方法（在第 3 章中已经介绍），让输入全部变成小写，使得“North”和“north”都可以作为输入。

10.14　让我们重新开始一张新地图。下面是一座城堡的地图。

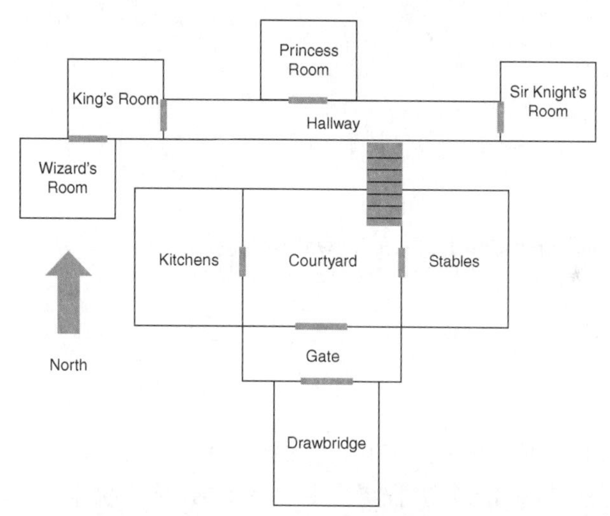

基于这张地图创建一个新的冒险游戏。可想象《指环王》或者《权力的游戏》。玩家应该从 Drawbridge（吊桥）上开始。

10.15　在城堡游戏中，玩家必须正确回答谜语或提供口令才能通过 Courtyard（庭院）。将这一点添加到你的游戏中。

10.16　游戏通常有非玩家角色（NPC），这些角色不受玩家控制。在城堡游戏中添加邪恶巫师。当你第一次玩游戏时，邪恶巫师在庭院（Courtyard）里，他的描述说他在院子里，但随后就消失了。在你第一次之后再进入庭院时，每隔一次邪恶向导才出现在说明中。但如果你进入巫师的房间（Wizard's Room），可以在那里找到邪恶巫师。你打败了他并赢得比赛。

10.17　利用第 3 章中的 in 运算符，为城堡游戏提供一些灵活性。允许庭院（Courtyard）中的玩家用“north（向北）”或“up（向上）”走到上部走廊（Hallway），用“down（向下）”或“south（向南）”从走廊返回庭院。

10.18　函数 printNow 不是在程序运行期间向用户显示信息的唯一方法。我们也可以使用函数 showInformation，它以一个字符串作为输入，然后将其显示在对话框中。目前，我们的 showRoom 子函数假定通过 printNow 显示房间信息。如果 showPorch 之类的函数返回了带描述的字符串，则 showRoom 函数可以用 printNow 或 showInformation 来显示房间描述。

重写显示房间函数，返回字符串，然后修改 showRoom，在打印房间信息和对话框中显示信息之间能够轻松地更改。

10.19 考虑下面的程序：

```
def testMe(p,q,r):
  if q > 50:
    print r
  value = 10
  for i in range(1,p):
    print "Hello"
    value = value - 1
  print value
  print r
```

如果执行 testMe(5,51,"Hello back to you!")，会打印什么？

10.20
```
def newFunction(a, b, c):
    print a
    list1 = range(1,5)
    value = 0
    for x in list1:
        print b
        value = value +1
    print c
    print value
```

如果通过键入 newFunction("I", "you", "walrus")调用前面的函数，计算机将打印什么？

深入学习

如今的文本冒险游戏通常称为“交互式小说”。有一些网站和打包的软件，你可以下载并玩互动小说。更好的是，有一些编程语言专门用于构建视频游戏，如 Inform 7。

关于软件工程，最好的书可能是 Frederick P. Brooks 的《人月神话（第 2 版）》。Brooks 指出，开发软件的许多问题是组织问题。我们强烈推荐这本书。

第3部分 文本、文件、网络、数据库和统一媒体

第 11 章 使用方法操作文本和文件

本章学习目标

本章的媒体学习目标是：

- 以套用信函方式生成文本
- 操作结构化文本，例如电话和地址列表
- 生成随机结构化文本

本章的计算机科学目标是：

- 使用点表示法访问对象组件
- 读取和写入文件
- 了解像树这样的文件结构
- 编写操作程序的程序，从而产生强大的思想，如解释器和编译器
- 使用 Python 标准库中的模块，例如 random 和 os 中的工具
- 了解 Python 标准库中可用的功能
- 扩展对导入功能的理解

11.1 作为统一媒体的文本

麻省理工学院媒体实验室的创始人 Nicholas Negroponte 表示，使计算机多媒体成为可能的原因在于，计算机实际上是“统一媒体（unimedia）”。计算机实际上只能理解一件事：0 和 1。我们可以将计算机用于多媒体，因为任何媒体都可以编码为 0 和 1。

他可能一直在谈论文本作为统一媒体。我们可以将任何媒体编码为文本。比使用 0 和 1 更好的是，我们可以阅读文本。在本书的后面，我们将声音映射为文本，然后再映射回声音，我们对图片也做同样的事情。但是，一旦采用文本作为媒体，我们就不必回到原始媒体：我们可以将声音映射到文本，然后再映射到图片，从而创建声音的可视化。

万维网主要是文本。访问任何网页，然后转到 Web 浏览器的菜单并选择“查看源代码”。你将看到的是文本。每个网页实际上都是文本。文本引用了查看页面时出现的图片、声音和动画，但页面本身被定义为文本。文本中的单词采用一种表示法，称为超文本标记语言（HTML）。

在本章中，我们继续探索文本。我们在第 3 章中将文本作为媒体进行操作，之后我们操作了图片和声音。本章处理更多的结构化文本，这使我们可以进行更复杂的操作。

11.2 操作部分字符串

我们使用方括号表示法（[]）来引用字符串的部分。

- string[n] 返回字符串中的第 n 个字符，字符串中第一个字符的索引为 0。
- string[n:m] 返回字符串切片，从第 n 个字符开始，直到但不包括第 m 个字符（类似于 range()函数的工作方式）。你可以选择省略 n 或 m。如果省略 n，则假定它为 0（字符串的开头）；如果省略 m，则假定它是字符串的结尾。我们也可以在两端使用负数，从那一侧剪裁指定的那么多个字符。

我们可以将字符串的字符看成在盒子中，每个字符都有自己的索引号。

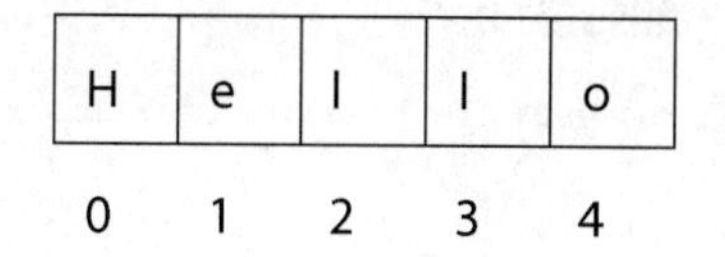


```
>>> hello = "Hello"
>>> print hello[1]
e
>>> print hello[0]
H
>>> print hello[2:4]
ll
>>> print hello
Hello
>>> print hello[:3]
Hel
>>> print hello[3:]
lo
>>> print hello[:]
Hello
>>> print hello[-1:]
o
>>> print hello[:-1]
Hell
```

11.2.1 字符串方法：介绍对象和点表示法

Python 中的所有东西实际上不仅仅是一个值——它是一个对象。对象将数据（如数字、字符串或列表）与可以作用于该对象的方法组合在一起。方法类似于函数，但它们不是全局可访问的。你不能以执行 pickAFile()或 makeSound()的方式来执行方法。方法是只能通过对象访问的函数。

Python 中的字符串是对象。它们不只是字符序列——它们还具有不可全局访问的方法，但只有字符串才知道。要执行字符串的方法，就使用点表示法，即键入 object.method()这样的形式。

只有字符串知道的一个示例方法是 capitalize()。它将调用它的字符串首字母大写。它不适用于一个函数或一个数字。

```
>>> test="this is a test."
>>> print test.capitalize()
This is a test.
>>> print capitalize(test)
A local or global name could not be found. You need
to define the function or variable before you try to
use it in any way.
```

```
NameError: capitalize
>>> print 'this is another test'.capitalize()
This is another test
>>> print 12.capitalize()
Your code contains at least one syntax error, meaning
it is not legal jython.
```

有许多有用的字符串方法。

- startswith(prefix)返回 true，如果字符串以给定前缀 prefix 开头。记住，Python 中的 true 为 1 或更大的值，false 为 0。

```
>>> letter = "Mr. Mark Guzdial requests the pleasure of your company..."
>>> print letter.startswith("Mr.")
1
>>> print letter.startswith("Mrs.")
0
```

- endswith(suffix)返回 true，如果字符串以给定后缀 suffix 结尾。endswith 对于检查文件名是否适合程序特别有用。

```
>>> filename="barbara.jpg"
>>> if filename.endswith(".jpg"):
...       print "It's a picture"
...
It's a picture
```

- find(str)和 find(str,start)以及 find(str,start,end)都在对象字符串中查找 str，并返回字符串开始的索引号。在可选参数的形式中，你可以告诉它从哪个索引号开始，甚至在哪里停止查找。

这非常重要：如果 find()方法失败，则返回-1。为什么是-1？因为任何从 0 到比字符串长度小 1 的值，都可以是找到搜索字符串的有效索引。

```
>>> print letter
Mr. Mark Guzdial requests the pleasure of your company...
>>> print letter.find("Mark")
4
>>> print letter.find("Guzdial")
9
>>> print len("Guzdial")
7
>>> print letter[4:9+7]
Mark Guzdial
>>> print letter.find("fred")
-1
```

还有 rfind(findstring)（以及带有可选参数的相同变体），从字符串的末尾向前搜索。

- upper()将字符串转换为大写。
- lower()将字符串转换为小写。
- swapcase()将全部大写变为小写，全部小写变为大写。
- title()将第一个字符变为大写，其余字符变为小写。

这些方法可以级联，即一个方法修改另一个方法的结果。

```
>>> string="This is a test of Something."
>>> print string.swapcase()
tHIS IS A TEST OF sOMETHING.
```

```
>>> print string.title().swapcase()
tHIS iS a tEST oF sOMETHING.
```

- isalpha()返回 true，如果字符串不为空，并且都是字母，即没有数字且没有标点符号。
- isdigit()返回 true，如果字符串不为空，并且都是数字。如果你正在检查某些搜索的结果，就可以使用这个方法。假设你正在编写一个程序来寻找股票价格。你希望解析出当前价格，而不是股票名称。如果弄错了，也许程序会进行你不希望的买入或卖出。你可以用 isdigit()自动检查结果。
- replace(search,replace)搜索 search 字符串，并将其替换为 replace 字符串。它返回结果，但不更改原始字符串。

```
>>> print letter
Mr. Mark Guzdial requests the pleasure of your company...
>>> letter.replace("a","!")
'Mr. M!rk Guzdi!l requests the ple!sure of your comp!ny...'
>>> print letter
Mr. Mark Guzdial requests the pleasure of your company...
```

11.2.2 列表：强大的结构化文本

列表是非常强大的结构，我们可以将它看成一种“结构化文本”。列表使用方括号来定义，其元素之间使用逗号，但它们可以包含任何内容，包括子列表。与字符串一样，你可以用方括号表示法来引用它的部分，并且可以用“+”将它们加在一起。列表也是序列，因此可以对它们使用 for 循环，遍历它们的各个部分。

```
>>> myList = ["This","is","a", 12]
>>> print myList
['This', 'is', 'a', 12]
>>> print myList[0]
This
>>> for i in myList:
...       print i
...
This
is
a
12
>>> print myList + ["Really!"]
['This', 'is', 'a', 12, 'Really!']
>>> anotherList=["this","has",["a",["sub","list"]]]
>>> print anotherList
['this', 'has', ['a', ['sub', 'list']]]
>>> print anotherList[0]
this
>>> print anotherList[2]
['a', ['sub', 'list']]
>>> print anotherList[2][1]
['sub', 'list']
>>> print anotherList[2][1][0]
sub
>>> print anotherList[2][1][0][2]
b
```

列表有一组方法，它们能理解，而字符串不能。

- append(something)将 something 放在列表最后。
- remove(something)从列表中删除 something（如果有）。
- sort()按字母顺序排列列表。
- reverse()反转列表。
- count(something)告诉我们列表中 something 的次数。
- max()和 min()是我们之前看到的函数，它们以列表作为输入，并为我们提供列表中的最大值和最小值。

```
>>> list = ["bear","apple","cat","elephant","dog","apple"]
>>> list.sort()
>>> print list
['apple', 'apple', 'bear', 'cat', 'dog', 'elephant']

>>> list.reverse()
>>> print list
['elephant', 'dog', 'cat', 'bear', 'apple', 'apple']
>>> print list.count('apple')
2
```

split(delimiter)是最重要的字符串方法之一，它将字符串转换为子字符串列表，在我们提供的 delimiter（分隔符）字符串上分隔。这让我们将字符串转换为列表。

```
>>> print letter.split(" ")
['Mr.', 'Mark', 'Guzdial', 'requests', 'the',
'pleasure', 'of', 'your', 'company...']
```

使用 split()，我们可以处理“格式化的文本”——文本部分之间的分隔是明确定义的字符，如来自电子表格的“制表符分隔的文本”或“逗号分隔的文本”。以下是使用结构化文本存储电话簿的示例。电话簿的行由换行符分隔，各部分由冒号分隔。我们可以按换行符拆分，然后按冒号拆分，从而得到子列表构成的列表。可以使用简单的 for 循环进行搜索。

程序 135：简单的电话簿应用程序

```
def phonebook():
  return """
Mary:893-0234:Realtor:
Fred:897-2033:Boulder crusher:
Barney:234-2342:Professional bowler:"""

def phones():
  phones = phonebook()
  phonelist = phones.split('\n')
  newphonelist = []
  for list in phonelist:
    newphonelist = newphonelist + [list.split(":")]
  return newphonelist

def findPhone(person):
  for people in phones():
    if people[0] == person:
      print "Phone number for",person,"is",people[1]
```

工作原理

这里有 3 个函数：第一个用于提供电话文本，第二个用于创建电话列表，第三个用于查找电话号码。

- 第一个函数 phonebook 创建了结构化文本，并将其返回。它使用了三引号，以便可以用换行符格式化行。格式是名字、冒号、电话号码、冒号和工作，然后是冒号和换行。

```
>>> print phonebook()

Mary:893-0234:Realtor:
Fred:897-2033:Boulder crusher:
Barney:234-2342:Professional bowler:
```

- 第二个函数 phones 返回所有电话的列表。它通过 phonebook 访问电话列表，然后将它按行拆分。split 的结果是一个列表，其中包含一些带冒号的字符串。然后 phones 中的循环使用 split，按冒号拆分每个字符串。于是，phones 返回一个列表的列表。

```
>>> print phones()
[[''], ['Mary', '893-0234', 'Realtor', ''],
['Fred', '897-2033', 'Boulder crusher', ''],
['Barney', '234-2342', 'Professional bowler', '']]
```

- 第三个函数 findPhone 以名字作为输入，找到相应的电话号码。它遍历 phones 返回的所有子列表，找到第一项（索引号 0）是输入名称的子列表。然后打印结果如下。

```
>>> findPhone('Fred')
Phone number for Fred is 897-2033
```

11.2.3 字符串没有字体

字符串没有“字体”（字母的特征外观）或“样式”（通常是粗体、斜体、下划线和应用于字符串的其他效果）与它们相关联。字体和样式信息用字处理器和其他程序添加到字符串上。通常，这些被编码为“样式延伸（style run）”。

样式延伸是字体和样式信息的单独表示，带有到字符串的索引，以显示改变应该发生的位置。例如，“The old brown fox runs”可能被编码为[[bold 0 6] [italics 8 12]]。

考虑带有样式延伸的字符串。你将这些相关信息的组合称为什么？这显然不是单一的值。可以用复杂列表来编码带有样式延伸的字符串吗？当然可以——我们可以用列表做任何事情！

大多数管理格式化文本的软件，会将带有样式延伸的字符串编码为“对象”。对象具有与之关联的数据，可能有几个部分（如字符串和样式延伸）。利用一些方法，对象知道如何对其数据进行操作，这些方法可能仅为该类型的对象所知。如果多个对象知道相同的方法名称，它可能会做同样的事情，但可能不是以相同的方式。

这里是预告。稍后将更详细地讨论对象。

11.3 文件：放置字符串和其他东西的地方

文件是硬盘上的、很大的、命名的字节集合。文件通常有“基本名称”和“文件后缀”。

文件 barbara.jpg 的基本名称为“barbara”，文件后缀为“jpg”，告诉你该文件是 JPEG 图片。

文件聚集在“目录”（有时称为“文件夹”）中。目录可以包含其他目录和文件。你的计算机上有一个基础目录，称为“根目录”。在使用 Windows 操作系统的计算机上，基础目录类似于 C:\。从基础目录到特定文件所访问的目录的完整描述称为“路径”。

```
>>> file=pickAFile()
>>> print file
C:\ip-book\mediasources\640x480.jpg
```

打印的路径告诉我们如何从根目录到达文件 640×480.jpg。我们从 C:\开始，选择目录 ip-book，然后选择目录 mediasources。

我们称这个结构为“树”（图 11.1）。我们称 C:\为树的根。树有分支，就是子目录。任何目录都可以包含更多目录（分支）或文件，文件称为“叶节点”。除了根之外，树的每个节点（分支或叶节点）都只有一个父分支节点，尽管一个父分支节点可以有多个子分支和叶节点。

如果我们要操作文件，特别是大量文件，就需要了解目录和文件。如果你正在处理一个大型网站，那么你将使用大量文件。如果你要处理视频，则每秒视频将有大约 30 个文件（单个帧）。你肯定不想为打开每一帧写一行代码。你希望编写程序遍历目录结构，处理 Web 或视频文件。

我们还可以在列表中表示树。因为列表可以包含子列表，就像目录可以包含子目录一样，这是一种非常简单的编码。重要的是，列表允许我们表示复杂的层次关系，如树（图 11.2）。

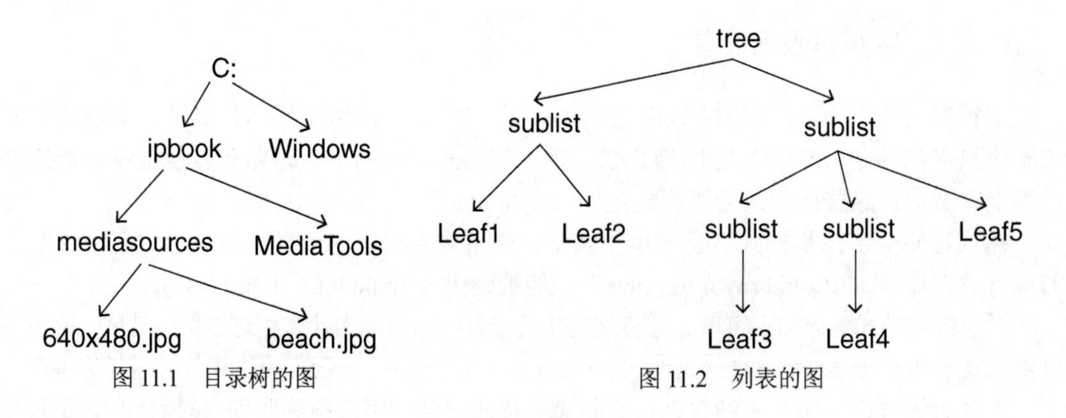

图 11.1 目录树的图

图 11.2 列表的图

```
>>> tree = [["Leaf1","Leaf2"],[["Leaf3"],["Leaf4"],
"Leaf5"]]
>>> print tree
[['Leaf1', 'Leaf2'], [['Leaf3'], ['Leaf4'], 'Leaf5']]
>>> print tree[0]
['Leaf1', 'Leaf2']
>>> print tree[1]
[['Leaf3'], ['Leaf4'], 'Leaf5']
>>> print tree[1][0]
['Leaf3']
>>> print tree[1][1]
['Leaf4']
>>> print tree[1][2]
Leaf5
```

11.3.1 打开和操作文件

我们打开文件，以便读取或写入它们。（毫不奇怪）我们使用一个名为open(filename,how)的函数。文件名可以是完整路径，也可以只是基本文件名和后缀。如果未提供路径，则将在当前JES目录中打开该文件。

输入的how是描述你要对文件执行的操作的字符串。

- "rt"表示“将文件读取为文本——将字节翻译成字符给我”。
- "wt"表示“将文件写入为文本”。
- "rb"和"wb"分别表示“读取和写入字节”。如果要操作二进制文件（如JPEG、WAV、Word或Excel文件），可以使用这些方式。

函数open()返回一个文件对象，然后用它来操作文件。文件对象理解一组方法。

- file.read()将整个文件作为一个巨大的字符串读取。（如果你打开文件用于写入，请不要尝试从中读取。）
- file.readlines()将整个文件读入一个列表，其中每个元素是一行。每个文件打开时，你只能使用一次read()或readlines()。
- file.write(somestring)将somestring写入文件。（如果你打开文件用于读取，请不要尝试写入。）
- file.close()关闭文件。如果你正在写入文件，关闭它可确保所有数据都写入磁盘。如果你正在从文件中读取，它会释放用于操作文件的内存。在任何情况下，最好在完成文件后关闭文件。关闭文件后，无法再次读取或写入文件，除非重新打开文件。

下面的例子将打开我们之前编写的程序文件，并将其作为字符串和字符串列表读取。

```
>>> program=pickAFile()
>>> print program
C:\ip-book\programs\littlePicture.py
>>> file=open(program,"rt")
>>> contents=file.read()
>>> print contents
def littlePicture():
  canvas=makePicture(getMediaPath("640x480.jpg"))
  addText(canvas,10,50,"This is not a picture")
  addLine(canvas,10,20,300,50)
  addRectFilled(canvas,0,200,300,500,yellow)
  addRect(canvas,10,210,290,490)
  return canvas
>>> file.close()
>>> file=open(program,"rt")
>>> lines=file.readlines()
>>> print lines
['def littlePicture():\n', '
canvas=makePicture(getMediaPath("640x480.jpg"))\n', '
addText(canvas,10,50,"This is not a picture")\n', '
addLine(canvas,10,20,300,50)\n', '
addRectFilled(canvas,0,200,300,500,yellow)\n', '
addRect(canvas,10,210,290,490)\n', ' return canvas']
>>> file.close()
```

下面是一个写入傻瓜文件的例子。\n 在文件中创建新行。

```
>>> writeFile = open("myfile.txt","wt")
>>> writeFile.write("Here is some text.")
>>> writeFile.write("Here is some more.\n")
>>> writeFile.write("And now we're done.\n\nTHE END.")

>>> writeFile.close()
>>> writeFile=open("myfile.txt","rt")
>>> print writeFile.read()
Here is some text.Here is some more.
And now we're done.

THE END.
>>> writeFile.close()
```

11.3.2 生成套用信函

我们不仅可以编写程序来拆分结构化文本，而且可以编写程序来组装结构化文本。我们熟悉的一种经典结构化文本，是垃圾邮件或套用信函。真正优秀的垃圾邮件编写者（如果这不是一个矛盾的话），会在邮件中填入真正指称你的详细信息。他们如何做到这一点？非常简单——他们有一个函数，接受相关输入并将其插入正确位置。

程序 136：套用信函生成器

```
def formLetter(gender,lastName,city,eyeColor):
 file = open("formLetter.txt","wt")
 file.write("Dear ")
 if gender=="F":
  file.write("Ms. "+lastName+":\n")
 if gender=="M":
  file.write("Mr. "+lastName+":\n")
 file.write("I am writing to remind you of the offer ")
 file.write("that we sent to you last week. Everyone in ")
 file.write(city+" knows what an exceptional offer this is!")
 file.write("(Especially those with lovely eyes of"+eyeColor+"!)")
 file.write("We hope to hear from you soon.\n")
 file.write("Sincerely,\n")
 file.write("I.M. Acrook, Attorney at Law")
 file.close()
```

工作原理

这个函数以性别、姓氏、城市和眼睛颜色作为输入。它打开一个 formLetter.txt 文件，然后写一个开头，根据收件人的性别进行调整。它写出一堆文本，将输入插入正确的位置，然后关闭文件。

当使用 formLetter("M","Guzdial","Decatur", "brown")执行该函数时，它会生成如下结果。

```
Dear Mr. Guzdial:
I am writing to remind you of the offer that we
sent to you last week. Everyone in Decatur knows what
an exceptional offer this is!(Especially those with
lovely eyes of brown!)We hope to hear from you soon.
Sincerely,
```

```
I.M. Acrook,
Attorney at Law
```

11.3.3 从因特网读取和操作数据

能够操作文本，这对于在因特网上收集数据非常重要。大多数因特网就是文本。转到你喜欢的网页，然后使用菜单中的查看网页源代码（或类似的）选项。就是这些文本，定义了你在浏览器中看到的页面。稍后，我们将学习如何直接从因特网下载页面，但是现在，我们假设已经将（下载的）页面或文件从因特网保存到硬盘上，然后我们从那里进行搜索。

例如，因特网上有一些地方可以得到核苷酸序列，它们与寄生虫这样的生物相关。我发现一个这种类型的文件，看起来如下。

```
>Schisto unique AA825099
gcttagatgtcagattgagcacgatgatcgattgaccgtgagatcgacga
gatgcgcagatcgagatctgcatacagatgatgaccatagtgtacg
>Schisto unique mancons0736
ttctcgctcacactagaagcaagacaatttacactattattattattatt
accattattattattattattactattattattattattactattattta
ctacgtcgctttttcactccctttattctcaaattgtgtatccttccttt
```

假设我们有一个子序列（如“ttgtgta”），并且想知道它是哪个寄生虫的一部分。如果将此文件读入一个字符串，我们就可以搜索该子序列。如果它在那里（即 find 的结果<> -1），我们就从那里回头搜索，找到开始每个寄生虫名称的“>”，然后向前到行尾（换行符），以获得名称。如果我们没有找到子序列（find()返回-1），则该子序列不存在。

程序 137：在寄生虫核苷酸序列中寻找子序列

```
def findSequence(seq):
  sequencesFile = getMediaPath("parasites.txt")
  file = open(sequencesFile,"rt")
  sequences = file.read()
  file.close()
  # Find the sequence
  seqLoc = sequences.find(seq)
  #print "Found at:",seqLoc
  if seqLoc <> -1:
    # Now, find the ">" with the name of the sequence
    nameLoc = sequences.rfind(">",0,seqLoc)
    #print "Name at:",nameLoc
    endline = sequences.find("\n",nameLoc)
    print "Found in ",sequences[nameLoc:endline]
  if seqLoc == -1:
    print "Not found"
```

工作原理

函数 findSequence 以序列的一部分作为输入。它打开 parasites.txt 文件（在 setMediaPath 指定过的媒体文件夹中），并将整个内容读入字符串 sequences。我们使用 find 在字符串 sequences 中查找该子序列。如果找到（即结果不是-1），那么从发现该子序列的位置（seqLoc）到字符串的开头（0）反向查找，找到开始该序列的“>”。然后我们从大于号向前搜索到换行符（“\n”）。这给出了原始 sequences 字符串中的位置，在那里我们可以找到寄生虫的名称，输入的子序列来自它。

我们一直是将文件的全部内容读入一个大字符串，然后处理该字符串。我们还可以用 readlines 方法，将文件的所有内容读入一个字符串列表。但是，如果你有非常大的文件，最好一次处理一行内容。你可以用 readline 方法做到这一点，每次调用它时都会返回一行。例如，要更改文件中某个字符串的每次出现，可以使用以下函数。

程序 138：替换文件中一个单词的每次出现

```
def replaceWord(fileName,origWord,repWord):
  file = open(getMediaPath(fileName),"rt")
  outFile = open(getMediaPath("out-" + fileName),"wt")
  line = file.readline()
  while line <> "":
    newLine = line.replace(origWord,repWord)
    outFile.write(newLine)
    line = file.readline()
  file.close()
  outFile.close()
```

工作原理

函数 replaceWord 接受一个文件名作为输入，假定它在媒体文件夹中。它还接受一个单词来搜索，并用一个单词替换它。我们对输入 fileName 应用 getMediaPath，来打开该文件。

常见问题：必须使用 getMediatPath 获取完整路径名

我们不必为 makePicture 和 makeSound 提供完整的路径名，因为它们是 JES 函数。如果没有给出完整路径作为输入，那么 JES 函数知道在媒体文件夹中搜索。open 函数是一个标准的 Python 函数，它接受一个完整的文件路径作为输入。通过使用 getMediaPath，我们可以为媒体文件夹中的文件创建完整的文件路径。

我们打开输入文件，它将用变量 file 来引用，然后用变量 outFile 打开一个输出文件。然后，我们用 file.readline()将文件的第一行读入变量 line。我们使用 while 循环来表达“只要有要处理的行就继续读取”，即通过测试 line <> "，其中"是空字符串。如果没有其他行可以读取，readline 将返回空字符串。然后我们利用 replace 方法，用 repWord 替换 origWord。我们将替换后的行存储到 outFile 中。

非常重要的是，我们在循环中做的最后一件事，是使用 line = file.readline()从输入文件中读取一个新行。这很重要，因为循环的顶部是一个测试，看看 line 是否为空。当循环结束时（因为 line 实际上是空字符串），我们关闭这两个文件。

如果媒体文件夹中的输入文件 test.txt 包含：

```
This is a test of how well we can swap
one word for another. Our test will be
showing that we can remove the word test
and replace it with a test replacement
word.
```

我们可能会运行 replaceWord("test.txt","test","demonstration")，它会在媒体文件夹中生成文件 out-test.txt：

```
This is a demonstration of how well we can swap
one word for another. Our demonstration will be
showing that we can remove the word demonstration
and replace it with a demonstration replacement
word.
```

11.3.4 从网页上抓取信息

有些程序可以在因特网上漫游，从网页上收集信息。例如，Google 的新闻页面不是由记者撰写的。谷歌有一些程序，可以从其他新闻网站中抓取头条信息。这些程序如何工作？从网站获取信息有多种机制。其中一个称为RSS，即 Rich Site Summary，有时称为Real Simple Syndication。RSS 以字符串块的形式提供文章（例如来自新闻网站、博客），它们易于操作。

获取这些数据的另一种方法是抓取网站。这意味着你获取页面的源代码（HTML），然后在 HTML 中搜索，从而提取所需的数据。它不是获取数据最简单的方法，但它确实允许你读取任何 HTML 页面。

例如，假设你希望编写一个函数，从本地天气页面读取当前温度，从而提供它。在亚特兰大，有一个很好的天气页面，即 Atlanta Journal-Constitution 的天气页面。通过查看源代码，我们可以找到当前温度在页面上出现的位置以及围绕它的文本的主要特征，从而获取温度。下面是马克某一天发现的页面的相关部分：

```
<td ><img src="/shared-local/weather/images/ps.gif"
width="48" height="48" border="0"><font size=-2><br>
  </font>
<font size="-1"
face="Arial, Helvetica, sans-serif"><b>Currently
  </b><br>
Partly sunny<br> <font size="+2">54<b>&deg;</b><
  /font>
<font face="Arial, Helvetica, sans-serif" size="+1">
F</font></font></td> </tr>
```

你可以在那里看到单词 Currently，然后是在字符<b>°之前的温度。鉴于天气页面保存在名为 ajc-weather.html 的文件中，我们可以编写一个程序，去掉这些部分并返回温度。但这个程序并非总是适用于当前的 AJC 天气页面。这个页面格式可能会更改，我们正在查找的关键文本可能会移动或消失。不过，只要格式相同，这个菜谱就可以工作。

程序 139：从天气页面获取温度

```
def findTemperature():
  weatherFile = getMediaPath("ajc-weather.html")
  file = open(weatherFile,"rt")
  weather = file.read()
  file.close()
  # Find the Temperature
  currLoc = weather.find("Currently")
  if currLoc <> -1:
    # Now, find the "<b>&deg;" following the temp
    temploc = weather.find("<b>&deg;",currLoc)
```

```
      tempstart = weather.rfind(">",0,temploc)
      print "Current temperature:",weather[tempstart+1:temploc]
    if currLoc == -1:
      print "They must have changed the page format--can't find¬
      the temp"
```

工作原理

该函数假定文件 ajc-weather.html 存储在媒体文件夹中，该文件夹由 setMediaPath 指定。函数 findTemperature 打开该文件，并以文本形式读取，然后将它关闭。我们查找“Currently”这个词。如果找到（结果不是-1），就在“Currently”之后寻找度数标记（存储在 currLoc 中）。然后我们反向查找上一个标签的结尾，即“>”。温度在这两个位置之间。如果 currLoc 是-1，我们就放弃，因为找不到“Currently”这个词。

11.3.5 读取 CSV 数据

因特网上有一些共享数据的网站。这些数据共享的最常见格式可能是 CSV 文件，即“逗号分隔的值”。CSV 文件按列列出数据，其中列以逗号分隔。CSV 文件可以通过电子表格读取，但它们也可以由 Python 中的程序处理，以完成电子表格中可能很难处理的事情。

因特网上有很多人努力分享更多数据，让每个人都可以访问重要数据。例如，美国人口普查局通过因特网，用 CSV 文件提供他们的所有人口和人口统计信息。英国报纸“卫报”正在努力将他们在故事中使用的所有数据都在网上提供。他们称之为“数据新闻”。

美国人口普查数据特别好用，因为美国联邦政府不允许对人口普查数据进行版权保护。我们可以自由地分享并处理它。我们在 state-population.csv 文件中下载了一些州人口数据。实际上，可以在 JES 中打开该文件或任何其他文本文件，查看其中的内容。前几行看起来如下。

```
SUMLEV,REGION,DIVISION,STATE,NAME,POPESTIMATE2013,POPEST18PLUS2013,PCNT_POPEST18PLUS
10,0,0,0,United States,316128839,242542967,76.7
40,3,6,1,Alabama,4833722,3722241,77
40,4,9,2,Alaska,735132,547000,74.4
40,4,8,4,Arizona,6626624,5009810,75.6
```

我们看到，第一行提供了数据的标题。所有这些标题的含义可在人口普查网站上找到。作为一个简单的例子，我们就来看看 State 和 PopEstimate2013（2013 年的人口估计）。让我们编写一个函数，返回给定州的人口。

程序 140：找到给定州在 2013 年的人口

```
def findPopulation(state):
  file = open(getMediaPath("state-populations.csv"),"rt")
  lines = file.readlines()
  file.close()
  for line in lines:
    parts = line.split(",")
    if parts[4] == state:
      return int(parts[5])
  return -1
```

以下是使用这个函数的结果：

```
>>> findPopulation("Georgia")
9992167
>>> findPopulation("Michigan")
9895622
>>> findPopulation("Maine")
1328302
```

工作原理

函数 findPopulation 接受州名作为输入，放在变量 state 中。我们通过 file = open(getMediaPath("state-populations.csv"),"rt")，将 state-population.csv 文件作为可读文本打开。该文件相对较小，因此我们一次读取所有行，然后关闭该文件。

现在，我们处理该文件的 lines 中的每一行 line。我们用分隔字符“,”来调用 split 方法，以便将行拆分为列。所以，如果该行是“40,3,6,1,Alabama,4833722,3722241,77”，那么我们可以如下拆分它：

```
>>> "40,3,6,1,Alabama,4833722,3722241,77".split(",")
['40', '3', '6', '1', 'Alabama', '4833722', '3722241', '77']
```

州名位于这个列表中索引为 4 处。

```
>>> line = "40,3,6,1,Alabama,4833722,3722241,77"
>>> parts = line.split(",")
>>> parts[4]
'Alabama'
```

然后，该函数搜索这些行，查找州名部分是输入州名的行。当我们到达想要的州时，函数返回下一部分（索引 5），因为这是我们想要的人口。函数 int 将文件中的字符串转换为我们可以处理的数字。

现在，如果该函数返回，那么该函数结束。如果我们遍历文件中的所有行，找不到我们想要的州，那么循环才会结束。如果发生这种情况，我们会返回一个“哨兵值”，即一个自然不会发生的值，以便用它来表示找不到状态。没有哪个州的人口为-1，所以这是一个哨兵值。

11.3.6 编写程序

让我们利用写入文本文件的能力，来写一些不寻常的东西——编写一个程序来改变另一个程序。我们将读取 littlePicture.py 文件，更改插入到图片中的文本字符串。我们用 find()来查找 addText()函数，然后搜索每个双引号。然后我们写出一个新文件，其中包含 littlePicture.py 从开头到第一个双引号的所有内容，插入我们的新字符串，接着是文件剩余的部分，即从第二个双引号中到最后。

程序 141：改变 littlePicture 程序的程序

```
def changeLittle(filename,newString):
  # Get the original file contents
  programFile="littlePicture.py"
  file = open(programFile,"rt")
  contents = file.read()
```

```
file.close()
# Now, find the right place to put our new string
addPos= contents.find("addText")
#Double quote after addText
firstQuote = contents.find('"',addPos)
#Double quote after firstQuote
endQuote = contents.find('"',firstQuote+1)
# Make our new file
newFile = open(filename,"wt")
newFile.write(contents[:firstQuote+1]) # Include the quote
newFile.write(newString)
newFile.write(contents[endQuote:])
newFile.close()
```

工作原理

该程序打开文件 littlePicture.py（该名称假定它在 JES 目录中，因为没有提供路径）。它以大字符串的形式读取整个内容，然后关闭文件。利用 find 方法，它可以找到 addText 的位置，第一个双引号所在的位置，以及最后一个双引号的位置。然后它打开一个新文件（以便写入文本："wt"），写出这个小程序直到第一个双引号的所有部分。然后它写出输入字符串。接着它写出这个小程序从最后的双引号开始的其余部分。这样，它就替换了添加的字符串。最后，它关闭了新文件。

当我们用 changeLittle("sample.py","Here is a sample of changing a program")运行它时，在 sample.py 中会得到：

```
def littlePicture():
  canvas=makePicture(getMediaPath("640x480.jpg"))
  addText(canvas,10,50,"Here is a sample of changing a program")
  addLine(canvas,10,20,300,50)
  addRectFilled(canvas,0,200,300,500,yellow)
  addRect(canvas,10,210,290,490)
  return canvas
```

这就是基于矢量的绘图程序的工作原理。当你在 Auto CAD、Flash 或 Illustrator 中更改一条线时，实际上是在改变图片的底层表示——在真正的意义上，这是一个小程序，它的执行会产生你正在使用的图片。当你更改这条线时，实际上正在更改该程序，然后重新执行该程序，以向你显示更新的图片。这个过程慢吗？计算机足够快，我们注意不到。

11.4 Python 标准库

在每种编程语言中都有一种方法，可以用新的函数扩展该语言的基本函数。在 Python 中，这种功能称为"导入模块"。正如我们之前看到的，"模块"就是一个 Python 文件，其中定义了新函数。当你导入（import）一个模块时，就好像在该位置输入了这个 Python 文件，其中的所有对象、函数和变量立即被定义。

Python 带有大量的模块库，可以用来执行各种操作，例如访问因特网、生成随机数、访问目录中的文件——在开发 Web 页面或处理视频时，这是很有用的。

我们用它作为第一个例子。我们要用的模块是 os 模块。在 os 模块中，知道如何列出目录中文件的函数是 listdir()。我们使用点表示符来访问模块的一部分。

```
>>> import os
>>> print os.listdir("C:\ip-book\mediasources\pics")
['students1.jpg', 'students2.jpg', 'students5.jpg',
'students6.jpg', 'students7.jpg', 'students8.jpg']
```

我们可以用 os.listdir()为目录中的图片加标题，或插入一段声明，如版权声明。现在 listdir()只返回基本文件名和后缀。这足以确保我们拥有图片，而不是声音或其他东西。

但它并没有为我们提供完整路径用于 makePicture。为了获得完整的路径，我们可以将输入的目录与来自 listdir()的基本文件名组合在一起，但我们需要在两个部分之间使用路径分隔符。Python 有一个标准，如果文件名中包含“//”，那么它会被替换为你正在使用的操作系统的正确路径分隔符。

程序 142：为目录中的一组图片加标题

```
import os

def titleDirectory(dir):
  for file in os.listdir(dir):
    print "Processing:",dir+"//"+file
    if file.endswith(".jpg"):
      picture = makePicture(dir+"//"+file)
      addText(picture,10,10,"Property of CS1315 at Georgia Tech")
      writePictureTo(picture,dir+"//"+"titled-"+file)
```

工作原理

函数 titleDirectory 以目录（路径名，作为一个字符串）作为输入，然后遍历目录中每个文件名的文件。如果文件名以“.jpg”结尾，则可能是图片。所以我们从给定 dir 目录中的文件（file）中制作图片。我们在图片中添加文字，然后在给定的 dir 目录中将图片写回为“titled-”加上文件名。

11.4.1 再谈导入和你自己的模块

实际上有几种形式的 import 语句。我们在这里使用的形式 import module，通过点表示法使所有模块可用。以下是其他几种选择。

- 我们可以从模块中导入一些内容，但不使用点表示法访问它们。这种形式是 from module import name。

```
>>> from os import listdir
>>> print listdir(r"C:\Documents and Settings")
['Default User', 'All Users', 'NetworkService',
'LocalService', 'Administrator', 'Driver',
'Mark Guzdial']
```

我们可以用 from module import *，从该模块导入所有内容，并且访问它根本不用点表示法。

- 如果要导入一个模块，但之后使用 newname 来引用该模块，可以 import module as newname。你可以利用它来更轻松地从 Jython 访问 Java 库。Java 库有时候有很长的名字，比如 java.awt.event。我们可以使用这种语法来创建简写，例如，

```
import java.awt.event as event
```

然后，我们可以用 event 来引用 java.awt.event 中的元素。

模块就是一个 Python 文件。正如我们在本书前面所看到的，我们可以将自己的代码作为模块导入。如果在 JES 目录中的文件 findTemperatureFile.py 中有 findTemperature 函数，则只需执行 import findTemperature from findTemperatureFile，然后使用 findTemperature，就好像它是在程序区中输入的一样。

11.4.2 用随机数为程序添加不可预测性

另一个有趣且有用的模块是 random。基本函数是 random。random()生成 0～1 的随机数（均匀分布）。

```
>>> import random
>>> for i in range(1,10):
...       print random.random()
...
0.8211369314193928
0.6354266779703246
0.9460060163520159
0.904615696559684
0.33500464463254187
0.08124982126940594
0.0711481376807015
0.7255217307346048
0.2920541211845866
```

当随机数应用于从列表中选择随机单词等任务时，它们会很有趣。函数 random.choice()就是这样做的。

```
>>> for i in range(1,5):
...     print random.choice(["Here", "is", "a",
"list", "of", "words", "in", "random", "order"])
...
list
a
Here
list
```

据此，我们可以从列表中随机挑选名词、动词和短语，从而生成随机句子。

程序 143：随机生成语言

```
import random

def sentence():
  nouns = ["Mark","Adam","Angela","Larry","Jose","Matt","Jim"]
  verbs = ["runs", "skips", "sings", "leaps", "jumps", climbs",¬
  "argues", "giggles"]
  phrases = ["in a tree", "over a log", "very loudly", "around¬
  the bush", "while reading the newspaper"]
  phrases = phrases + ["very badly", "while skipping", "instead¬
  of grading", "while typing in Wikipedia."]
  print random.choice(nouns), random.choice(verbs),¬
  random.choice(phrases)
```

程序中的标有¬的行应继续接下一行。Python 中的单个命令不能跨越多行。

工作原理

我们只是为名词、动词和短语创建列表——注意，所有组合在数量方面都有意义。print 语句定义了所需的结构：一个随机名词，然后是一个随机动词，接着是一个随机短语。

```
>>> sentence()
Jose leaps while reading the newspaper
>>> sentence()
Jim skips while typing on the CoWeb.
>>> sentence()
Matt sings very loudly
>>> sentence()
Adam sings in a tree
>>> sentence()
Adam sings around the bush
>>> sentence()
Angela runs while typing on the CoWeb.
>>> sentence()
Angela sings around the bush
>>> sentence()
Jose runs very badly
```

这里的基本过程在模拟程序中很常见。我们有的是程序中定义的结构：定义什么算是名词、动词和短语，并声明我们想要的是名词，然后是动词，接着是短语。随机选择将填充该结构。有趣的问题是：可以用结构和随机性模拟到什么程度？可以用这种方式模拟智能吗？模拟智能和真正会思考的计算机之间的区别是什么？

想象一个程序，它从用户读取输入，然后生成一个随机句子。也许程序中有一些规则可以搜索关键字并对其进行响应，例如：

```
if input.find("Mother") <> -1:
    print "Tell me more about your Mother"
```

许多年前，Joseph Weizenbaum 写了一个这样的程序，叫作 Doctor（后来称为 Eliza）。他的程序就像一个罗氏（Rogerian）心理治疗师，用一些随机的方式回复你所说的话，但是搜索关键词使得它似乎真的是在“倾听”。这个程序本意是一个玩笑，而不是真正努力要创造模拟智能。令 Weizenbaum 感到沮丧的是，人们当真了。他们开始像对待治疗师一样对待它。Weizenbaum 将他的研究方向从人工智能转变为关注技术的道德使用，以及人们如何容易被技术所愚弄。

11.4.3 利用库读取 CSV 文件

有一个名为 csv 的标准模块可以让读取 CSV 文件更容易。你不必调用 split。像 Excel 这样的程序有时会生成难以阅读的 CSV 文件，这个模块会对此进行处理。CSV 模块创建了一个 reader 函数，返回特殊格式列表。以下函数与之前的 findPopulation 功能相同，但使用了 CSV 模块。

程序 144：使用 CSV 模块查找人口

```
from csv import *

def findPopulation2(state):
  file = open(getMediaPath("state-populations.csv"),"rb")
  csvfile = reader(file)
  for row in csvfile:
    if row[4] == state:
      return int(row[5])
```

11.4.4　Python 标准库的例子

到目前为止，我们已经看到了一些 Python 标准模块，如 os、sys 和 random。Python 标准库中有许多模块。使用这些模块有很多原因。

- 编写得非常好，文档齐全，经过充分测试。你可以相信它们，节省自己的工作量。
- 复用程序代码总是好主意，是值得采用的好实践。
- 在自底向上设计过程中，从现有模块开始是开始新项目的好方法。

你可能希望探索的一些模块包括：

- time 知道如何测量时间（例如，这段代码运行多长时间，我们在第 6 章中使用过）以及如何用 sleep 暂停执行，我们在第 17 章中将它们与海龟一起使用。
- datetime 和 calendar 模块知道如何操作日期、时间和日历。例如，你可以了解 1776 年签署《美国独立宣言》时是星期几。

```
>>> from datetime import *
>>> independence = date(1776,7,4)
>>> independence.weekday()
3
>>> #0 is Monday, so 3 is Thursday
```

- math 模块知道许多重要的数学函数，如 sin（正弦）和 sqrt（平方根）。
- zipfile 模块知道如何读取和写入压缩的“zip”文件。
- email 模块提供了编写自己的程序来操作电子邮件的工具（例如垃圾邮件过滤器）。
- SimpleHTTPServer 实际上本身就是一个 Web 服务器——可以用 Python 编程，可以启动！

编程小结

通用程序片段

csv	用于处理 CSV 文件的模块
random	用于生成随机数或进行随机选择的模块
os	用于操作操作系统的模块

字符串函数、函数、方法和片段

string[n], string[n:m]	返回字符串中位置为 n 的字符（[n]），或从 n 到 m−1 的子字符串。记住，它们从索引 0 开始
startswith	如果字符串以输入字符串开头，则返回 true
endswith	如果字符串以输入字符串结尾，则返回 true
find	如果在字符串中找到输入字符串，则返回索引；否则返回−1
upper, lower	返回新字符串，转换为指定大小写
isalpha, isdigit	如果整个字符串分别是字母和数字，则返回 true
replace	以两个子字符串作为输入，将字符串中第一个子串的所有实例用第二个替换
split	使用输入字符串作为分隔符，将字符串拆分到子字符串列表中

列表函数和片段

append	将输入附加到列表的末尾
remove	从列表中删除输入
sort	对列表进行排序
reverse	将列表反转
count	计算输入在列表中出现的次数
max, min	以列表作为输入，（分别）返回数字列表中的最大值或最小值

问题

11.1　创建一个字符串变量，其中包含句子“Don't do that!”。创建一个包含双引号的字符串变量。创建一个包含制表符的字符串变量。使用反斜杠创建一个包含文件名的字符串变量。

11.2　编写一个函数，对字符串中的字母每隔一个打印一个。

11.3　编写一个函数，以字符串作为输入，以相反的顺序打印出字符串中的字母。

11.4　编写一个函数，用于查找和删除传入字符串中第二次出现的给定字符串。

11.5　编写一个函数，将传入句子中每隔一个单词大写。例如，传入“The dog ran a long way”，它会输出“The DOG ran A long WAY”。

11.6　编写一个函数，接受一个传入的句子和一个索引，返回该索引处单词大写的句子。例如，如果函数接受句子“I love the color red”和索引 4，则返回“I love the color RED”。

11.7　更改函数 findPopulation，将输入和比较字都变成小写。现在，即使我们执行 findPopulation("CALIFORNIA")，它也会匹配。

11.8　编写一个函数，以一个句子作为输入，返回扰乱后的句子（以某种方式扰乱单词的顺序）。例如，如果传入“Does anything rhyme with orange?”，它可能返回“Orange with does anything rhyme?”。

11.9 编写一个函数，可以从一个地址的分隔字符串中找到一个人的邮政编码（zipCode）。例如，它可能会读取一个字符串，其中包含“name:line1: line2: city:state:zipCode”，然后返回邮政编码。

11.10 修改 changeLittle 函数，使用 readLines 而不是 read。

11.11 修改 changeLittle 函数，使用 readLine 而不是 read。

11.12 使用 ord 将字符串的每个字符编码为数字，从而创建一条加密消息。对于消息中的每个字符，打印该字符的 ord。

11.13 创建一个函数，反转列表中的项。

11.14 创建一个函数，在字符串列表中，用新字符串替换传入的某个字符串。

11.15 从 random.random()函数返回的数字是否真的是随机的？它们是如何产生的？要回答这个问题，你必须在因特网上查找有关随机数的一些信息。

11.16 撰写短文回答以下问题：

（a）给出一个任务的例子，你不会编写程序来完成它，并给出另一个任务的例子，你会编写程序来完成它。

（b）数组、矩阵和树之间有什么区别？举个例子，用它们来表示我们感兴趣的一些数据。

（c）什么是点表示符，什么时候使用它？

（d）为什么红色作为抠像的颜色不好？

（e）函数和方法之间有什么区别？

（f）对于硬盘上的文件，为什么树比数组更好？为什么硬盘上有很多目录，而不是只有一个巨大的目录？

（g）相对于位图图形表示（如 JPEG，BMP，GIF），基于矢量的图形有哪些优势？

11.17 扩展套用信函的菜谱，输入宠物的姓名和类型，在套用信函中引用该宠物。"Your pet "+petType+","+petName+" will love our offer!"可能会生成"Your pet poodle, Fifi, will love our offer!"。

11.18 想象一下，有一个班级所有学生的性别（单个字符）列表，按姓氏顺序排列。该列表看起来可能是“MFFMMMFFMFMMFFFM”，其中 M 是男性，F 是女性。写一个函数（下面）percentageGenders(string)，接受代表性别的字符串作为输入。你要计算字符串中的所有 M 和 F，并打印出每个性别的比率（十进制）。例如，如果输入字符串是“MFFF”，那么函数的打印结果应该类似于“There are 0.25 males, 0.75 females.”（提示：最好将某些数字乘以 1.0，以确保是浮点数而不是整数。）

11.19 你做作业做到深夜，并没有意识到写了一大段学期论文，而手指在错误的键上。

你打算输入的是：“This is an unruly mob.”。实际上输入的是：“Ty8s 8s ah 7hr7o6 j9b.”。

基本上你替换了一些键：6 表示 Y，7 表示 U，8 表示 I，9 表示 O，0 表示 P，U 表示 J，I 表示 K，O 表示 L，H 表示 N，J 表示 M。（这些是仅有的错误击键——你在走远之前就发现了。）你也从来没有碰过换档键，所以你只关心小写字母。

由于你了解 Python，所以决定快速编写一个程序来修复你的文本。编写一个函数 fixItUp，它接受一个字符串作为输入，并返回一个字符串，其中的字符是它们应该是的样子。

*11.20　编写一个函数 doGraphics，它以列表作为输入。函数 doGraphics 将首先利用 mediasources 文件夹中的 640×480.jpg 文件创建一个画布。你将根据输入列表中的命令在画布上绘制。列表的每个元素都是一个字符串。列表中有两种字符串：

- "b 200 120" 表示在 x 为 200、y 为 120（200,120）处绘制黑点。当然，数字会改变，但命令总是"b"。你可以假设输入数字总是有 3 位数。
- "1 000 010 100 200" 表示从位置（0,10）到位置（100,200）绘制一条线。

因此输入列表可能为["b 100 200", "b 101 200", "b 102 200", "l 102 200 102 300"]（但可以有任意数量的元素）。

11.21　编写一个函数 findLargestState，它确定哪个州有最多的人口，并返回该州。

11.22　编写一个函数 findSmallestState，它确定哪个州具有最少的人口，并返回该州。

11.23　在 MediaComputation.org 提供的媒体文件夹中，还有另一条人口普查数据，其中包括城市信息 state-city-population.csv。这个文件的前几行看起来如下：

```
SUMLEV,STATE,COUNTY,PLACE,COUSUB,CONCIT,FUNCSTAT,NAME,STNAME,

CENSUS2010POP,ESTIMATESBASE2010,POPESTIMATE2010,POPESTIMATE2011,

POPESTIMATE2012,POPESTIMATE2013
040,01,000,00000,00000,00000,A,Alabama,Alabama,4779736,4779758,4785570,

4801627,4817528,4833722 162,01,000,00124,00000,00000,A,Abbeville
city,Alabama,2688,2688,2683,2690,2658,2651
162,01,000,00460,00000,00000,A,Adamsville
city,Alabama,4522,4522,4519,4496,4474,4448 1
```

用两种方式编写下面的函数：一种用 split，另一种用 csv 模块。

- 编写 findCityPopulation 函数，该函数返回输入城市 2013 年的人口（最后一个字段）。
- 编写函数 findLargestCityInState 和 findSmallestCity InState，分别查找给定州中具有最多和最少人口的城市。
- 利用州和城市的函数回答一些问题。找到人口最多的州和人口最少的州。最多的州中最少的城市，比最少的州中最少的城市更多还是更少？最多的州中最多的城市，比最少的州中最多的城市更多还是更少？

深入学习

Mark 学习 Python 模块时用的书是 Frederik Lundh 的 *Python Standard Library* [16]。你可以在 python 官网找到库模块列表及其文档。

---

* 更有挑战的问题。

第 12 章　高级文本技巧：Web 和信息

本章学习目标

本章的媒体学习目标是：

- 编写程序直接访问和使用因特网上的文本信息
- 将声音或图片转换为文本，将文本转换回声音或图片
- 图片中隐藏消息（文本或音频）

本章的计算机科学目标是：

- 编写程序访问因特网并返回处理后的信息
- 展示信息可以用多种方式编码

12.1　网络：从网上获取文本

当计算机彼此通信时，就会形成网络。通信很少通过电线上的电压进行，电压是计算机内部编码 0 和 1 的方式。在较远距离上维持特定电压太难了。相反，0 和 1 以其他方式编码。例如，调制解调器（实际上是 modulator-demodulator）是将 0 和 1 映射到不同音频的小工具。对于人类来说，它听起来像是一群嗡嗡的蜜蜂，但对于调制解调器和计算机来说，它是纯粹的二进制。

像洋葱一样，网络是分层的。底层是物理基材。信号是如何传递的？较高的层定义数据的编码方式。什么构成 0？什么构成 1？我们一次送一比特吗？一次一字节“包”？更高层定义了通信协议。一台计算机如何告诉另一台计算机它想通话以及它想谈论什么？我们如何确定你的计算机的地址？通过考虑这些不同的层，并使它们保持不同，我们可以轻松地替换一部分，而不改变其他部分。例如，大多数直接连接到网络的人使用有线连接到“以太网”，但以太网实际上也是一种在无线网络上工作的中层协议。

考虑如何用手机，通过 Wi-Fi 的笔记本电脑，或通过直接有线连接到因特网的台式计算机，来访问相同的网页。在这 3 个例子中，协议的下面几层非常不同。手机通过蜂窝网络访问因特网。使用 Wi-Fi 的笔记本电脑使用的是射频底层，通过路由器连接到因特网的其余部分。但是，在网络的中间层和上层，所有 3 个设备都以完全相同的方式访问完全相同的信息。无论使用何种设备以及何种底层来访问网络，浏览器从 Web 服务器请求信息的协议都是相同的。

人类也有协议。如果马克走近你，伸出手，说：“嗨，我是马克。”你肯定会伸出你的手，说出“我是卡罗琳娜”之类的话（假设你的名字是卡罗琳娜——如果不是，那会非常有趣）。在每种文化中，都有一个关于人们如何互相问候的协议。计算机协议也是关于同样的事情，但它们被写下来，以准确地沟通该过程。说的内容没有太多区别。一台计算机可

以向另一台计算机发送消息“HELO”来开始对话（我们不知道为什么协议编写者不能多写一个 L，实现正确拼写），并且计算机可以发送 BYE 来结束对话。（我们甚至有时会将计算机协议的开始称为“握手”。）这就是关于建立连接并确保双方都了解正在发生的事情。

“因特网”是一个网络的网络。如果你的家中有设备，以便你的计算机可以相互通信（例如“路由器”），那么你就拥有了一个网络。有了它，你可以在计算机和打印机之间复制文件。当你将网络连接到更广阔的因特网（通过“因特网服务提供商，ISP”）时，你的网络将成为因特网的一部分。

因特网基于以下一组关于所有事情的协议。

- 计算机的地址方式：目前，因特网上的每台计算机都有一个与之关联的 32 比特数字——4 字节值通常以句点分隔，如“101.132.64.15”。这些称为“IP 地址”（即因特网协议地址）。

有一个“域名”系统，人们可以在不知道其 IP 地址的情况下指称特定的计算机。例如，当你访问 CNN 的网站时，实际上正在访问 http://157.166.226.26/。我们上次尝试它时，是能行的，但它可能会改变。有一个“域名服务器”网络，可记录“www.cnn.com”等名称，并将其映射到“157.166.226.26”等地址。数字可能更改，这一事实是域名服务器的一项优势——名称保持不变，可以指向任何地址。你可以连接到因特网，但如果你的域名服务器损坏，仍然无法访问你喜欢的网站。如果直接输入 IP 地址，你也许可以访问它。

- 计算机如何通信：数据放在有明确定义结构的数据包中，包括发送方的 IP 地址、接收方的 IP 地址以及每个数据包的字节数。
- 数据包如何在因特网上路由：因特网是在冷战时期设计的，它旨在抵御核攻击。如果因特网的一部分被破坏（或损坏，或因一种形式的审查而被阻止），因特网的包路由机制就会找到一条路径绕过损坏。

但是网络的最顶层定义了传递的数据意味着什么。放在因特网上的第一批应用程序之一是电子邮件。多年来，邮件协议已经发展为 POP（邮局协议）和 SMTP（简单邮件传输协议）等标准。另一个古老而重要的协议是 FTP（文件传输协议），它允许我们在计算机之间传输文件。

这些协议并不非常复杂。当通信结束时，一台计算机可能会对另一台计算机说 BYE 或 QUIT。当一台计算机告诉另一台计算机通过 FTP 接受文件时，它实际上是说“STO 文件名”（同样，早期的计算机开发人员不想多花两字节来说“STORE”）。

万维网（Web）是另一套协议，主要由 Tim Berners-Lee 开发。Web 基于因特网，只需在现有协议之上添加更多协议。

- 如何在 Web 上引用内容：使用 URL（统一资源定位符）引用 Web 上的资源。URL 指定了用于确定资源地址的协议、可提供资源的“服务器”的域名以及该服务器上资源的路径。例如，http://www. cc.gatech.edu/index.html 这样的 URL 是说：“使用 HTTP 协议与计算机联系，网址为 www.cc.gatech.edu，并向其索取资源 index.html。”

并非每台连接到因特网的计算机上的每个文件都可以通过 URL 访问。在通过 URL 访问文件之前有一些先决条件。首先，可通过因特网访问的计算机必须运行一个软件，它能够理解 Web 浏览器理解的协议，通常包括 HTTP（超文本传输协议）或 FTP。我们将运行这样一个软件的计算机称为“服务器”。访问服务器的浏览器称为“客户端”。其次，服务器通常有一个服务器目录，可通过该服务器访问。只有目录中的文件或目录中的子目录是可以访问的。

- 如何提供文档：Web 上最常用的协议是 HTTP。它定义了如何在 Web 上提供资源。HTTP 非常简单——你的浏览器确实会向服务器说“GET index.html”（就是用这些字母！）。
- 如何格式化文档：使用 HTML（超文本标记语言）格式化 Web 上的文档。

你会注意到，在谈到万维网 Web 时，“超文本（HyperText）”这个术语经常出现。超文本实际上是非线性文本。Ted Nelson 发明了术语“超文本”，用于描述我们在网上进行的那种阅读，但在计算机之前不存在：在一个页面上阅读一点内容，然后点击链接，并在那里阅读一点内容，然后点击返回，继续在你上次离开的地方阅读。超文本的基本思想可以追溯到 Vannevar Bush，他是 Franklin Roosevelt 总统的科学顾问之一，但直到计算机出现，我们才能想象实现 Bush 的 Memex 模型，即一种捕捉思想流的设备。Tim Berners-Lee 发明了 Web 及其协议，作为一种方式，用文档之间连接来支持快速发布研究结果。Web 肯定不是最终的超文本系统。像 Ted Nelson 那样的系统不会允许“死链接”（不再可访问的链接）。尽管它有各种瑕疵，但 Web 确实有效。

浏览器（如 Internet Explorer、Google Chrome、Opera）对因特网了解很多。它通常知道几种协议，例如 HTTP、FTP、gopher（早期的超文本协议）或 mailto（SMTP）。它知道 HTML、如何对它格式化以及如何获取 HTML 中引用的资源，如 JPEG 图片。也可以在没有那么多开销的情况下访问因特网。邮件客户端（例如 Outlook 和 Apple Mail）知道其中一些协议，但不是全部。甚至 JES 也对 SMTP 和 HTTP 有一点了解，以支持上交作业。

与其他现代语言一样，Python 提供了支持访问因特网的模块，而无需浏览器的所有开销。基本上，你可以编写小程序作为客户端。Python 的模块 urllib 允许你打开 URL，并将它们作为文件读取。下面我们访问 CNN 新闻网站，并显示返回网页的前 100 个字符。

```
>>> import urllib
>>> connect = urllib.urlopen("http://www.cnn.com")
>>> news = connect.read()
>>> connect.close()
>>> news[0:100]
'\n<!DOCTYPE HTML>\n<html lang="en-US">\n<head>\n<title>CNN.com -
    Breaking News, U.S., World, Weather, En'
```

早些时候，我们编写了温度读取程序，从保存的天气页面中获取信息，该页面直接来自于因特网。我们也可以利用天气预报网站。但我们还可以从其他网站获取其他信息。这称为“抓取”，我们下载一个网页，然后尝试直接从页面的源代码中获取信息。

要抓取信息，通常需要大量的反复实验，才能让它正常工作。我们利用 urllib 模块，将网页作为字符串读取，然后用之前搜索文件相同的方式来搜索字符串。当然，对于你感兴趣的信息，如果网站改变了它们显示的方式，你所做这一切就会失败。这是一种不优雅且低效的数据收集方式。收集的数据是公开可获取的，抓取只是使该过程自动化。这没有什么不合法的。但是，它可能违反某些网站的使用协议。

让我们以 Facebook 的 Web 抓取为例。Facebook 会员协议（至少在撰写本书时）说，“（你）同意不使用自动脚本从服务或网站收集信息。”如果你写了一个程序来抓取 Facebook，就是用自动脚本从 Facebook 网站收集信息。如果你的程序匿名访问该网站，而不是作为 Facebook 的会员，没有以任何人的身份登录，会如何呢？这可能是合法的，而没有违反会员协议——但

Facebook（和类似网站）通常会在不登录的情况下限制访问。作为替代，Facebook 提供了一个自动访问信息的接口。这将是一种更优雅、更简单的信息收集方式。

12.1.1　自动访问 CSV 数据

在第 11 章中，我们展示了如何处理从 Web 下载的 CSV 数据。利用 urllib，我们可以在不预先下载的情况下处理 CSV 数据。CSV 文件可以是网站提供数据（甚至是定期更新的数据）的一种方式，这种方式让其他人易于操作，并且比抓取更可靠。

也许你还记得，我们曾通过下载的 CSV 文件，处理美国人口普查数据。实际上，我们可以通过获取特定 CSV 文件的 URL 来处理数据。通过右键单击数据链接，我们可以选择复制链接地址，然后将它粘贴到代码中。

程序 145：从给定 URL 的 CSV 文件中查找人口

```
import urllib

def findPopulationURL(state):
  con = urllib.urlopen("https://www.census.gov/popest/data/state/
      asrh/2013/files/SCPRC-EST2013-18+POP-RES.csv")
  lines = con.readlines()
  con.close()
  for line in lines:
    parts = line.split(",")
    if parts[4] == state:
      return int(parts[5])
    return -1
```

工作原理

该版本的文件与第 11 章中的版本一样，只是我们从 URL 中读取，而不是从文件。在第一行中，我们利用 urllib，通过 urlopen 函数打开与 URL 的连接 con。我们可以像对文件一样使用 readlines，然后关闭连接。函数的其余部分完全相同：检查每一行，寻找我们想要的州（在 parts[4]中），然后返回人口（parts[5]）。

我们甚至可以同时使用两个模块，同时使用 urllib 和 csv 库。

程序 146：用 CSV 模块从给定 URL 的 CSV 文件中查找人口

```
import urllib
from csv import *

def findPopulationURL2(state):
  con = urllib.urlopen("https://www.census.gov/popest/data/state/¬
        asrh/2013/files/SCPRC-EST2013-18+POP-RES.csv")
csvfile = reader(con)
for row in csvfile:
  if row[4] == state:
    return int(row[5])
return -1
```

程序中标有¬的行应继续接下一行。Python 中的单个命令不能跨越多行

12.1.2 访问 FTP

我们可以通过 Python 中的 ftplib 访问 FTP 数据源。

```
>>> import ftplib
>>> connect = ftplib.FTP("cleon.cc.gatech.edu")
>>> connect.login("guzdial","mypassword")
'230 User guzdial logged in.'
>>> connect.storbinary("STOR barbara.jpg",open(getMediaPath("barbara.jpg")))
'226 Transfer complete.'
>>> connect.storlines("STOR JESintro.txt",open("JESintro.txt"))
'226 Transfer complete.'
>>> connect.close()
```

要在 Web 上创建交互，我们需要实际生成 HTML 的程序。例如，当你在文本框中键入短语然后单击“搜索”按钮时，实际上是在执行搜索的服务器上执行程序，然后生成你在响应中看到的 HTML（网页）。Python 是一种通用语言，可以进行这种编程。它的模块，以及易于引用和易于编写的特点，让它非常适合编写交互式 Web 程序。

12.2 使用文本在媒体之间转换

正如第 11 章开头所说的那样，我们可以将文本看作是统一媒体。我们可以从声音映射到文本，再映射回来，对于图像也是这样。更有趣的是，我们可以从声音映射到文本……再映射到图片。

我们为什么要这样做呢？我们为什么要关心以这种方式转换媒体？原因与我们关心数字化媒体相同。转换为文本的数字媒体可以更容易地从一个地方传输到另一个地方，检查错误，甚至纠正错误。因特网电子邮件[①]的国际标准要求，通过电子邮件发送的二进制文件（如图片和声音）首先转换为文本。这不是很难做到，并且作为电子邮件用户几乎不可见。信息可以放在许多不同的表示形式中。我们可以选择新的信息表示形式，让我们做新的事情。

将声音映射到文本很容易。声音只是一系列样本（数字）。我们可以轻松地将这些样本写入文件。

程序 147：将声音作为文本数字写入文件

```
def soundToText(sound,filename):
  file = open(filename,"wt")
  for s in getSamples(sound):
    file.write(str(getSampleValue(s))+"\n")
  file.close()
```

工作原理

我们以一个声音对象和文件名作为输入，然后打开该文件名用于写入文本。接着，我

① RFC 822，如果你有兴趣了解。因特网电子邮件实际上定义为仅包含文本。

们遍历每个样本并将其写入文件。我们在这里使用函数 str()将数字转换为其字符串表示形式，以便我们可以向其添加换行符，并将它写入文件。

我们如何处理表示为文本的声音呢？将它作为一系列数字进行操作，像用 Excel 一样（图 12.1）。我们可以很容易地进行修改，例如在这里将每个样本乘以 2.0。我们甚至可以绘制数字图表，并看到与我们在 MediaTools 中看到的相同类型的声音图形（图 12.2）。（但你会得到一个错误——Excel 不愿意绘制超过 32 000 个点，而对于每秒 22 000 个样本，32 000 个样本是一段不长的声音。）

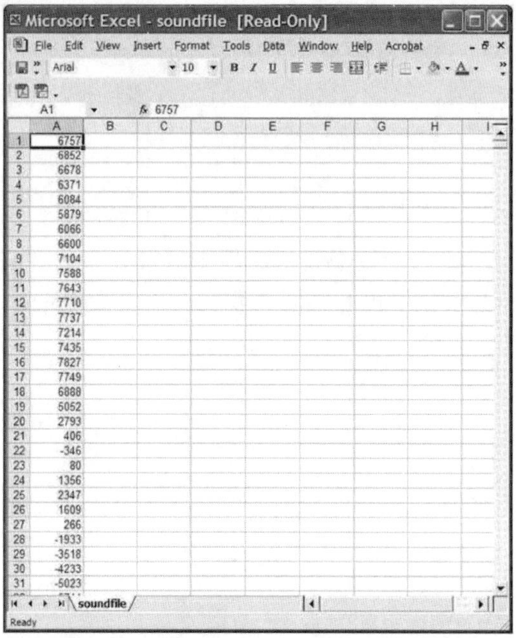

图 12.1 声音作为文本的文件读入 Excel

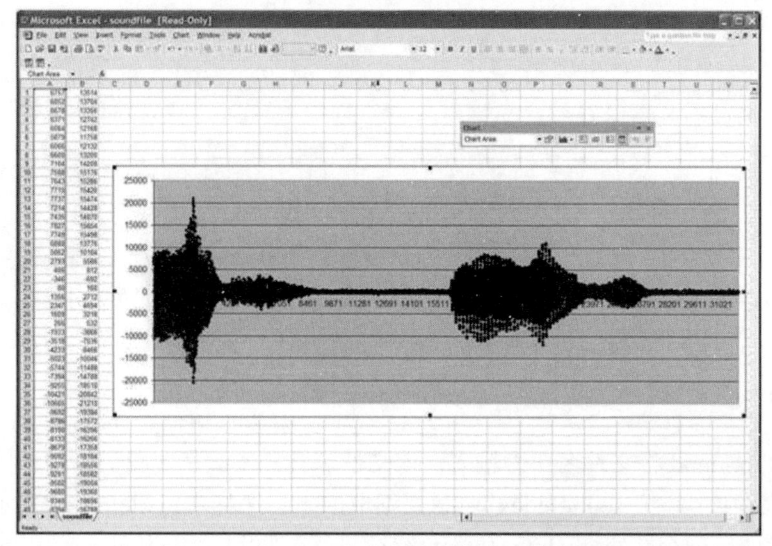

图 12.2 在 Excel 中绘制声音作为文本的文件

如何将一系列数字转换回声音？假设你对 Excel 中的数字进行了一些修改，现在你希望听到结果。怎么做呢？Excel 的机制很简单：只要将所需的列复制到新工作表中，将其另存为文本，然后取得要在 Python 中使用的文本文件的路径名。

程序本身有点复杂。从声音到文本时，我们知道可以用 getSamples 写出所有样本。但是我们怎么知道文件中有多少行？我们不能真正使用 getLines——它不存在。我们必须注意两个问题：文件中的行数较多，不能放入我们用于读入的声音对象；在到达声音对象末尾之前行已经结束。

要做到这一点，我们将使用 while 循环，在前面的章节中，我们已经简单地看过它。while 循环类似 if，接受一个表达式，如果表达式测试为真，就执行它的语句块。它又不同于 if，因为在执行块之后，while 循环会重新测试表达式。如果它仍然为真，则再次执行整个块。最终，你预期表达式会变为假，然后 while 块之后的行将执行。如果表达不会变为假，你会得到所谓的“无限循环”——循环永远持续下去（假设）。

```
while 1==1:
  print "This will keep printing until the computer is turned off."
```

对于文本到声音示例，我们希望不断从文件中读取样本，并将它存储到声音对象中，只要文件中还有数字且声音对象中仍有空间。我们使用函数 float()将字符串数转换为实数。（int 也可以工作，但是这给了我们介绍 float 的机会。）

```
>>> print 2*"123"
123123
>>> print 2 * float("123")
246.0
```

程序 148：将文本数字文件转换为声音

```
def textToSound(filename):
  #Set up the sound
  sound = makeSound(getMediaPath("sec3silence.wav"))
  soundIndex = 0
  #Set up the file
  file = open(filename,"rt")
  contents=file.readlines()
  file.close()
  fileIndex = 0
  # Keep going until run out of sound space or run out of file contents
    while (soundIndex < getLength(sound)) and (fileIndex < len(contents)):
    sample=float(contents[fileIndex])
    #Get the file line
    setSampleValueAt(sound,soundIndex,sample)
    fileIndex = fileIndex + 1
    soundIndex = soundIndex + 1
  return sound
```

工作原理

函数 textToSound 将文件名作为输入，该文件包含样本数字。我们打开一个静音的 3 秒钟声音对象来存放声音。soundIndex 表示要读取的下一个样本，fileIndex 表示从文件列表 contents 读取的下一个数字。while 循环会继续进行，直到 soundIndex 超过声音的长度或 fileIndex 超过文件的末尾（在列表 contents 中）。在循环中，我们将列表中的下一个字符串转换为 float，将样本值设置为该值，然后递增 fileIndex 和 soundIndex。当完成时（根据 while 中的任一条件），返回输入的声音。

12.3 在媒体之间移动信息

我们不必将声音映射到文本，再映射回声音。我们可以决定映射到图片。下面的程序接受一个声音，并将每个样本映射到一个像素。我们所要做的就是定义映射，即表示样本的方式。我们选择了一个非常简单的例子：如果样本大于 1 000，则像素为红色，如果小于−1 000 则为蓝色，其他都为绿色（图 12.3）。

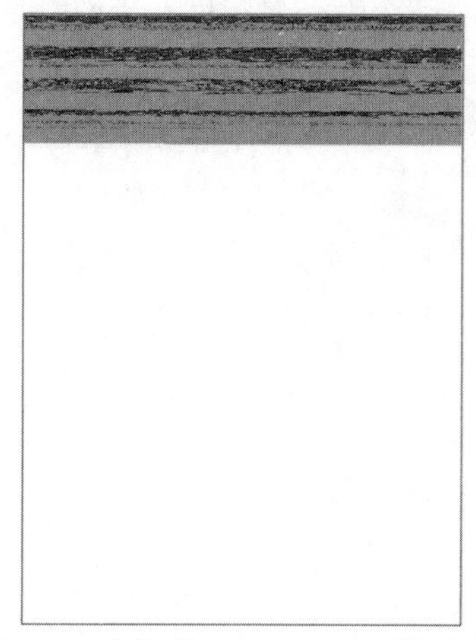
图 12.3 声音“This is a test”的可视化

我们现在必须处理这样的情况：在用完像素之前用完样本。为此，我们使用另一个新的编程结构 break。break 语句停止当前循环并转到它下面的行。在这个例子中，如果我们用完了样本，就会停止处理像素的 for 循环。

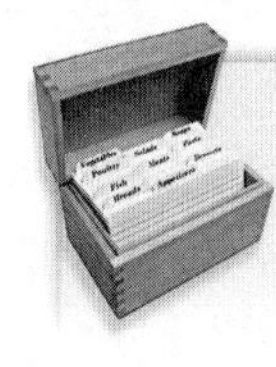

程序 149：可视化声音

```
def soundToPicture(sound):
  picture = makePicture(getMediaPath("640x480.jpg"))
  soundIndex = 0
  for p in getPixels(picture):
    if soundIndex == getLength(sound):
      break
    sample = getSampleValueAt(sound,soundIndex)
    if sample > 1000:
      setColor(p,red)
    if sample < -1000:
      setColor(p,blue)
    if sample <= 1000 and sample >= -1000:
      setColor(p,green)
    soundIndex = soundIndex + 1
  return picture
```

工作原理

在 soundToPicture 中，打开一张 640×480 的空白图片，并以一个声音对象作为输入。对于图片中的每个像素，我们在 soundIndex 处获取样本值，找出到颜色的映射，然后将像素 p 设置为该颜色。接着我们增加 soundIndex。如果 soundIndex 超过了声音的结尾，我们就 break 并跳出循环。我们最后返回创建的图片。

想想 WinAmp 如何进行可视化，或者 Excel 或 MediaTools 如何绘制图形，或者这个程序如何进行可视化。每种方法都只是决定从样本到颜色和空间的不同映射方式。这就是映射。一切都是比特。

计算机科学思想：一切都是比特

声音、图片和文本都是“比特”。它们就是信息。我们可以按照希望的方式，从一个媒体映射到另一个，甚至可以转换回原始媒体。我们只需要定义表示方式。

现在，我们可以再映射回去吗？如果我们取如图 12.4 所示的图片，将它输入到了解该映射的函数中会怎么样？我们能复原声音吗？如果声音是演讲，我们能否再次听到演讲？

程序 150：听图片

```
def pictureToSound(picture):
  sound = makeEmptySoundBySeconds(10)
  sndIndex = 0
  for p in getPixels(picture):
    if sndIndex == getLength(sound):
      break
    if getRed(p) > 200:
      setSampleValueAt(sound,sndIndex,1000)
    elif getBlue(p) > 200 :
      setSampleValueAt(sound,sndIndex,-1000)
    elif getGreen(p) > 200:
      setSampleValueAt(sound,sndIndex,0)
    sndIndex = sndIndex + 1
  return(sound)
```

工作原理

在 pictureToSound 中，我们输入一张图片，利用它返回一个声音对象。我们首先创建一个长度为 10 秒的空声音对象（makeEmptySoundBySeconds(10)）。想法是要有一个很大的声音对象来填充，但它也是一个限制——我们不能处理超过 10 秒的声音。

我们用变量 sndIndex 来表示填充目标声音对象的下一个样本，用 p 来表示每个像素。如果在到达像素的末尾（sndIndex == getLength(sound)）之前到达声音的末尾，我们就会 break 并停止。

我们可以检查像素 p 是否正好是红色（例如，红色成分是 255，绿色和蓝色成分都是 0）、绿色或蓝色，不过，鉴于我们使用的是 JPEG（有损格式），这是不太可能的。但是，我们确实只放入了红色、绿色和蓝色，因此我们可以假设有很多红色的像素可能是红色的。因此，我们将检查红色成分是否大于 200，如果是，则（在 sndIndex 处）生成相应的样本 1 000。如果它是很多蓝色，我们将样本置为-1 000，如果有很多绿色，我们将样本置为 0。我们在这里使用 elif 作为 else if 的缩写。无论赋什么样本值，我们都会移动到下一个样本（sndIndex = sndIndex + 1），然后再转到下一个像素。最后我们 return(sound)。

如果我们编码某人说的话，从声音到图片，然后用 pictureToSound 将其转换回来，你觉得我们能听出那些话吗？回到第 6 章，我们让声音最大化并能够听出单词——我们每个样本实际上只有 1 比特。在这种情况下，每个样本有 3 个值，即 2 比特。信息很多！是的，我们可以很清楚地听出这些词。

我们现在已经看到，可以将语音信息放在图片中。因特网上有多少图片实际上隐藏了语音，也许使用了样本和像素之间更复杂的映射？这里的关键思想是：语音信息就是信息，可以在多种媒体中表示。

12.4 使用列表作为媒体表示的结构文本

正如我们说过的，列表非常强大。从声音到列表很容易。

程序 151：将声音映射到列表

```
def soundToList(sound):
  list = []
  for s in getSamples(sound):
    list = list + [getSampleValue(s)]
  return list

>>> list = soundToList(sound)
>>> print list[0]
6757
>>> print list[1]
6852
>>> print list[0:100]

   [6757, 6852, 6678, 6371, 6084, 5879, 6066, 6600,
   7104, 7588, 7643, 7710, 7737, 7214, 7435, 7827,
   7749, 6888, 5052, 2793, 406, -346, 80, 1356, 2347,
   1609, 266, -1933, -3518, -4233, -5023, -5744,
   -7394, -9255, -10421, -10605, -9692, -8786, -8198,
   -8133, -8679, -9092, -9278, -9291, -9502, -9680,
   -9348, -8394, -6552, -4137, -1878, -101, 866, 1540,
   2459, 3340, 4343, 4821, 4676, 4211, 3731, 4359, 5653,
   7176, 8411, 8569, 8131, 7167, 6150, 5204, 3951, 2482,
   818, -394, -901, -784, -541, -764, -1342, -2491,
   -3569, -4255, -4971, -5892, -7306, -8691, -9534,
   -9429, -8289, -6811, -5386, -4454, -4079, -3841,
   -3603, -3353, -3296, -3323, -3099, -2360]
```

从图片到列表同样容易——我们只需要定义表示形式。如何将每个像素映射为 X 和 Y 位置，然后是红色、绿色和蓝色通道？我们必须使用双方括号，因为我们希望这 5 个值作为大列表中的子列表。

程序 152：将图片映射到列表

```
def pictureToList(picture):
  list = []
  for p in getPixels(picture):
    list = list + [[getX(p),getY(p),getRed(p),getGreen(p),getBlue(p)]]
  return list

>>> picture = makePicture(pickAFile())
>>> piclist = pictureToList(picture)
>>> print piclist[0:5]
[[1, 1, 168, 131, 105], [1, 2, 168, 131, 105], [1, 3, 169,
132, 106], [1, 4, 169, 132, 106], [1, 5, 170, 133, 107]]
```

再映射回来也很容易，只需要确保 X 和 Y 位置在画布的范围内。

程序 153：将列表映射到图片

```
def listToPicture(list):
  picture = makePicture(getMediaPath("640x480.jpg"))
  for p in list:
    if p[0] <= getWidth(picture) and p[1]<= getHeight(picture):
      setColor(getPixel(picture,p[0],p[1]),makeColor(p[2],p[3],p[4]))
  return picture
```

我们可以搞清楚这会起作用的原因在于：我们可以看到映射如何可以双向进行，然后只考虑从列表到图片的映射。这些数字不一定来自图片。我们可以很容易地将天气数据、股票报价数据或几乎任何内容映射到数字列表中，然后将它们可视化。一切都是比特……

我们在这里做的实际上就是改变编码。我们根本没有改变基本信息。不同的编码为我们提供了不同的功能。

一位非常聪明的数学家 Kurt G　del（库尔特·哥德尔）利用编码的概念提出了 20 世纪最杰出的证明之一。他证明了“不完全性定理”，从而证明任何强大的数学系统都无法证明所有的数学真理。他想出了从真理的数学命题到数字的映射。这比我们使用 ASCII 早很多，在 ASCII 中这种映射很常见。一旦这些命题成为数字，他就能够证明存在一些数字，它们代表一些真命题，这些命题无法从数学系统中得出。通过这种方式，他证明没有任何逻辑系统可以证明所有真命题。通过改变编码，他获得了新的能力，因此能够证明以前没人知道的东西。

Claude Shannon（克劳德·香农）是一位美国工程师和数学家，他发展了信息理论。信息理论描述了如何在不同的媒体中表达信息。当我们将图片映射到文本或声音时，我们就是在应用信息理论。

12.5　在图片中隐藏信息

“隐写术”是指以不易检测的方式隐藏信息。如果我们在白色图片上显示黑色的文字信息，我们可以将它隐藏在另一张图片中。我们先将原始图片中的所有红色值更改为偶数。然后遍历我们要隐藏的文本的像素，如果像素颜色接近黑色，那么我们将在修改后的图片中让红色值变为奇数。

程序 154：编码消息

```
def encode(msgPic,original):
  # Assume msgPic and original have same dimensions
  # First, make all red pixels even
  for pxl in getPixels(original):
    # Using modulo operator to test oddness
    if (getRed(pxl) % 2) == 1:
      setRed(pxl, getRed(pxl) - 1)
  # Second, wherever there’s black in msgPic
  # make odd the red in the corresponding original pixel
  for x in range(0,getWidth(original)):
    for y in range(0,getHeight(original)):
      msgPxl = getPixel(msgPic,x,y)
      origPxl = getPixel(original,x,y)
```

```
        if (distance(getColor(msgPxl),black) < 100.0):
          # It' s a message pixel! Make the red value odd.
          setRed(origPxl, getRed(origPxl)+1)
```

现在我们可以通过以下方式将消息隐藏在海滩图片中。

```
>>> beach = makePicture(getMediaPath("beach.jpg"))
>>> explore(beach)
>>> msg = makePicture(getMediaPath("msg.jpg"))
>>> encode(msg,beach)
>>> explore(beach)
>>> writePictureTo(beach,getMediaPath("beachHidden.png"))
```

你应该用 png 或 bmp 格式保存图片。不要用 JPEG（jpg）格式保存图片。JPEG 标准是有损的，这意味着它不会像最初指定的那样完全保存图像。它抛弃了你通常不会注意到的细节（如特定的红色值），但在这个例子中，我们希望将图像准确保存，以便以后可以对其进行解码。

你能否发现原始海滩图片与隐藏信息的图片之间存在任何差异（图 12.4）呢？我们认为你不能。

现在让我们取回隐藏的消息。下面是执行此操作的函数。

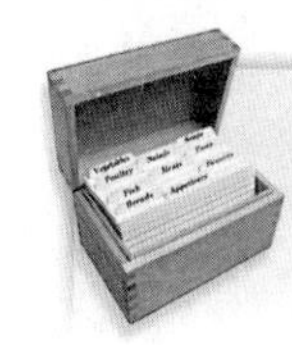

程序 155：解码消息

```
def decode(encodedImg):
  # Takes in an encoded image. Return the original message
  message = makeEmptyPicture(getWidth(encodedImg),getHeight(encodedImg))
  for x in range(0,getWidth(encodedImg)):
    for y in range(0,getHeight(encodedImg)):
      encPxl = getPixel(encodedImg,x,y)
      msgPxl = getPixel(message,x,y)
      if (getRed(encPxl) % 2) == 1:
        setColor(msgPxl,black)
  return message
```

图 12.4 原始图片（左）和带隐藏信息的图片（右）

我们可以用以下代码解码消息。你应该能够阅读生成的消息（图 12.5）。

```
>>> origMsg = decode(beach)
>>> explore(origMsg)
```

图 12.5 解码的消息

将声音隐藏图片内

不久前我们发现，每个样本只要用一比特，就能记录完全可以理解的语音。刚才我们发现，可以在偶数和奇数（0 和 1）之间更改像素的红色部分，而看不出图片中的变化。我们可以结合这两个事实，将声音隐藏在图片中。

程序 156：在图片中编码声音

```
def encodeSound(sound,picture):
  soundIndex = 0
  for p in getPixels(picture):
    # Clear out the red LSB
    r = getRed(p)
    if ((r % 2) == 1):
      setRed(p,r-1)
  for p in getPixels(picture):
    # Did we run out of sound?
    if soundIndex == getLength(sound):
      break
    # Get the sample value
    value = getSampleValueAt(sound,soundIndex)
    if value > 0:
      setRed(p,getRed(p)+1)
    soundIndex = soundIndex + 1
```

工作原理

我们输入一段声音（如“thisisatest.wav”）和一张图片。要对整个声音进行编码，需要让图片中的像素比声音中的样本更多。我们首先遍历所有像素，并从每个像素的红色部分清除最不重要的比特（偶数/奇数比特）。然后使用第二个循环。如果我们到达声音的末尾，就 break。否则，我们取得样本值，并测试它是否为正。如果是，则对相应像素的红色分量加 1。我们继续下一个 soundIndex 和 for 循环中的下一个像素 p。

以下是编码看起来的样子：

```
>>> t = makeSound("thisisatest.wav")
```

```
>>> p = makePicture("llama.jpg")
>>> explore(p)
>>> encodeSound(t,p)
```

编码前后的羊驼图片如图 12.6 所示。我们确实不能分辨那张图中有声音。

图 12.6　原始的羊驼（左）和其中包含声音编码的羊驼（右）

解码声音是相反的过程。我们检查每个像素，如果红色是奇数，则在相应的样本中放置一个大的正值；如果红色是偶数，则在相应的声音样本中放置一个较大的负值。

```
>>> newt = decodeSound(p)
>>> explore(newt)
```

你可能想得到，我们可以在解码后再次听到这些单词。

程序 157：解码图片中的声音

```
def decodeSound(picture):
  sound = makeEmptySoundBySeconds(5)
  sndIndex = 0
  for p in getPixels(picture):
    # Did we run out of sound?
    if sndIndex == getLength(sound):
      break
    # Is it mostly red, mostly blue, or mostly green?
    if ((getRed(p) % 2) == 1):
      setSampleValueAt(sound,sndIndex,32000)
    else:
      setSampleValueAt(sound,sndIndex,-32000)
    sndIndex = sndIndex + 1
  return(sound)
```

编程小结

通用程序片段

while	创建一个循环。只要提供的逻辑表达式为真（即不为零），就迭代地执行循环体
try:except:pass	尝试执行 try：后的语句块。如果发生任何错误，就跳到循环中的下一个值

续表

break	立即中断循环，跳转到 for 或 while 的结尾
urllib, ftplib	使用 URL 或 FTP 访问的模块
csv	用于处理 CSV（逗号分隔值）文件的模块
str	将数字（或其他对象）转换为它的字符串表示形式
float	将数字或字符串转换为它的浮点等效表示形式

问题

12.1 访问一个包含大量文本的页面，并利用浏览器的菜单将文件另存为 myPage.html。用 JES 或 Windows 记事本之类的编辑器编辑文件。在页面中查找你在查看页面时可以看到的文本，例如标题或文章文本。更改它！将“students”改成“College students（大学生）”甚至“kindergarteners（幼儿园儿童）”。现在用浏览器打开该文件。你刚刚重写了这条消息！

12.2 创建一个函数，访问新闻页面（可能是你的大学的新闻），并通过网络抓取来提取所有标题。将它们全部放在文本文件中。

12.3 创建一个函数，利用 urllib 从 URL 中提取声音，创建一个声音片段，保存在本地计算机上。

12.4 创建一个函数，从 URL 中提取图片，创建缩略图，保存在本地计算机上。

12.5 正确匹配以下短语与之后的定义。（是的，你会有一个未用到的定义。）

____域名服务器 ____Web 服务器 ____HTTP ____HTML

____客户端 ____IP 地址 ____FTP ____URL

（a）将 www.cnn.com 这样的名称与其因特网地址相匹配的计算机。

（b）用于在计算机之间移动文件的协议（例如，从个人计算机移动到作为 Web 服务器的大型计算机）。

（c）一个字符串，解释了在因特网上如何（在什么协议下）找到、在什么机器（域名）以及机器（路径）上的什么位置可以找到特定文件。

（d）通过 HTTP 提供文件的计算机。

（e）构建大部分 Web 的协议，这是一种非常简单的形式，旨在快速传输少量信息。

（f）在联系 google.com 这样的服务器时，浏览器（如 Internet Explorer）的角色。

（g）放入网页中的一些标签，用于确定页面的部分以及格式化的方式。

（h）用于在计算机之间传输电子邮件的协议。

（i）因特网上计算机的数字标识符——4 个 0～255 的数字，如 120.32.189.12。

12.6 对于以下各项，看看你是否能弄清楚比特和字节的表示形式。

（a）因特网地址是 4 个数字，每个数字在 0～255。因特网地址中有多少比特？

（b）在古老的编程语言 Basic 中，行可以编号，每个行号在 0～65 535。表示行号需要多少比特？

（c）每个像素的颜色有红色、绿色和蓝色 3 个分量，每个分量可以在 0～255。表示像素颜色需要多少比特？

（d）某些系统中的字符串最多只能有 1 024 个字符。表示字符串长度需要多少比特？

12.7 什么是域名服务器？它有什么作用？

12.8 调查如何购买域名（如“mycooldomainname.org”）并注册，使得其他用户可以找到它。你的新域名在因特网上被识别需要多长时间？

12.9 为什么需要一些时间才能让域名在因特网上访问？

12.10 什么是 FTP、SMTP 和 HTTP？它们各自用于什么？

12.11 什么是超文本？谁发明了它？

12.12 客户端和服务器有什么区别？

12.13 知道如何操作文本，这对你在因特网上收集和创建信息有何帮助？

12.14 什么是拒绝服务攻击？你能写一个程序来生成一次吗？

12.15 什么是 ISP？你能给出一个例子吗？

12.16 卫报的网站包含关于土拨鼠在土拨鼠日正确预测春季的频率的 CSV 数据。编写一个程序来获取该 CSV 文件，并累加正确次数和错误预测次数。土拨鼠是否比偶然（50%）更准确？

12.17 是否可以将彩色图片隐藏在另一张彩色图片中？为什么可以或者为什么不可以？

12.18 如果删除红色值中的最低两比特，则可以清除空间用于隐藏值 0～4。

```
for p in getPixels(picture):
  # Clear out the red 2xLSB
  r = getRed(p)
  setRed(p,r-(r%4))
```

如果从红色、绿色和蓝色中删除最低两比特，则可以保存 6 比特。6 比特可以编码 64 个值。这足以编码所有 27 个字母，包括大写和小写。

（a）编写一个函数，输入图片和字符串。将字符串中的每个字符保存在图片的像素中，方法是将其保存在红色、绿色和蓝色各自的最低两比特中。你能区分原始图片和带有编码的文本消息的图片吗？

（b）编写一个函数来解码原始文本。

12.19 关于如何编码文本，我们可以更巧妙。想象一下，你（发件人）的信息和接收者都有一个隐藏的句子，其中包含你在编码信息中可能需要的所有字符，比如“The quick brown fox jumps over the lazy cat”。你现在可以只编码你想要的图片中的字符（例如“t”会是 0，“h”会是 1）。这个编码你甚至不需要 6 比特。重写练习 12.18 中的编码和解码功能，使用隐藏句子进行编码。

深入学习

Mark 学习 Python 模块时用的书是 Frederik Lundh 的 *Python Standard Library* [16]。你可以在 python 官网找到库模块列表及其文档。

第 13 章　为 Web 创建文本

本章学习目标

本章的媒体学习目标是：

- 获得一些 HTML 基本技能
- 自动为输入数据生成 HTML，如图像目录的索引页
- 使用数据库生成 Web 内容

本章的计算机科学目标是：

- 使用另一个基数（十六进制）来指定 RGB 颜色
- 区分 XML 和 HTML
- 解释 SQL 是什么，以及它与关系数据库的关系
- 创建和使用子函数（工具函数）
- 展示散列表（字典）的一种用法

13.1　HTML：网页的表示法

万维网主要是文本，大部分文本是用规范语言“HTML（超文本标记语言）”写的。HTML 基于“SGML（标准通用标记语言）”，这是一种向文本添加附加文本，以识别文档的逻辑部分的方法：“这里是页面标题”“这里是标题”和“这就是一个简单的段落”。最初，HTML（像 SGML 一样）打算只是确定文档的逻辑部分——它看起来如何取决于浏览器。更换浏览器，预计文档看起来会有所不同。但随着 Web 的发展，形成了两个独立的目标：能够指定许多逻辑部分（例如，价格、部分编号、股票行情代码、温度），并且能够非常仔细地控制格式。

对于第一个目标，XML（可扩展标记语言）不断发展。这允许你定义新标签，如<partnumber> 7834JK </partnumber>。对于第二个目标，开发了“级联样式表”这样的东西。还开发了另一种标记语言 XHTML，它是用 XML 定义的 HTML。XHTML 几乎与 HTML 4.01 相同。今天，我们有 HTML 5，几乎每个浏览器都支持 HTML 5。在大多数情况下，HTML 5 也将接受 XHTML。我们将专注于 HTML 5，忽略细微的区别，并称之为“HTML”。

我们在这里不打算提供完整的 HTML 教程。已经有许多教程可用，无论是印刷版还是网络版，其中许多是高品质的。在你最喜爱的搜索引擎中输入“HTML 教程”并做出选择。作为替代，我们将在这里讨论一些 HTML 的一般概念，并提及你真正应该了解的一些标签。

标记语言意味着将文本插入到原始文本中，以标识一些部分。在 HTML 中，插入的文本（称为“标签”）用尖括号分隔，即小于和大于符号。例如，<p>开始一个段落，</p>结

束一个段落。

网页有一些部分，这些部分互相嵌套。第一个是页面顶部的 doctype，它声明了这种页面的类型（即浏览器应该尝试将它解释为 HTML5、XHTML 或其他内容）。在 doctype 之后出现一个标题（<head> ... </head>）和一个主体（<body> ... </body>）。标题中可以包含一些"嵌套"的信息，如页面标题等——页面标题的结束出现在标题结束之前。主体中嵌套有许多部分，例如标题（h1 的开始和结束在主体结束前）和段落。主体和标题都嵌套在<html> ... </html>标签中。图 13.1 展示了一个简单的 Web 页面源代码，图 13.2 展示了该页面在开源浏览器 WebKit 中的显示方式。

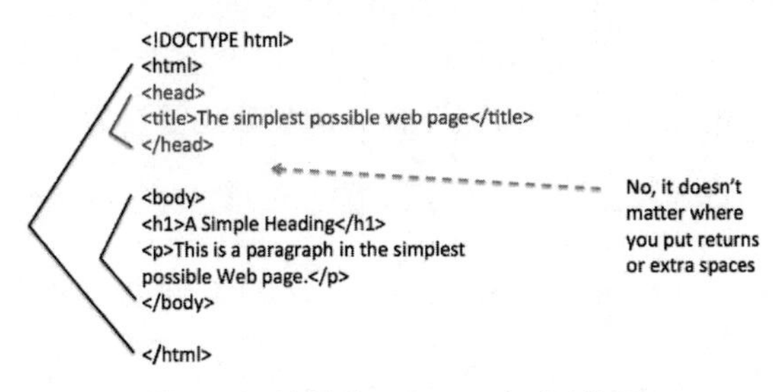

图 13.1　简单的 HTML 页面源代码

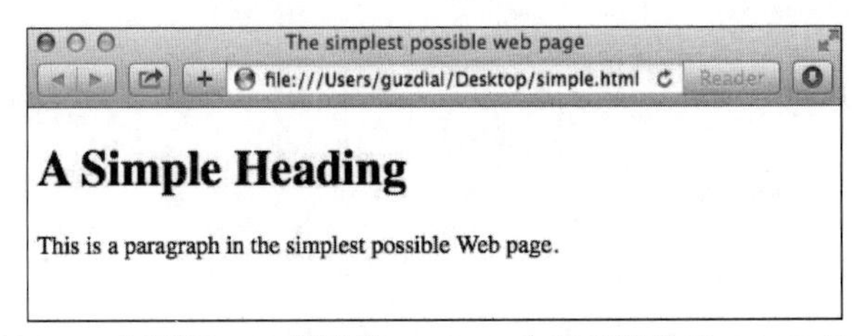

图 13.2　在开源 Web 浏览器 WebKit 中打开简单的 HTML 页面

自己尝试一下。你可以在任何文本编辑器中键入图 13.1 中的文本。Windows 上的记事本就很好。在 Mac OS X 上，你可能希望获取像 TextWrangler 或 Sublime Text 这样的应用程序。但是如果你不能获取这样的应用，JES 实际上也可以用作纯文本编辑器。只需键入 HTML，使用.html 文件后缀保存，然后在 Web 浏览器中打开它。该文件与所有网页之间的唯一区别在于，该文件存在于你的磁盘上。如果它在 Web 服务器上，就是一个 Web 页面。

常见问题：浏览器很宽容，但通常会猜错

浏览器非常宽容。如果你忘记了 DOCTYPE 或在 HTML 中出错，浏览器实际上会猜测你的意思，然后尝试显示它。不过墨菲定律说，它会猜错。如果你希望网页看起来像你想要的那样，应正确使用 HTML。

以下是你应该熟悉的一些标签。

- <body>标签可以接受参数来设置背景、文本和链接的颜色。这些颜色可以是简单的颜色名称，如"red"或"green"，也可以是特定的 RGB 颜色。

你用十六进制指定颜色。十六进制是一个基数为 16 的数字系统，而十进制数系统的基数是 10。十进制数 1～20 转换为十六进制是 1，2，3，4，5，6，7，8，9，A，B，C，D，E，F，10，11，12，13 和 14。将十六进制的“14”看成是 16 加 4，结果是 20。

十六进制的优点是每个数字对应 4 比特。两个十六进制数字对应一字节。因此，RGB 颜色的 3 字节是 6 个十六进制数字，按 RGB 顺序。十六进制 FF0000 是红色——红色分量是 255(FF)，绿色分量是 0，蓝色分量是 0。0000FF 是蓝色，000000 是黑色，FFFFFF 是白色。

- 用标签<h1> ... </h1>到<h6> ... </h6>指定标题。数字越小越突出。
- 有许多不同类型的标签：强调<em> ... </em>，斜体<i> ... </i>，粗体<b> ... </b>，较大<big> ... </big>和较小<small> ... </small>字体，打字机字体<tt> ... </tt>，预先格式化的文字<pre> ... </pre>，块引用<blockquote> ... </blockquote>，下标_{...}，以及上标^{...}。关于其中一些内容的详细信息，可参见图 13.3。还可以使用<font> ... </font>标签控制字体和颜色等内容。

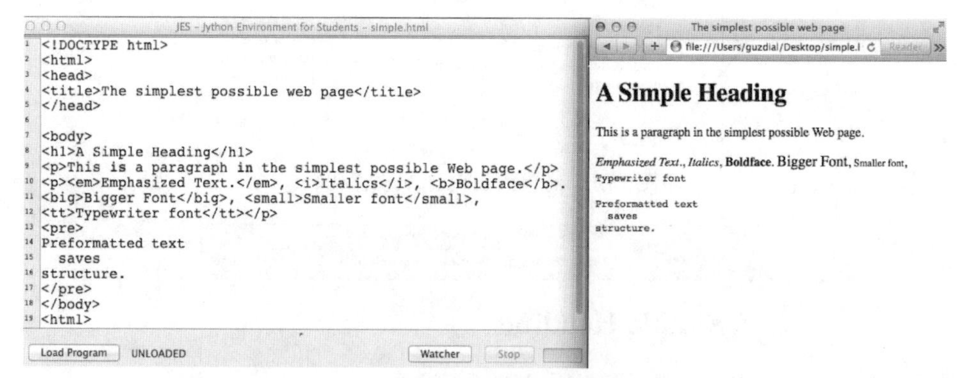

图 13.3　HTML 样式，在 JES 中编辑源代码，在 WebKit 中查看

其中许多标签与 HTML 的最初计划相反，原来是希望成为文档结构的符号，而不是外观的符号。但人们希望能够控制文档的这些方面，因此添加了这些样式标签。

- 你可以用
插入没有新段落的分隔符。
- 使用<image src ="image.jpg">标签插入图像（图 13.4）。image 标签将一个图像作为一个 src =参数。之后是图像详细说明，有几种形式可选。

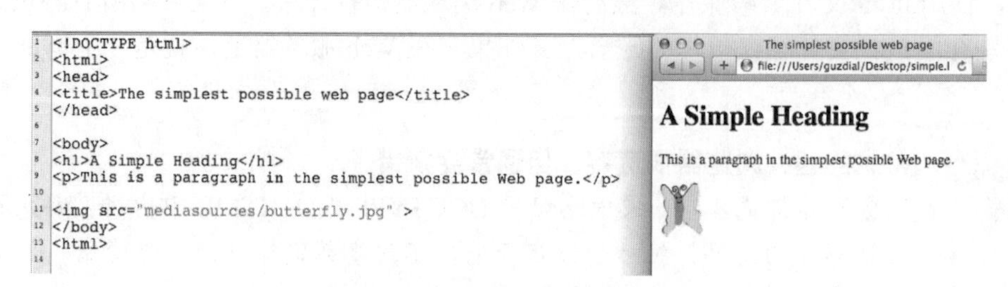

图 13.4　将图像插入 HTML 页面

- 如果就是一个文件名（如 flower1.jpg 或 butterfly.jpg），那么它被认为是一个图像，与引用它的 HTML 文件位于同一目录。
- 如果是一个路径，则假定它是从 HTML 页面所在的目录到该图像的路径。因此，如果 My Documents 中有一个 HTML 页面引用了 mediasources 目录中的图像，我们可能会引用 mediasources/flower1.jpg。你可以在这里使用 UNIX 约定（例如“..”

指父目录，所以../images/flower1.jpg 表示要转到父目录，然后转到 images，来抓取图像 flower1.jpg）。

- 也可以是完整的 URL——你可以完全在其他服务器上引用图像。

你还可以使用 image 标签的选项来控制图像的宽度和高度（例如，<image height="100" src="flower.jpg">将高度限制为 100 像素），并调整其宽度，让图片保持其高度:宽度比。如果无法显示图像，则可以使用 alt 选项指定要显示的文本（例如，对于发声或盲文浏览器）。

- 用锚标签<a href="someplace.html">锚文本</a>创建链接，从锚文本链接到其他地方。在这个例子中，someplace.html 是锚的目标——当你单击锚时，它就是你的目标。锚是你点击的东西。它可以是文本，如锚文本，也可以是图像。如图 13.5 所示，目标也可以是完整的 URL。

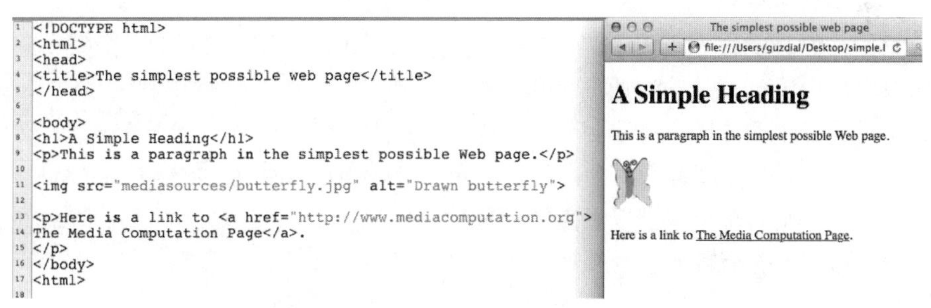

图 13.5　一个带有键接的 HTML 页面

另外应注意，在图 13.5 中，源文件中的换行符不会显示在浏览器中。我们甚至可以在锚标签的中间使用换行符，它们不会影响视图。重要的分断（即显示在浏览器视图中）由
和<p>等标签生成。

- 用<ul> ... </ul>和<ol> ... </ol>标签分别创建无编号列表（无序列表）和编号列表（有序列表）。用标签<li> ... </li>指定单个数据项。
- 用<table> ... </table>标签创建表。用<tr> ... </tr>标签从表行构建表，每行包含用<td> ... </td>标签标识的几个表数据项（图 13.6）。表包含行，行包含表数据项。

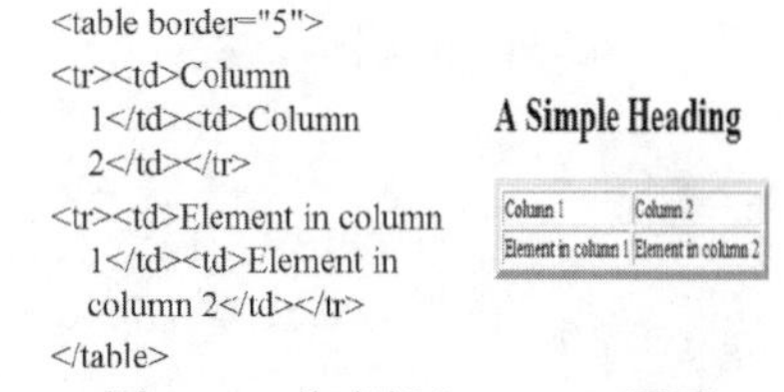

图 13.6　将表插入 HTML 页面

HTML 还有很多标签，例如窗口（在一个 HTML 页面窗口中有子窗口）、分区（<div />）、水平分隔线（<hr />）、applet 和 JavaScript。要理解本章的其余部分，上面列出的标签至关重要。

13.2　编写程序生成 HTML

HTML 本身不是一种编程语言。HTML 无法指定循环、条件、变量、数据类型，或我们学到的关于指定过程的任何其他机制。HTML 用于描述结构，而不是过程。

也就是说，我们可以轻松编写程序来生成 HTML。在这里，Python 的多种引号字符串方式非常方便！

程序 158：生成简单的 HTML 页面

```
def makePage():
  file=open("generated.html","wt")
  file.write("""<!DOCTYPE html>

<html>
<head> <title>The Simplest Possible Web Page</title>
</head>
<body>
<h1>A Simple Heading</h1>
<p>Some simple text.</p>
</body>
</html>""")
  file.close()
```

这能工作，但真的很无聊。你为什么要编写一个程序来写出可以用文本编辑器生成的内容呢？你编程是为了可复制、沟通过程和定制。

生成网页的最主要原因之一是目录。像亚马逊和E-Bay这样的网站并没有为每个产品提供单独的网页。相反，他们有一些模板（实质上是生成 HTML 的函数），用于指定一些参数，然后生成一个网页。

我们的第一个示例是一个函数，它以产品名称、产品的图像文件和价格作为输入。它生成一个页面，如图 13.7 所示。

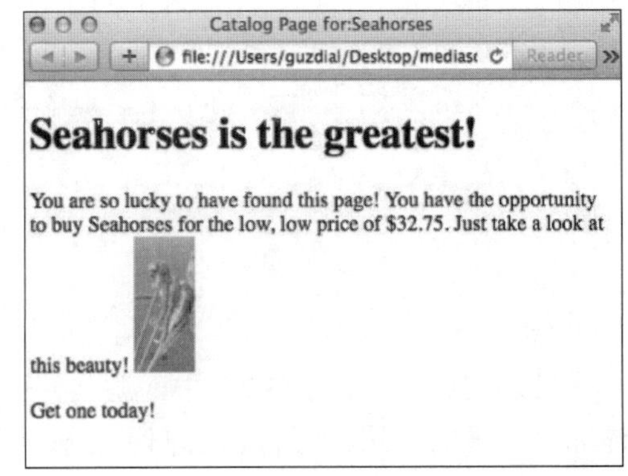

图 13.7 示例目录产品页面

我们这样调用该函数：

```
>>> makeCatalog("Seahorses","seahorses.jpg",32.75)
```

程序 159：目录页面生成器

```
def makeCatalog(product, image, price):
  file=open(getMediaPath("catalog.html"),"wt")
  body = """<!DOCTYPE html>
<html>
<head>
<title>Catalog Page for:"""+ product+'''</title>
</head>
<body>
<h1>'''+product+""" is the greatest!</h1>
<p>You are so lucky to have found this page!
You have the opportunity to buy """+product+"""

for the low, low price of $"""+str(price)+'''.
Just take a look at this beauty!
<img src="'''+image+'''" height = 100></p>
<p>Get one today!</p>
</body>
</html>'''
file.write(body)
```

```
file.close()
```

工作原理

函数 makeCatalog 接受 product（产品）、image（图像）和 price（价格）作为输入。我们在媒体文件夹中打开一个可写文本文件，名为“catalog.html”。然后我们组成一个名为 body 的非常大的字符串。

- 我们使用三重引号，以便能够在字符串中输入回车。我们有时使用三重双引号，有时使用三重单引号，以便更容易理解 HTML 中的引号。
- 我们跳出字符串，以便将 product 名称插入标题 Catalog Page for:（在我们的例子中是）Seahorses。很明显，该程序需要一个单数产品，而不是复数。用复数单词作为输入，这个句子在语法上是不正确的。计算机将完成我们告诉它们要做的事情，即使这是错误的。
- 然后我们详述了这个产品的优点，包括极低的价格——这是一个浮点数，因此我们必须用 str(price)，将它转换为字符串。
- 我们再次跳出字符串，以插入图像的实际文件名。

格式化整个正文字符串后，我们将其写入文件，并关闭该文件。

制作主页

想象一下，你和一群朋友决定制作主页，除了一些小细节之外，你们都希望它们看起来彼此相同。一般问题就像我们刚刚解决的目录页面生成器。让我们编写一个主页创建程序，可以创建许多主页，只要更改姓名和兴趣。

程序 160：初始主页创建程序

```
def makeHomePage(name, interest):
  file=open(getMediaPath("homepage.html"),"wt")
  file.write("""<!DOCTYPE html>
<html>
<head>
<title>"""+name+"""'s Home Page</title>
</head>
<body>
<h1>Welcome to """+name+"""'s Home Page</h1>
<p>Hi! I am """+name+""". This is my home page!
I am interested in """+interest+"""</p>
</body>
</html>""")
  file.close()
```

因此，执行 makeHomePage("Barb","horses")将创建：

```
<!DOCTYPE html>
<html>
<head>
<title>Barb's Home Page</title>
</head>
<body>
<h1>Welcome to Barb's Home Page</h1>
```

```
<p>Hi! I am Barb. This is my home page!
I am interested in horses</p>
</body>
</html>
```

调试提示：首先写出 HTML

生成 HTML 的程序可能会令人困惑。在开始尝试编写之前，应写出 HTML。生成一个示例，表明你希望 HTML 看起来像什么。确保它在你的浏览器中有效。然后编写生成那种 HTML 的 Python 函数。

但是，修改这个程序很痛苦。HTML 中有如此多的细节，所有引号都难以绕过。我们最好用“子函数”将程序分解为更容易操作的部分。这也是使用“过程抽象”的一个例子。下面是该程序的一个版本，我们将最常更改的部分限制在顶部。

程序 161：改进的主页创建程序

```
def makeHomePage(name, interest):
  file=open(getMediaPath("homepage.html"),"wt")
  file.write(doctype())
  file.write(title(name+"'s Home Page"))
  file.write(body("""
<h1>Welcome to """+name+"""'s Home Page</h1> <p>Hi! I am
"""+name+""". This is my home page! I am interested in
"""+interest+"""</p>"""))
  file.close()

def doctype():
  return '<!DOCTYPE html>'

def title(titlestring):
  return "<html><head><title>"+titlestring+"</title></head>"

def body(bodystring):
  return "<body>"+bodystring+"</body></html>"
```

我们可以从任何希望的地方获取网页内容。下面是一个程序，可以接受一个目录作为输入，从该目录中提取信息，并生成这些图像的索引页面（图 13.8）。这里不会列出 doctype() 和其他“工具函数”——我们只关注我们关心的部分。这就是我们应该具备的思考方法——只考虑我们关心的部分。我们写一次 doctype()，然后忘掉它！

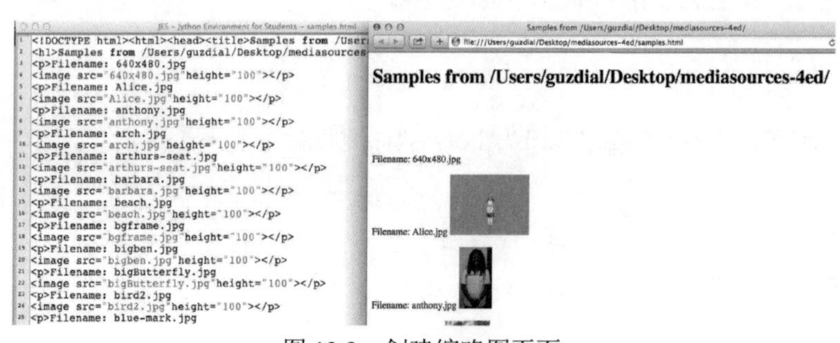

图 13.8 创建缩略图页面

图 13.8 需要稍作解释。我们通过执行 makeSamplePage(getMediaPath(""))来运行下面显示的代码。然后，我们打开生成的文件“samples.html”。生成的页面都是一行——浏览器解释不麻烦，但对人类来说很难。我们插入了一些回车字符，以便于阅读。右侧的浏览器页面是打开左侧 HTML 时看到的内容。

程序 162：生成缩略图页面

```
import os

def makeSamplePage(directory):
samplesFile=open(directory+"/samples.html","wt")
samplesFile.write(doctype())
samplesFile.write(title("Samples from "+directory))
# Now, let's make up the string that will be the body.
samples="<h1>Samples from "+directory+" </h1>"
for file in os.listdir(directory):
 if file.endswith(".jpg"):
  samples=samples+"<p>Filename: "+file
  samples=samples+'<image   src="'+file+'"height="100"></p>'
samplesFile.write(body(samples))
samplesFile.close()
```

我们可以从各种来源获取要添加到主页的内容。我们可以抓取信息添加到页面中。在前面的章节中，我们构建了公案生成器和随机句子生成器。我们可以在主页生成器中添加类似的内容。函数 tagline 随机地将一个标签行（签名行）返回到主页的底部。

程序 163：带有随机标签行的主页生成器

```
import urllib
import random

import urllib
import random

def makeHomePage(name,interests):
  file=open(getMediaPath("homepage.html"),"wt")
  file.write(doctype())
  file.write(title(name+"'s Home Page"))
  text = "<h1>Welcome to "+name+"'s Home Page</h1> "
  text += "<p>Hi! I am "+name+". This is my home page!"
  text +="I am interested in "+interests+"</p>"
  text += "<p>Random thought for the day: "+tagline()+"</p>"
  file.write(body(text))
  file.close()

def tagline():
  tags = []
  tags += ["After all is said and done, more is said than done."]
  tags += ["Save time... see it my way."]
  tags += ["This message transmitted on 100% recycled electrons."]
  tags += ["Nostalgia isn't what it used to be."]
  tags += ["When you're in up over your head, the first thing to do is close your mouth."]
  tags += ["I hit the CTRL key but I'm still not in control!"]

  tags += ["Willyoupleasehelpmefixmykeyboard?Thespacebarisbroken!"]
  return random.choice(tags)
```

工作原理

我们来看看完整的大例子。

- 我们在此函数中需要 urllib 和 random，因此在程序区的顶部将它们都导入。
- 我们的主函数是 makeHomePage。我们调用它时带上名字和一个兴趣字符串，如下所示：

```
>>> makeHomePage("Dracula","bats and blood")
```

- 在 makeHomePage 的顶部，我们打开要写入的 HTML 文件，然后用工具函数写出 doctype。（这里没有列出，但必须在程序区中）。我们写出标题（使用 title 函数），其中插入了输入的 name。
- 我们在字符串变量 text 中构建页面的主体。我们将它分成几行，使它的可读性更好。为此，我们在 Python 中使用了简写。语法“+=”表示“将右侧的字符串附加到左侧的字符串变量”。

将

```
text += "<p>Hi! I am "+name+". This is my home page!"
```

解读为：

```
text = text + "<p>Hi! I am "+name+". This is my home page!"
```

因此，我们在字符串 text 中构建了主体，其中包含标题、带有所有者姓名的段落、关于兴趣的说明以及随机签名档。我们将 name 和那些函数的返回值连接到 HTML 字符串中并写出。然后我们将它写入 Web 页面的主体（用 body 函数）。

- 函数 tagline 创建一个字符串列表（同样使用“+=”简写，但用于一个字符串列表），然后随机选择一个（使用库函数 random.choice）。每次调用 tagline 时，它都会返回一个带有随机签名档的字符串。

```
>>> tagline()
"I hit the CTRL key but I'm still not in control!"
>>> tagline()
'Save time... see it my way.'
```

- 最后，回到 makeHomePage，我们关闭 HTML 文件，就完成了。

13.3 数据库：存储文本的地方

大型网站不使用大的函数，并在其中定义所有的值（像我们使用 tagline 函数那样）。你认为大型网站在哪里获取所有信息？这些网站中有很多页面。它们在哪里得到这一切？它们把它存放在哪里？

大型网站使用“数据库”来存储其文本和其他信息。像 eBay.com，Amazon.com 和 CNN.com 这样的网站拥有大型数据库，其中包含大量信息。这些网站的页面不是由输入信息的人生成的。作为替代，程序会遍历数据库，收集所有信息并生成 HTML 页面。它们可能会定时执行此操作，以不断更新页面。

为何使用数据库，而不是简单的文本文件？有 4 个原因。

- 数据库速度很快。数据库存储索引，用于跟踪文件中关键信息（如姓氏或 ID 号）的位置，以便能够立即找到“Guzdial”。文件在文件名上有索引，但在文件中的内容上没有索引。
- 数据库是标准化的。你可以通过无数的工具或语言来访问 Microsoft Access、Informix、Oracle、Sybase 和 MySQL 数据库。
- 数据库可以是“分布式”的。在网络上的不同计算机上，许多用户可以将信息放入数据库并从中提取信息。
- 数据库存储“关系”。当我们使用列表来表示像素时，必须记住哪个数字意味着什么。数据库存储数据字段的名称。当数据库知道哪些字段很重要时（例如，哪些字段最常被搜索），可以在这些字段上加索引。

Python 内置了对几种不同数据库的支持，并为任意类型的数据库提供了一种一般支持，称为 anydbm（其实是一个键—值对数据库）。

```
>>> # Get the database library
>>> import anydbm
>>> # Make a database
>>> db = anydbm.open(getMediaPath("mydbm"),"c")
>>> # Stores the string about Wilma under the key "fred"
>>> db["fred"] = "My wife is Wilma."
>>> db["barney"] = "My wife is Betty."
>>> db.close()
```

“键”放在方括号中，这些是访问最快的字段。使用 anydbm，键和值都只能是字符串。下面是通过 anydbm 检索信息的示例。

```
>>> db = anydbm.open(getMediaPath("mydbm"),"r")
>>> print db.keys()
['barney',  'fred']
>>> print db['barney']
My wife is Betty.
>>> for k in db.keys():
...        print db[k]
...
My wife is Betty.
My wife is Wilma.
>>> db.close()
```

另一个标准的 Python 数据库 shelve 允许你在值中放入字符串、列表、数字或其他任何内容。数据库 shelve 是有用的，因为它是标准 Python——它总是可用。但是，它不是关系数据库。

```
>>> import shelve
>>> db=shelve.open(getMediaPath("myshelf"),"c")


>>> db["one"]=["This is",["a","list"]]
>>> db["two"]=12
>>> db.close()
>>> db=shelve.open(getMediaPath("myshelf"),"r")
>>> print db.keys()
['two',  'one']
```

```
>>> print db['one']
['This is', ['a', 'list']]
>>> print db['two']
12
```

13.3.1 关系数据库

大多数现代数据库是“关系数据库”。在关系数据库中，信息存储在表中（图 13.9）。列在关系表中是命名的，数据行假定是有关系的。

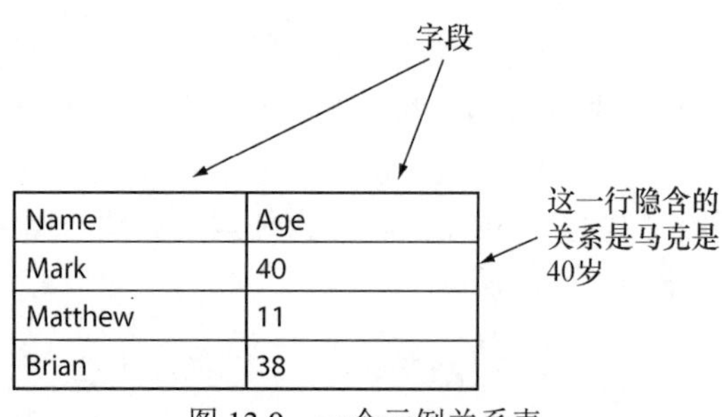

Name	Age
Mark	40
Matthew	11
Brian	38

图 13.9 一个示例关系表

复杂关系存储在多个表中。假设你有一些学生的照片，并且想要记录哪些学生在哪些图片中——在给定图片中有多名学生。你可以在一组表中记录这样的结构，用于记录学生和学生 ID、图片和图片 ID、然后是学生 ID 和图片 ID 之间的映射，如图 13.10 所示。

Picture	PictureID
Class1.jpg	P1
Class2.jpg	P2

StudentName	StudentID
Katie	S1
Brittany	S2
Carrie	S3

PictureID	StudentID
P1	S1
P1	S2
P2	S3

图 13.10 表示跨多个表的更复杂的关系

如何利用图 13.10 中的表来确定 Brittany 所在的图片？你开始可以在学生表中查找 Brittany 的 ID，然后在图片—学生表中查找图片 ID，再在图片表中查找图片名称，得到 Class1.jpg。怎样弄清楚谁在那张照片中？你在图片表中查找 ID，然后查找哪些学生 ID 与该图片 ID 有关系，再查找学生姓名。

利用多个表来回答“查询”（从数据库请求信息）称为“连接”。如果表保持简单，每行只有一个关系，则数据库连接最有效。

13.3.2 使用散列表的示例关系数据库

为了解释关系数据库的想法，本节利用 Python 中一个较简单的结构来构建关系数据库。通过这种方式，我们可以描述一些数据库思想（如连接）的工作原理。这一节是可选的。

我们可以使用一个称为“散列表”或“字典”的结构（其他语言有时称它们为“关联数组”），利用 shelve，为数据库的关系表创建行。散列表允许我们将键和值关联起来（像数据库那样），但仅限于内存中。

```
>>> row={'StudentName':'Katie','StudentID':'S1'}
>>> print row
{'StudentID': 'S1', 'StudentName': 'Katie'}
>>> print row['StudentID']
S1
>>> print row['StudentName']
Katie
```

除了一次定义整个散列表外，还可以分部分填充散列表。

```
>>> pictureRow = {}
>>> pictureRow['Picture']='Class1.jpg'
>>> pictureRow['PictureID']='P1'
>>> print pictureRow
{'Picture': 'Class1.jpg', 'PictureID': 'P1'}
>>> print pictureRow['Picture']
Class1.jpg
```

现在，我们可以将每个表存储在单独的 shelve 数据库中，并将每行表示为一个散列表，从而创建一个关系数据库。

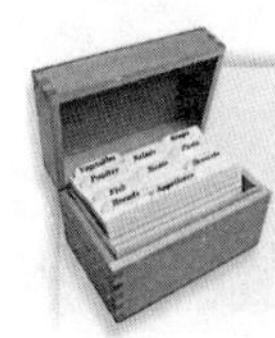

程序 164：用 shelve 创建一个关系数据库

```
import shelve
def createDatabases():
  #Create Student Database
  students=shelve.open(getMediaPath("students.db"),"c")
  row = {'StudentName':'Katie','StudentID':'S1'}
  students['S1']=row
  row = {'StudentName':'Brittany','StudentID':'S2'}
  students['S2']=row

  row = {'StudentName':'Carrie','StudentID':'S3'}
  students['S3']=row
  students.close()
  #Create Picture Database
  pictures=shelve.open(getMediaPath("pictures.db"),"c")
  row = {'Picture':'Class1.jpg','PictureID':'P1'}
  pictures['P1']=row
  row = {'Picture':'Class2.jpg','PictureID':'P2'}
  pictures['P2']=row
  pictures.close()
  #Create Picture-Student Database
  pictures=shelve.open(getMediaPath("pict-students.db"),"c")
  row = {'PictureID':'P1','StudentID':'S1'}
  pictures['P1S1']=row
  row = {'PictureID':'P1','StudentID':'S2'}
  pictures['P1S2']=row
  row = {'PictureID':'P2','StudentID':'S3'}
  pictures['P2S3']=row
  pictures.close()
```

工作原理

函数 createDatabases 实际上创建了 3 个不同的数据库表。

- 第一个是 students.db。我们创建代表 Katie 的字典（散列表），Katie 是“S1”，然后使用学生 ID“S1”作为索引，将其存储在数据库中。我们对 Brittany 和 Carrie 做同样的事情——可以对每个人使用相同的 row 变量，因为我们只是创建散列表，然后将其存储到数据库中。
- 接下来，创建 pictures.db 数据库。我们建立了“图片”Class1.jpg 和它的 ID“P1”之间的关系。然后我们将它存储在图片数据库中。我们针对图片 Class2.jpg 重复该过程。可以对每个数据库使用变量 database 吗？因为我们一次只打开一个，然后在下一个之前关闭它，所以当然可以。但它的可读性会降低。
- 最后，我们打开并填充 pict-students.db 数据库。我们创建将图片 ID 与学生 ID 相关联的行，将它们存储在数据库中，然后关闭数据库。

利用刚刚创建的数据库，我们可以进行连接。显然，我们的想法是，我们会在创建数据库后的某个时间进行这种查找，并且可能在向其添加更多条目之后查找。（如果我们在数据库中只有两张图片和 3 名学生，那么这将是一个相当愚蠢的编程练习。）我们必须遍历数据，找到我们需要跨数据库匹配的值。

程序 165：用 shelve 数据库进行连接

```
def whoInClass1():
  # Get the pictureID

  pictures=shelve.open(getMediaPath("pictures.db"),"r")
  for key in pictures.keys():
    row = pictures[key]
    if row['Picture'] == 'Class1.jpg':
      id = row['PictureID']
  pictures.close()
  # Get the students'  Ids
  studentslist=[]
  pictures=shelve.open(getMediaPath("pict-students.db"),"c")
  for key in pictures.keys():
    row = pictures[key]
    if row['PictureID']==id:
      studentslist.append(row['StudentID'])
  pictures.close()
  print "We're looking for:",studentslist
  # Get the students' names
  students = shelve.open(getMediaPath("students.db"),"r")
  for key in students.keys():
    row = students[key]
    if row['StudentID'] in studentslist:
      print row['StudentName'],"is in the picture"
  students.close()
```

工作原理

连接的每个部分都需要数据库的不同循环遍历。

- 首先，我们打开 pictures.db，并将它命名为 pictures。我们循环遍历所有键 keys，获取每一行 row（散列表），并检查'Picture'条目是否为 Class1.jpg。当找到它时，我们将图片 ID 存储在 id 中。我们关闭数据库，因为对它的工作已经完成。

- 接下来，我们在 pictures 中打开 pict-students.db（可以重复使用该名称）。我们知道一张图片中可能有多名学生，因此我们创建一个列表 studentslist 来存储我们找到的所有学生 ID。针对 pictures 中的每个键，我们在散列表中查找与 id 匹配的"PictureID"条目。当我们找到一个时，我们将散列表的"StudentID"部分附加到 studentslist 中。
- 最后，我们在 students 中打开 students.db 数据库。我们循环遍历所有键 keys，并获取散列表行 row。我们利用了以前没有见过的列表的漂亮特性：我们可以询问字符串是否在列表 studentslist 中（in）。如果给定的'StudentID'是我们正在寻找的那个（在 studentslist 中），那么我们从 row 散列表中打印相应的'StudentName'。最后，我们关闭 students 数据库进行清理。

运行它，看起来如下：

```
>>> whoInClass1()
We're looking for: ['S2', 'S1']
Brittany is in the picture
Katie is in the picture
```

13.3.3 使用 SQL

真正的数据库不会让你通过循环来做连接。作为替代，你通常会用 SQL（结构化查询语言）来操作和查询数据库。SQL 数据库语言系列实际上有几种语言，但我们不打算在这里做出区分。SQL 是一种庞大而复杂的编程语言，我们甚至不会尝试全面介绍它。但我们将充分接触它，让你了解 SQL 是怎样的以及它是如何使用的。

SQL 可以用于许多不同的数据库，包括 Microsoft Access。利用这里使用 Python 的方式，几乎可以与所有数据库对话。还有像 MySQL 这样的使用 SQL 的免费数据库，可以通过 Python 进行控制。如果你希望尝试这里展示的例子，可以从先安装 MySQL，装入 JES。你需要安装 MySQL，并下载允许 Java 访问 MySQL 的 JAR 文件，将它放入 JythonLib 文件夹。

要从 JES 操作 MySQL 数据库，你需要创建一个“连接”，为你提供一个“游标”，以便通过 SQL 操作。正如屏幕上的光标记录你正在键入或复制的位置（在哪一行、在哪些字符处），数据库游标会跟踪我们在数据库中的位置。我们利用像下面一样的函数，从 JES 使用 MySQL，这样我们可以执行 con = getConnection()。

程序 166：从 Jython 获取 MySQL 连接

我们发现，所有这些细节很难记住，所以将它们隐藏在一个函数中，然后让以下程序在程序区中，只要用 con = getConnection()。

```
from com.ziclix.python.sql import zxJDBC

def getConnection():
  db =zxJDBC.connect("jdbc:mysql://localhost/test", "root",
  None, "com.mysql.jdbc.Driver")
  con = db.cursor()
  return con
```

要从这里执行 SQL 命令，我们在连接上使用 execute 方法。方法 execute 接受一个字符串作为输入，它就是 SQL 命令。下面是一个例子：

```
con.execute("create table Person (name VARCHAR(50), age INT)")
```

下面是非常简短的 SQL 介绍。

- 要在 SQL 中创建表，我们使用 create table tablename (columnname datatype,...)。因此，在上面的示例中，我们创建了一个 Person 表。该表包含两列：一列是 name（名称），它的可变字符数最多为 50；另一列是整数 age（年龄）。其他数据类型包括数字、浮点数、日期、时间、年份和文本。
- 我们使用 insert into tablename values (column value1, columnvalue2,...)，将数据插入 SQL。下面是我们的多种引号派上用场的地方。

```
con.execute('insert into Person values
  ("Mark",40)')
```

- 考虑选择数据库中的数据，就像在字处理程序或电子表格中一样，选择表中所需的行。SQL 中的选择命令的一些例子如下：

```
Select * from Person
Select name,age from Person
Select * from Person where age>40
Select name,age from Person where age>40
```

我们可以通过 Python 完成所有这些工作。我们的连接有一个“实例变量”（就像一个方法，但只知道那种类型的对象）rowcount，它告诉你选择的行数。方法 fetchone()为你提供下一个选择的行，作为一个“元组”（将它看成一种特殊的列表——对于大多数用途，我们可以像列表一样使用它）。

```
>>> con.execute("select name,age from Person")
>>> print con.rowcount
3
>>> print con.fetchone()
('Mark', 40)
>>> print con.fetchone()
('Barb', 41)
>>> print con.fetchone()
('Brian',  36)
```

我们也可以使用条件来选择。

程序 167：使用条件选择来选择和显示数据

```
def showSomePersons(con, condition):
  con.execute("select name, age from Person "+condition)
  for i in range(0,con.rowcount):
    results=con.fetchone()
    print results[0]+" is "+str(results[1])+" years old"
```

工作原理

函数 showSomePersons 接受数据库连接 con 和条件作为输入，该条件是包含 SQL where 子句的字符串。然后，我们要求连接执行 select SQL 命令。我们将条件连接到 select 命令的末尾。然后，我们循环遍历选择返回的每一行（利用 con.rowcount 获取该行数）。我们用 fetchone 来获取每条结果并打印它。注意，在返回的元组上使用了普通的列表索引。

以下是使用 showSomePersons 的示例。

```
>>> showSomePersons(con,"where age >= 40")
Mark is 40 years old
Barb is 41 years old
```

我们现在可以考虑用条件选择来执行其中一个连接。下一个代码片段是说："从这 3 个表中返回一张图片和学生姓名，学生姓名为'Brittany'，其中学生的 ID 与学生—图片 ID 表中的学生 ID 相同，并且 ID 表中的图片 ID 与图片表中的 ID 相同。"

```
Select
    p.picture,
    s.studentName
From
    Students as s,
    IDs as i,
    Pictures as p
Where
    (s.studentName="Brittany") and
    (s.studentID=i.studentID) and
    (i.pictureID=p.pictureID)
```

13.3.4 用数据库构建网页

因特网上的大多数 Web 页面来自数据库。像 CNN、亚马逊和 eBay 这样的网站有一些模板，描述了根据数据库查询生成的 HTML。那不是特殊的能力。我们还可以将信息存储在数据库中，检索它，然后将它放在网页中——就像亚马逊、CNN 和 eBay 一样。

```
>>> import anydbm
>>> db=anydbm.open(getMediaPath("news"),"c")
>>> db["headline"]="Katie turns 8!"
>>> db["story"]="""Our daughter, Katie, turned 8 years old
    yesterday. She had a great birthday. Grandma and
    Grandpa came over. The previous weekend, she had three
    of her friends over for a sleepover."""
>>> db.close()
```

如果用 makeHomePage("Mark","beer and ukulele")运行以下程序，会得到如图 13.11 所示的 Web 页面。

图 13.11 主页生成器的输出示例，从签名档生成器和数据库中提取。利用 makeHomePage("Mark", "beer and ukulele")创建

程序 168：利用数据库内容构建网页

```
import urllib
import random
import anydbm

def makeHomePage(name,interests):
  file=open(getMediaPath("homepage.html"),"wt")
  file.write(doctype())
  file.write(title(name+"'s Home Page"))
  text = "<h1>Welcome to "+name+"'s Home Page</h1> "
  text += "<p>Hi! I am "+name+". This is my home page!"
  text +="I am interested in "+interests+"</p>"
  text += "<p>Random thought for the day: "+tagline()+"</p>"

# Import the database content
db=anydbm.open(getMediaPath("news"),"r")
text += "<h2>Latest news:"+db["headline"]+"</h2>"
text += "<p>"+db["story"]+"</p>"
file.write(body(text))
file.close()

#Rest, like tagline(), from previous examples
```

现在，我们可以考虑像 CNN.com 这样的大型网站是如何运作的。记者将故事输入到遍布全球的一个数据库中。编辑（也是分布的，或者全都在一个地方）从数据库中取出故事，更新它们，然后将它们存回数据库。网页定期（也许更常见的是热门故事出现时）生成程序运行，收集故事并生成 HTML。“嗖的一下，你有了一个大型网站！”数据库对大型网站的运行至关重要。

问题

13.1 你父亲给你打电话。“我的技术支持人员说，公司网站已关闭，因为数据库程序已损坏。数据库与我们公司的网站有什么关系？”你向他解释数据库如何成为运行大型网站不可或缺的一部分。请解释：如何通过数据库创建 Web 站点？如何实际创建 HTML？

13.2 你有一台新计算机，似乎连上了因特网，但是当你尝试访问某个网站时，会遇到“找不到服务器”错误。你打电话给技术支持，他们告诉你尝试访问一个 IP 地址。这是可行的。现在，你和技术人员都知道你的计算机设置有什么问题。既然你可以通过互联网访问网站，但无法识别那个域名，是哪里出了问题？

13.3 给定一个包含图像的文件夹，创建一个索引 HTML 页面，其中包含指向每个图像的链接。编写一个函数，接受一个字符串作为输入，它是该目录的路径。你会在该文件夹中创建一个名为 index.html 的页面，该页面应该是一个 HTML 页面，其中包含指向目录中每个 JPEG 文件的链接。

你还会生成每个图像的缩略图（一半尺寸）副本。利用 makeEmptyPicture 创建正确大小的空白图片，然后将原始图片缩小，放入该空白图片。将新图像命名为“half-”+原始文件名（例如，如果原始文件名为 fred.jpg，则将一半尺寸的图像保存为 half-fred.jpg）。应该以半尺寸图像为锚，链接到每个全尺寸图像。

13.4 使用你最喜欢的搜索引擎来确定SGML、HTML 5、XML、HTML 4.01和XHTML之间的区别。

13.5 将以下十六进制数转换为十进制数：2A3，321，16，24，F3。

13.6 将以下十进制数转换为十六进制：113，64，129，72，3。

13.7 将以下颜色转换为十六进制：gray、yellow、pink、orange和magenta。你可以用print color获取每种颜色的红色、绿色和蓝色值。

13.8 我们在本章中创建的makeCatalog函数有几个重大错误。

- 冒号后面、产品名称前面应该有一个空格。修复它。
- 该示例的语法很糟糕，因为我们提供的产品是复数（“Seahorses”），但文本假定为单数产品。修复它，使得文本适合输入的数量。有几种方法可以解决这个问题。一种方法是接受单数或复数的布尔输入，然后相应地更改文本；另一种方法是创建两个目录页面生成器，一个用于单数，一个用于复数，然后让用户决定使用哪个。实现其中一种方法。

13.9 makeSamplePage函数在一行上生成所有HTML。插入字符\n将生成新行。将一些换行符添加到该函数的新版本中，以创建可读的HTML。将它命名为makeReadableSamplePage。

13.10 编写一个函数image，接受一个图像文件名或URL和一个宽度作为输入，然后返回正确的img标签，用于以给定宽度显示该文件名的图像。重写makeSamplePage，用新的image函数生成示例的img标签。

13.11 编写一个函数，它创建一个简单的主页，其中包含你的姓名、照片以及课程名称和教师姓名的表格。

13.12 编写一个函数，名为riddle，它返回一个两行字符串，包含一个谜语及其答案。修改makeHomePage，在页面末尾插入谜语而不是签名档。

13.13 编写一个函数，创建一个包含你的姓名、照片和家乡的简单主页。通过搜索引擎（如Google或Bing）和你家乡的地图（例如，通过Google地图或Mapquest）提供指向你家乡的链接。

13.14 访问www.half.com，查看它们作为DVD出售的热门电影。你认为需要哪些数据库表和字段来表示DVD的数据？

13.15 为什么要使用关系数据库？还有其他类型的数据库吗？是谁发明了关系数据库？

13.16 搜索Web，获得以下关于关系数据库问题的答案：

- 什么是数据库表？
- 什么是join连接？
- 什么是查询？
- 什么是connection连接？

13.17 搜索Web，获得以下关于SQL问题的答案：

- 什么是SQL？
- 如何在SQL中创建表？
- 如何在SQL中的表中插入行？
- 如何从SQL中的表中获取数据？

13.18 编写一个函数，从包含姓名和电话号码的文件中读取分隔的字符串，并使用数据库将名称存储为键，将电话号码存储为值。将输入的文件名和你要查找电话号码的人的姓名作为输入。如何查找电话号码以找到它所属的姓名？

13.19 创建一个关系数据库，包含人员表、图片表和人物图片表。在人员表中，存储ID、人名和人的年龄；在图片表中，存储图片 ID 和文件名；在人物图片表中，记录每张图片中的人物。编写一个函数，找到超过一定年龄的人的所有图片。

13.20 创建一个关系数据库，包含产品表、客户表、订单表和订单项表。在产品表中，存储 ID、名称、图片、描述和价格；在客户表中，存储 ID、名称和地址；在订单表中，存储订单 ID 和客户 ID；在订单项表中，存储订单 ID、产品 ID 和数量。编写一个函数，查找给定客户的所有订单。编写一个函数，查找总费用大于某个指定值的所有订单。

13.21 给定一个关系数据库，包含一个人员表，其中包含 ID、name（名称）和 age（年龄）。以下各项有什么结果？

- Select * from person。
- Select age from person。
- Select ID from person。
- Select name, age from person。
- Select * from person where age > 20。
- Select name from person where age < 20。

13.22 使用散列表存储短消息缩写及其定义。例如，“lol”表示“大笑”。使用该散列表解码文本消息。迭代输入的短消息中的所有单词，如果找到任何单词，就将它替换为它的定义。返回已解码的字符串。

深入学习

有几本关于使用 Python 和 Jython 进行 Web 开发和编程的好书。我们特别推荐 Gupta [38] 和 Hightower [40]的书，讨论在数据库环境中使用 Java 的问题。你可以在 Web 上找到关于用 Jython 访问数据库的优秀资源。

第4部分 影片

第 14 章 创建和修改影片

本章学习目标

本章的媒体学习目标是：

- 理解一系列静止图像如何可以被视为运动
- 创建具有不同动作和效果的动画
- 使用视频源进行动画和处理
- 理解如何实现数字效果

本章的计算机科学目标是：

- 理解用多个函数使编码更容易的另一个示例
- 理解自底向上设计和实现的详细示例
- 为 Python 函数使用可选的和命名的参数

影片（视频）实际上很容易操作。它们是图片（“帧”）的数组。你需要关注“帧速率”（每秒的帧数），但这主要是你以前看到过的内容。我们将使用术语“影片”来泛指“动画”（完全由图形绘制生成的动画）和“视频”（由某种摄影过程产生的动作）。

影片的工作原理源于我们视觉系统的一个特征，称为“视觉暂留”。我们不是看到世界上发生的每一个变化。例如，你通常不会看到你的眼睛眨眼，即使眼睛经常眨（通常是每分钟 20 次）。但每次眨眼时，我们都不会惊慌失措地想，“世界会去哪里？”相反，我们的眼睛会在短时间内保留一个图像，并不断告诉大脑相同的图像。

如果我们足够快地看到一张又一张相关的图片，我们的眼睛会保留图像，我们的大脑就会看到连续运动。“足够快”大约是每秒 16 帧——我们在一秒钟内看到 16 张相关图片，就认为是连续运动。如果图片不相关，我们的大脑会报告一个“蒙太奇”，即一组不同的（尽管可能在主题上有联系的）图像。我们将这 16 帧/秒（f/s）称为运动感觉的下限。

早期的无声电影是 16 帧/秒。以 24 f/s 标准化的动态影像使声音更平滑——16 f/s 在胶片上没有提供足够的物理空间来编码足够的声音数据。（有没有想过为什么无声电影看起来经常看起来又快又生涩？想想当你放大图片或声音时会发生什么——如果你以 24 f/s 的速度播放 16 f/s 的影片，就会发生这种情况。）数字视频（如摄像机）记录速度为 30 帧/秒。多高的速度是有用的？美国空军的一些实验表明，飞行员可以在 1/200 秒内识别飞机形状的光线（并弄清楚它是什么类型）。视频游戏玩家表示，他们可以辨别 30 f/s 的视频和 60 f/s 的视频之间的差异。

由于所涉及数据的数量和速度，影片处理是一项挑战。视频的“实时处理”（即在每个帧进入或离开时对它进行一些修改）很难，因为你所做的任何处理必须在 1/30 秒内。让我们来计算录制视频所需的字节数：

- 速度为 30 f/s 时，帧图像大小为 640 × 480 的 1 秒意味着 30（帧）× 640 × 480（像素）= 9 216 000 像素。

- 24 位颜色（R、G 和 B 各一字节），即 27 648 000 字节，即每秒 27 M 字节。
- 对于 90 分钟的故事片，就是 90 × 60 × 27 648 000 = 149 299 200 000 字节，即 149 G 字节。

数字影片几乎总是以压缩格式存储。DVD 只存储 6.47 G 字节，所以即使在 DVD 上，影片也会被压缩。MPEG、QuickTime 和 AVI 等影片格式标准都是压缩影片格式。它们不会记录每一帧——它们记录关键帧，然后记录一帧和下一帧之间的差异。JMV 格式略有不同——它是包含多个 JPEG 图像的文件，因此每个帧都在那里，但每个帧都被压缩。

与图片和声音相比，影片可以使用一些不同的压缩技术。考虑观看一个人走过摄相机的取景框。在两个连续的帧之间，只有一点点变化——人们刚刚在哪里以及他们现在在哪里。如果我们只记录那些差异，而不是整个帧的所有像素，就可以节省大量空间。

MPEG 影片实际上就是 MPEG 图像序列与 MPEG（如 MP3）音频文件的合并。按照这个思路，我们在这里不处理声音。14.1 节中描述的工具可以创建带声音的影片，但处理影片的真正技巧是处理所有图像。这就是我们将要关注的内容。

14.1 生成动画

为了制作影片，我们将创建一系列 JPEG 帧，然后重新组合它们。我们将所有帧放在一个目录中，并对它们进行编号，这样工具就知道如何以正确的顺序将它们重新组合成影片。我们实际上将文件命名为 frame01.jpg、frame02.jpg 等。包含前导的零是很重要的，这样当按字母顺序排列时，文件将按数字顺序列出。

下面是我们的第一个影片生成程序，它只是从左上角到右下角移动一个红色矩形（图 14.1）。

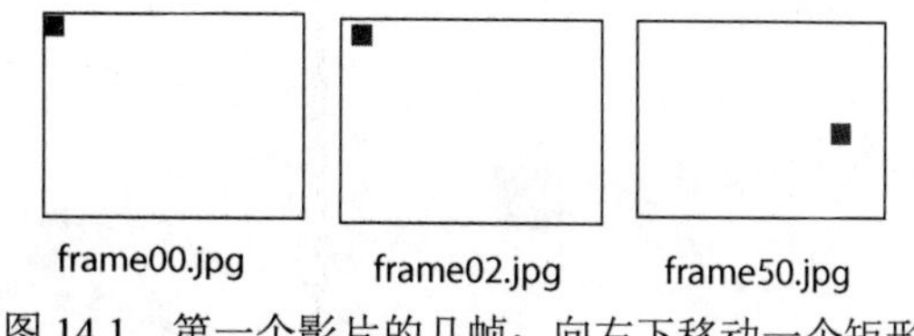

图 14.1 第一个影片的几帧：向右下移动一个矩形

程序 169：创建包含移动矩形的影片

```
def makeRectMovie(directory):
  for num in range(1,30): #29 frames (1 to 29)
    canvas = makeEmptyPicture(300,200)
    addRectFilled(canvas,num * 10, num * 5, 50,50, red)
    # convert the number to a string
    numStr=str(num)
    if num < 10:
      writePictureTo(canvas,directory+"\\frame0"+numStr+".jpg")
    if num >= 10:
      writePictureTo(canvas,directory+"\\frame"+numStr+".jpg")
  movie = makeMovieFromInitialFile(directory+"\\frame00.jpg");
  return movie
```

你可以在 Temp 目录中创建一个名为 rect 的目录，然后执行以下操作，从而尝试该程序。

```
>>> rectM = makeRectMovie("c:\\Temp\\rect")
>>> playMovie(rectM)
```

让它工作提示：针对不同平台更改路径名称

函数 makeRectMovie 使用“\\”作为 Windows 的文件分隔符。Windows 使用“\”作为文件分隔符，并将其加倍，确保它被 Python 解释为反斜杠。我们也可以使用“/”，它将在 Mac OS X，Windows 和 Linux 中正确解释。如果你只是针对 Windows 编程，并且你希望确保路径看起来与其他地方相似（例如，在打印 pickAFile()的返回值时），那么应继续使用反斜杠分隔符。到目前为止，你应该能够确定路径名称，使得它们在你的操作系统中有意义。

当执行 playMovie(movie)时，它将在影片播放器中显示影片的所有帧。影片完成显示后，可以使用“Prev（上一个）”按钮查看上一帧，然后使用“Next（下一个）”按钮查看影片中的下一帧。“Play Movie（播放影片）”按钮将再次播放整部影片。“Delete All Previous（删除之前所有）”按钮将删除目录中显示的帧之前的所有帧。“Delete All After（删除之后所有）”按钮将删除目录中显示的帧之后的所有帧。“Write Quicktime”按钮将从目录中的所有帧中写出 QuickTime 影片。“Write AVI”按钮将从目录中的所有帧写出 AVI 影片。影片将位于包含这些帧的目录中，并且与目录具有相同的名称。

工作原理

这个菜谱的关键部分是 makeEmptyPicture 之后的行。我们必须根据当前帧数计算矩形的不同位置。addRectFilled()函数中的等式为影片的不同帧计算不同的位置（图 14.2）。

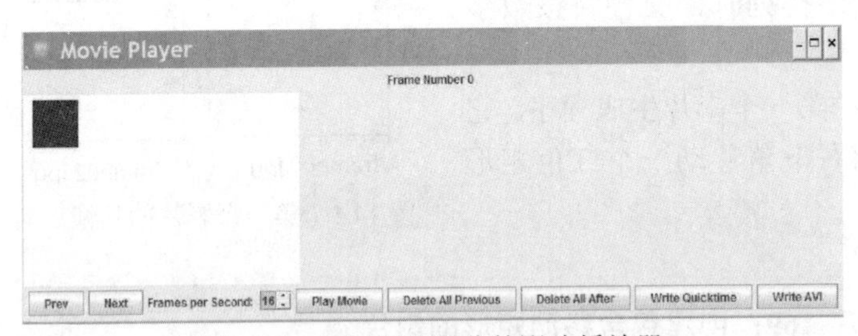

图 14.2 显示矩形影片的影片播放器

如果你试图在图片的边界之外设置一个像素，setPixel()会令人失望，而像 addText()和 addRect()这样的图形函数不会产生超出边界的错误。它们会针对该图片剪切图像（只显示它们可以显示的），这样你就可以创建简单的代码来制作动画，而不用担心超出范围。这使得创建一个跑马灯式影片非常容易（图 14.3）。

程序 170：生成跑马灯式影片

```
def tickertape(directory,string):
  for num in range(1,100): #99 frames
  canvas = makeEmptyPicture(300,100)
  #Start at right, and move left
  addText(canvas,300-(num*10),50,string)
  # Now, write out the frame
```

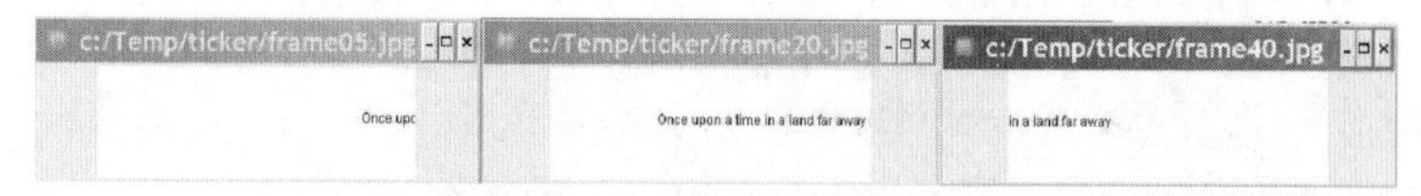

图 14.3　一部跑马灯式影片

```
# Have to deal with single digit vs. double digit frame numbers¬
differently
numStr=str(num)
if num < 10:
  writePictureTo(canvas,directory+"//frame0"+numStr+".jpg")
```

标有¬的行应继续接下一行。Python 中的单个命令不能跨越多行。

```
if num >= 10:
  writePictureTo(canvas,directory+"//frame"+numStr+".jpg")
```

工作原理

函数 tickertape 接受一个目录作为输入，其中将存放影片的帧和一个要写出的字符串。对于 99 帧中的每一帧（从 1～100，但不包括 100），我们制作一张大小为（300,100）的空白图片，并将字符串作为文本放入其中。y 位置始终是 50（垂直位置相同），x 位置（水平）是 300-(num*10)。随着帧号 num 增加，该等式变小。因此，每个帧都将字符串绘制得更靠近帧的左侧（更小的 x 值）。我们将帧号 num 转换为字符串 numStr，并用它来生成具有正确数字的前导零的文件名。

可以同时移动多个物体吗？当然可以！我们的绘图代码变得有点复杂。到目前为止，我们可以像之前所有的例子一样，以线性运动来移动物体，但让我们尝试不同的方式。下面是一个菜谱，利用正弦和余弦创建圆周运动，与程序 169 的线性运动相配（图 14.4）。

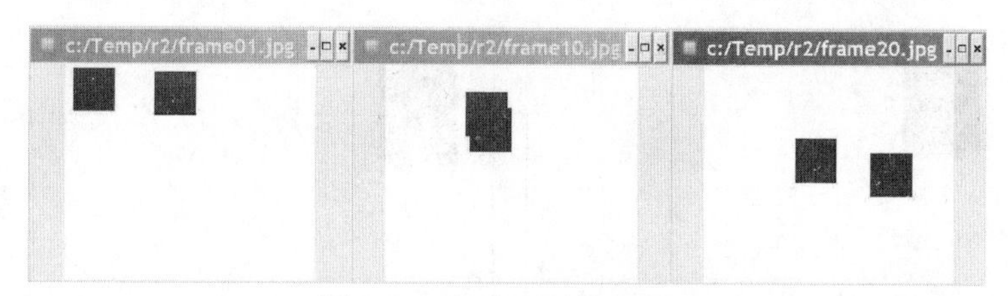

图 14.4　同时移到两个矩形

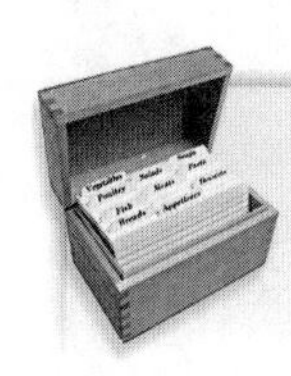

程序 171：同时移动两个对象

```
def movingRectangle2(directory):
  for num in range(1,30): #29 frames
    canvas = makeEmptyPicture(300,250)
    #add a filled rect moving linearly
    addRectFilled(canvas,num*10,num*5, 50,50,red)

    # Let's have one just moving around

    blueX = 100+ int(10 * sin(num))
    blueY = 4*num+int(10* cos(num))
    addRectFilled(canvas,blueX,blueY,50,50,blue)

    # Now, write out the frame
```

```
    # Have to deal with single digit vs. double digit
    numStr=str(num)

    if num < 10:
      writePictureTo(canvas,directory+"//frame0"+numStr+".jpg")
    if num >= 10:
      writePictureTo(canvas,directory+"//frame"+numStr+".jpg")
```

工作原理

我们知道 sin 和 cos 产生介于−1～1 的值。（你还记得，是吧？）蓝矩形的 x 位置由 100 + int(10 * sin(num))设置。这意味着蓝矩形的 x 位置将为 100 左右，加上或减去 10 个像素。当 sin 值发生变化时，它会左右移动。y 位置由 4 * num + int(10 * cos(num))确定。然后，y 位置总是在增加（盒子在下降），但正负 10，所以在它下降时会有轻微的上下运动。

我们不必只用图形元语来创建动画。我们可以用之前通过 setColor()生成的那种图像。这种代码运行得很慢。

调试提示：printNow()用于现在打印

有一个名为 printNow()的 JES 函数，它接受一个字符串并立即打印它——它不会等到函数完成后再将该行打印到命令区。当你希望知道函数正在处理的帧编号时，这非常有用。你可能希望在前几帧生成后，通过双击，从操作系统中查看它们。

下面的程序让马克的头在屏幕上移动。在我们的计算机上，完成此函数需要一分钟。运行程序的帧可以在图 14.5 中看到。

图 14.5　移动头部影片的几帧

程序 172：移动马克的头

```
def moveHead(directory):
  mark = makePicture("blue-mark.jpg")
  head = clip(mark,275,160,385,306)
  for num in range(1,30): #29 frames
    printNow("Frame number: "+str(num))
    canvas = makeEmptyPicture(640,480)
    # Now, do the actual copying
    copy(head,canvas,num*10,num*5)
```

```
  # Now, write out the frame
  # Have to deal with single digit vs. double digit frame
  # numbers differently
  numStr=str(num)
  if num < 10:
    writePictureTo(canvas,directory+"//frame0"+numStr+".jpg")
  if num >= 10:
    writePictureTo(canvas,directory+"//frame"+numStr+".jpg")

def clip(picture,startX,startY,endX,endY):
  width = endX - startX + 1
  height = endY - startY + 1
  resPict = makeEmptyPicture(width,height)
  resX = 0
  for x in range(startX,endX):
    resY=0 # reset result y index
    for y in range(startY,endY):
      origPixel = getPixel(picture,x,y)
      resPixel = getPixel(resPict,resX,resY)
      setColor(resPixel,(getColor(origPixel)))
      resY=resY + 1
    resX=resX + 1
  return resPict

def copy(source, target, targX, targY):
  targetX = targX
  for sourceX in range(0,getWidth(source)):
    targetY = targY
    for sourceY in range(0,getHeight(source)):
      px=getPixel(source,sourceX,sourceY)
      tx=getPixel(target,targetX,targetY)
      setColor(tx,getColor(px))
      targetY=targetY + 1
      targetX=targetX + 1
```

工作原理

我们创建了一个新方法 clip，它创建并返回一个新图片，其中只包含由传入的 startX、startY、endX 和 endY 所定义的矩形中的像素。我们利用这个 clip 函数来创建一个只有马克的头的图片，然后我们利用通用的 copy 函数（程序 78）将马克的头按照帧编号 num 复制到 canvas 中的不同位置。

我们的影片程序现在变得越来越复杂。我们可能希望能够将它们分部分编写，并将帧写入部分保持分离。这意味着我们可以将关注点集中在函数的主体上，而不是在帧上。这是“过程抽象”的一个例子。

程序 173：移动马克的头（简化之后）

```
def moveHead2(directory):
  mark = makePicture("blue-mark.jpg")
  face = clip(mark,275,160,385,306)
  for num in range(1,30): #29 frames
    printNow("Frame number: "+str(num))
    canvas = makeEmptyPicture(640,480)
    # Now, do the actual copying
    copy(face,canvas,num*10,num*5)
    # Now, write out the frame
```

```
    writeFrame(num,directory,canvas)
def writeFrame(num,dir,pict):
    # Have to deal with single digit vs. double digit
    numStr=str(num)
    if num < 10:
      writePictureTo(pict,dir+"//frame0"+numStr+".jpg")
    if num >= 10:
      writePictureTo(pict,dir+"//frame"+numStr+".jpg")
```

但是这个 writeFrame()函数假定最大帧数为两位数。我们可能希望更多的帧。下面是一个允许三位数帧数的版本。

程序 174：超过 100 帧的 writeFrame()

```
def writeFrame(num,dir,pict):
  # Have to deal with single digit vs. double digit
  numStr=str(num)
  if num < 10:
    writePictureTo(pict,dir+"//frame00"+numStr+".jpg")
  if num >= 10 and num<100:
    writePictureTo(pict,dir+"//frame0"+numStr+".jpg")
  if num >= 100:
    writePictureTo(pict,dir+"//frame"+numStr+".jpg")
```

我们可以利用第 3 章中创建的多帧图像处理，来创建非常有趣的影片。还记得日落生成程序吗（程序 37）？让我们修改它，在许多帧中慢慢生成日落。我们对其进行修改，使每帧之间的差异仅为 1%。这个版本实际上太过了，产生了超新星，但效果仍然非常有趣（图 14.6）。

程序 175：制作慢慢日落的影片

```
def slowSunset(directory):
  #outside the loop!
  canvas = makePicture("rotoroa.jpg")
  for num in range(1,100): #99 frames
    printNow("Frame number: "+str(num))
    makeSunset(canvas)
    # Now, write out the frame
    writeFrame(num,directory,canvas)

def makeSunset(picture):
  for p in getPixels(picture):
    value=getBlue(p)
    setBlue(p,int(value*0.99)) #Just 1% decrease!
    value=getGreen(p)
    setGreen(p,int(value*0.99))
```

工作原理

这部影片的关键在于，我们在创建每个帧的循环之前创建 canvas。在循环中，我们只是继续使用相同的基础 canvas。这意味着每次调用 makeSunset 都会使“日落度”（sunsetness，不，这不是一个单词）增加 1%。（这里不再显示 writeFrame()，因为我们假设你将它包含在程序区中。）我们用了 int 函数，因为将值乘以 0.99 不会产生整数，而像素值总是一个整数。

图 14.6 慢慢日落影片的几帧

我们之前制作的 swapBack()程序也可用于生成影片的良好效果。我们修改程序 56 中的函数，接受一个阈值作为输入，然后将帧编号作为阈值传入。效果是慢慢淡出背景图像（图 14.7）。

程序 176：慢慢淡出

```
def swapBack(pic1, back, newBg, threshold):
  for x in range(0,getWidth(pic1)):
    for y in range(0,getHeight(pic1)):
      p1Pixel = getPixel(pic1,x,y)
      backPixel = getPixel(back,x,y)
      if (distance(getColor(p1Pixel),getColor(backPixel))
```

```
          < threshold):
          setColor(p1Pixel,getColor(getPixel(newBg,x,y)))
    return pic1
  def slowFadeout(directory):
    origBack = makePicture(getMediaPath("bgframe.jpg"))
    newBack = makePicture(getMediaPath("beach.jpg"))
    for num in range(1,60): #59 frames
```

图 14.7 慢慢淡出影片的几帧

```
      # do this in the loop
      kid = makePicture(getMediaPath("kid-in-frame.jpg"))
      swapBack(kid,origBack,newBack,num)
      # Now, write out the frame
      writeFrame(num,directory,kid)
```

工作原理

这里的帧数是阈值，让我们在 swapBack 中决定换成新背景，而不是保留原始的像素。随着阈值的增加，我们用越来越多的新背景像素替换掉原始图像的像素。随着帧数的增加，我们最终会有更多的新背景，而旧背景和旧前景都会减少。注意，这里我们在帧的循环内创建了 kid（孩子）图片。我们希望对每个帧的效果都是新的，因为在 swapBack 中计算的帧随着 threshold（阈值）的变化而不同。

14.2 使用视频源

我们之前说过，实时处理真实视频非常困难。我们将视频保存为一系列 JPEG 图像，操作 JPEG 图像，然后转换回视频，从而避开实时处理。这使我们可以将视频用作源（例如，用于背景图像）。

要操作已经存在的影片，我们必须将它们分成帧。有各种工具可以做到这一点。MediaTools 应用程序可以针对 MPEG 影片做这件事。像 Apple 的 QuickTime Pro 这样的工具，可以针对 QuickTime 和 AVI 影片做同样的事情。

视频操作示例

如果你有我们为本书提供的 mediasources 文件夹，就会发现一个简短的影片，是我们的女儿在她小的时候四处跳舞。接下来，制作一部妈妈（芭芭拉）观看女儿跳舞的影片——我们将把芭芭拉的头合成到凯蒂跳舞的帧上（图 14.8）。

图 14.8 妈妈看凯蒂影片的几帧

程序 177：制作妈妈看凯蒂的影片

```
import os

def mommyWatching(directory):
  kidDir="/Users/guzdial/Desktop/mediasources-4ed/kid-in-bg-seq"
  barb = makePicture("barbaraS.jpg")
  face = clip(barb,22,9,93,97)
  num=0
  for file in os.listdir(kidDir):
    if file.endswith(".jpg"):
      num= num+1
      printNow("Frame number: "+str(num))
      framePic = makePicture(kidDir+"//"+file)
      # Now, do the actual copying
      copy(face,framePic,num*3,num*3)
      # Now, write out the frame
      writeFrame(num,directory,framePic)
```

工作原理

存储视频源图像的目录是/Users/guzdial/Desktop/mediasources-4ed/kid-in-bg-seq。我们把它放在一个变量中，并取得芭芭拉的图片。然后我们用 clip 函数生成一张图片，只有芭芭拉的脸部。帧编号 num 在循环中递增，因为我们实际上将通过 os.listdir，单独读取 kidDir（孩子视频帧所在的目录）上的每个帧，作为视频源。我们很幸运，os.listdir 按字母顺序返回帧，其中（带前导零）也是数字顺序。我们读取文件，确保它是 JPEG 帧之一，然后打开它，将芭芭拉的图片复制到它上面。接着我们用 writeFrame 写出帧。

我们当然可以进行更复杂的图像处理，而不只是简单的合成或日落。例如，我们可以在影片帧上抠像。这就是在真正的电影中，许多计算机生成的效果的做法。为了尝试这种方式，我们拍摄了一段简单的视频，让我们的 3 个孩子（马修、凯蒂和珍妮）在蓝幕前爬行（图 14.9）。我们没有弄对照明，所以背景变成了黑色而不是蓝色。结果证明这是一个严重的错误。结果，抠像还修改了马修的裤子、凯蒂的头发和珍妮的眼睛，这样你就能看到月球正好穿过它们（图 14.10）。像红色一样，黑色也是抠像时不应用作背景的颜色。

图 14.9　原始的孩子在蓝幕前爬行的两帧

图 14.10　孩子们在月球的影片的两帧

程序 178：利用抠像将孩子放在月球上

```
import os

def kidsOnMoon(directory):
  kids="C://ip-book//mediasources//kids-blue"
  back=makePicture("moon-surface.jpg")
  num=0
  for frameFile in os.listdir(kids):
    num= num+1
    printNow("Frame: "+str(num))
    if frameFile.endswith(".jpg"):
      frame=makePicture(kids+"//"+frameFile)

      for p in getPixels(frame):
        if distance(getColor(p),black) <= 100:
          setColor(p,getColor(getPixel(back,getX(p),getY(p))))
      writeFrame(num,directory,frame)
```

马克在水下拍摄了鱼的视频。水过滤掉红色和黄色光，因此视频看起来太蓝（图 14.11）。让我们来增加视频中的红色和绿色（黄色是红色和绿色光的混合）。我们创建一个新函数，通过一些输入因子，将图片中的红色和绿色值倍增。结果如图 14.12 所示。

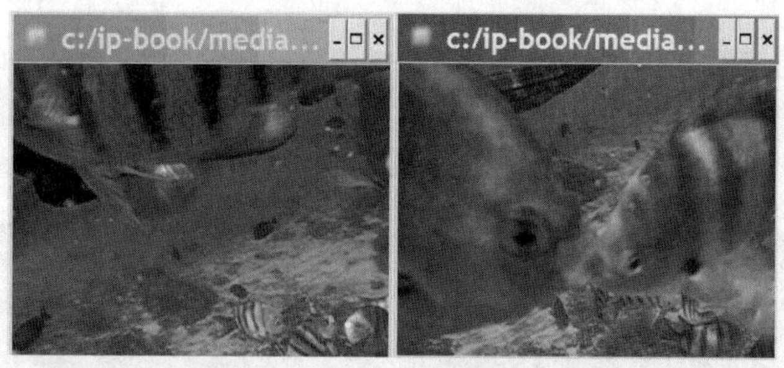

图 14.11 太蓝的水下影片的两帧

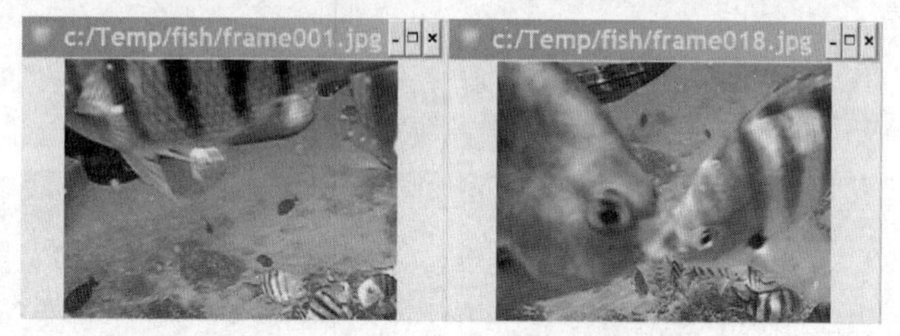

图 14.12 减少蓝色的影片的两帧

程序 179：修复水下影片

```
import os

def changeRedAndGreen(pict,redFactor,greenFactor):
    for p in getPixels(pict):
        setRed(p,int(getRed(p) * redFactor))
        setGreen(p,int(getGreen(p) * greenFactor))

def fixUnderwater(directory):
  num=0

dir="C://ip-book//mediasources//fish"
for frameFile in os.listdir(dir):
  num= num+1
  printNow("Frame: "+str(num))
  if frameFile.endswith(".jpg"):
    frame=makePicture(dir+"//"+frameFile)
    changeRedAndGreen(frame,2.0,1.5)
    writeFrame(num,directory,frame)
```

14.3 自底向上建立视频效果

你可能已经看过，表演者用荧光棒或闪光信号灯在空中“舞动”的电视广告，这些线条悬挂在空中，好像画在白板上一样。他们是怎么做到的呢？鉴于我们对视频和图像处理的了解，我们可以解决这个问题。让我们编写一个程序来复制这个过程，我们将自底向上地进行，举例说明构建程序的方式。

图 14.13 展示了某人用荧光棒在空中舞动的影片的 4 个帧。我们在天黑时制作了这部影

片，使得荧光棒与其余部分形成鲜明对比。如何取得在所有后续帧中将出现的荧光棒的亮像素呢？我们希望创建的影片的最后一帧看起来如图 14.14 所示。我们知道亮度是可以测量的。我们可以做的就是，将一帧中高于某个亮度级别的所有像素复制到下一帧中。我们只要对所有帧重复这个操作，那么所有较亮的像素都将被收集。

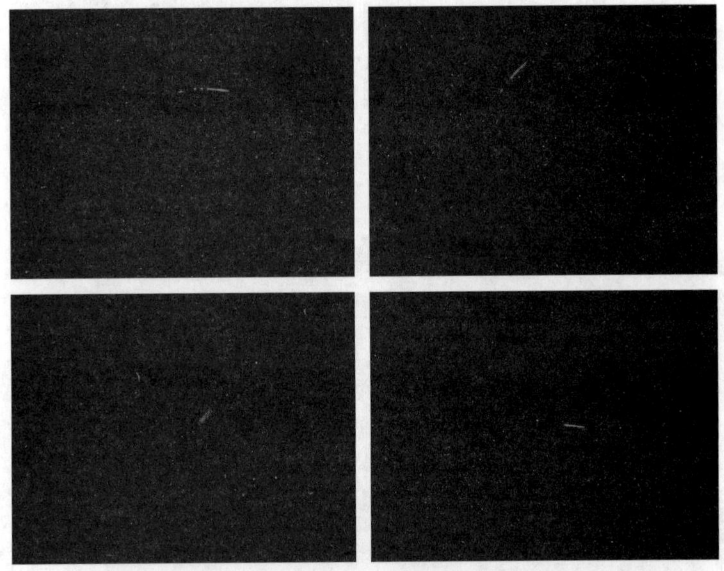

图 14.13 源影片的帧，荧光棒在空中舞动

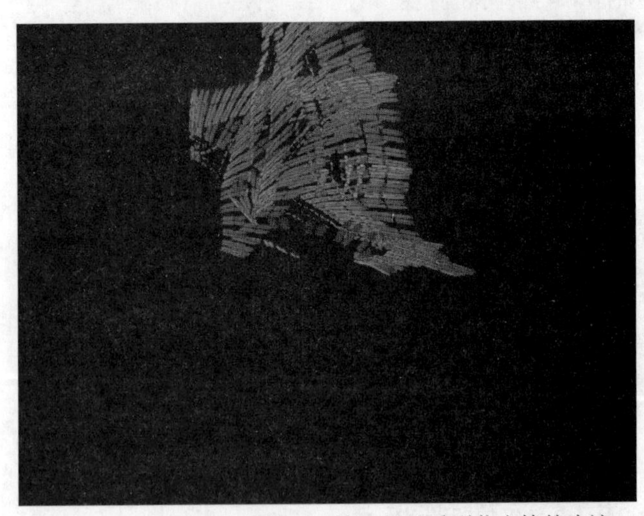

图 14.14 目标影片的最后一帧，可以看到荧光棒的痕迹

在自底向上的过程中，我们开始从标准库中收集需要的部分，或者编写我们认为需要的部分。很明显，我们必须在某个时刻实现亮度。

程序 180：用于组合亮像素的 luminance

```
def luminance(apixel):
  return (getRed(apixel)+getGreen(apixel)+getBlue(apixel))/3.0
```

在我们开发这些部分时，也应该对它们进行测试。luminance 函数是否符合我们的预期？让我们创建一个像素，将它的颜色设置为某些极端的值，看看该函数的响应是否符合我们的期望。

```
>>> pict = makeEmptyPicture(1,1)
>>> pixel=getPixelAt(pict,0,0)
>>> white
Color(255, 255, 255)
>>> setColor(pixel,white)
>>> luminance(pixel)
255.0
>>> black
Color(0, 0, 0)
>>> setColor(pixel,black)
>>> luminance(pixel)
0.0
```

接下来需要某个函数，能够告诉我们像素是否足够亮。我们需要一个阈值作为比较点。你可能希望以两种不同的方式来使用 brightPixel 方法：由你提供阈值，或使用默认阈值。Python 提供了“关键字参数”（有时也称为“可选参数”），从而为我们提供了一种方法来实现这两种方式。我们为具有默认值的函数指定参数。

程序 181：用于组合亮像素的 brightPixel

```
def brightPixel(apixel, threshold=100):
  if luminance(apixel) > threshold:
    return true
  return false
```

工作原理

brightPixel 接受一个像素作为输入，并可选地接受一个阈值，默认值为 100。如果像素的亮度大于阈值，则返回 true；如果不是，则执行到达最后一行并返回 false。我们可以利用已经编写 luminance 的事实来构建 brightPixel。

使用 brightPixel 时，我们可以用特定阈值或省略阈值，甚至可以通过赋值来指定它。

```
>>> red
Color(255, 0, 0)
>>> setColor(pixel,red)
>>> luminance(pixel)
85.0
>>> brightPixel(pixel)
0
>>> brightPixel(pixel,80)
1
>>> brightPixel(pixel,threshold=80)
1
>>> setColor(pixel,white)
>>> brightPixel(pixel,threshold=80)
1
>>> brightPixel(pixel)
1
>>> setColor(pixel,black)
>>> brightPixel(pixel,threshold=80)
0
```

```
>>> brightPixel(pixel)
0
```

我们还需要哪些其他函数？我们可以查看我们对该陈述的描述。我们需要能够从目录中获取所有文件的列表，以获取所有帧。给定一个文件列表，我们需要能够将 firstFile 与其余文件 restFiles 区分开来，以便获取第一个文件，将像素复制到其余文件的第一个，然后继续这个过程。让我们写下这些部分。

程序 182：用于组合亮像素的操作文件列表的函数

```
import os

def allFiles(fromDir):
  listFiles = os.listdir(fromDir)
  listFiles.sort()
  return listFiles

def firstFile(filelist):
  return filelist[0]

def restFiles(filelist):
  return filelist[1:]
```

工作原理

我们之前已经看过这 3 种代码，所以我们正在基于其他部分构建。在这里，我们只是给它们取好名字，并将它们变成参数化的函数。allFiles 只是获取文件列表，然后对其进行排序（以确保它按递增顺序），并返回该列表。列表的第[0]项是第一项，[1:]是从第二项到列表的末尾。因此，firstFile 和 restFiles 为我们提供了想要文件的部分。我们应该测试这些函数，确保它们按我们的期望工作。

```
>>> files = allFiles("/")
>>> files
['Recycled', ' 314109 ', 'bin', 'boot', 'cdrom',
'dev', 'etc', 'home', 'initrd', 'initrd.img',
'initrd.img.old', 'lib', 'lost+found', 'media',
'mnt', 'opt', 'proc', 'root', 'sbin', 'srv', 'sys',
'tmp', 'usr', 'var', 'vmlinuz', 'vmlinuz.old']
>>> firstFile(files)
'Recycled'
>>> restFiles(files)
[' 314109 ', 'bin', 'boot', 'cdrom', 'dev', 'etc',
'home', 'initrd', 'initrd.img', 'initrd.img.old',
'lib', 'lost+found', 'media', 'mnt', 'opt', 'proc',
'root', 'sbin', 'srv', 'sys', 'tmp', 'usr', 'var',
'vmlinuz', 'vmlinuz.old']
```

既然我们已经构建并测试了所有单个部分，那么就可以根据这些较小的函数编写顶层函数。

程序 183：将亮像素组合成新影片

```
def brightCombine(fromDir,target):
  fileList = allFiles(fromDir)
  fromPictFile = firstFile(fileList)
  fromPict = makePicture(fromDir+fromPictFile)
```

```
    for toPictFile in restFiles(fileList):
      printNow(toPictFile)
      # Copy all the high luminance colors from fromPict to toPict
      toPict = makePicture(fromDir+toPictFile)
      for p in getPixels(fromPict):
        if brightPixel(p):
          c = getColor(p)
          setColor(getPixel(toPict,getX(p),getY(p)),c)
      writePictureTo(toPict,target+toPictFile)
      fromPict = toPict
```

工作原理

brightCombine 以两个目录作为输入：在哪里获取移动的亮像素的帧，以及在哪里写入复制的亮像素的帧。我们取得帧列表，并从列表中的第一帧开始制作图片（fromPict）。现在，toPictFile 将依次取余下帧的文件名，我们从它生成一张图片，放在变量 toPict 中。我们检查 fromPict 中的所有像素，那些足够亮的像素被写入 toPict。然后我们将复制目标图片作为复制源图片，fromPict = toPict，再转到下一帧。通过这种方式，我们向前复制了所有亮像素。

当然，应该测试 brightCombine，但我们留给读者试一试。你在此过程中看到的是构建单个部分，测试它们，并基于这些部分继续构建。最终得到的顶层函数，可能与自顶向下过程的结果基本相同。在自底向上的过程中，我们可能不清楚我们要去哪里（在这个例子中，我们确实有非常好的思路），我们专注于从较小部分构建较大部分。

问题

14.1 如果图片宽 1024，高 728，每秒 60 帧，那么两小时的影片需要多少帧？ 如果存储每个像素的颜色，这部影片需要多少磁盘空间？记住，每个像素都需要 24 位来存储颜色。

14.2 在因特网上查找以下问题的答案：

- AVI 和 QuickTime 影片格式有何不同？
- AVI、QuickTime 影片与 MPEG4 相比如何？
- 各种影片格式你希望何时使用？

14.3 在互联网上查找“视觉暂留（persistence of vision）”以及它与制作动画的关系。

14.4 只有本章的第一个例子使用了影片对象。重写所有其他示例程序，创建影片对象并返回它。

14.5 编写一个函数来创建一个影片，其中一个物体从顶部移动到底部，另一个物体从底部移动到顶部。

14.6 编写一个函数来创建一个影片，其中一个物体从左向右移动，另一个物体从右向左移动。

14.7 编写一个函数来创建一个影片，其中一个物体沿对角线从左上角移动到右下角，另一个物体从右上角移动到左下角。

14.8 创建一个新影片，其中有两个矩形，在每个帧中，在两个方向上移动一个随机量（从−5～5）。

14.9 创建一个影片，其中的帧从左到右慢慢变成棕褐色。例如，在第一帧中让最左边的 10 列像素变成深褐色，然后在第二帧中让最左边的 20 列变成棕褐色，依此类推。

14.10 创建一个影片，其中一张输入图像在连续的帧中变得越来越宽。例如，影片的第一帧可能只有中间 5 列像素，然后第二帧可能有中间 10 列像素，接着是 15 列，依此类推。

14.11 创建一个影片，其中输入图像在连续的帧中变小。将整个图片粘贴到第一帧，然后在连续的帧中将尺寸减小 5%。

14.12 创建一个影片，其中输入图片在连续的帧中裁剪得越来越多。将整个图片粘贴到第一帧。在第二帧中，复制整个图片，但是左边 5 列和右边 5 列像素都是白色的。在第三帧中，白色的变成 10 列。

14.13 创建一个函数，接受一张图片作为输入，创建一个影片，图片从左到右慢慢变成负片。例如，在第一帧中改变最左边 10 列像素，然后在第二帧中改变最左边 20 列像素，依此类推。

14.14 影片中最常见的变换之一是淡入黑色。让我们来实现这个效果。接受一张图片作为输入，并将它复制到影片的第一帧。对于接下来的 5 帧，复制该图片，但将每第 10 个像素设为黑色。然后在接下来的 5 帧中，将每第 9 个和每第 10 个像素设为黑色。继续该过程，直到所有像素都变成黑色。

14.15 在 PowerPoint 或 Keynote 或其他演示软件中，找到另一种幻灯片变换，将其实现为影片。

14.16 创建 lineDetect 函数的新版本（程序 55），该函数接受一个阈值作为输入，然后利用 lineDetect 创建影片，其中阈值根据帧编号而变化。

14.17 写一个函数，在连续帧中，在海滩图片的不同位置绘制太阳。目标是使它看起来像太阳在白天穿过天空。

14.18 编写一个函数，制作一个影片，其中的文本开始很大，在影片底部附近，然后向上移动，并在移动时逐渐变小。你可以使用 makeStyle(family,type,size)创建字体样式。

14.19 拍摄一些朋友在绿幕前跳舞的影片，利用抠像使他们看起来像是在沙滩上跳舞。

14.20 取一个地点的影片和一个在绿幕前拍摄的影片，利用抠像将两个影片混合在一起。

14.21 构建持续时间至少为 3 秒的动画（30 帧，10 帧/秒；或 75 帧，25 帧/秒）。在此序列中，必须至少让 3 个物体在运动。必须使用至少一个合成图像（一张 JPEG 图像，（根据需要）缩放并复制到图像中）和一个绘制图像（矩形、线条、文本、椭圆形或弧形——你绘制的任何内容）。对于至少一个运动物体，通过动画改变其速度，即改变方向或速率。

14.22 找一个热门新闻网站。尝试生成一部关于它的影片。

编写一个函数，将一个目录作为字符串输入。然后：

- 访问该新闻网站并挑选前三个新闻故事标题。（提示：新闻故事标题的锚之前都有<a href="/wire/。找到该标签，然后搜索锚的开头<a href="/wire/，然后可以找到锚文本，这就是标题。）
- 在 640×480 画布上，创建 3 个新闻故事的跑马灯式影片。第一个在 $y = 100$ 处穿过，

另一个在 $y = 200$ 处，第三个在 $y = 300$ 处。生成 100 帧，并且让单词每帧移动不要超过 5 个像素。（在 100 帧中，它不会再完全穿过屏幕，这很好。）将这些帧存储到输入目录中的一些文件中。

14.23 创建一个人似乎淡出场景的影片。你可以基于 slowFadeout 函数（程序 176）。

14.24 还记得第 6 章中图片的混合吗？尝试将一张图片混入另一张图片作为影片，慢慢增加第二张（传入的）图像的百分比，同时降低原始（传出的）图像的百分比。

14.25 本章中记录亮像素痕迹的例子使用了 mediasources 中的 paint1 文件夹。paint2 中还有另一个例子。尝试运行它。

14.26 记录亮像素痕迹的例子中，最终结果像素非常暗淡。利用 makeLighter 函数，将你复制的像素变亮。

14.27 记录亮像素痕迹的函数是否只能在黑暗中工作？在正常亮度下，制作你自己的影片，包含用荧光棒或闪光信号灯舞动的人。该函数是否仍然有效？你需要使用不同的阈值吗？是否必须尝试不同的方法来识别“亮”像素（例如，可能通过将特定像素的亮度与其周围的像素进行比较）？

第 15 章　速度

本章学习目标

- 基于对机器语言和计算机工作原理的理解，在编译语言和解释编程语言之间进行选择
- 根据算法的复杂程度了解算法类别，避免难解的算法
- 根据对时钟速率的理解，考虑处理器选择
- 目标是优化速度时，决定有关计算机存储的选择

15.1　关注计算机科学

现在，你可能对本书中的内容有很多疑问。比如，你可能会问：

- 为什么 Photoshop 比我们在 JES 中做得更快？
- 我们的程序能以多快的速度运行？
- 编程总是要花这么长时间吗？你能编写较小的程序来做同样的事情吗？你能比这更容易地编写程序吗？
- 怎样用其他编程语言编程？

大多数问题的答案是已知的，或在“计算机科学”中进行研究。本书的这一部分是介绍其中一些主题，作为一个路标，让你开始进一步探索计算机科学。

15.2　什么使程序更快

速度在哪里？你买了一台非常快的计算机，而且它上面的 Photoshop 看起来真快。颜色会随着更改滑块而变化。但你在 JES 中运行程序时，它们要等一辈子（或 30 秒，看哪个先到）。为什么？

15.2.1　计算机真正理解的是什么

实际上，计算机不理解 Python、Java 或任何其他语言。基本的计算机只能理解一种语言，即“机器语言”。机器语言指令就是内存中字节的值，它们告诉计算机执行非常低级别的活动。实际上，计算机甚至不“理解”机器语言。计算机只是一台拥有大量开关的机器，让数据以这种或那种方式流动。机器语言就是一堆开关设置，让计算机中的其他开关发生变化。我们将这些数据开关切换“解释”为加法、减法、加载数据和存储数据。

每种计算机都可以有自己的机器语言。Windows 计算机无法运行为较旧的 Apple 计算机编写的程序，不是因为任何哲学或市场差异，而是因为每种计算机都有自己的“处理器”（实际执行机器语言的计算机核心）。它们实际上彼此不理解。这就是为什么来自 Windows 的.exe 程序无法在较旧的 Macintosh 上运行，而 Macintosh 应用程序无法在 Windows 计算机上运行。可执行文件是（几乎总是）机器语言程序。

机器语言看起来像一堆数字——它不是特别用户友好。“汇编语言”是一组人类可理解的单词（或近似单词），与机器语言一对一对应。机器语言指令告诉计算机做一些事情，诸如将数字存储到特定的存储器位置或计算机中特殊的位置（变量或寄存器），测试数字是否相等或进行比较，或对数字进行加减。

将两个数字相加并将结果存储在某处的汇编程序（以及汇编程序生成的相应机器语言）可能如下所示：

```
LOAD #10,R0     ; Load special variable R0 with 10
LOAD #12,R1     ; Load special variable R1 with 12
SUM R0,R1       ; Add special variables R0 and R1
STOR R1,#45     ; Store the result into memory
                  location #45

01 00 10
01 01 12
02 00 01
03 01 45
```

可以做出判断的汇编程序可能如下所示：

```
LOAD R1,#65536     ; Get a character from keyboard
TEST R1,#13        ; Is it an ASCII 13 (Enter)?
JUMPTRUE #32768    ; If true, go to another part of
                     the program
CALL #16384        ; If false, call func. to process
                     the new line
```

机器语言：

```
05 01 255 255
10 01 13
20 127 255
122 63 255
```

输入和输出设备通常只是计算机的存储位置。也许当你将 255 存储到位置 65 542 时，(101, 345）处像素的红色分量突然设置为最大强度。也许每次计算机从内存位置 897 784 读取时，它都是刚从麦克风读取的新样本。通过这种方式，这些简单的加载和存储也可以处理多媒体。

机器语言执行得非常快。马克在 900 兆赫（MHz）处理器的计算机上键入了本章的第一个版本。这意味着什么很难精确定义，但大致意味着这台计算机每秒处理 9 亿条机器语言指令。2 吉赫（GHz）处理器每秒处理 20 亿条指令。对应于 a = b + c 这样的 12 字节机器语言程序，在马克的旧计算机上以 12 / 900 000 000 秒的速度执行。

15.2.2 编译器和解释器

Adobe Photoshop 和 Microsoft Word 这样的应用程序通常是“编译的”。这意味着它们是用 C 或 C++等计算机语言编写的，然后利用名为“编译器”的程序 “翻译”成机器语言。接着程序以底层处理器的速度执行。

但是，像 Python、Java、Scheme、Squeak、Director 和 Flash 这样的编程语言，实际上（在大多数情况下）是“解释的”。它们以较慢的速度执行。区别在于，是翻译后执行指令，还是简单执行指令。

详细的例子可能有所帮助。考虑下面的练习：

编写一个函数 doGraphics，它以列表作为输入。函数 doGraphics 先创建一个 640×480 的空白画布。你将根据输入列表中的命令在画布上绘制。

列表的每个元素都是一个字符串。列表中将有两种字符串：

- "b 200 120"表示在 x 为 200 和 y 为 120 的位置绘制黑点。数字当然会改变，但命令总是"b"。你可以假设输入数字总是有三位数。
- "l 000 010 100 200"表示从位置（0,10）到位置绘制一条线（100,200）。

因此输入列表可能看起来像["b 100 200", "b 101 200", "b 102 200", "l 102 200 102 300"]（但元素数量是任意的）。

下面是练习的解。我们查看列表中的每个字符串，将第一个字符与“黑色像素”命令或“线”命令进行比较，然后截取正确的坐标（用 int()将它们转换为数字），并执行相应的图形命令。该解有效，见图 15.1。

```
>>> canvas=doGraphics(["b 100
   200","b 101 200","b 102
   200","l 102 200 102 300","l
   102 300 200 300"])
Drawing pixel at 100 : 200
Drawing pixel at 101 : 200
Drawing pixel at 102 : 200
Drawing line at 102 200 102 300
Drawing line at 102 300 200 300
>>> show(canvas)
```

图 15.1 运行 doGraphics 解释器

程序 184：解释列表中的图形命令

```
def doGraphics(mylist):
  canvas = makeEmptyPicture(640,480)
  for command in mylist:
    if command[0] == "b":
      x = int(command[2:5])
      y = int(command[6:9])
      print "Drawing pixel at ",x,":",y
      setColor(getPixel(canvas, x,y),black)
    if command[0] =="l":
      x1 = int(command[2:5])
      y1 = int(command[6:9])
      x2 = int(command[10:13])
      y2 = int(command[14:17])
      print "Drawing line at",x1,y1,x2,y2
      addLine(canvas, x1, y1, x2, y2)
  return canvas
  return canvas
```

工作原理

我们接受图形命令列表作为输入，放在 mylist 中。我们生成一个空白的画布，用于绘图。对于输入列表中的每个字符串命令，我们检查第一个字符（command[0]），确定它是什么类型的命令。如果它是“b”（黑色像素），我们会从字符串中截取 x 和 y 坐标（因为它们总是相同长度的数字，我们准确地知道它们将在哪里），然后将像素绘制在画布上。如果它是“l”（线），我们取得 4 个坐标并绘制线。最后，我们返回该画布。

我们刚刚所做的，是实现一种新的图形语言。我们甚至创建了一个解释器，它可以读取新语言的指令，并创建与之相关的图像。原则上，这正是 PostScript、PDF、Flash 和 AutoCAD 在做的事情。它们的文件格式以图形语言的方式指定图片。当它们将图像绘制（渲染）到屏幕时，是在解释该文件中的命令。

尽管从这么小的例子中，我们可能无法看出来，但这是一种相对较慢的语言。考虑下面显示的程序——它是否比读取命令列表并解释它们运行得更快呢？这个程序与图 15.1 中的列表生成完全相同的图片。

```
def doGraphics():
  canvas = makeEmptyPicture(640,480)
  setColor(getPixel(canvas, 100,200),black)
  setColor(getPixel(canvas, 101,200),black)
  setColor(getPixel(canvas, 102,200),black)
  addLine(canvas, 102,200,102,300)
  addLine(canvas, 102,300,200,300)
  show(canvas)
  return canvas
```

一般来说，我们可能会（正确地）猜测，上面给出的直接指令比读取列表并解释它更快。下面的类比可能有帮助。马克在大学选了法语课，但他说他真的学得很差。假设有人给了他一份法语指令列表。他可以仔细查找每个单词，弄清楚指令，然后执行它们。如果要求他再次执行指示怎么办？再次查找每个单词。执行 10 次？查找 10 次。现在让我们想象一下，他写下了法语指令的英语（他的母语）翻译。他可以根据你的需要，随时快速重复执行指令列表。他几乎不花时间查找任何单词。一般来说，弄清楚语言会花费一些时间，这就是开销——简单地执行指令（或绘制图形）总是会更快。

下面有一个想法：我们可以生成上述程序吗？我们可以编写一个程序，将我们发明的列表图形语言作为输入，然后生成一个绘制相同图片的 Python 程序吗？事实表明，这并不太难。下面是图形语言的编译器。

程序 185：新图形语言编译器

```
def makeGraphics(mylist):
  file = open("graphics.py","wt")
  file.write('def doGraphics():\n')
  file.write('  canvas = makePicture(getMediaPath ("640 x 480.jpg"))\n');
  for i in mylist:
    if i[0] == "b":
      x = int(i[2:5])
      y = int(i[6:9])
      print "Drawing pixel at ",x,":",y
      file.write('   setColor(getPixel(canvas, '+str(x)+', '+str(y)+'),¬
```

```
            black)\n')
        if i[0] =="l":
```

标有¬的行应继续接下一行。Python 中的单个命令不能跨越多行

```
    x1 = int(i[2:5])
    y1 = int(i[6:9])
    x2 = int(i[10:13])
    y2 = int(i[14:17])
    print "Drawing line at",x1,y1,x2,y2
    file.write(' addLine(canvas, '+str(x1)+','+str(y1)+','+str(x2)+',¬'
    +str(y2)+')\n')
file.write('   show(canvas)\n')
file.write('   return canvas\n')
file.close()
```

标有¬的行应继续接下一行。Python 中的单个命令不能跨越多行

常见问题：针对你的平台更改文件名

在这个程序中，我们写入“graphics.py”。在 Mac 上，默认 JES 文件夹位于应用程序本身内部，这可能不起作用。它适用于 Linux 和 Windows。现在，你应该能够弄清楚如何更改程序，让它适用于你的操作系统。

工作原理

与解释器一样，编译器接受相同的输入，但不是打开 canvas 画布用于写入，而是打开 file 文件。我们在文件中写入 doGraphics 函数的开头——def 和创建一个 canvas 画布的代码（缩进两个空格，使其位于 doGraphics 函数的语句块内）。注意，我们并没有真正在这里生成 canvas 画布——我们只是编写了生成 canvas 画布的命令，它将在以后执行 doGraphics 时执行。接着，就像解释器一样，我们找出它是哪个图形命令（"b"或"l"），并确定输入字符串的坐标。然后我们向文件写出要执行的绘图命令。最后，我们写出 show 和 return 该 canvas 画布的命令，最终关闭文件。

现在编译器有很多开销。我们仍然需要查看命令的含义。如果我们只有一个小的图形程序要运行，并且只需要它一次，我们也可以就运行解释器。但是，如果我们需要运行该图形程序 10 次或 100 次呢？于是我们支付编译程序一次的开销，接下来的 9 次或 99 次，就可以尽可能快地运行它。这几乎肯定会比 100 次解释开销更快。

这就是编译器的全部意义所在。像 Photoshop 和 Word 这样的应用程序是用 C 或 C++等语言编写的，然后“编译”成“等效的”机器语言程序。机器语言程序与 C 语言所做的事情完全相同，正如从我们的编译器创建的图形程序与我们的图形语言所做的事情完全相同。但是机器语言程序的运行速度比解释 C 或 C++要快得多。

Jython 程序实际上是解释两次而不是一次。Jython 是用 Java 编写的，Java 程序通常不会编译成机器语言。（Java 可以编译为机器语言，但人们通常不用 Java 这么做。）Java 程序编译为一个“虚拟处理器（虚拟机）”的机器语言。Java 虚拟机并不是真正存在的物理处理器。它是一个处理器的定义。这有什么用？事实证明，由于机器语言非常简单，因此构建机器

语言解释器非常容易编写。

结果是，可以非常容易地让 Java 虚拟机解释器在几乎任何处理器上运行。这意味着 Java 中的程序只要编译一次，然后就可以在任何地方运行。相同的 Java 程序，既能在像手表一样小的设备上运行，也能在大型计算机上运行。

当你在 JES 中运行程序时，它实际上已编译为 Java——为你编写了等效的 Java 程序。然后这个 Java 程序针对 Java 虚拟机进行编译。最后，Java 虚拟机解释器运行你的程序的 Java 机器语言。所有这些工作总是比运行同样程序的编译形式慢。

这是问题答案的第一部分，“为什么 Photoshop 总是比 JES 快？” JES 被解释了两次，这总是比用机器语言运行的 Photoshop 慢。

那为什么要有解释呢？有很多好的理由。下面列出其中 3 个：

- 你喜欢命令区吗？有没有曾经输入一些示例代码来尝试它？这种互动式、探索性、尝试性的程序设计只适用于解释器。编译器不允许你逐行尝试并打印结果。解释器对学习者有好处。
- 一旦程序编译为 Java 机器语言，它就可以在任何地方使用，从大型计算机到可编程烤箱。这对软件开发人员来说节省很大。他们只是提供一个程序，它就可以在任何机器上运行。
- 虚拟机比机器语言更安全。以机器语言运行的程序可能会执行各种不安全的操作。虚拟机可以仔细跟踪它正在解释的程序，确保它们只做安全的事情。

15.2.3 什么限制了计算机的速度

与解释的程序相比，编译的程序的原始力量只是 Photoshop 更快的部分原因。更深层次的原因，以及实际上可能导致解释程序比编译程序更快的那部分因素，是在算法的设计中。很容易会这样想：“哦，如果它现在很慢，那也没关系。等待 18 个月，我们将获得两倍的处理器速度，然后就可以了。”有些算法速度太慢，你一辈子都等不到结束，而另一些算法根本写不出来。重写算法，更聪明地表述我们要求计算机执行的操作，这将对性能产生巨大影响。

算法描述了计算机解决问题所必须完成的行为。程序（Python 中的函数）包含了算法的可执行解释。可以用许多不同的语言实现相同的算法。总有不止一种算法可以解决同样的问题——有些计算机科学家研究算法，提出比较它们的方法，并指出哪些算法更好。

我们已经看到了几种算法，以不同方式出现，但实际上做同样事情：

- 采样以缩放图片，或降低/提高声音的频率。
- 混合以合并两个图片或两个声音。
- 镜像声音和图片。

我们可以根据几个标准来比较算法。一个是算法需要运行多少空间。算法需要多少内存？这可能成为媒体计算的一个重要问题，因为需要大量内存来保存所有数据。设想某个算法，它同时将视频的所有帧保存在内存列表中，这该有多糟糕。

用于比较算法的最常用标准是时间。算法需要多长时间？我们不是指时钟时间，而是算法需要多少步。计算机科学家使用“大 O 记号（或 O()）”来表示算法运行时间的大小。大 O 的想法是表示程序在输入数据变大时变得多慢。它试图忽略语言的差异，甚至忽略编译与解释的差异，关注要执行的步骤数。

想想我们的基本图片和声音处理函数，如 increaseRed()或 increaseVolume()。这些函数的一些复杂性隐藏在 getPixels()和 getSamples()等函数中。但是，一般而言，我们将这些函数称为 $O(n)$。程序运行所需的时间与输入数据成线性比例。如果图片或声音的大小加倍，我们预期该程序运行时间也会加倍。

当我们试图弄清楚大 O 时，通常将循环体聚集成一步。我们将这些函数视为处理每个样本或像素一次，因此这些函数中真正耗时的是循环，而循环中有多少语句并不重要。

但是，如果循环体中有另一个循环，就确实重要了。循环在时间上是相乘的。嵌套循环将运行循环体所需的时间相乘。考虑下面的玩具程序：

```
def loops():
  count = 0
  for x in range(1,5):
    for y in range(1,3):
      count = count + 1
      print x,y,"--Ran it ",count,"times"
```

当我们运行它时，我们看到它实际上执行了 8 次——4 次针对 x，两次针对 y，而 $4 \times 2 = 8$。

```
>>> loops()
1 1 --Ran it 1 times
1 2 --Ran it 2 times
2 1 --Ran it 3 times
2 2 --Ran it 4 times
3 1 --Ran it 5 times
3 2 --Ran it 6 times
4 1 --Ran it 7 times
4 2 --Ran it 8 times
```

视频代码怎么样？因为处理需要很长时间，所以它实际上是一个更复杂的算法吗？不，这不是真的。视频代码对每个像素只处理一次，所以它仍然是 $O(n)$。只是 n 真的非常非常大！

并非所有算法都是 $O(n)$。有一组算法称为“排序算法”，用于按字母或数字顺序对数据进行排序。一种名为“冒泡排序”的简单算法，复杂度为 $O(n^2)$。在冒泡排序中，循环遍历列表中的元素，比较两个相邻元素，并交换它们的值（如果它们顺序不对）。你持续这样做，直到一次通过列表不会导致任何交换，这意味着数据已排好序。

例如，如果我们从（3,2,1）列表开始，下面展示了列表中的变化。

```
(3,2,1) # compare the 3 and 2 and swap order
(2,3,1) # compare the 3 and 1 and swap order
(2,1,3) # compare the 2 and 1 and swap order
(1,2,3) # no swaps, so the list is sorted
```

如果一个列表有 100 个元素，用这种排序，将通过大约 10 000 步来对 100 个元素进行排序。但是，有一些更聪明的算法（如快速排序），复杂度为 $O(n * \log(n))$。在快速排序中，要排序的列表中的一个值被选为基准值。然后将原始列表中的值分成两个列表，其中所有小于基准值的都移到一个列表中，所有大于或等于基准值的都移到另一个列表中。然后使用 quicksort 对两个新列表进行排序。只有一个元素的列表是已排序的，因此如果任何列表只有一个元素，那么快速排序就返回该列表。

```
(5 1 3 2 7)# pick 3 as pivot
(1 2) 3 (5 7) # pick 2 and 7 as pivots
```

```
(1) 2 3 (5) 7 # all lists are of size 1 so
  just return them
(1 2 3 5 7)# combine all returned lists
```

同样 100 个元素的列表，只需 460 个步骤即可使用 quicksort 进行排序。当你谈论要处理 10 000 个客户时，这种差异开始产生巨大的现实差异，“用时钟可以测量”。

15.2.4 它真不一样吗

你可能会认为，这听起来很像数学天书。$O(n)$？$O(n^2)$？$O(n!)$？如果你写一些小程序，程序慢是否重要？

下面是一个思想实验：想象一下，你想编写一个程序，能为你生成一些热门歌曲。你的程序将重新组合一些声音，这些声音是你在各种乐器上听过的最好的即兴演奏，大约有 60 种。你想要生成这 60 个段声音的所有组合（一些选入，一些不选；一些在歌曲中靠前，一些靠后）。你想找到小于 2 分 30 秒的组合（最佳无线电播放时间），并具有适当比例的高音量和低音量组合（你有一个 checkSound()函数，可以做到这一点）。

有多少组合？我们现在忽略顺序。假设你有三种声音：a、b 和 c。你可能的歌曲是 a、b、c、bc、ac、ab 和 abc。尝试使用两种声音或四种声音，你会看到，该模式与我们之前用比特时相同：对于 n 个事物，包含或排除的全部组合是 2^n。（事实上有一首空歌，如果我们忽略它，那就是 2^n-1。）

因此，我们的 60 种声音将导致 2^{60} 个组合，要通过我们的长度和声音检查。这是 1 152 921 504 606 846 976 种组合。让我们想象一下，我们只用一条指令进行检查（当然令人难以置信，但我们假装可以）。在 1.5 GHz 计算机上，我们可以在 768 614 336 秒内处理这么多组合。说清楚：那是 12 810 238 分钟，即 213 504 小时，即 8 896 天。就是运行该程序要 24 年。现在，由于摩尔定律每 18 个月将处理速度提高一倍，我们很快就能在更短的时间内完成该程序。只有 12 年！如果我们还关心顺序（例如，abc 与 cba 与 bac），组合的数量中有 63 个 0。

找到所有事物的绝对最佳组合总是很花时间。在这类算法中，像这种 $O(2^n)$并不是罕见的运行时间。还有另一些问题，看起来似乎应该在合理的时间内可以解决，但事实并非如此。

其中之一就是著名的“旅行商问题”。设想你是一名销售人员，你负责许多不同的客户，比方说 30 个，是前面最优问题的一半。为了提高效率，你希望在地图上找到最短路径，让你拜访每个客户恰好一次，不多不少。

为旅行商问题提供最优解的最著名算法是 $O(n!)$。这是 n 的阶乘。有些算法运行时间较短，可以提供接近最短的路径，但不能保证。对于 30 个城市，用一个 $O(n!)$算法执行的步骤数为 30!，即 265 252 859 812 191 058 636 308 480 000 000。继续在 1.5 GHz 处理器上运行：你一辈子都等不到它结束。

真正令人恼火之处在于，旅行商问题不是一个虚构的玩具问题。确实有人必须规划世界上最短的路线。有一些类似的问题，在算法上基本相同，例如在工厂车间规划机器人的路线。这是一个很大的难题。

$O(n!)$与 $O(n)$的差异有多大?我们用图画出来。我们的输入 n 将从 1 变到 10。图 15.2 中的曲线表示对数坐标上的各种曲线（注意数字在垂直轴上的增加速度）。如果要处理 n 条数据需要大约 n 步（甚至 $5n$ 或 $1\,000n$），那么曲线是线性的，程序也不会太慢。但是如果是

$n!$，即使只有 10 条数据，也会接近 1 000 万步。如果每个步骤花费 0.1 秒，你可以处理 10 个数据。但是 20 呢？100 呢？$O(n!)$对于大多数真正的问题来说太慢了。

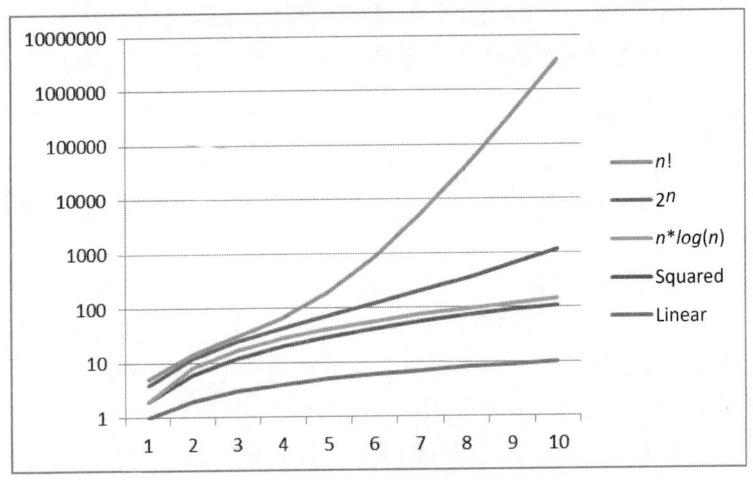

图 15.2 各种大 O 曲线，对数坐标

但现在$O(n * \log(n))$与$O(n^2)$真的有区别吗？从图 15.2 来看，似乎并没有太大区别。然而，随着 n 变大，差异越来越大。观察图 15.3。$O(n^2)$的曲线比 $O(n * \log(n))$增长得快得多。随着你的程序处理更多数据，与 $O(n * \log(n))$算法相比，$O(n^2)$算法运行需要的时间越来越长。

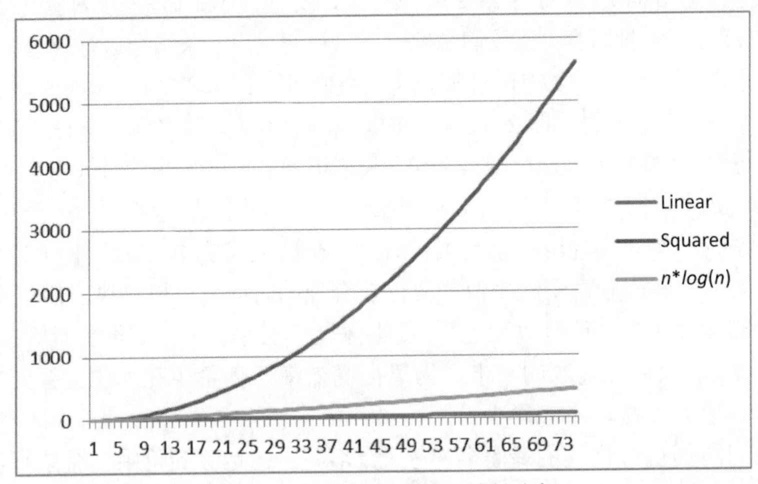

图 15.3 几条大 O 曲线，线性坐标

15.2.5 让搜索更快

考虑如何在字典中查找单词。一种方法是检查第一页，然后检查下一页，然后检查下一页，依此类推。这称为线性搜索，它是 $O(n)$。效率不高。在最好的情况下（算法可能实现的最快速度），问题用一步解决——这个词在第一页上。最坏的情况是 n 步，其中 n 是页数——这个词可能没找到。平均情况是 $n/2$ 步——这个词在中间页上。

我们可以将它实现为在列表中搜索。

程序 186：列表的线性搜索

```
def findInSortedList(something, alist):
  for item in alist:
    if item == something:
      return "Found it!"
  return "Not found"

>>> findInSortedList ("bear",["apple","bear","cat","dog",
"elephant"])
'Found it!'
>>> findInSortedList ("giraffe",["apple","bear","cat",
"dog", "elephant"])
'Not found'
```

但是，让我们利用字典已经排好序的事实。我们可以在搜索单词时更聪明，在 $O(\log(n))$ 时间完成（若 2^x–n，$\log(n) = x$）。从中间分开字典。你正在查找的单词在该页之前还是之后？如果是之后，在中间到结尾查找（即再次分开剩下的字典，从中间到结束）。如果是之前，在开始到中间查找（在开始到中间之间分开）。不断重复，直到找到这个词，或者它不可能在那里。这是一种更有效的算法。在最好的情况下，这个词在你最先查找的地方。在平均和最差情况下，它是 $\log(n)$步——不断将 n 个页面分成两半，最多只有 $\log(n)$次分割。

下面是这种搜索一种简单实现（即不是最好的，但是能说明问题），称为“二分搜索”。

程序 187：简单的二分搜索

```
def findInSortedList(something, alist):
  start = 0
  end = len(alist) - 1

  while start <= end: #While there are more to search
    checkpoint = int((start+end)/2.0)
    if alist[checkpoint]==something:
      return "Found it!"
    if alist[checkpoint]<something:
      start=checkpoint+1
    if alist[checkpoint]>something:
      end=checkpoint-1
  return "Not found"
```

工作原理

我们开始让低端标记 start 位于列表开头处（0），end 位于列表末尾（列表长度减去 1）。只要 start 小于或等于 end，我们就继续搜索。我们计算 checkpoint，它在 start 和 end 之间一半处。然后我们检查是否找到了它。如果是这样，就完成了，我们就 return。如果没有，我们会弄清楚，需要将 start 移动到 checkpoint 之后一个位置，还是将 end 移动到 checkpoint 之前一个位置。我们继续搜索。如果完成了整个循环，我们也没有因“Found it!”而 return，那么我们就 return 说没有找到要查找的东西。

为了看看这是在做什么，可在计算 checkpoint 之后插入一行，打印 checkpoint、start 和 end 的值：

```
printNow("Checking at: "+str(checkpoint)+"
  Start:"+str(start)+" End:"+str(end))
```

```
>>> findInSortedList("giraffe",["apple","bear","cat",
  "dog"])
Checking at: 1 Start:0 End:3
Checking at: 2 Start:2 End:3
Checking at: 3 Start:3 End:3
'Not  found'
>>> findInSortedList("apple",["apple","bear","cat",
"dog"])
Checking at: 1 Start:0 End:3
Checking at: 0 Start:0 End:0
'Found  it!'
>>> findInSortedList("dog",["apple","bear","cat",
  "dog"])
Checking at: 1 Start:0 End:3
Checking at: 2 Start:2 End:3
Checking at: 3 Start:3 End:3
'Found  it!'
>>> findInSortedList("bear",["apple","bear","cat",
  "dog"])
Checking at: 1 Start:0 End:3
'Found it!'
```

注意，我们说 checkpoint = int((start+end)/2.0)，而不只是 checkpoint = (start+end)/2。这有什么区别吗？后者似乎更简单。

15.2.6 永远不会完成或无法编写的算法

计算机科学家将问题分为 3 类：

- 许多问题像排序一样，可以通过一种算法来解决，该算法的运行时间具有多项式的复杂度，例如 $O(n^2)$。我们称这些问题为“P 类”（P 表示多项式）问题。

想想我们在本书中编写的所有程序。这些都在属于 P 类问题。想消除红眼？我们能做到这一点。想找到图片中的边缘？我们能做到这一点。想在声音中创建回声效果？我们也可以在多项式时间内完成。

我们可能想做的很多其他事情，也可以在多项式时间内解决。查看给定 ISBN 代码的书的价格，可以像我们刚刚完成的搜索一样（甚至更快，使用其他算法）。通过 GPS 设备，可以轻松计算出从你家到祖母家的最佳路径。

- 另一些问题，如最优问题，已知的算法确实能工作，但即使对于少量数据，它们也太慢。我们将这些问题称为“难解问题”。这并不意味着我们无法解决这些问题。只是程序运行缓慢。

我们可以让它们中的一些运行得更快——基本上是通过作弊。我们计算的解并不是最优的。

- 还有其他问题，比如旅行商，似乎难以处理，但也许存在 P 类的解，只是我们还没有找到。我们称这类为 NP。

理论计算机科学中，最大的未解决问题之一，是证明 NP 类和 P 类完全不同（即我们永远不能在多项式时间内最优地求解旅行商问题），或 NP 类属于 P 类。我们能否在多项式时间中（P 类），真正解决 NP 类问题？还是不可能？

你可能想知道，关于算法，是否有什么是可以证明的。编写同一个算法，可以用许多不同的语言和不同的方法。我们怎样才能积极地证明，某些事情可行或不可行？事实表明，我们可以。实际上艾伦 • 图灵证明，有一些算法甚至是“无法编写的”。

无法编写的最著名的算法，就是“停机问题”的解。我们已经编写了可以读取其他程序和编写其他程序的程序。设想一个程序可以读取另一个程序，并告诉我们有关它的事情（例如，其中有多少条打印语句）。能否编写一个程序，以另一个程序作为输入（例如，从文件中），然后告诉我们输入的程序是否会停止？考虑输入程序有一些复杂的 while 循环，很难判断 while 循环中的表达式是否为假。现在想象一堆这样的语句，都嵌套在一起。

艾伦·图灵证明，这样的分析程序永远写不出来。你不能编写一个程序，可以分析输入程序，并最终告诉你它是否会停止。他用了归谬法来证明。他证明，如果可以编写这样的程序（称之为 H），你可以尝试将该程序作为输入提供给它自己。现在 H 接受了输入，一个程序，对吗？如果你修改 H（称之为 H2），使得如果 H 说“这个停止了!”，H2 将永远循环（即 while 1:）。图灵证明，这样的设置只有在程序永远循环时，会宣布程序会停止；只有在它宣布程序将永远循环时，才会停止。

令人惊讶的是，图灵在 1936 年给出了这个证明——在第一台计算机建成之前差不多 10 年。他定义了一种名为“图灵机”的数学概念计算机，并且能够在物理计算机出现之前进行这样的证明。

下面是另一个思想实验：人类智能是否可计算？我们的大脑正在执行一个让我们思考的过程，对吗？我们可以将该过程记录为算法吗？如果计算机执行该算法，它在想什么？人类可以归约为计算机吗？这是“人工智能”领域的一个重大问题。

人工智能为我们提供了一整套处理真正难题的实用技术。这些技术有时被称为“启发式”，即一些经验法则，让你得到一个足够好的答案。想想将一种人类语言翻译成另一种语言的问题。要做到这一点，要理解每个单词及其含义，理解人类语言语法都是一个非常难的问题。今天的 Web 服务如何做到这一点？他们通常使用“机器学习”方法。他们比较了两种语言中的大量文档，并找出（例如）法语中这个单词匹配英语中这个单词的统计概率。利用这些概率，他们可以创建一个文档，可能是可理解的翻译，但实际上并不是完全正确。通常，这就是你所需要的。

15.2.7　为什么 Photoshop 比 JES 更快

我们现在可以回答为什么 Photoshop 比 JES 更快的问题。首先，Photoshop 是经过编译的，所以它以原始的机器语言速度运行。

但是其次，Photoshop 的算法比我们做的更聪明。例如，考虑我们搜索颜色的程序，例如抠像或让凯蒂的头发变红的程序。我们知道背景颜色和头发颜色彼此相邻。如果你不是直接搜索所有像素，而是直接搜索你要找的颜色，直到你再也找不到那种颜色，会怎样呢？以这种方式找到边界将是更聪明的搜索。这就是 Photoshop 所做的事情。

15.3　什么使计算机更快

计算机一直在变得越来越快——摩尔定律向我们承诺。但知道了这一点，并不能帮助我们比较所有计算机，它们都属于摩尔定律的同一代。你如何比较报纸上的广告，并找出哪些列出的计算机真的最快？

当然，单纯快只是选择计算机的一个标准。还有费用问题，需要多少硬盘空间，需要哪种扩展功能，等等。但在本节中，我们将明确地讨论计算机广告中的各种因素在计算机速度方面的含义（一些例子可参见图 15.4）。

Processor: Intel® Atom™ Processor Dual-Core N570, (1.66GHz, 1MB L2 cache, 667MHz FSB)
Graphics: Intel® Graphics Media Accelerator 3150
Display: 10.1" WSVGA (1024x600)
Memory: 1024MB DDR3 SDRAM Memory
Storage Drive: 250GB 5400RPM SATA Hard Drive

Key features: Intel® Core™ i3-2120 processor; 4GB DDR3 memory; 1TB hard drive;
Windows 7 Home Premium; built-in wireless networking;
HDMI output; 21.5" widescreen LED monitor included

图 15.4 几个示例计算机广告

15.3.1 时钟频率和实际计算

当计算机广告声称它们拥有“某品牌处理器 2.8 GHz”或“某品牌处理器 3.0 GHz”时，它们说的是时钟频率。处理器是计算机的智能部分——它是决策和计算的部分。它以一定的速度完成所有这些计算工作。想象一下，一名训练中士大喊：“左！左！左右左！”这就是时钟频率——它告诉你训练中士喊“左！”的速度有多快。1.66 GHz 的时钟频率意味着时钟脉冲（训练中士喊“左！”）每秒 16.6 亿次。

这并不意味着处理器实际上对每个“左！”执行一些有用的操作。某些计算有几个步骤，因此可能需要几个时钟脉冲才能完成一个有用的计算。但一般来说，更快的时钟速率意味着更快的计算。当然，对于相同类型的处理器，更快的时钟速率意味着更快的计算。

1.66 GHz 和 2.0 GHz 之间真的有什么区别吗？或者处理器 X 的 1.0 GHz 与处理器 Y 的 2.0 GHz 相同？这些是更麻烦的问题。与争论道奇与福特卡车并没有太大的不同。大多数处理器有自己的支持者和批评者。有些人认为处理器 X 可以在非常少的时钟脉冲中进行某种搜索，因为它的设计很好，所以即使在较慢的时钟速率下它也明显更快。其他人会说处理器 Y 的整体速度仍然更快，因为每次计算的平均时钟脉冲数如此之低——不管怎么说，X 做得快的这类搜索有多常见？这几乎就像争论谁的信仰更好。

你今天购买的许多计算机有多个核心。每个核心都是一个完整的处理器。双核计算机实际上在其主芯片上有两个处理器。四核计算机有 4 个处理器。这是否意味着这些计算机的速度要快 2～4 倍？不幸的是，事情没有那么简单。并非所有程序都是为了利用多核而编写的。很难编写一个程序，本质上是说：“好吧，接下来一部分计算可以并行完成，所以这里是这部分，那里是那部分，下面是我们最终将它们放在一起的方式。”如果没有一个软件是为了利用多个内核而编写的，那么使用它们就根本不会让事情变得更快。如何利用所有这些多核来使计算机更快地为人们工作，是计算机科学今天面临的巨大挑战之一。

真正的答案是在你正想买的计算机上尝试一些现实的工作。感觉足够快吗？看看计算机杂志中的评论——他们经常使用现实的任务（如在 Excel 中排序和在 Word 中滚动）来测试计算机的速度。

你现在使用的大多数计算机是隐藏的，或者在处理器速度方面难以比较。黑莓比苹果或安卓更快还是更慢？智能手机通常不会按处理器速度出售。智能手机在许多其他更重要的因素上具有可比性，例如网络速度和显示质量。对于速度来说，功率实际上是一个大问题——更快的处理器通常需要更大功率，因此，有时制造商会使用较慢的处理器来节省电池寿命。你每天与之交互的大多数计算机是隐藏的（有时称为“嵌入式计算”），从手表到微波炉，甚至是当没有人移动时可能关灯的运动检测开关（或在晚上如果有人不期而至，打开摄像头）。在这些情况下，你并不真正关心时钟速度。你只关心计算机是否可以完成其工作。

15.3.2 存储：什么使计算机变慢

处理器的速度只是让计算机快或慢的一个因素。可能更重要的因素是处理器获取其工作数据的位置。当你的计算机开工时，你的图片在哪里？这是一个更复杂的问题。

你可以将存储看成一种层次结构，从最快到最慢。

- 最快的存储空间是你的“高速缓存”。高速缓存是物理上位于与处理器相同的硅芯片上的存储器（或者非常接近它）。你的处理器负责尽可能多地将数据放入缓存中，并且只要需要，就让它们尽可能久地留在那里。访问缓存的速度远远超过计算机上的任何其他存储器。你拥有的缓存越多，计算机可以非常快速地访问的内容就越多。但缓存（当然）也是最昂贵的存储空间。
- RAM 存储（无论是 SDRAM 还是任何其他类型的 RAM）是计算机的主存储器。RAM（随机存取存储器 random access memory 的首字母缩写）256 MB（兆字节）意味着 2.56 亿字节的信息。1 GB（吉字节）的内存意味着 10 亿字节的信息。RAM 存储是程序在执行时驻留的位置，也是计算机直接操作的数据所在的位置。在将它们加载到缓存之前，它们就在 RAM 存储器中。RAM 比缓存更便宜，在提高计算机速度方面可能是最好的投资。
- “硬盘”是存储所有文件的位置。你现在在 RAM 中执行的程序最初是作为硬盘上的.exe（可执行文件）文件。你的所有数字图片、数字音乐、文字处理文件、电子表格文件等，都存储在硬盘上。你的硬盘是最慢的存储空间，但也是最大的存储空间。256 GB（GB）的硬盘意味着你可以存储 2 560 亿字节。这是很大的空间，而今天它已经显得很小。1 TB（太字节）的硬盘可以存储 1 000 吉字节，即 1 万亿字节。

层次结构中各级之间的移动意味着巨大的速度差异。据说，如果高速缓存的访问速度就像取桌上的回形针一样，那么从硬盘上取一些东西就意味着要去距离地球 4 光年的半人马座阿尔法星。显然，我们确实以合理的速度从硬盘上取出了东西（这实际上意味着缓存非常快！），但这个类比确实强调了层次结构的各层之间速度有多么不同。最重要的是，你拥有的内存越多，处理器获得所需信息的速度就越快，整体处理速度就越快。

你会看到一些广告偶尔提到“系统总线”。系统总线是信号在计算机中发送的方式——从摄像头或网络到硬盘，从 RAM 到打印机。更快的系统总线显然意味着更快的整体系统，但举个例子，可能不会影响你使用 JES 或 Photoshop 的体验速度。首先，即使最快的总线也比处理器慢得多——每秒 4 亿个脉冲，而不是每秒 40 亿个脉冲。其次，系统总线通常不会影响对高速缓存或内存的访问，而这正是大多数速度胜负的关键之处。

你可以采取一些措施，让硬盘对计算来说尽可能快。硬盘的速度对于处理时间来说并不重要——即使最快的硬盘仍然比最慢的 RAM 慢得多。在硬盘上留出足够的可用空间进行“交换”非常重要。如果你的计算机没有足够的 RAM 来满足你的要求，它会将一些当前未使用的数据，从 RAM 存储到硬盘上。将数据移入和移出硬盘是一个缓慢的过程（相对而言，与访问 RAM 相比）。拥有足够可用空间的快速硬盘，让计算机无需搜索“交换空间”，这有助于提高处理速度。

网络怎么样？对于速度，网络并没有真正的帮助。网络的速度比硬盘慢。网络速度的差异会影响你的整体体验，但不会影响你的计算机处理速度。有线以太网连接往往比无线以太网连接更快。调制解调器连接速度较慢。

15.3.3 显示

显示器呢？显示器的速度是否真的会影响计算机的速度？不，真的不影响。计算机非常非常快。即使在非常大的显示器上，计算机也可以重新绘制所有内容，比你能够感知到的更快。

显示速度可能最重要的唯一应用是高端计算机游戏。一些计算机游戏玩家声称，他们可以感知到每秒 50 帧和每秒 60 帧的屏幕更新之间的差异。如果你的显示器非常大并且每次更新都需要重新绘制，那么更快的处理器可能会让你感觉有所不同。但大多数现代计算机更新速度是如此之快，以至于你不会注意到差异。

问题

15.1 解释解释器和编译器之间的区别。

15.2 什么是机器语言？它与 Java 虚拟机的“字节码”有何相似或不同？你可能需要在因特网上进行调查才能回答这些问题。

15.3 解释 RAM 和高速缓冲存储器之间的区别。

15.4 有很多种不同的排序算法。在因特网上调查其中一些。哪些被认为是快速的，在什么条件下？

15.5 在因特网上查找不同排序算法的动画。你如何根据你在动画中看到的内容描述冒泡排序和快速排序之间的区别？

15.6 编写一个函数，对列表进行插入排序。

15.7 编写一个函数，对列表进行选择排序。

15.8 编写一个函数，对列表进行冒泡排序。

15.9 编写一个函数，对列表进行快速排序。

15.10 以下代码打印多少次消息？

```
for x in range(0,5):
  for y in range(0,10):
    print "I will be good"
```

15.11 以下代码打印多少次消息？

```
for x in range(1,5):
  for y in range(0,10,2):
```

```
    print "I will be good"
```

15.12　以下代码打印多少次消息？

```
for x in range(0,3):
  for y in range(1,5):
    print "I will be good"
```

15.13　方法 clearBlue 的大 O 是什么？

15.14　方法 lineDetect 的大 O 是什么？

15.15　在给定以下输入的情况下，跟踪 findInSortedList 中的二分搜索算法。

```
findInSortedList("8",["3","5","7","9","10"])
```

15.16　在给定以下输入的情况下，跟踪 findInSortedList 中的二分搜索算法。

```
findInSortedList("3",["3","5","7","9","10"])
```

15.17　在给定以下输入的情况下，跟踪 findInSortedList 中的二分搜索算法。

```
findInSortedList("1",["3","5","7","9","10"])
```

15.18　在给定以下输入的情况下，跟踪 findInSortedList 中的二分搜索算法。

```
findInSortedList("7",["3","5","7","9","10"])
```

15.19　你现在已经看到了 P 类问题（例如排序和搜索）、难解问题（例如歌曲元素的最优选择）和 NP 类问题（例如旅行商问题）的一些例子。搜索 Web，为每类问题找到至少一个示例。

15.20　尝试在 JES 中需要一段时间的工作（例如，大图像上的抠像）。

使用 time 模块计算所需的时间。现在，在具有不同内存量和不同时钟频率的不同计算机上计算相同的 JES 任务（如果可以，让缓存也不同）。看看在 JES 中完成任务时，不同因素对所需时间造成的差异。

15.21　除了证明停机问题不可解，艾伦·图灵还以计算机科学的另一项重要发现而闻名。他给出了计算机是否真正实现了智能的测试。这个测试的名称是什么？它是如何工作的？你是否同意这是对智能的测试？

15.22　人们如何获得一些问题的答案，当这些问题的对应算法需要花费太长时间才能找到最优结果？有时候他们会使用启发式方法：这些规则不会得到最优解，但会找到解。查看在国际象棋程序中，用于计算下一步的一些启发式算法。

15.23　找到一个算法，该算法在合理的运行时间内解决旅行商问题，但不是最优的。

15.24　Watson 在 Jeopardy 游戏中成功击败了人类。在因特网上查找解释 Watson 如何做到这一点的文章。它能保证始终找到最优解吗？

深入学习

要了解有关让程序运行良好的更多信息，我们建议你阅读 *Structure and Interpretation of Computer Programs* [17]。它不是关于吉赫主频和缓存的，但它讲了很多关于应该如何考虑你的程序，以使它们运行良好的内容。

第 16 章　函数式编程

本章学习目标

- 使用更多函数更轻松地编写程序
- 使用函数式编程快速制作强大的程序
- 理解使函数式编程与过程式编程或命令式编程不同的原因
- 能够在 Python 中使用 else
- 能够在 Python 中使用 global

16.1　使用函数让编程更容易

我们为什么使用函数？我们如何使用它们来简化编程？在本书的不同地方，我们一直在讨论多种函数。在我们开始讨论以更强大的方式编写函数之前，这里先总结一些好处。

函数用于管理复杂性。我们可以把所有程序都写成一个大函数吗？当然可以，但它很难。随着程序规模的扩大，它们的复杂性也会增加。我们使用函数，以便：

- 隐藏细节，从而只关注我们关心的事物。
- 在需要时，在程序中找到正确的位置进行更改——找到正确的函数比在几千行代码中查找某一行更容易。
- 更容易测试和调试程序。

如果我们将程序分成较小的部分，我们可以分别测试每个部分。考虑我们的 HTML 程序。我们可以分别在命令区测试 doctype()、title()和 body()等函数，而不必总是测试整个程序。这样，你可以处理较小的函数和较小的问题，直到它们被解决——然后你可以忽略它们，并专注于更大的问题。

```
>>> print doctype()
<!DOCTYPE html>
>>> print title("My title string")
<html><head><title>My title string</title></head>
>>> print body("<h1>My heading</h1>")
<body><h1>My heading</h1></body></html>
```

当你查找问题（缺陷）时，能够像上面一样测试小函数是非常有用的。它还让你可以信任你的函数。以不同的方式尝试它们。让自己相信，该函数总是执行你要求它执行的任务。一旦你有了这种信任，就可以让该函数完成它的任务而不用多想它——然后你就可以做一些非常强大的事情（参见 16.2 节）。

如果函数选择得好，添加更多函数可以使整个程序更容易。如果我们有子函数执行整个任务的较小部分，我们是在说如何更改函数的“粒度”。如果粒度太小，它会将一种复杂性换成另一种。但是在适当的层面上，它使整个程序更容易理解和改变。

考虑像下面的主页程序，其粒度比我们之前的程序小得多。

程序 188：较小的粒度主页生成器

```
def makeHomePage2(name,interests):
  file=open(getMediaPath("homepage.html"),"wt")
  file.write(doctype())
  file.write(startHTML())
  file.write(startHead())
  file.write(title2(name+"'s Home Page"))
  file.write(endHead())
  file.write(startBody())
  file.write(heading(1,"Welcome to "+name+"'s Home Page"))
  text = "Hi! I am "+name+". This is my home page!"
  text +="I am interested in "+interests
  file.write(paragraph(text))
  file.write(paragraph("Random thought for the day: "+tagline()))
  file.write(endBody())
  file.write(endHTML())
  file.close()

def doctype():
  return '<!DOCTYPE html>'

def startHTML():
  return '<html>'

def startHead():
  return '<head>'

def endHead():
  return '</head>'

def heading(level,string):
  return "<h"+str(level)+">"+string+"</h"+str(level)+">"

def startBody():
  return "<body>"

def paragraph(string):
  return "<p>"+string+"</p>"

def title2(titlestring):
  return "<title>"+titlestring+"</title>"

def endBody():
  return "</body>"

def endHTML():
  return "</html>"
```

这个版本更容易测试。它比我们早期的版本有一个很大的优势，因为主页生成函数根本没有任何 HTML。所有 HTML 都隐藏在子函数中。这很有用。

但现在有了新的复杂性。有所有这些函数名称需要记住。我们必须记住所有这些函数的必要顺序（例如，必须在 startBody()之前使用 endHead()）。这种粒度级别可能太多了。

让它工作提示：将子函数用于困难的部分

每当你在程序中遇到一个困难部分时，将其分解为一些子函数，这样就可以单独调试和修复它们。

考虑生成缩略图页面的 HTML 程序。循环是程序的难点，所以把它分解成一个单独的子函数。这样可以更轻松地更改链接的格式化方式——这一切都在子函数中完成。

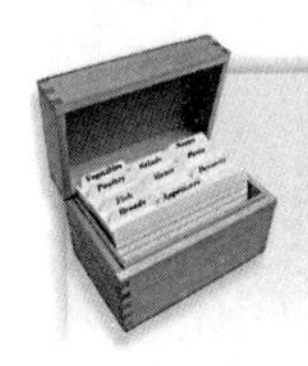

程序 189：带有子函数的缩略图页面生成程序

```
def makeSamplePage2(directory):
 samplesFile=open(directory+"/samples.html","wt")
 samplesFile.write(doctype())
 samplesFile.write(title("Samples from "+directory))
 # Now, let's make up the string that will be the body.
 samples=heading(1,"Samples from "+directory)
 for file in os.listdir(directory):
  if file.endswith(".jpg"):
    samples += fileEntry(file)
 samplesFile.write(body(samples))
 samplesFile.close()

def fileEntry(file):
  text ="<p>Filename: "+file
  text += '<image src="'+file+'"height="100"></p>'
  return(text)
```

分解出这样的部分是“过程抽象”的一部分。过程抽象中的步骤如下。

- 陈述问题。弄清楚你想做什么。
- 将问题分解为子问题。
- 继续将子问题分解为较小的问题，直到你知道如何编写解决较小问题的程序。
- 你的目标是让主函数基本上告诉所有子函数要做什么。每个子函数应该只执行一个逻辑任务。

我们可以将过程抽象视为填充函数树（参见图 16.1）。进行修改是改变该树的一个节点（函数）的问题，而增加就是添加节点的问题。例如，当它像图 16.2 这样分解时，要在我们的缩略图页面中增加处理 WAV 文件的函数，只需要更改函数 fileEntry。

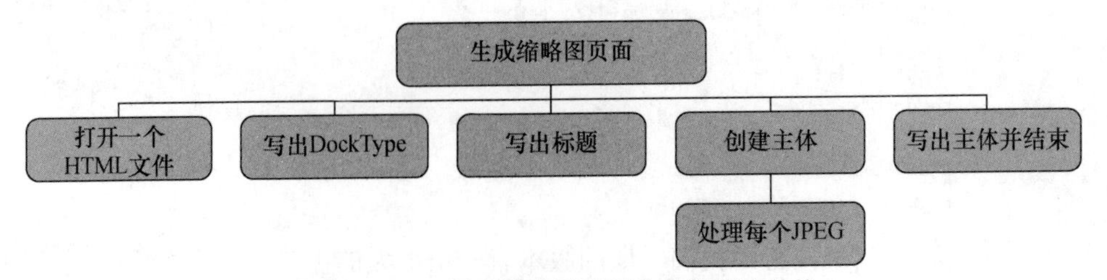

图 16.1 用于创建缩略图页面的函数层次结构

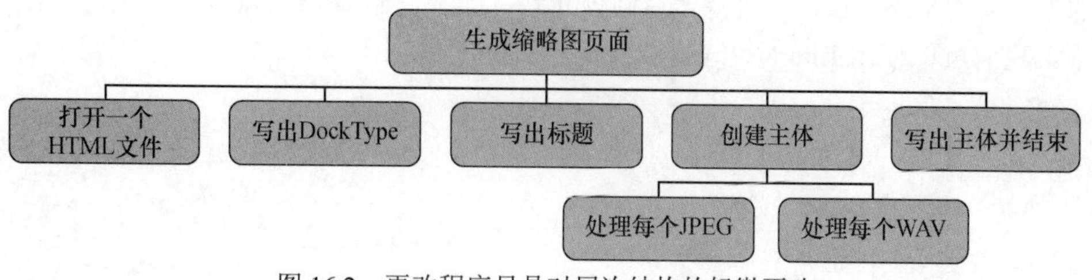

图 16.2 更改程序只是对层次结构的轻微更改

16.2 使用映射和归约的函数式编程

如果你愿意信任你的函数，就可以用更少的代码行编写相同的程序。如果你真正理解了函数，并相信函数做了你要它们做的事，就可以用很少的代码行做一些惊人的事情。我们可以编写一些函数，将函数应用于数据，甚至可以让函数在所谓“递归”的过程中调用自身。

函数就是一些名称，关联的值是一些代码片段，而不是列表、序列、数字或字符串。我们通过写出函数名，并在其后的括号中包含输入，来调用函数。没有括号，函数的名称仍然有一个值——它是函数的代码。函数也可以是数据——它们可以作为输入传递给其他函数！

```
>>> print makeSamplePage2
<function makeSamplePage2 at 0x21>
>>> print fileEntry
<function fileEntry at 0x22>
```

函数 apply()调用另一个函数，它被指定为 apply()的输入。被调用函数的输入也是 apply()的输入，作为序列或列表。实际上，apply()将该函数应用于这些输入。

```
def hello(someone):
  print "Hello,",someone
>>> hello("Mark")
Hello, Mark
>>> apply(hello,["Mark"])
Hello, Mark
>>> apply(hello,["Betty"])
Hello, Betty
```

将函数作为输入的更有用的函数是 map()。它是一个以函数和序列作为输入的函数。但是 map 将该函数应用于该序列中的每个输入，并返回该函数针对每个输入返回的任何内容。

```
>>> map(hello,["Mark","Barb","Briana","Steven","Miranda"])
Hello, Mark
Hello, Barb
Hello, Briana
Hello, Steven
Hello, Miranda
[None, None, None, None, None]
```

filter()也将函数和序列作为输入。它将该函数应用于该序列的每个元素。如果该元素上函数的返回值为 true（1），则过滤器返回该元素；如果返回值为 false（0），则过滤器会跳过该元素。我们可以使用 filter()快速提取我们感兴趣的数据。

```
def rInName(someName):
  # find returns -1 when not found
  if someName.find("r") == -1:
    return 0

  # if not -1 then found
  if someName.find("r") != -1:
    return 1

>>> rInName("January")
1
>>> rInName("July")
0
>>> filter(rInName, ["Mark","Betty","Matthew","Jenny"])
['Mark']
```

我们可以用更短的形式重写上面的 rInName()（如果输入的单词包含“r”，则返回 true 的函数）。表达式实际上求值为 1 或 0（真或假）。我们可以对这些“逻辑值”执行操作。其中一个“逻辑运算符”是 not——它返回与其输入值相反的值。所以下面是使用逻辑运算符编写的 rInName()。

```
def rInName2(someName):
  return not(someName.find("r") == -1)

>>> filter(rInName2, ["Mark","Betty","Matthew","Jenny"])
['Mark']
```

reduce()也接受一个函数和一个序列，但是 reduce 合并了结果。下面是我们总计所有数字的例子：1 + 2，然后是(1 + 2) + 3，接着是(1 + 2 + 3) + 4，最后是(1 + 2 + 3 + 4) + 5。之前的总计作为输入传入。

```
def add(a,b):
  return a+b

>>> reduce(add,[1,2,3,4,5])
15
```

再看一下这个例子：如果它如此小而且做的事那么少，创建 add 函数是不是有点浪费？事实表明，我们不必为函数提供名称就能用它。匿名函数称为 lambda。这是计算机科学中一个非常古老的术语，可以追溯到最初的编程语言之一 Lisp。无论在哪个要使用函数名的地方，你都可以坚持使用 lambda。lambda 的语法是单词 lambda，后跟输入变量，用逗号分隔，然后是冒号，再是函数的主体。以下是一些示例，包括用 lambda 重新创建的上述 reduce 示例。如你所见，我们可以为 lambda 指定名称，从而定义函数，几乎与程序区中键入的函数一样。

```
>>> reduce(lambda a,b:a+b, [1,2,3,4,5])
15
>>> (lambda a:"Hello,"+a)("Mark")
'Hello,Mark'
>>> f=lambda a:"Hello, "+a
>>> f
<function <lambda> 6>
```

```
>>> f("Mark")
'Hello, Mark'
```

工作原理

第一行创建一个匿名函数（一个“lambda”），它接受两个数字，然后返回这两个数字的总和。当我们用这个 lambda 对 [1,2,3,4,5]进行 reduce 时，得到 1 + 2（3），然后是 3 + 3（6），再是 6 + 4（10），接着是 10 + 5，返回 15。在第二行，我们应用一个 lambda，在输入"Mark"之前添加"Hello, "，这给出了"Hello, Mark"。我们取新的“Hello”函数，并命名为 f。变量 f 具有函数的值，我们可以将其应用于"Mark"，就像匿名的版本一样。

使用 reduce 和 lambda，我们可以进行实际计算。下面是一个计算传入数的“阶乘”的函数。某个数 n 的阶乘是小于或等于 n 的所有正整数的乘积。例如 4 的阶乘是 4 × 3 × 2 × 1。

程序 190：使用 lambda 和 reduce 计算阶乘

```
def factorial(a):
  return reduce(lambda a,b:a*b, range(1,a+1))
```

工作原理

从右到左阅读这个程序比较容易。我们要做的第一件事，是用 range(1,a+1)创建一个从 1 到 a 的所有数字的列表。然后我们使用 reduce 来应用一个函数（那个 lambda），它将输入列表中的所有数字乘以下一个，然后是下一个，直到结束。

```
>>> factorial(2)
2
>>> factorial(3)
6
>>> factorial(4)
24
>>> factorial(10)
3628800
```

现在你可能会想，“好吧，map，filter 和 reduce 看起来可能有用。可能。有时候。但为什么世界上会有人想用 apply？这与我们自己输入函数调用一样，不是吗？”这是真的，但我们实际上可以用 apply 来制作 map，filter 和 reduce。我们实际上可以用 apply 制作我们可能想要的任何版本。

```
def myMap(function,list):
  for i in list:
    apply(function,[i])

>>> myMap(hello, ["Fred","Barney","Wilma","Betty"])
Hello, Fred
Hello, Barney
Hello, Wilma
Hello, Betty
```

这种编程风格称为“函数式编程”。到目前为止，我们在 Python 中所做的事情可以被称为“过程式编程”，因为我们的重点是定义过程，或称为“命令式编程”，因为我们主要是告诉计算机做事情并改变变量值（也称为状态）。像关注数据一样关注函数，并关注使用函数作为输入的函数，这是函数式编程中的关键思想。

函数式编程非常强大。你可以将一层又一层的函数应用于其他函数，最后你可以在几行程序代码中执行大量操作。函数式编程用于构建人工智能系统和构建原型。这些领域很难，定义不明确，所以你希望能够只用几行程序代码做很多事情——即使对大多数人来说，这几行代码很难阅读。

16.3 针对媒体的函数式编程

还记得将凯蒂的头发变成红色的函数吗（程序 48）？下面再次列出：

```
def turnRed():
  brown = makeColor(42,25,15)
  picture=makePicture("katieFancy.jpg")
  for px in getPixels(picture):
    color = getColor(px)
    if distance(color,brown)<50.0:
      redness=int(getRed(px)*2)
      blueness=getBlue(px)
      greenness=getGreen(px)
      setColor(px,makeColor(redness,blueness,greenness))
  show(picture)
  return(picture)
```

我们可以将它写成只有一行程序代码。我们需要两个工具函数：一个用于检查单个像素是否需要变为红色，另一个实际执行此操作。我们的单行程序代码过滤出符合我们更改标准的像素，然后将更改函数映射到这些像素。在函数式编程中，不要使用大循环编写函数。作为替代，应编写小函数，并将它们应用于数据。这就像我们将函数带给数据，而不是让函数获取所有数据。

程序 191：将头发变红（函数式）

```
def turnHairRed(pic):
  map(turnRed,filter(checkPixel,getPixels(pic)))

def checkPixel(aPixel):
  brown = makeColor(42,25,15)
  return distance (getColor(aPixel),brown)<50.0

def turnRed(aPixel):
  setRed(aPixel,getRed(aPixel)*2)
```

工作原理

函数 turnRed 接受一个像素，并使其红色百分比加倍。如果输入像素足够接近棕色，则函数 checkPixel 返回 true，否则返回 false。函数 turnHairRed 以图片作为输入，然后用 filter 将 checkPixel 应用于输入图片中的所有像素（利用 getPixels）。如果像素足够接近棕色，filter 就返回它。然后我们用 map 将 turnRed 应用于 filter 返回的所有像素。

以下是它的用法：

```
>>> pic=makePicture("KatieFancy.jpg")
>>> map(turnRed, filter(checkPixel, getPixels(pic)))
```

不改变状态的媒体操作

函数式编程的另一个重要方面是“无状态”编程。我们的颜色操作函数（例如），改变了提供给函数的输入对象。好的函数式程序不会这样做。如果要更改对象，一个好的函数程序会创建对象的副本，然后进行修改，并返回复制的对象。优点是可以嵌套函数，将一个的输出传递给另一个的输入，就像可以嵌套数学函数一样。没有人预期 sine(cosine(x))会改变 *x*，就像 sine(x)也应该不会改变 *x*。函数式编程风格中的函数应该一样。我们说这些函数没有“副作用”。这些函数只执行它们应该执行的操作，并返回结果。它们不会以任何方式改变输入。

下面我们看看创建不改变状态的媒体操作函数会是什么样子。

程序 192：在不改变图片的情况下改变颜色

```
def decreaseRed(aPicture):
  returnPic = makeEmptyPicture(getWidth(aPicture),getHeight(aPicture))
  for x in range(getWidth(aPicture)):
    for y in range(getHeight(aPicture)):
      srcPixel = getPixelAt(aPicture,x,y)
      returnPixel = getPixelAt(returnPic,x,y)
      setColor(returnPixel,getColor(srcPixel))
      setRed(returnPixel, 0.8*getRed(srcPixel))
  return returnPic

def increaseBlue(aPicture):
  returnPic = makeEmptyPicture(getWidth(aPicture),getHeight(aPicture))
  for x in range(getWidth(aPicture)):
    for y in range(getHeight(aPicture)):
      srcPixel = getPixelAt(aPicture,x,y)
      returnPixel = getPixelAt(returnPic,x,y)
      setColor(returnPixel,getColor(srcPixel))
      setBlue(returnPixel, 1.2*getBlue(srcPixel))
  return returnPic
```

工作原理

这两个函数都具有相同的基本结构。要返回的对象 returnPic 是创建的，大小与输入图片的大小相同。对于输入图片中的每个像素，我们将颜色复制到 returnPic 图片中的相应像素。然后我们减少红色或增加蓝色。最后，我们返回 returnPic。

有了这些函数之后，我们可以将它们应用于一张图片，而无需更改原始图片。我们可以用任何希望的方式嵌套函数。现在这些函数更像是数学函数。

```
>>> newp = increaseBlue(decreaseRed(p))
>>> show(newp)
>>> show(decreaseRed(p))
>>> show(decreaseRed(increaseBlue(p)))
>>> show(increaseBlue(p))
```

16.4 递归：强大的思想

递归就是编写调用自身的函数。你不是编写循环，而是通过一次又一次地调用自身来编写一个循环的函数。在编写一个递归函数时，总是至少有如下两个部分：

- 完成时该怎么做（例如，当你处理数据中的最后一项时）；
- 当数据较大时该怎么做，这通常涉及处理数据的一个元素，然后调用处理其余部分的函数。

在我们使用递归处理媒体之前，先用一些简单的文本函数来探索递归。我们考虑如何编写一个函数来执行以下操作：

```
>>> downUp("Hello")
Hello
ello
llo
lo
o
lo
llo
ello
Hello
```

递归可能很难让你的脑筋转过弯来。它真的依赖于你对函数的信任。该函数是否能完成它应该做的事情？然后调用它，它会做正确的事情。

我们将以 3 种方法讨论递归，帮助你理解它。第一种方法是过程抽象——将问题分解为较小的部分，我们可以轻松地将其作为函数写下来，并尽可能地复用。

考虑单字符单词的 downUp。这很简单：

```
def downUp1(word):
  print word

>>> downUp1("I")
I
```

下面我们针对两个字符的单词进行 downup。我们将复用 downUp1，因为我们已经有了它。

```
def downUp2(word):
  print word
  downUp1(word[1:])
  print word
>>> downUp2("it")
it
t
it
>>> downUp2("me")
me
e
me
```

下面针对有 3 个字符的单词：

```
def downUp3 (word):
  print word
  downUp2 (word[1:])
  print word

>>> downUp3("pop")
pop
op
p
op
pop
>>> downUp3("top")
top
op
p
op
top
```

看到了一种模式吗？我们来试试吧：

```
def downUpTest(word):
  print word
  downUpTest(word[1:])
  print word

>>> downUpTest("hello")
hello
ello
llo
lo
o

The error was:java.lang.StackOverflowError
I wasn't able to do what you wanted.
The error java.lang.StackOverflowError has occurred
Please check line 101 of C:\ip-book\programs\
  functional
```

这个错误与常规 Python 中的错误略有不同，但本质上是相同的。

```
>>> downUpTest("hello")
...
  File "<stdin>", line 3, in downUpTest
  File "<stdin>", line 3, in downUpTest
RuntimeError: maximum recursion depth exceeded
```

发生了什么？当减少到一个字符时，我们只是继续不断调用 downUpTest，直到耗尽了一个名为“栈（Stack）”的区域的内存。我们需要能够告诉函数，“如果减少到只有一个字符，就打印它，不要再调用自己！”下面显示的函数能工作。

程序 193：递归地 downUp

```
def downUp(word):
  print word
  if len(word)==1:
    return
  downUp(word[1:])
  print word
```

下面是我们考虑递归的第二种方法：有趣又有用的追踪！我们将插入缩进的注释。

```
>>> downUp("Hello")
```

	len(word)不是 1，所以我们打印这个单词
Hello	
	现在我们调用 downUp("ello") 仍然不是一个字符，所以打印它
ello	
	现在我们调用 downUp("llo") 仍然不是一个字符，所以打印它
llo	
	现在我们调用 downUp("lo") 仍然不是一个字符，所以打印它
lo	
	现在我们调用 downUp("o") 是一个字符！打印它，并 return
o	
	downUp("lo")现在从对 downUp("o")的调用继续 它再次打印并结束
lo	
	downUp("llo")现在继续（从对 downUp("o")的调用返回） 它打印并结束
llo	
	downUp("ello")现在继续 它打印并结束
ello	
	最后，最初的 downUp ("Hello")的最后一行可以运行
Hello	

第三种思考方法是将函数调用想象为一个精灵——计算机内部的一个小人，他会按照你说的去做。

以下是给精灵的 downUp 指令：

1．接受一个单词作为输入。

2．如果单词只有一个字符，就在屏幕上写下来，然后你就完成了。停下来坐下。

3．在屏幕上写下该单词。

4．雇用另一个精灵完成同样的指令，将单词减掉第一个字符，给新精灵。

5．等到雇用的精灵完成。

6．再次在屏幕上写下你的单词。你就完成了。

我建议你在自己的课上尝试这个——这很有趣，有助于理解递归。它的工作原理如下：

- 我们开始雇用第一个精灵，输入“Hello”。

（把它想象成一个精灵的抽象。）

- 拿到“Hello”的精灵遵循指令。他接受这个词作为输入，看到有多个字符，将它写在屏幕上：Hello。然后他雇用了一个新的精灵，并给她输入“ello”。

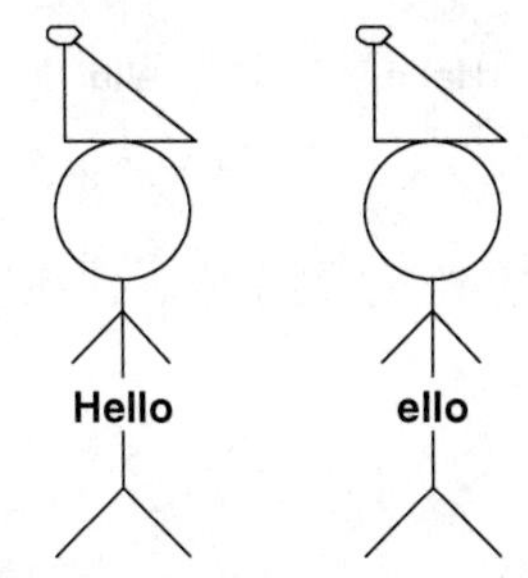

- 拿到“ello”的精灵接受输入，看到有多个字符，将它写在屏幕上：ello（在 Hello 下）。然后她雇用了一个新精灵，并给他输入“llo”。

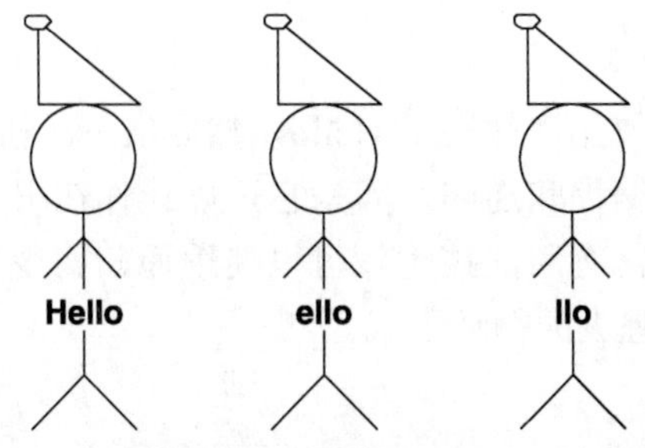

- 此时，我们可以进行一些观察。每个精灵只知道他右边的精灵——他雇用的精灵。他必须等到那个精灵完成才能完成。当精灵开始完成时，先完成的将是右边的那些，即那些最后被雇用的。我们称之为“栈”——精灵按从左到右的顺序“向上堆起来”，最后一个最先出局。

如果原始输入是一个非常大的词（例如“antidisestablishmentarianism”），你可以想象，没有足够的空间让所有的精灵堆起来。我们称之为“栈溢出”——这就是 Python 在递归变得太深时给你的错误（即精灵太多）。

- 想象一下，我们继续模拟。我们为“lo”和“o”雇用精灵。“o”精灵写下她的 o，然后坐下。
- “lo”精灵现在结束了。她在屏幕上写了 lo——在 lo 下面的 o 的下面。“lo”精灵坐下了。还剩下 3 个等待轮到他们的精灵。

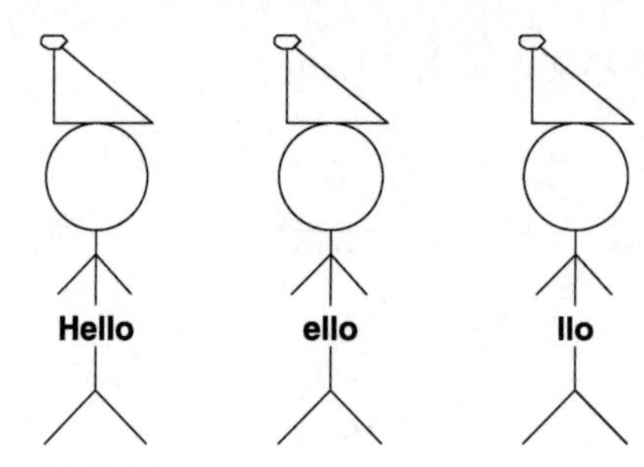

- “llo”精灵写下 llo 并坐下。

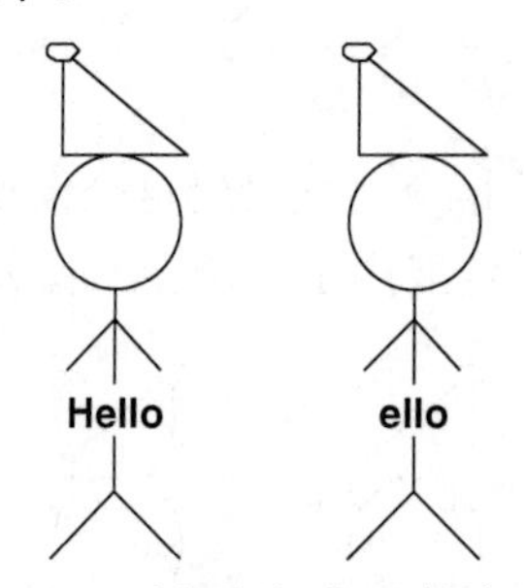

- “ello”精灵一直在等待“llo”精灵完成。他在屏幕上写下 ello 并坐下。

- 最后，“Hello”精灵第二次写下 Hello，然后坐下。栈现在是空的。

为什么我们使用函数式编程和递归？因为它可以让你在很少的代码行中做很多事情。对于处理困难问题，这是非常有用的技术。可以使用递归实现任何类型的循环。很多人认为它是最灵活、最优雅、最强大的循环形式。

16.4.1 递归目录遍历

本书中最早讨论的递归结构是目录树。文件夹可以包含其他文件夹，依此类推，可以包含任意深度的文件夹。在目录结构中遍历（接触每个文件）的最简单方法，就是使用递归方法。

我们知道如何利用 os.listdir 获取目录中的所有文件。挑战在于确定这些文件中的哪些是目录。幸运的是，Java 知道如何使用 File 对象来实现这一点，我们可以在 Jython 中轻松使用它。当我们找到目录时，我们可以像处理第一个请求的目录一样处理。

程序 194：打印目录树中的所有文件名

```
import os
import java.io.File as File

def printAllFiles(directory):
```

```
    files = os.listdir(directory)
    for file in files:
      fullname = directory+"/"+file
      if isDirectory(fullname):
        printAllFiles(fullname)
      else:
        print fullname

  def isDirectory(filename):
    filestatus = File(filename)
    return filestatus.isDirectory()
```

工作原理

我们需要 Python 的 os 模块和 Java 的 java.io.File 类。为了在给定目录中 printAllFiles，我们用 os.listdir 获取目录中所有文件的列表。对于每个文件，我们添加目录和文件名以获取完整路径。然后我们用 isDirectory 询问这是不是目录。利用 Java 的 File 对象，我们可以询问它是不是目录，然后返回该响应。

通常，在本书中，如果有两个要测试的条件，我们使用两个 if 语句。因此，我们将上面的第一个函数写为：

```
def printAllFiles(directory):
  files = os.listdir(directory)
  for file in files:
    fullname = directory+"/"+file
    if isDirectory(fullname):
      printAllFiles(fullname)
    if not isDirectory(fullname):
      print fullname
```

但是，每次 isDirectory 测试都需要相当复杂的文件操作。就处理时间而言，这开销很大。我们不是反复做，而是说“如果它不是目录，那么就是这样做”。因此，我们使用了 else 结构。else 的可读性不如两个 if 语句，但它确实防止了重复测试，因此更有效率。

我们在图 16.3 所示的文件夹中测试该函数。

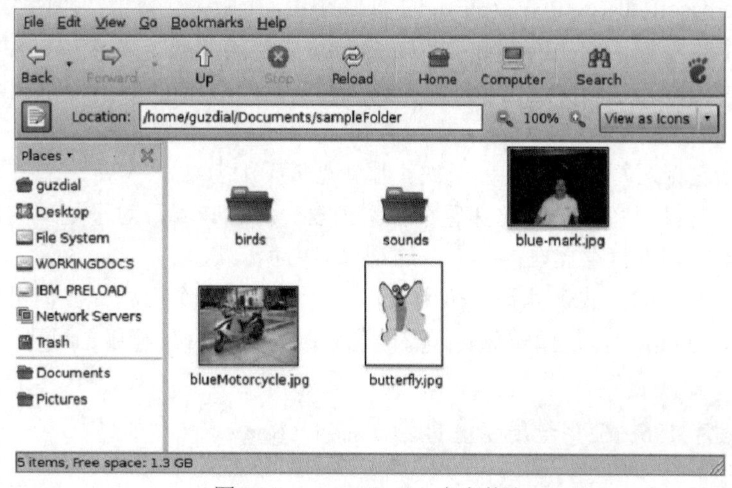

图 16.3 sampleFolder 中有什么

```
>>> printAllFiles("/home/guzdial/Documents/sampleFolder")
/home/guzdial/Documents/sampleFolder/
```

```
  blueMotorcycle.jpg
/home/guzdial/Documents/sampleFolder/sounds/
  bassoon-c4.wav
/home/guzdial/Documents/sampleFolder/sounds/
  bassoon-g4.wav
/home/guzdial/Documents/sampleFolder/sounds/
  bassoon-e4.wav
/home/guzdial/Documents/sampleFolder/birds/bird3.jpg
/home/guzdial/Documents/sampleFolder/birds/bird2.jpg
/home/guzdial/Documents/sampleFolder/birds/bird1.jpg
/home/guzdial/Documents/sampleFolder/birds/bird5.jpg
/home/guzdial/Documents/sampleFolder/birds/bird4.jpg
/home/guzdial/Documents/sampleFolder/birds/bird6.jpg
/home/guzdial/Documents/sampleFolder/blue-mark.jpg
/home/guzdial/Documents/sampleFolder/butterfly.jpg
```

16.4.2 递归的媒体函数

我们可以考虑递归地编写 reduceRed()等媒体函数，就像下面一样。

程序 195：递归地减少红色

```
def decreaseRedR(aList):
  if aList == []: # empty
    return
  setRed(aList[0],getRed(aList[0])*0.8)
  decreaseRedR(aList[1:])
```

工作原理

如果输入的像素列表为空，我们就停止（返回）。否则，我们取列表中的第一个像素（alist[0]）并将它的红色减少 20%（乘以 0.8）。然后我们对列表的其余部分（alist [1:]）调用 reduceRedR。

我们以 decreaseRedR(getPixels(pic)) 的方式调用这个版本。警告：即使对于合理尺寸的图片，它实际上也不能工作。Python（以及 Jython 底层的 Java）不希望这种深度的递归，因此它们会耗尽内存。它确实适用于非常小的图片。这个版本的 decreaseRed 实际上有两个问题：

- 首先，它针对每个像素递归一次。那就是成千上万次。
- 其次，它针对每次调用传递整个像素列表。这意味着，对于处理的每个像素，所有像素的副本也存储在内存中。这是很多内存。

我们可以用不同的方式来编写这个函数，以便纠正第二个问题。我们可以将包含像素列表的变量声明为 global，从而避免传递整个像素列表。然后在函数之间共享该变量。

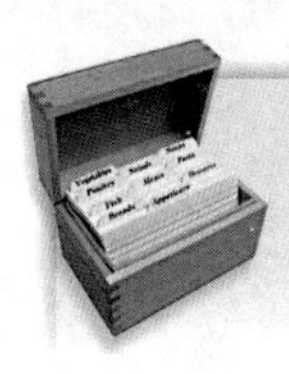

程序 196：使用全局变量的递归 reduceRed

```
aPicturePixels=[]

def decreaseRedR(aPicture):
  global aPicturePixels
  aPicturePixels=getPixels(aPicture)
```

```
  decreaseRedByIndex(len(aPicturePixels)-1)

def decreaseRedByIndex(index):
  global aPicturePixels
  pixel = aPicturePixels[index]
  setRed(pixel, 0.8 * getRed(pixel))
  if index == 0: # empty
    return
  decreaseRedByIndex(index - 1)
```

工作原理

首先，我们在所有函数之外创建变量 aPicturePixels。global 语句告诉 Python，aPicturePixels 应该是在文件（模块）级别定义的，而不仅仅是在这个函数局部。decreaseRedR 将所有像素放入 aPicturePixels，然后用图片像素列表中的最后一个索引，即列表的长度（len）减 1，来调用辅助函数 decreaseRedByIndex。函数 decreaseRedByIndex 获取指定索引处的像素，并将其中的红色减少 80%。如果索引为 0，即第一个像素，我们就返回并停止。如果它不为 0，我们继续让当前索引减 1 的像素减少红色。

问题是这个版本仍然针对每个像素递归一次。对于相对较小的图像（640×480），在完成图像处理之前，栈会溢出。通常，在 Jython 中递归地一个一个像素处理很难，也许是不可能的。

编程小结

以下是我们在本章中遇到的一些函数和编程片段。

函数式编程

apply	接受一个函数和列表，其中列表包含与该函数的输入一样多的元素。用该输入调用该函数
map	接受一个函数和该函数的几个输入的列表。用每个输入调用该函数并返回输出列表（返回值）
filter	接受一个函数和该函数的几个输入的列表。在每个列表元素上调用该函数，如果函数针对该元素返回 true（非零），则返回的列表包含该元素
reduce	接受一个带两个输入的函数，以及该函数的一些输入的列表。该函数应用于前两个列表元素，然后将其结果和下一个列表元素作为输入，接着将其结果和下一个列表元素用作输入，依此类推。最终返回整体结果
else:	在 if 之后，仅当 if 语句中的测试为 false 时，才执行以下代码块
global	在 global 语句之后列出的变量，是用于引用在此函数之前创建的变量，它们属于文件（或模块）的级别。这允许我们共享对象的引用，而不是复制它

问题

16.1 这是一个谜题。你有6个木块。其中一个比其他重。你有一个天平，但你只能使用它两次。找到最重的木块。(a) 将你的过程记录为算法。(b) 这是什么搜索？

16.2 数学家谈论斐波那契序列，它是一系列递归地定义的数字。第一个斐波那契数是0，第二个是1，从那之后，第 n 个斐波那契数是 $\text{Fib}(n) = \text{Fib}(n-2) + \text{Fib}(n-1)$。编写一个函数，输入整数索引，然后计算它在斐波那契序列中的值。

16.3 复利是指你在一段时间内（如一年）将利息（如2%）加到一个起始余额（如100美元）上以获得新的余额（本例中为102.00美元）。在接下来一段时间内，我们将相同的利率应用于新的余额。在我们的例子中，在第二年，102美元上2%利息将给我们104.04美元，作为新的余额。写一个函数compoundInterest，它接受利率、起始余额和年数，然后返回新余额。（提示：递归在这里很有用。）

16.4 编写一个函数将摄氏度转换为华氏度。

16.5 编写一个函数将华氏度转换为摄氏度。

16.6 如果你同时拥有最后两个函数（摄氏度到华氏度，华氏度到摄氏度），那么它们是否是彼此完全相反的？ 如果你将32华氏度转换为摄氏度，然后再换回华氏度，你会再次获得32华氏度吗？ 尝试不同的值。它何时能工作，何时不能工作？为什么？

16.7 编写一个函数，根据一个人的体重和身高，计算体重指数BMI。

16.8 写一个函数来计算20%的小费。

16.9 将程序191中的turnHairRed()函数更改为只有一行，通过将工具程序函数重新编码为lambda函数。

16.10 描述以下函数的作用。尝试输入不同的数字。

```
def test(num):
  if num > 0:
    return test(num-1)
  else:
    return 0
```

16.11 描述以下函数的作用。尝试输入不同的数字。

```
def test(num):
  if num > 0:
    return test(num-1) + num
  else:
    return 0
```

16.12 描述以下函数的作用。尝试输入不同的数字。

```
def test(num):
  if num > 0:
    return test(num-1) * num
  else:
    return 0
```

16.13 描述以下函数的作用。尝试输入不同的数字。

```
def test(num):
  if num > 0:
    return num - test(num-1)
  else:
    return 0
```

16.14　描述以下函数的作用。尝试输入不同的数字。

```
def test(num):
  if num > 0:
    return test(num-2) * test(num-1)
  else:
    return 0
```

16.15　编写一个递归方法，列出目录和所有子目录中的所有文件。

16.16　尝试编写 upDown()：

```
>>> upDown("Hello")
Hello
Hell
Hel
He
H
He
Hel
Hell
Hello
```

尝试用递归和不用递归编写 upDown()。哪个更容易？为什么？

16.17　使用 map，对每个声音样本应用一个函数，从而增加声音的值。

16.18　使用 map 和 filter，让声音最大化——如果样本的值大于或等于 0，则使样本值为 32 767；如果不是，则使其为-32 768。

16.19　尝试使用 filter 和 map 等结构，用函数式方法，编写前面章节中的任何一个声音和图片的示例。

第 17 章 面向对象编程

本章学习目标

本章的媒体学习目标是：

- 用海龟画图——具体来说，创建复杂的递归模式
- 利用面向对象编程，使团队编程更容易
- 利用面向对象的编程，使程序更容易调试甚至更健壮
- 将面向对象程序的这些特征理解为多态、封装、继承和聚合
- 能够针对不同目的，在不同编程风格之间进行选择

17.1 对象的历史

当今最常见的编程风格是“面向对象编程”。我们会将它与之前一直在做的过程式编程进行对比。

早在 20 世纪 60 年代和 70 年代，过程式编程就是编程的主要形式。人们使用“过程抽象”，在高层和低层定义了许多函数，并尽可能地复用他们的函数。这工作得相当好——直到某个时候。由于程序变得非常庞大和复杂，许多程序员同时处理它们，过程式编程开始崩溃。

程序员遇到了过程冲突问题。人们会以一些方式编写程序修改数据，而其他人并没有料到。他们会对函数使用相同的名称，并发现他们的代码无法集成到一个大型程序中。

在考虑程序和程序应该执行的任务时，也存在问题。过程与“动词”有关——告诉计算机这样做，告诉计算机那样做。但目前尚不清楚，这是不是人们对问题的最佳思考方法。

面向对象编程是“面向名词的编程”。构建面向对象程序的人，首先要考虑问题领域中的名词是什么——这个问题及其解决方案中的人和事是什么？识别对象，每个对象知道的信息（关于问题），以及每个对象必须做的事的过程，被称为“面向对象分析”。

以面向对象的方式编程，意味着你为对象定义变量（称为实例变量）和函数（称为方法）。在大多数面向对象的语言中，程序几乎没有甚至完全没有全局函数或变量，即随处可以访问的东西。在最初的面向对象编程语言 Smalltalk 中，对象只能通过它们的方法要求彼此来做事情，从而完成工作。面向对象编程的先驱者之一 Adele Goldberg 称之为“提要求，不要摸”。你不能“摸”数据并随心所欲地做任何事情——作为替代，你“要求”对象通过它们的方法，操作它们的数据。这是一个很好的目标，即使在 Python 或 Java 等语言中，对象可以直接操作彼此的数据。

“面向对象编程”这个术语是由 Alan Kay 发明的。Kay 是一位才华横溢的多学科学者——拥有数学和生物学本科学位，计算机科学博士学位，并且一直是专业的爵士吉他手。2003 年，他被授予 ACM 图灵奖，这相当于计算领域的诺贝尔奖。Kay 认为，面向对象编程是一种软件开发方式，可以真正扩展到大型系统。他将对象描述为生物细胞，它们以明确的方式协

同工作，使整个生物体发挥作用。像细胞一样，对象会：

- 在多个对象而不是一个大程序中分配任务的职责，从而有助于管理“复杂性”。
- 让对象相对独立地工作，从而支持“健壮性”。
- 支持“复用”，因为每个对象都会为其他对象提供“服务”（即对象可以为其他对象执行的任务，可通过其方法访问），就像真实世界的对象一样。

从名词开始的概念是 Kay 愿景的一部分。他说，“软件”实际上是对世界的模拟。通过让软件模拟世界，如何制作软件变得更加清晰。你看世界及其运作方式，然后将其复制到软件中。世界上的事物知道一些事物——这些变成了“实例变量”。世界上的事物可以做一些事情——这些变成了“方法”。

当然，我们已经在使用对象。图片、声音、样本和颜色都是对象。我们的像素和样本列表是“聚合”的示例，它创建了对象集合。我们一直在使用的函数实际上只是掩盖了底层方法。我们可以直接调用对象的方法，本章稍后将介绍。

17.2 使用海龟

在 20 世纪 60 年代后期，麻省理工学院的 Seymour Papert 利用机器人海龟，帮助孩子们思考如何指定过程。海龟中间有一支笔，可以提起和落下，留下它的运动痕迹。随着图形显示器的出现，他在计算机屏幕上使用了一只虚拟海龟，代替机器人海龟。

JES 中的部分媒体支持提供了图形龟对象。海龟很好地引入了对象的思想。我们操纵在一个世界内移动的海龟对象。海龟知道如何移动和转向。海龟中间有一支笔，留下一条痕迹，展示其运动。该世界跟踪其中的海龟。

17.2.1 类和对象

计算机如何知道海龟和世界的含义？我们必须定义一只海龟是什么，它知道什么，它能做些什么。我们必须定义一个世界是什么，它知道什么，它能做什么。在 Python 中，我们通过定义类来完成这种操作。类定义该类的事物或对象（实例）知道什么和可以做什么。JES 的媒体包定义了一些类，确定了海龟和世界的含义。

面向对象的程序由对象组成。我们从类创建对象。该类知道它的每个对象需要跟踪记录的信息，以及应该能够做什么。你可以将类视为对象工厂。工厂可以创建许多对象。一个类也像一个饼干模子。你可以通过一个饼干模子制作许多饼干，它们都具有相同的形状。或者你可以将类视为蓝图，将对象视为可以从蓝图创建的房屋。

要创建和初始化世界，可以使用 makeWorld()。要创建海龟对象，可以用 makeTurtle(world)。这看起来非常类似于 makePicture 和 makeSound——这里有一个模式，但我们将引入一个新模式，一个更标准的 Python 语法。让我们创建一个新的世界对象。

```
>>> makeWorld()
```

这将创建一个世界对象，并显示一个窗口，展示该世界。它就是在标题为“World”的窗体中以全空白图片开始。但我们不能引用它，因为我们没有为它命名。

下面，我们将世界对象命名为 earth，然后在名为 earth 的世界中创建一个海龟对象。我们将海龟对象命名为 tina。

```
>>> earth = makeWorld()
>>> tina = makeTurtle(earth)
>>> print tina
No name turtle at 320, 240 heading 0.0.
```

海龟对象出现在世界的中心（320,240），并朝向北方（朝向为 0）（图 17.1）。海龟尚未指定名称。

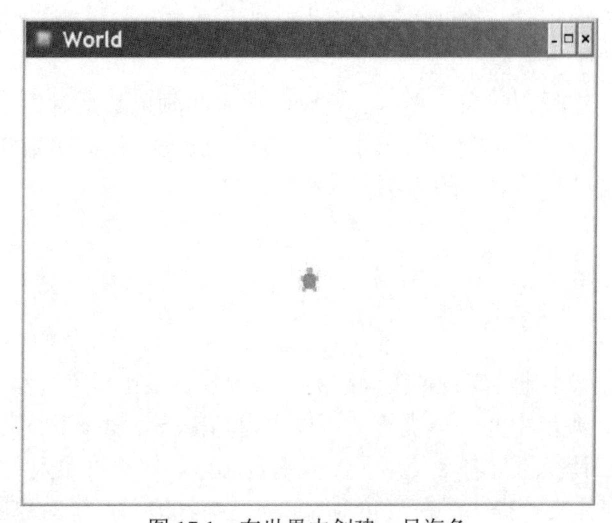

图 17.1 在世界中创建一只海龟

JES 中的海龟允许我们创建许多海龟。每只新海龟会出现在世界的中心。

```
>>> sue = makeTurtle(earth)
```

17.2.2 向对象发送消息

我们可以向海龟对象发送消息，从而要求海龟做一些事，我们也将这看成是在对象上调用方法。我们使用点表示法来做到这一点。在点表示法中，我们指定对象的名称，然后使用“.”，接着执行要执行的函数（name.function(parameterList)），从而要求对象执行某些操作。我们在第 11.2.1 节中看到了字符串的点表示法。

```
>>> tina.forward()
>>> tina.turnRight()
>>> tina.forward()
```

注意，只有我们要求执行操作的海龟才会移动（图 17.2）。我们可以要求另一只海龟执行操作，从而让它移动。

```
>>> sue.turnLeft()
>>> sue.forward(50)
```

注意，不同的海龟有不同的颜色（图 17.3）。你可以看到，海龟知道如何向左和向右转，利用 turnLeft()和 turnRight()。利用 forward()，它们也可以在当前朝向的方向上前进。默认情况下，它们前进 100 像素，但你也可以指定前进的像素数，例如 forward(50)。海龟知道如何转动给定的角度数。正角度数使海龟向右转，负角度数向左转（图 17.4）。

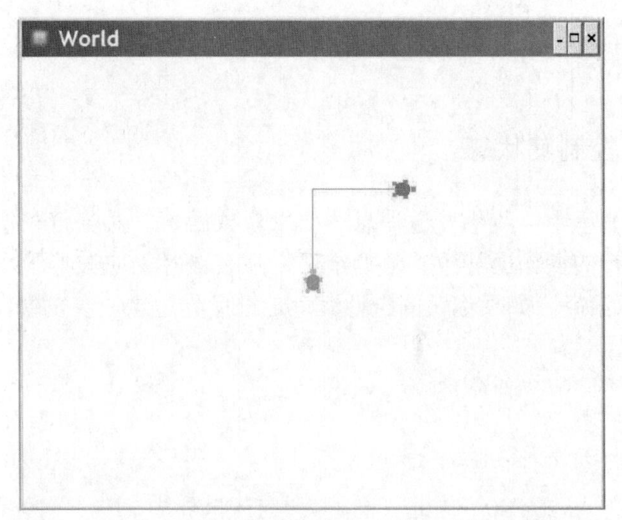

图 17.2　要求一只海龟移动和转动，而另一只海龟保持不动

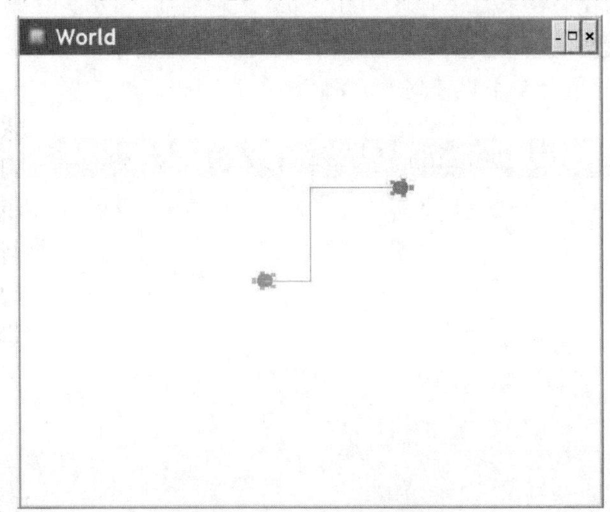

图 17.3　第二只海龟移动后

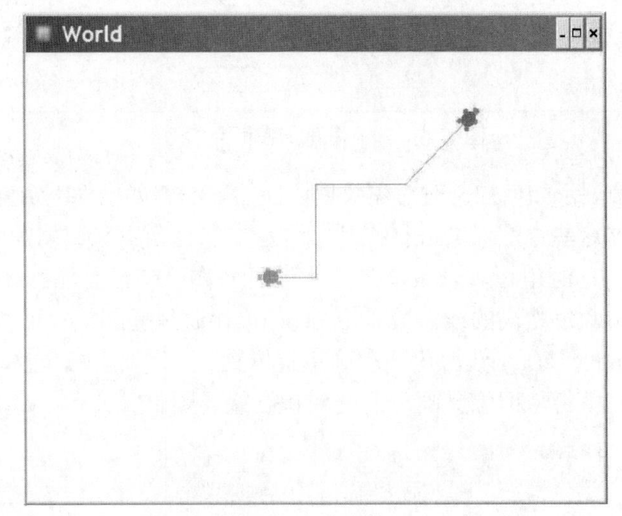

图 17.4　转动指定的度数（–45 度）

```
>>> tina.turn(-45)
>>> tina.forward()
```

17.2.3 对象控制其状态

在面向对象的编程中，我们发送消息，要求对象做事。对象可以拒绝你的要求。如果你要求某个对象执行的操作会导致其数据错误，那么该对象应该拒绝。海龟所在的世界是 640 像素宽、480 像素高。如果你试图告诉海龟走过世界边缘，会发生什么？

```
>>> world1 = makeWorld()
>>> turtle1 = makeTurtle(world1)
>>> turtle1.forward(400)
>>> print turtle1
No name turtle at 320, 0 heading 0.0.
```

海龟首先定位在（320,240）向北（向上）。在该世界中，左上角位置是（0,0），x 向右增加，y 向下增加。我们要求海龟前进 400，即要求它前往（320,240−400），这就是（320,−160）的位置。但是，海龟拒绝离开该世界，而是在海龟的中心位于（320,0）时停止（图 17.5）。这意味着我们不会看不见任何一只海龟。

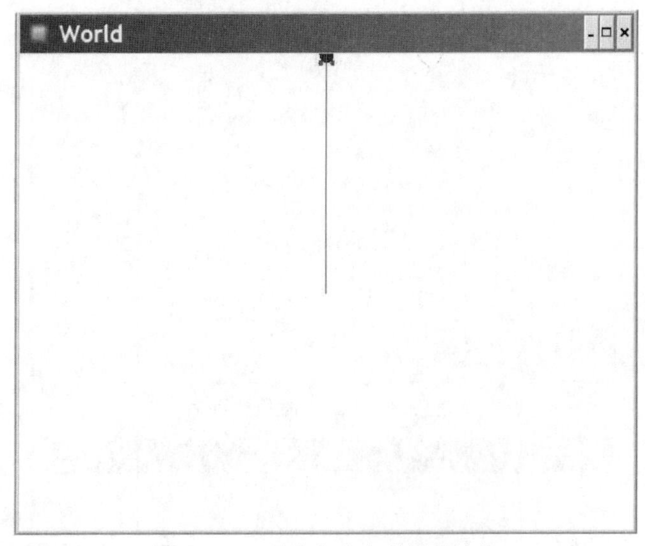

图 17.5 一只海龟卡在世界的边缘

本练习的目的是展示如何控制对对象数据访问的方法。如果你不希望变量在其数据中具有某些值，可以通过这些方法对其进行控制。这些方法充当对象数据的网关或守门员。

除了前进和转向，海龟还可以做很多其他事情。你可能已经注意到，当海龟移动时，它们画出一条与海龟颜色相同的线。可以用 penUp()让海龟提起笔。可以用 penDown()让海龟落下笔。可以用 moveTo(x,y)让海龟移动到特定位置。当你要求海龟移动到一个新位置时，如果笔是落下的，海龟将从旧位置画一条线到新位置（图 17.6）。

```
>>> worldX = makeWorld()
>>> turtleX = makeTurtle(worldX)
>>> turtleX.penUp()
>>> turtleX.moveTo(0,0)
```

```
>>> turtleX.penDown()
>>> turtleX.moveTo(639,479)
```

可以用 setColor(color)更改海龟的颜色，用 setVisible(false)停止绘制海龟，用 setPenWidth (width)更改笔的宽度。

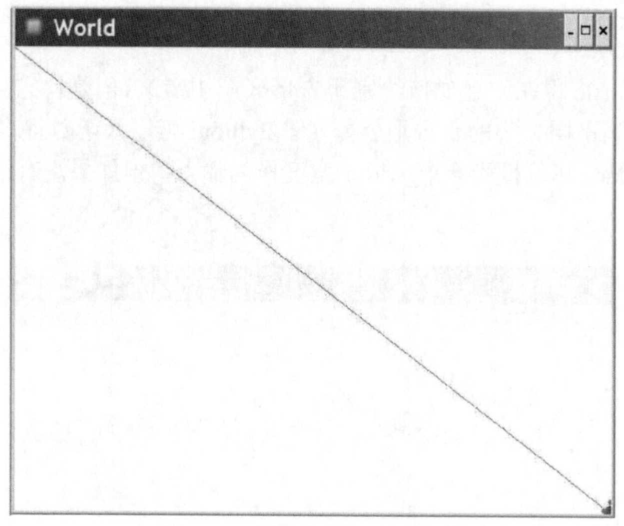

图 17.6 用海龟画一条对角线

17.3 教海龟新技巧

我们已经定义了一个 Turtle 类。但是，如果你想创造自己的海龟类，并教它做一些新事情，怎么办？我们可以创建一种新型的海龟，它知道如何做海龟知道做的所有事情，我们还可以添加一些新的功能。这称为创建“子类”。就像孩子从父母那里继承眼睛的颜色一样，我们的子类将继承海龟知道和可以做的所有事情。子类也称为“派生”类，它继承的类称为“父类”或“超类”。

我们称该子类为 SmartTurtle。我们添加了一个方法，让海龟画一个正方形。方法的定义与函数类似，但它们都在类中。Python 中的方法接受一个引用作为输入，它指向该方法被调用时所在的类的对象（通常称为 self）。为了画一个正方形，我们的海龟会向右转并前进 4 次。注意，我们从 Turtle 类继承了向右转并前进的能力。

程序 197：定义子类

```
class SmartTurtle(Turtle):

  def drawSquare(self):
      for i in range(0,4):
        self.turnRight()
        self.forward()
```

由于 SmartTurtle 是一种 Turtle，我们可以通过同样的方式使用它。但是，我们需要以新的方式创建 SmartTurtle。我们一直在使用 makePicture、makeSound、makeWorld 和 makeTurtle

来生成对象。这些是我们创建的一些函数，目的是更容易地创建这些对象。但是，Python 中创建新对象的实际方法，是使用 ClassName(parameterList)。要创建一个世界，可以用 worldObj = World()。要创建一个 SmartTurtle，可以用 turtleObj = SmartTurtle(worldObj)。

```
>>> earth = World()
>>> smarty = SmartTurtle(earth)
>>> smarty.drawSquare()
```

我们的 SmartTurtle 现在知道如何绘制正方形（图 17.7）。但是，它只能绘制大小为 100 的正方形。要能绘制不同大小的正方形就好了。Python 可以为函数提供可选输入。在下面的方法中，drawSquare 可以接受一个 width 宽度作为输入，但如果没有给出宽度输入，则宽度将具有默认值 100。

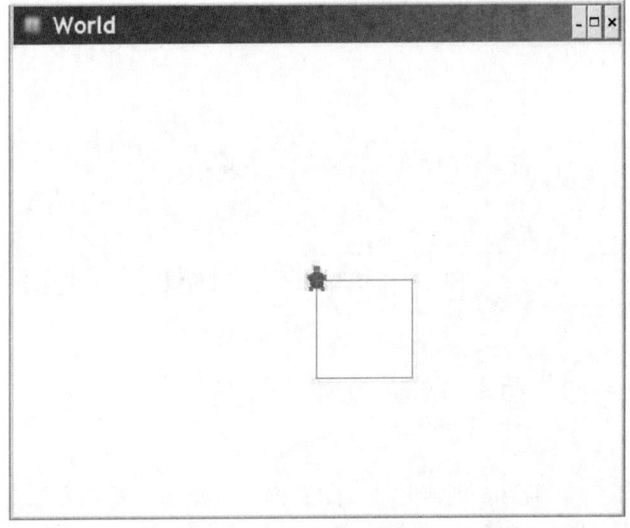

图 17.7 用 SmartTurtle 绘制一个正方形

程序 198：定义子类

```
class SmartTurtle(Turtle):

 def drawSquare(self,width=100):
   for i in range(0,4):
     self.turnRight()
     self.forward(width)
```

工作原理

你可以使用它来绘制不同大小的正方形（图 17.8）。

```
>>> mars = World()
>>> tina = SmartTurtle(mars)
>>> tina.drawSquare(30)
>>> tina.drawSquare(150)
>>> tina.drawSquare(100)
>>> # Does the same thing
>>> tina.drawSquare()
```

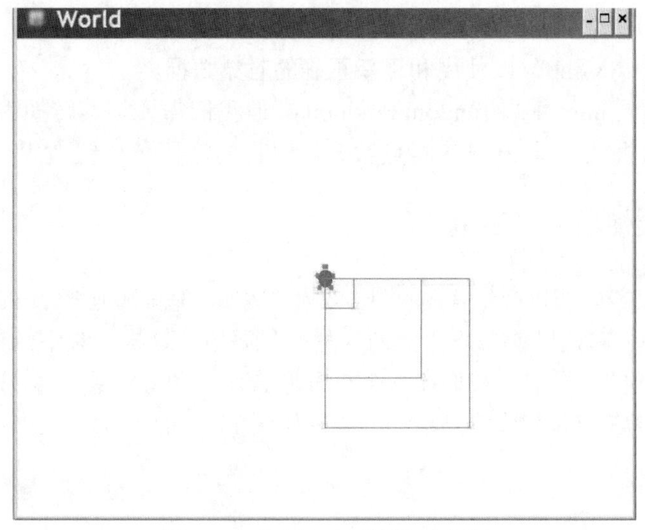

图 17.8　绘制大小不同的正方形

17.3.1　覆盖原有的海龟方法

子类可以重新定义超类中已存在的方法。你可以这样做，以创建原有方法的专用形式。

下面是 ConfusedTurtle 类，它重新定义了 forward 和 turn，这样它可以使用 Turtle 类的 forward 和 turn，但是用一个随机量。你就像一只普通的海龟一样使用它——但它不会按照你要求的那么多来前进或转向。下面的例子会让 goofy 向前走不到 100 像素，并转向不到 90 度。

```
>>> pluto = World()
>>> goofy = ConfusedTurtle(pluto)
>>> goofy.forward(100)
>>> goofy.turn(90)
```

程序 199：ConfusedTurtle 向前走和转向一个随机数量

```
import random
class ConfusedTurtle(Turtle):
   def forward(self,num):
     Turtle.forward(self,int(num*random.random()))
   def turn(self,num):
     Turtle.turn(self,int(num*random.random()))
```

工作原理

我们将 ConfusedTurtle 类声明为 Turtle 的子类。我们在 ConfusedTurtle 中定义了 forward 和 turn 两个方法。像任何其他方法一样，它们接受 self 和想要的输入。在这个例子中，两者的输入都是数字 num。

我们想要做的是调用超类（即 Turtle），让它执行正常的 forward 和 turn，但用输入乘以一个随机数。每个方法的主体只有一行，但它是一行相当复杂的代码。

- 我们必须明确告诉 Python 调用 Turtle 的 forward。
- 我们必须传入 self，以使用和更新正确的对象数据。
- 我们将输入 num 乘以 random.random()，但我们需要将其转换为整数（使用 int）。返回的随机数介于 0～1（浮点数），但我们需要一个整数用于 forward 和 turn。

17.3.2　一次使用多只海龟

海龟拥有许多方法，可以产生有趣的图形效果。例如，海龟知道彼此。它们可以 turnToFace (anotherTurtle)改变朝向，以便海龟“面向”另一只海龟（这样如果继续前进，它将到达另一只海龟）。在下面的例子中，我们在一个正方形的 4 个角上设置了 4 只海龟（al，bo，cy 和 di），然后不断让它们向左边那只移动。结果如图 17.9 所示。

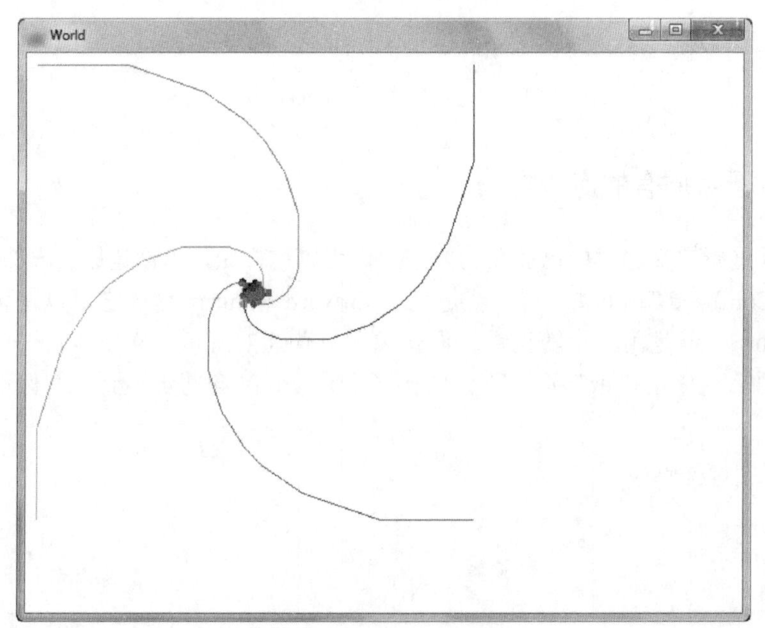

图 17.9　四只海龟互相追逐

程序 200：追逐的海龟

```
def chase():
  # Set up the four turtles
  earth = World()
  al = Turtle(earth)
  bo = Turtle(earth)
  cy = Turtle(earth)
  di = Turtle(earth)
  al.penUp()
  al.moveTo(10,10)
  al.penDown()
  bo.penUp()
  bo.moveTo(10,400)

  bo.penDown()
  cy.penUp()
```

```
    cy.moveTo(400,10)
    cy.penDown()
    di.penUp()
    di.moveTo(400,400)
    di.penDown()
    # Now, chase for 300 steps
    for i in range(0,300):
      chaseTurtle(al,cy)
      chaseTurtle(cy,di)
      chaseTurtle(di,bo)
      chaseTurtle(bo,al)

def chaseTurtle(t1,t2):
  t1.turnToFace(t2)
  t1.forward(4)
```

工作原理

这里的主函数是 chase()。前几行创建了一个世界和 4 个海龟，并将它们分别放置在角落（10,10），（10,400），（400,400）和（400,10）。循环 300 步（一个相对任意的数字），每只海龟被告知去“追逐”（chaseTurtle）顺时针临近的另一只海龟。因此，开始在（10,10）的海龟（al）被告知追逐开始在（400,10）的海龟（cy）。追逐意味着第一只海龟转向面对第二只海龟，然后前进 4 个像素。（尝试不同的值——我们最喜欢 4 的视觉效果。）最后，海龟螺旋式地走进中心。

这些函数对于创建模拟很有价值。想象一下，我们让棕色的海龟扮演鹿，让灰色的海龟扮演狼。当狼看到它们时会转向它们，然后追逐它们。为了逃跑，鹿可能会转向迎面而来的狼，然后转 180 度并逃跑。模拟是计算机中最强大、最具洞察力的用途之一。

计算机科学思想：参数与对象的工作方式有点不同

当调用函数并传入一个数字作为输入时，参数变量（接受输入的局部变量）实际上会获得该数字的副本。更改局部变量不会更改输入变量。

在追逐海龟的例子中，我们使用了 turnToFace 等方法。对于 turnToFace，JES 中没有任何全局函数。实际上有不少 World 和 Turtle 方法可供使用。这些列在本章末尾。

看看 chaseTurtle 函数。当使用 chaseTurtle(al,cy)调用函数时，我们确实改变了名为 al 的海龟的位置和方向。它为什么如此不同？这不是真的。变量 al 实际上并不包含海龟——它包含对海龟的引用。可以将它看成能够找到海龟对象的地址（在内存中）。如果你复制了地址，则该地址仍然引用相同的位置。在函数内外操纵的是同一只海龟。在像 chaseTurtle 这样的函数中，我们也无法让 a1 引用一个新对象。我们只能更改 a1 引用的对象。

17.3.3 带有图片的海龟

海龟也知道如何放下（drop）图片。当一只海龟放下一张图片时，海龟会停留在图片的左上角，无论海龟朝向哪个方向（见图 17.10）。

图 17.10 在世界上放一张照片

```
>>> # I chose Barbara.jpg for this
>>> p=makePicture(pickAFile())
>>> # Notice that we make the World and Turtle here
>>> earth=World()
>>> turtle=Turtle(earth)
>>> turtle.drop(p)
```

海龟也可以放在图片上，就像放在世界实例上一样。如果你把海龟放在一张照片上，它的身体默认不显示（尽管你可以让它看得见），这样它就不会弄乱图片。笔是落下的，你仍然可以画画。将海龟放在图片上，这意味着我们可以在已有图片之上创建有趣的图形，或者在海龟操作中使用已有图片。

我们最喜欢的技术之一是旋转图片：让海龟移动一点，稍微转向，放下图片的副本，然后继续前进。图 17.11 给出了一个例子。下面是生成该图的代码。我们使用前面的例子中相同的芭芭拉的照片来调用它，show(spinAPicture(p))。

图 17.11 在移动和转动时，在图片上放下图片

程序 201：让转向的海龟放下图片，生成旋转图片

```
def spinAPicture(apic):
  canvas = makeEmptyPicture(640,480)
  ted = Turtle(canvas)
  for i in range(0,360):
    ted.drop(apic)
    ted.forward(10)
    ted.turn(20)
  return canvas
```

17.3.4 跳舞的海龟

与多只海龟一起工作很有趣，通过它们的互动来创造复杂的图形，但实际上很难看到海龟。它们移动得太快了。如果偶尔让它们暂停，就可以看到海龟移动。这样，它们就会看起来像是在跳舞（图 17.12）。

time 模块有一个名为 sleep 的函数，它暂停当前执行一段时间。如果我们暂停一会儿（如 0.2 秒），执行速度就会慢到足以看到海龟。在下面的例子中，创建了 10 只海龟——在 evenlist 和 oddlist 中（根据海龟的编号）。然后，我们根据它们所在的列表，让它们以不同的方式移动。我们偶尔会暂停，以便能够看到动作。

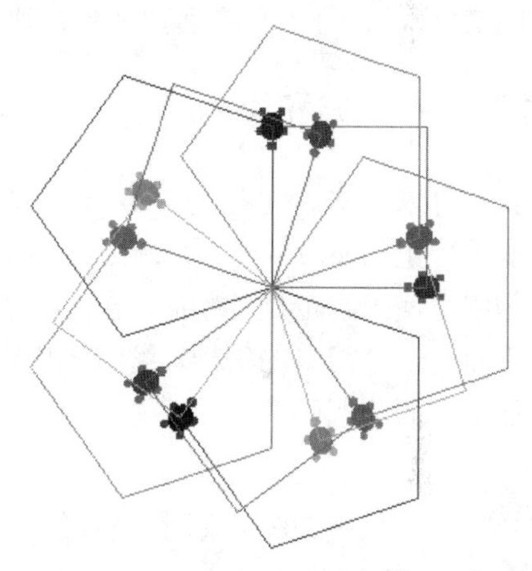

图 17.12 多只海龟“跳舞”，同时生成图片

程序 202：带 sleep 的跳舞海龟

```
from time import sleep

def dance():
  makesquare()

def makesquare():
  w = makeWorld()
  evenlist = []
  oddlist = []
  for turtles in range(10):
    t = makeTurtle(w)
    t.turn(turtles*36)
    if turtles%2 == 0:
      evenlist = evenlist + [t]
    else:
      oddlist = oddlist + [t]
  for times in range(20):
   for sides in range(5):
    if times%2 == 0:
      for t in evenlist:
        t.forward(100)
        t.turn(90)
    else:
       for t in oddlist:
```

```
        t.forward(100)
        t.turn(72)
    sleep(0.2)
```

工作原理

函数 dance 只是调用了 makequare，它完成了所有实际工作。我们创造了一个世界，并为海龟创建了 evenlist 和 oddlist 两个列表。我们生成了 10 只海龟，并使它们各自指向不同的方向（t.turn(turtles*36)）。如果海龟索引号是偶数，我们将它添加到 evenlist，否则添加到 oddlist。

然后就是跳舞。循环 20 步，每步生成 5 条边。如果是偶数步，所有偶数编号的海龟被告知前进 100 像素并转向 90 度。如果是奇数步，所有奇数编号的海龟被告知前进 100 像素并转向 72 度。在每一轮之后，我们睡眠 0.2 秒。

17.3.5 递归和海龟

我们可以将本章的海龟与第 16 章的递归函数结合起来，创造出相当复杂的设计。基本思想是用特定的 size（尺寸）调用绘图函数。如果尺寸太小，就停止——这是我们的停止规则。否则，使用给定尺寸绘制，然后用更小的尺寸递归调用函数。

下面是一个简单的例子。我们将从绘制三角形的代码开始。我们像 triangle(myturtle,100) 一样使用下面的代码。

程序 203：绘制三角形

```
def triangle(turtle,size):
  for sides in range(3):
    forward(turtle,size)
    turn(turtle,120)
```

现在我们来生成一些递归变种[①]。首先，嵌套一个调用，在我们生成边的循环中，创建另一个三角形。在绘制每条边和每个角之前，我们将生成另一个较小的三角形。我们调用该函数就像调用 triangle 函数一样，即 nestedTri(myturtle,100)，效果令人印象深刻（图 17.13）。

程序 204：嵌套的三角形

```
def nestedTri(t,size):
  if size < 10:
    return
  for sides in range(3):
    nestedTri(t,size/2)
    forward(t,size)
    turn(t,120)
```

下面是另一个方案：在绘制线之后、在转向角之前创建三角形。结果（图 17.14）得到了一些三角形，连在其他三角形的外面。

① 你应该使用 JES 5.0 或更高的版本进行递归绘图。JES 4.3 及更早的版本在海龟计算中出现错误，有时会产生错误的递归海龟绘图。

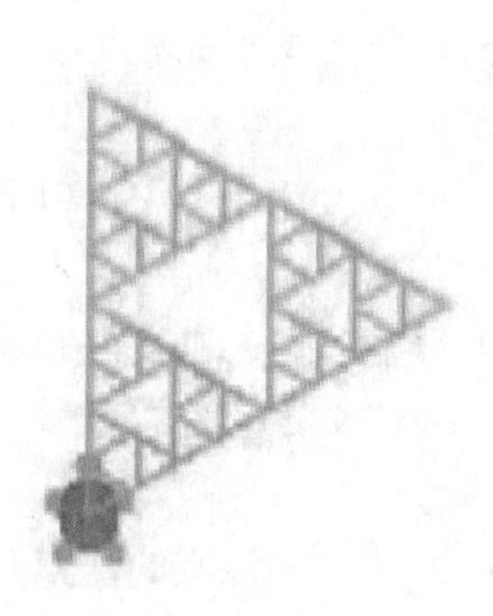

图 17.13　将三角形嵌套在一起

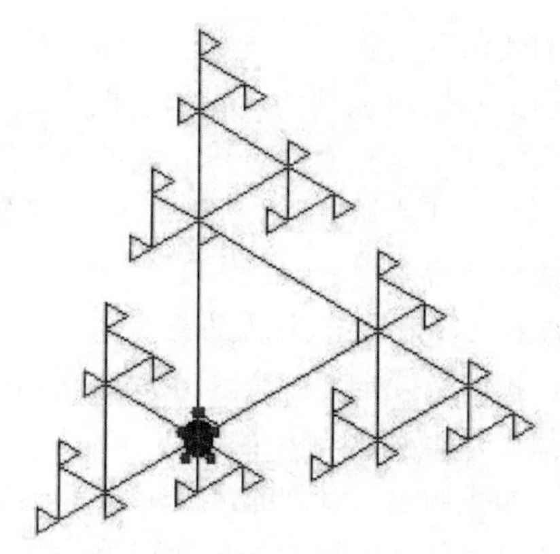

图 17.14　将三角形放在角上

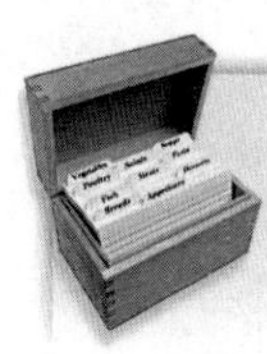

程序 205：角上的三角形

```
def cornerTri(t,size):
  if size < 10:
    return
  for sides in range(3):
    forward(t,size)
    cornerTri(t,size/2)
    turn(t,120)
```

17.4　面向对象的幻灯片放映

让我们使用面向对象的技术来构建幻灯片。假设我们希望显示一张图片，然后播放相应的声音，并等到声音完成后才转到下一张图片。我们将使用函数 blockingPlay()（首先出现在第 7 章），它在执行下一个语句之前播放声音并等待它完成。

程序 206：幻灯片放映作为一个大函数

```
def playSlideShow():
    pic = makePicture(getMediaPath("barbara.jpg"))
    sound = makeSound(getMediaPath("bassoon-c4.wav"))
    show(pic)
    blockingPlay(sound)
    pic = makePicture(getMediaPath("beach.jpg"))
    sound = makeSound(getMediaPath("bassoon-e4.wav"))
    show(pic)
    blockingPlay(sound)
    pic = makePicture(getMediaPath("church.jpg"))
    sound = makeSound(getMediaPath("bassoon-g4.wav"))
    show(pic)
    blockingPlay(sound)
    pic = makePicture(getMediaPath("jungle2.jpg"))
    sound = makeSound(getMediaPath("bassoon-c4.wav"))
    show(pic)
    blockingPlay(sound)
```

从任何角度来看，这都不是一个很好的程序。从过程式编程的角度来看，这里有大量重复的代码。消除它会很好。从面向对象编程角度来看，我们应该有幻灯片对象。

正如我们所提到的，对象有两个部分。对象知道事物——这些成为实例变量。对象可以做事情——这些成为方法。我们将使用点表示法访问它们。

那么幻灯片知道什么？它知道它的图片和声音。幻灯片可以做什么？它可以通过显示图片和播放声音来展示自己。

要在 Python 中（以及许多其他面向对象的编程语言中，包括 Java 和 C++）定义幻灯片对象，我们必须定义一个 Slide“类”。我们已经看到了几个类定义。让我们再做一次，慢慢地，从头开始构建一个类。

正如我们已经看到的，类定义了一组对象的实例变量和方法——该类的每个对象知道什么和可以做什么。该类的每个对象都是该类的实例。我们将创建 Slide 类的多个实例，从而生成多个幻灯片。这是聚合：对象的集合，就像我们的身体可能会产生多个肾细胞或多个心脏细胞一样，每个细胞都知道如何做某些类型的任务。

要在 Python 中创建一个类，我们这样开始：

```
class Slide:
```

之后缩进的内容，是创建新幻灯片和播放幻灯片的方法。让我们在 Slide 类中添加一个 show()方法。

```
class Slide:
  def show(self):
  show(self.picture)
  blockingPlay(self.sound)
```

要创建新实例，我们像调用一个函数一样调用类名。通过简单的赋值，我们可以定义新的实例变量。下面是如何创建幻灯片，并给它一个图片和一段声音。

```
>>> slide1=Slide()
>>> slide1.picture = makePicture(getMediaPath("barbara.jpg"))
>>> slide1.sound = makeSound(getMediaPath("bassoon-c4.wav"))
>>> slide1.show()
```

slide1.show()函数显示图片并播放声音。这个 self 是什么？当我们执行 object.method()时，Python 在对象的类中找到该方法，然后使用实例对象作为输入来调用它。将该输入变量命名为 self（因为它是对象本身）是 Python 的风格。由于我们拥有在变量 self 中的对象，因此可以通过 self.picture 和 self.sound 来访问它的图片和声音。

但是，如果我们必须从命令区设置所有变量，这仍然很难使用。我们怎么能让它变得更容易呢？如果我们可以将幻灯片的声音和图片作为 Slide 类的输入，就好像该类是真正的函数一样，会怎样呢？我们可以通过定义一个名为“构造函数”的东西来实现。

要使用某些输入创建新实例，我们必须定义一个名为__init__的函数。就是“下划线 - 下划线 - i - n - i - t - 下划线 - 下划线”。它是 Python 中用于初始化新对象的方法的预定义名称。我们的__init__方法需要实例本身（因为所有方法都有它）、图片和声音 3 个输入。

程序 207：Slide 类

```
class Slide:
  def __init__(self, pictureFile,soundFile):
    self.picture = makePicture(pictureFile)
```

```
        self.sound = makeSound(soundFile)

    def show(self):
        show(self.picture)
        blockingPlay(self.sound)
```

我们可以用 Slide 类来定义这样的幻灯片放映。

程序 208：用 Slide 类播放幻灯片

```
def playSlideShow2():
    pictF = getMediaPath("barbara.jpg")
    soundF = getMediaPath("bassoon-c4.wav")
    slide1 = Slide(pictF,soundF)
    pictF = getMediaPath("beach.jpg")
    soundF = getMediaPath("bassoon-e4.wav")
    slide2 = Slide(pictF,soundF)
    pictF = getMediaPath("church.jpg")
    soundF = getMediaPath("bassoon-g4.wav")
    slide3 = Slide(pictF,soundF)
    pictF = getMediaPath("jungle2.jpg")
    soundF = getMediaPath("bassoon-c4.wav")
    slide4 = Slide(pictF,soundF)
    slide1.show()
    slide2.show()
    slide3.show()
    slide4.show()
```

让 Python 如此强大的一个特性，是我们可以混合面向对象和函数式编程风格。幻灯片现在是可以轻松存储在列表中的对象，就像任何其他类型的 Python 对象一样。下面是同样的幻灯片放映示例，我们用 map 来放映幻灯片。

程序 209：幻灯片放映（使用对象和函数）

```
def showSlide(aSlide):
  aSlide.show()

def playSlideShow3():
    pictF = getMediaPath("barbara.jpg")
    soundF = getMediaPath("bassoon-c4.wav")
    slide1 = Slide(pictF,soundF )
    pictF = getMediaPath("beach.jpg")
    soundF = getMediaPath("bassoon-e4.wav")
    slide2 = Slide(pictF,soundF)
    pictF = getMediaPath("church.jpg")
    soundF = getMediaPath("bassoon-g4.wav")
    slide3 = Slide(pictF,soundF)
    pictF = getMediaPath("jungle2.jpg")
    soundF = getMediaPath("bassoon-c4.wav")
    slide4 = Slide(pictF,soundF)

    map(showSlide,[slide1,slide2,slide3,slide4])
```

幻灯片放映的面向对象版本更容易编写吗？当然它的代码重复较少。它的特点是“封装”，因为对象的数据和行为只在一个地方定义，因此对一个对象的任何变更都很容易对另一个实现。能够使用大量对象（如对象列表）称为“聚合”。这是一个强大的想法。我们并不总是需要定义新的类——我们常常可以利用已知的强大结构，比如包含已有对象的列表，来产生巨大的影响。

使 Slide 类更加面向对象

如果我们需要改变某个类实例的图片或声音，会发生什么？我们可以。我们可以简单地改变 picture 或 sound 实例变量。但是如果你考虑一下，就会意识到那不是很安全。如果其他人使用幻灯片程序，并决定在 picture 变量中存储电影怎么办？它可以很容易能工作，但现在我们对同一个变量有两种不同的用途。

你真正想要的是有一个方法来处理变量的取值或设值。如果在变量中存储错误数据是一个问题，就可以在设置变量之前，更改设置该变量的方法，对值进行检查，确保它是正确的类型并且有效。为了让它工作，使用该类的每个人必须同意使用获取和设置实例变量的方法，而不是直接弄乱实例变量。在像 Java 这样的语言中，可以要求编译器将实例变量保持为 private（私有），并且不允许任何直接接触实例变量的用法。在 Python 中，我们所能做的最好的事情就是创建设值和取值方法，并鼓励大家只使用它们。

我们称这些方法（足够简单）为“设值方法”和“取值方法”。下面是为两个实例变量定义设值方法和取值方法的类的一个版本——如你所见，它们非常简单。注意我们如何更改 show 方法，甚至是__init__方法，以便尽可能地使用设值方法和取值方法，而不是直接访问实例变量。这就是 Adele Goldberg 说“提要求，不要摸”时的意思。

程序 210：带有设值方法和取值方法的 Slide 类

```
class Slide:
  def__init__(self, pictureFile,soundFile):
     self.setPicture(makePicture(pictureFile))
     self.setSound(makeSound(soundFile))

  def getPicture(self):
    return self.picture
  def getSound(self):
    return self.sound

  def setPicture(self,newPicture):
    self.picture = newPicture
  def setSound(self,newSound):
    self.sound = newSound

  def show(self):
      show(self.getPicture())
      blockingPlay(self.getSound())
```

修改后的类有一些很酷的地方。我们不必在 playSlideShow3 函数中更改任何内容。尽管我们对 Slide 类的工作方式进行了一些更改，但它仍然有效。我们说函数 playSlideShow3 和类 Slide 是“松耦合”的。它们以明确的方式一起工作，但任何一方内部工作的改变都不会影响另一方。

17.5 面向对象的媒体

正如我们所说，本书一直在使用对象。我们一直使用 makePicture 函数创建 Picture 对象。

我们还可以使用普通的 Python 构造函数创建图片。

```
>>> pic=Picture(getMediaPath("barbara.jpg"))
>>> pic.show()
```

下面是函数 show()的定义方式。你可以忽略 raise 和 class。那几行在检查要显示的输入确实是图片，如果不是，则应该确定有（或 raise）一个错误。关键是该函数只是执行已有的图片方法 show。

```
def show(picture):
    if not picture.__class__ == Picture:
        print "show(picture): Input is not a picture"
        raise ValueError
    picture.show()
```

其他类也可以知道如何显示。对象可以拥有自己的方法，而方法的名称其他对象也可以使用。更强大的是，具有相同名称的这些方法中的每一个都可以实现相同的目标，但是以不同的方式。我们为幻灯片定义了一个类，它知道如何显示。对于幻灯片和图片，方法 show()是说“显示该对象”。但在每种情况下真正发生的事情是不同的：图片只显示自己，但幻灯片显示它们的图片并播放它们的声音。

计算机科学思想：多态

如果相同的名称可用于调用实现相同目标的不同方法，我们就称之为“多态”。它对程序员来说非常强大。你只需告诉一个对象 show()——你不必完全关心正在执行什么方法，你告诉对象要显示时，甚至不必确切地知道它是什么对象。程序员只需指定显示对象的目标即可。面向对象程序处理其余工作。

我们在 JES 中使用的方法中内置了多个多态的例子[①]。例如，像素和颜色都理解 setRed、getRed、setBlue、getBlue、setGreen 和 getGreen 等方法。这允许我们操纵像素的颜色，而不用单独拉出颜色对象。我们可以定义函数来接受这两种输入，或者为每种输入提供不同的函数，但这两种选择都令人困惑。使用方法很容易。

```
>>> pic=Picture(getMediaPath("barbara.jpg"))
>>> pic.show()
>>> pixel = pic.getPixel(100,200)
>>> print pixel.getRed()

73
>>> color = pixel.getColor()
>>> print color.getRed()
73
```

另一个例子是方法 writeTo()。方法 writeTo(filename)是为图片和声音定义的。你有没有混淆 writePictureTo()和 writeSoundTo()？总是写 writeTo(filename)不是更容易吗？这就是为什么这个方法在两个类中命名相同以及为什么多态如此强大的原因。（你可能希望知道，我们为什么不先介绍这个。你在第 2 章准备好探讨点表示法和多态方法吗？）

① 记住，JES 是一个在 Jython 中编程的环境，这是一种特定的 Python。媒体支持是 JES 提供的一部分——它们不是 Python 核心的一部分。

总的来说，JES 中定义的方法实际上比函数更多。更具体地说，有许多方法用于在图片上绘制，没有作为函数来提供。

- 正如你所料，图片理解 pic.addRect(color,x,y,width,height)、pic.addRectFilled(color,x,y,width,height)、pic.addOval(color,x,y,width,height)和 pic.addOvalFilled(color,x,y,width,height)。

以下示例中绘制矩形的例子，可参见图 17.15。

```
>>> pic=Picture (getMediaPath("640x480.jpg"))
>>> pic.addRectFilled (orange,10,10,100,100)
>>> pic.addRect (blue,200,200,50,50)
>>> pic.show()
>>> pic.writeTo("newrects.jpg")
```

以下示例中绘制椭圆的例子，可参见图 17.16。

图 17.15　矩形方法的示例

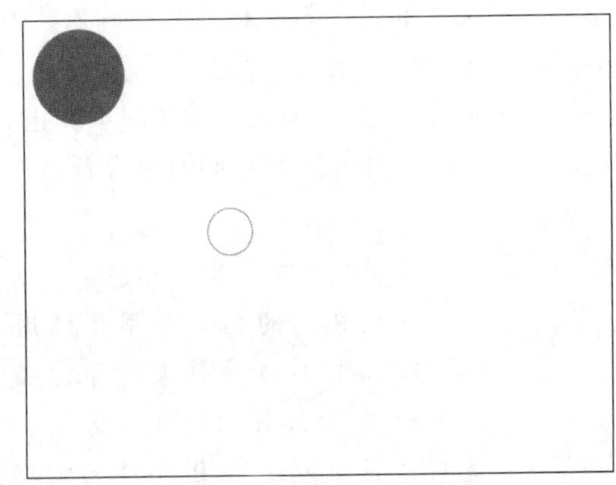

图 17.16　椭圆方法的示例

```
>>> pic=Picture (getMediaPath("640x480.jpg"))
>>> pic.addOval (green,200,200,50,50)
>>> pic.addOvalFilled (magenta,10,10,100,100)
>>> pic.show()
>>> pic.writeTo("ovals.jpg")
```

- 图片也可以理解圆弧。圆弧实际上是圆的一部分。两个方法是 pic.addArc(color,x,y,width,height,startAngle,arcAngle)和 pic.addArcFilled(color, x, y, width, height, startAngle, arcAngle)。它们绘制 arcAngle 度的圆弧，其中 startAngle 是起始点。0 度是钟面上 3 点钟方向。正弧度是逆时针，负是顺时针。圆的中心是由（*x,y*）定义的矩形的中心，具有给定的宽度和高度。
- 我们也可以用 pic.addLine(color,x1,y1, x2,y2)绘制彩色线段。

以下示例中绘制圆弧和线段的例子，可参见图 17.17。

```
>>> pic=Picture (getMediaPath("640x480.jpg"))
>>> pic.addArc(red,10,10,100,100,5,45)
>>> pic.show()
>>> pic.addArcFilled (green,200,100,200,100,1,90)
>>> pic.repaint()
>>> pic.addLine(blue,400,400,600,400)
>>> pic.repaint()
>>> pic.writeTo("arcs-lines.jpg")
```

- Java 中的文本可以包含样式，但这些样式仅限于确保所有平台都可以复制它们。pic.addText(color,x,y,string)是我们预期会看到的。还有 pic.addTextWithStyle(color, x,y,string,style)，它采用 makeStyle(font,emphasis,size)创建的样式。font（字体）是 sansSerif、serif 或 mono。emphasis（强调）是 italic，bold 或 plain，或者将它们相加得到组合（例如，italic+bold.size）。size 是点大小或磅值。

以下示例中绘制的文本例子，可参见图 17.18。

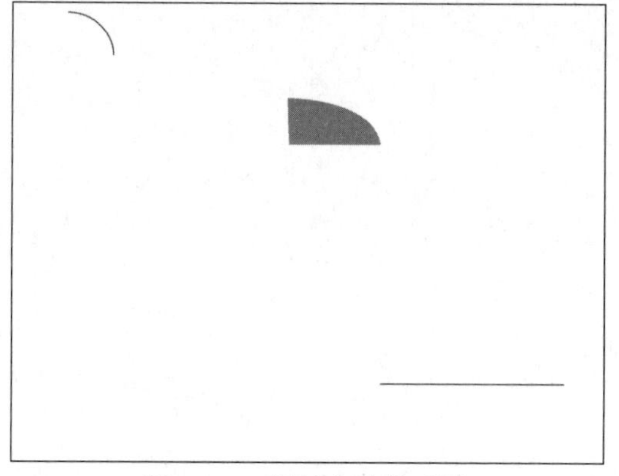

图 17.17 圆弧方法的示例

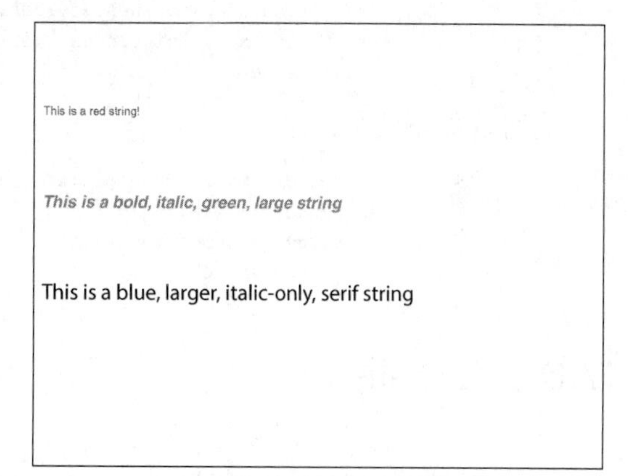

图 17.18 文本方法的示例

```
>>> pic=Picture (getMediaPath("640x480.jpg"))
>>> pic.addText(red,10,100,"This is a red string!")
>>> pic.addTextWithStyle (green,10,200,"This is a¬
    bold, italic, green, large string",¬
    makeStyle(sansSerif, bold+italic,18))
>>> pic.addTextWithStyle (blue,10,300,"This is a¬
    blue, larger, italic-only, serif string",¬
    makeStyle(serif, italic,24))
>>> pic.writeTo("text.jpg")
```

标有¬的行应继续接下一行。Python 中的单个命令不能跨越多行

我们以前编写的媒体函数，可以用方法的形式重写。我们需要创建 Picture 类的子类，并将方法添加到该类。

程序 211：利用方法制作日落

```
class MyPicture(Picture):
  def makeSunset(self):
    for p in getPixels(self):
      p.setBlue(int(p.getBlue()*0.7))
      p.setGreen(int (p.getGreen()*0.7))
```

它可以如下使用：

```
>>> pict = MyPicture(getMediaPath("beach.jpg"))
>>> pict.explore()
>>> pict.makeSunset()
>>> pict.explore()
```

我们还可以创建 Sound 类的新子类，以及处理声音对象的新方法。访问声音样本值的方法是 getSampleValue()和 getSampleValueAt(index)。

程序 212：用方法反转声音

```
class MySound(Sound):
  def reverse(self):
    target = Sound(self.getLength())
    sourceIndex = self.getLength() - 1
    for targetIndex in range(0,target.getLength()):
      sourceValue = self.getSampleValueAt(sourceIndex)
      target.setSampleValueAt(targetIndex,sourceValue)
      sourceIndex = sourceIndex - 1
    return target
```

它可以如下使用：

```
>>> sound = MySound(getMediaPath("always.wav"))
>>> sound.explore()
>>> target = sound.reverse()
>>> target.explore()
```

17.6 盒子乔

用于讲授面向对象编程的最早的例子，是由 Adele Goldberg 和 Alan Kay 开发的。它被称为“Joe the Box（盒子乔）”。在这个例子中没有什么新东西，但确实从另一个视角提供了一个不同的示例，因此值得回顾。

想象一下，你有一个类 Box，如下所示：

```
class Box:
 def__init__(self):
   self.setDefaultColor()
   self.size=10
   self.position=(10,10)
 def setDefaultColor(self):
   self.color = red
 def draw(self,canvas):
   addRectFilled(canvas, self.position[0],self.
   position[1], self.size, self.size, self.color)
```

如果执行以下代码，你会看到什么？

```
>>> canvas = makeEmptyPicture(400,200)
>>> joe = Box()
>>> joe.draw(canvas)
>>> show(canvas)
```

我们跟踪一下：

- 显然，第一行只是创建一个 400 像素宽、200 像素高的白色 canvas 画布。
- 当我们创建 joe 时，会调用__init__方法。方法 setDefaultColor 在 joe 上调用，因此它获得了默认的红色。执行 self.color = red 时，将为 joe 创建实例变量 color，并获取值为红色。我们返回到__init__，在这里 joe 的大小被设为 10，位置被设为（10,10）（size 和 position 都成为新的实例变量）。
- 当 joe 被要求在 canvas 画布上绘制自己时，它被绘制为一个红色的填充矩形（addRectFilled），位于 x 为 10 和 y 为 10 的位置，每边的大小为 10 像素。

我们可以在 Box 中添加一个方法，让 joe 改变它的大小。

```
class Box:
 def__init__(self):
   self.setDefaultColor()
   self.size=10
   self.position=(10,10)
 def setDefaultColor(self):
   self.color = red
 def draw(self,canvas):
   addRectFilled(canvas, self.position[0],self.
   position[1], self.size, self.size, self.color)
 def grow(self,size):
   self.size=self.size+size
```

现在我们可以告诉 joe 增长（grow）。像-2 这样的负数会导致乔缩小。正数将导致乔增长——但如果我们想让它增长并仍然适合画布，必须添加一个 move 方法。

下面考虑将以下代码添加到同一程序区。

```
class SadBox(Box):
  def setDefaultColor(self):
    self.color=blue
```

注意，SadBox 将 Box 列为超类（父类）。这意味着 SadBox 继承了 Box 的所有方法。如果你执行以下代码，你会看到什么？

```
>>> jane = SadBox()
>>> jane.draw(canvas)
>>> repaint(canvas)
```

我们跟踪一下：

- 当 jane 被创建为 SadBox 时，方法__init__在类 Box 中执行。
- __init__中发生的第一件事是在输入对象 self 上调用 setDefaultColor。那个对象现在是 jane。所以我们称之为 jane 的 setDefaultColor。我们说 SadBox 的 setDefaultColor 会覆盖 Box 的。
- jane 的 setDefaultColor 将颜色设置为蓝色。
- 然后我们返回执行 Box 的__init__的其余部分。我们将 jane 的大小设置为 10，位置设置为（10,10）。
- 当我们告诉 jane 绘制时，她在位置（10,10）处显示为 10×10 的蓝色方块。如果我们没有移动或增长 joe，它就会消失，因为 jane 在它上面绘制。

注意，joe 和 jane 是不同类型的 Box。它们具有相同的实例变量（但是相同变量的值不同），并且基本上知道相同的事物。因为两者都理解 draw，例如，我们说 draw 是多态的。多态这个词就意味着许多形式。

SadBox（jane）在创建时的行为略有不同，因此它知道某些事物时有所不同。joe 和 jane 强调了面向对象编程的一些基本思想：继承、子类中的特化，以及共享实例变量，但同时具有不同的实例变量值。

17.7 为什么要对象

对象的一个作用是减少了你必须记住的名称数量。通过多态，你只需记住名称和目标，而不是所有的不同全局函数。

但更重要的是，对象封装了数据和行为。想象一下，你希望更改实例变量的名称，然后更改使用该变量的所有方法。这要改变很多。如果漏掉一个怎么办？在一个地方一起更改它们是有用的。

对象减少了程序组件之间的"耦合"，即它们彼此之间的依赖程度。想象一下，你有几个函数都使用相同的全局变量。如果更改一个函数，使它在该变量中存储稍微不同的东西，那么也必须更新所有其他函数，否则它们将无法工作。这称为"紧耦合"。仅使用彼此方法（不能直接访问实例变量）的对象更"松"地耦合。访问定义明确，可以只在一个地方轻松地更改。一个对象的更改不要求更改其他对象。

松耦合的一个优点，是在团队环境中易于开发。你可以让不同的人在不同的类上工作。只要每个人都同意通过方法进行访问的方式，没有人必须知道别人的方法是如何工作的。面向对象编程在团队工作时特别有用。

聚合也是对象系统的重要优势。你可以让很多对象做有用的事情。想要更多？只需创建它们！

Python 的对象类似于许多语言的对象。但是，一个重要的区别是访问实例变量。在 Python 中，所有对象都可以访问和操作任何其他对象的实例变量。在 Java，C++或 Smalltalk 等语言中并非如此。在这些其他语言中，从其他对象访问实例变量是受限的，甚至可以完全取消——然后你只能通过取值方法和设值方法访问对象的实例变量。

对象系统的另一个重要部分是"继承"。正如我们在 turtle 和 box 的例子中看到的，我们可以声明一个类（父类）被另一个类（子类）（也称为超类和子类）继承。继承立即提供了多态——子实例自动拥有父类的所有数据和行为。然后，子类可以向父类添加更多行为和数据。这称为让子类成为父类的"特化"。例如，通过说 class Rectangle3D(Rectangle)，3D 矩形实例可能知道并执行矩形实例所做的所有操作。

继承在面向对象世界中曝光率很高，但这是一种权衡。它进一步减少了代码的重复，这是一件好事。在实际实践中，继承不如面向对象编程的其他优点（如聚合和封装）使用得多，并且可能令人困惑。键入以下内容时，执行的是谁的方法？它从这里看不见，如果它错了，很难弄清楚哪里出错了。

```
myBox = Rectangle3D()
myBox.draw()
```

那么什么时候应该使用对象呢？如果你有一些数据和行为，希望对一组所有实例（例如图片和声音）定义，就应定义自己的对象类。你应该总是使用已有的对象。它们非常强大。如果你对点表示法和对象的想法感到不舒服，你可以坚持使用函数——它们也工作得很好。对象只是对更复杂的系统有帮助。

编程小结

以下是我们在本章中遇到的一些函数和编程片段。

面向对象编程

class	允许你定义一个类。关键字 class 带一个类名和可选的括号中的超类，以冒号结尾。接下来是类的方法，在类语句块中缩进
__init__	首次创建对象时调用的方法名称。不要求必须有一个

图形方法

addRect, addRectFilled	Picture 类中用于绘制矩形和填充矩形的方法
addOval, addOvalFilled	Picture 类中用于绘制椭圆和填充椭圆的方法
addArc, addArcFilled	Picture 类中用于绘制圆弧和实心圆弧的方法
addText, addTextWithStyle	Picture 类中的方法，用于绘制文本和带样式元素（如粗体或无衬线字体）的文本
addLine	Picture 类中用于绘制线条的方法
getRed, getGreen, getBlue	Pixel 和 Color 对象的方法，用于获取红色、绿色和蓝色分量
setRed, setGreen, setBlue	Pixel 和 Color 对象的方法，用于设置红色、绿色和蓝色分量

Turtle 和 World 的方法

World 理解的方法

getTurtleList()	返回世界中所有海龟的列表
getWidth()	以像素为单位返回世界的宽度
getHeight()	以像素为单位返回世界的高度
repaint()	强制世界更新和重绘所有的海龟

Turtle 理解的方法

海龟知道的一些方法（如 forward、turnRight、turnLeft 和 turn）与具有相同名称的全局函数执行相同的操作。

penUp()	提起海龟的笔，这样海龟移动时不会画出线条
penDown()	落下海龟的笔，随着海龟的移动，画出线条
isPenDown()	如果笔已落下，则返回 true
getPenColor() setPenColor(color)	获取当前的笔颜色，设置当前的笔颜色

续表

getBodyColor() setBodyColor(color)	获取海龟身体的当前颜色，设置当前的身体颜色
getShellColor() setShellColor(color)	获取龟壳的当前颜色，设置当前的壳颜色
getWidth() setWidth(number)	获取海龟本身的当前宽度，设置海龟的宽度
getHeight() setHeight(number)	获取海龟本身的当前高度，设置海龟的高度
getPenWidth() setPenWidth(number)	获取笔绘制的线的当前宽度，设置当前笔的宽度（以像素为单位）
getHeading() setHeading(number)	获取海龟的当前朝向，设置朝向
hide() show()	隐藏和显示海龟，即在绘制时使其不可见或可见
isVisible()	如果海龟可见，则返回 true
moveTo(x,y)	将海龟移动到给定的 x，y 位置，如果笔落下，则绘制一条线
getDistance(x,y)	返回从这只海龟到 x，y 位置的距离
backward(distance)	将海龟向后移动给定距离
turnToFace(x,y) turnToFace(turtle)	让海龟转向，面对给定的点 x，y 或给定的海龟
getXPos() getYPos()	返回海龟的 x 或 y 位置
drop(picture)	将输入图片放入世界（或图片）背景中，使得海龟位于图片的左上角；但是，海龟已经转向
clearPath()	擦除这只海龟生成的所有线条

问题

17.1 查找谢尔宾斯基三角形（Sierpinski's triangle）。用海龟写一个递归函数来创建谢尔宾斯基的三角形。

17.2 查找科赫雪花（Koch's snowflake）。用海龟写一个递归函数来创建科赫雪花。

17.3 利用包含 sleep 的 forward 形式，我们可以减慢海龟的所有运动：

```
def pausedForward(turtle,amount):
  sleep(0.2)
  turtle.forward(amount)
```

用 pausedForward 重写追逐和跳舞函数。

17.4　使用 blockingPlay 播放声音，我们可以获得与 sleep 相同的效果。更改跳舞代码，使用短的声音暂停跳舞，而不是 sleep。

17.5　用 blockingPlay 播放不同的声音，让音乐配合跳舞。

17.6　我们用于创建递归三角形的技术，也可以用于其他图形。创建正方形和五边形的嵌套和角上版本。

17.7　利用本章和 Web 上找到的信息，回答以下有关面向对象编程的问题。

- 实例和类之间有什么区别？
- 函数和方法有什么不同？
- 面向对象编程与过程式编程有什么不同？
- 什么是多态？
- 什么是封装？
- 什么是聚合？
- 什么是构造函数？
- 生物细胞是如何影响对象概念的发展的？

17.8　利用本章和 Web 上找到的信息，回答以下有关对象如何工作的问题。

- 什么是继承？
- 什么是超类？
- 什么是子类？
- 子类继承了哪些方法？
- 子类继承了哪些实例变量（字段）？

17.9　在 Turtle 类中添加一个方法，绘制一个等边三角形。

17.10　在 Turtle 类中添加一个方法，绘制一个给定宽度和高度的矩形。

17.11　在 Turtle 类中添加一个方法，绘制一个简单的房子。我们可以用一个矩形作为房子，用一个等边三角形作为屋顶。

17.12　在 Turtle 类中添加一个方法，绘制一条街的房子。

17.13　在 Turtle 类中添加一个方法，绘制一个字母。

17.14　在 Turtle 类中添加一个方法，绘制你的首字母缩写。

17.15　创建一个电影，每个帧中有几只海龟移动，就像我们的跳舞函数一样。移动每只海龟，暂停并将其保存到帧中。

17.16　向 Slide 类中添加另一个构造函数，只接受图片文件名，并在播放时不播放声音。

17.17　创建一个 SlideShow 类，其中包含一个幻灯片列表，一次显示一张幻灯片。

17.18　创建一个 CartoonPanel 类，它接受一个 Picture 数组，从左到右显示图片。它还应该有一个标题和作者，并在左上角显示标题，在右上角显示作者。

17.19　创建一个 Student 类。每个学生都应该有一个名字和一张照片。添加一个方法 show，显示学生的照片。

17.20　在 SlideShow 类中添加一个字段，用来保存标题；修改 show 方法，首先显示一个带有标题的空白图片。

17.21　创建一个 PlayList 类，它接受一个声音列表，一次播放一个。

17.22　利用 Picture 类中的方法绘制笑脸。

17.23 利用 Picture 类中的方法绘制彩虹。

17.24 重写那些镜像函数，作为 MyPicture 类中的方法。

17.25 对“盒子乔”进行一些修改。

- 向 Box 添加一个名为 setColor 的方法，该方法以颜色作为输入，然后让输入颜色成为盒子的新颜色。（也许 setDefaultColor 应该被称为 setColor？）
- 向 Box 添加一个名为 setSize 的方法，该方法以数字作为输入，然后让输入数字成为盒子的新大小。
- 向 Box 添加一个名为 setPosition 的方法，该方法以列表或元组作为参数，然后让该输入成为盒子的新位置。
- 更改__init__，让它使用 setSize 和 setPosition，而不是简单地设置实例变量。

* 17.26 完成“盒子乔”示例。

（a）实现 grow 和 move。方法 move 以相对距离作为输入，比如（−10,15）表示向左移动 10 个像素（x 位置）、向下移动 15 个像素（y 位置）。

（b）创建 joe 和 jane，然后移动一点并绘制，增长一点并绘制，然后重新绘制新画布，从而绘制图案。

17.27 创建一个影片，其中有盒子增长和收缩。

深入学习

用 Python 来探索过程式、函数式和面向对象的编程风格，还有很多工作要做。Mark 推荐 Mark Lutz[34]和 Richard Hightower[40]的书籍作为 Python 更深领域的精彩介绍。你还可以在 Python 官网上浏览一些教程。

我们强烈推荐 *Turtle Geometry* [44]。这本书比较老，但对于使用海龟从生物建模到探索相对论，没有哪本书更好了。

附录 A　Python 快速参考

A.1　变量

变量以字母开头，可以是除“保留字”之外的任何词。保留字是 and、assert、break、class、continue、def、del、elif、else、except、exec、finally、for、from、global、if、import、in、is、lambda、not、or、pass、print、raise、return、try、while 和 yield。

我们可以用 print 来显示表达式的值（如变量）。如果只是输入变量而没有 print，就会得到内部表示——函数和对象告诉我们它们在内存中的位置，字符串出现时带有引号。

```
>>>x= 10
>>> print x
10
>>> x
10
>>> y='string'
>>> print y
string
>>> y
'string'
>>> p=makePicture(pickAFile())
>>> print p
Picture, filename C:\ip-book\mediasources\
    7inX95in.jpg height 684 width 504
>>> p
<media.Picture instance at 6436242>
>>> print sin(12)
-0.5365729180004349
>>> sin
<java function sin at 26510058>
```

A.2　函数创建

我们用 def 定义函数。def x(a,b):定义一个名为“x”的函数，它接受两个输入值，它们将绑定到变量“a”和“b”。函数的主体位于 def 之后，并且是缩进的。

函数可以用 return 语句返回值。

A.3　循环和条件

我们使用 for 创建大部分循环，它接受一个索引变量和一个列表。循环体对列表的每个元素执行一次。

```
>>> for p in [1,2,3]:
...         print p
...
1
2
3
```

for中的列表通常使用range函数生成。range可以接受一个、两个或三个输入。接受一个输入时，range从零到该输入之前结束；接受两个输入时，range从第一个输入开始，在第二个输入之前结束；接受三个输入时，range从第一个输入开始，以第三个输入为步长，在第二个输入之前结束。

```
>>> range(4)
[0, 1, 2, 3]
>>> range(1,4)
[1, 2, 3]

>>> range(1,4,2)
[1, 3]
```

while循环接受一个逻辑表达式，只要该逻辑表达式为真，就会执行它的语句块。

```
>>> x=1
>>> while x < 5:
...         print x
...         x=x+1
...
1
2
3
4
```

break立即结束当前循环。

if语句接受一个逻辑表达式，并对其求值。如果为true，则执行if的语句块；如果为false，则执行else:子句（如果存在）。

```
>>> if a < b:
...       print "a is smaller"
... else:
...       print "b is smaller"
```

A.4 运算符和表示函数

+、–、*、/、**	加法，减法，乘法，除法和取幂。优先顺序与代数一样
<、>、==、<=、>=	逻辑运算符：小于，大于，等于，小于等于，大于等于
<>、!=	逻辑运算符：不等于（它们是等价的）
int()	返回输入（浮点数或字符串）的整数部分
float()	返回输入的浮点版本
str()	返回输入的字符串表示形式
ord()	给定输入字符，返回ASCII数字表示

A.5 数字函数

abs()	绝对值
sin()	正弦
cos()	余弦
max()	一些输入（包含一个列表）的最大值
min()	一些输入（包含一个列表）的最小值
len()	返回输入序列的长度

A.6 序列操作

序列（字符串、列表、元组）可以相加或连接（即 s1 + s2）。

可以使用切片访问序列的元素：

- seq [n]访问列表的第 *n* 个元素（第一个元素为 0）。
- seq [n:m]访问从第 *n* 个开始，直到第 *m* 个元素（但不包括）。
- seq [:m]访问从开始直到第 *m* 个元素（但不包括）。
- seq [n:]访问序列的第 *n* 个到末尾的元素。

A.7 字符串转义

\t	制表符
\b	回退符
\n	新行
\r	回车
\uxxxx	Unicode 字符，十六进制的 xxxx

在字符串前面带上“r”，比如 r"C:\ mediasources"，会以原始模式处理字符串，忽略转义。

A.8 有用的字符串方法

- count(sub)：返回 sub 出现在字符串中的次数。
- find(sub)：返回 sub 出现在字符串中的索引，如果未找到则返回−1。find 可以选择一个可选的起点和一个可选的终点。Rfind 接受相同的输入，但从右到左工作。

- upper()，lower()：将字符串转换为全部大写或全部小写。
- isalpha()，isdigit()：如果字符串中的所有字符全是字母或全是数字，则返回 true。
- replace(s,r)：在字符串中用“r”替换”s“的所有实例。
- split(d)：返回一个子字符串列表，以 d 为分割点。

A.9 文件

用 open 打开文件时接受文件名和文件模式两个输入。文件模式是“r”用于读取，“w”用于写入，“a”用于附加，接上“t”表示文本，或“b”表示二进制。文件方法包括：

- read()：将整个文件作为字符串返回。
- readlines()：将整个文件作为由行分隔的字符串列表返回。
- write(s)：将字符串 s 写入文件。

A.10 列表

列表像序列一样，用“[]”索引。它们使用“+”连接。列表方法包括：

- append(a)：将数据项 a 附加到列表中。
- remove(b)：从列表中删除数据项 b。
- sort()：对列表进行排序。
- reverse()：反转列表。
- count(s)：返回元素在列表中出现的次数。

A.11 字典、散列表或关联数组

使用{}创建字典。可以通过键访问它们。

```
>>> d= {'cat':'Diana', 'dog':'Fido'}
>>> print d
{'cat': 'Diana', 'dog': 'Fido'}
>>> print d.keys()
['cat',  'dog']
>>> print d['cat']
Diana
```

A.12 外部模块

使用 import 访问模块。它们也可以作为别名输入，例如 import javax.swing as swing。使用 from module import n1, n2，可以导入特定部分，而无需使用点表示法来访问它们。使用 from module import *，可以导入和访问模块的所有部分，无需点表示符。

A.13 类

创建类时，使用 class 关键字后面接类名，并在括号中包含可选的超类（一个或多个）。接下来的方法是缩进的。构造函数（在创建类的新实例时调用）必须命名为__init__。Python 类中可以有多个构造函数，只要采用不同的参数。

A.14 函数式方法

apply	接受一个函数和一个列表（作为该函数的输入），其中列表的元素与函数的输入一样多。用该输入调用该函数
map	接受一个函数和该函数的一些输入的列表。在每个输入上调用该函数，并返回输出构成的列表（返回值）
filter	接受一个函数和该函数的一些输入的列表。在每个列表元素上调用该函数，如果该函数针对该元素返回 true（非零），则返回的列表中包含该输入元素
reduce	接受一个带有两个输入的函数，以及该函数的多个输入的列表。该函数应用于前两个列表元素，然后其结果与下一个列表元素作为输入，接着将其结果与下一个列表元素作为输入，依此类推。最终返回整体结果

参考资料

1. AAUW, *Tech-Savvy: Educating Girls in the New Computer Age*, American Asso- ciation of University Women Education Foundation, New York, 2000.

2. ACM/IEEE, *Computing Curriculum* 2001.

3. Alan J. Dix, Janet E. Finlay, Gregory D. Abowd, and Russell Beale, *Human–Computer Interaction*, 2d ed., Prentice Hall, Upper Saddle River, NJ, 1998.

4. Allison Elliot Tew, Charles Fowler, and Mark Guzdial, "Tracking an Innovation in Introductory CS Education from a Research University to a Two-Year College," *Proceedings of the 36th SIGCSE Technical Symposium on Computer Science Education*, ACM Press, New York, 2005, pp. 416–420.

5. Amy Bruckman, "Situated Support for Learning: Storm's Weekend with Rachael," *Journal of the Learning Sciences* 9 (2000), no. 3, 329–372.

6. Andrea Forte and Mark Guzdial, *Computers for Communication, Not Calcu- lation: Media as a Motivation and Context for Learning*, HICSS 2004, Big Island, HI, IEEE Computer Society 2004.

7. Ann E. Fleury, "Encapsulation and Reuse as Viewed by Java Students," *Proceed- ings of the 32nd SIGCSE Technical Symposium on Computer Science Education* (2001), pp. 189–193.

8. Beth Adelson and Elliot Soloway, "The Role of Domain Experience in Soft- ware Design," *IEEE Transactions on Software Engineering* SE-11 (1985), no. 11, 1351–1360.

9. Brian Harvey, *Computer Science Logo Style*, 2d ed., Vol. 1: *Symbolic Computing*, MIT Press, Cambridge, MA, 1997.

10. Charles Dodge and Thomas A. Jerse, *Computer Music: Synthesis, Composi- tion, and Performance*, Schirmer-Thomson Learning, New York, 1997.

11. Curtis Roads, *The Computer Music Tutorial*, MIT Press, Cambridge, MA, 1996.

12. Cynthia Bailey Lee. Experience report: CS1 in matlab for non-majors, with media computation and peer instruction. In *Proceeding of the 44th ACM Technical Symposium on Computer Science Education*, SIGCSE '13, pages 35–40, NewYork, NY, USA, 2013. ACM.

13. Dan Ingalls, Ted Kaehler, John Maloney, Scott Wallace, and Alan Kay, "Back to the Future: The Story of Squeak, a Practical Smalltalk Written in Itself," *OOPSLA'97 Conference Proceedings*, ACM, Atlanta, GA, 1997, pp. 318–326.

14. Dan Olsen, *Developing User Interfaces*, Morgan Kaufmann Publishers, San Mateo, CA, 1998.

15. Danny Goodman, *JavaScript & DHTML Cookbook*, O'Reilly & Associates, Sebastapol, CA, 2003.

16. Frederik Lundh, *Python Standard Library*, O'Reilly and Associates, Sebastapol, CA, 2001.

17. Harold Abelson, Gerald Jay Sussman, and Julie Sussman, *Structure and Interpretation of Computer Programs*, 2d ed., MIT Press, Cambridge, MA, 1996.

18. Heather Perry, Lauren Rich, and Mark Guzdial, "A CS1 Course Designed to Address Interests of Women" *ACM SIGCSE Conference* 2004, Norfolk, VA, ACM, New York, 2004, pp. 190–194.

19. Idit Harel and Seymour Papert, "Software Design as a Learning Environment," *Interactive Learning Environments* 1 (1990), no. 1, 1–32.

20. James D. Foley, Andries Van Dam, and Steven K. Feiner, *Introduction to Computer Graphics*, Addison Wesley, Reading, MA, 1993.

21. Jane Margolis and Allan Fisher, *Unlocking the Clubhouse: Women in Com- puting*, MIT Press, Cambridge, MA, 2002.

22. Janet Kolodner, *Case-Based Reasoning*, Morgan Kaufmann, San Mateo, CA, 1993.

23. Jeannette Wing, "Computational Thinking," *Communications of the ACM* 49 (2006), no. 3, 33–35.

24. Jens Bennedsen and Michael E. Caspersen, "Failure Rates in Introductory Programming," *SIGCSE Bulletin* 39 (2007), no. 2, 32–36.

25. John T. Bruer, *Schools for Thought: A Science of Learning in the Classroom*, MIT Press, Cambridge, MA, 1993.

26. Ken Abernethy and Tom Allen, *Exploring the Digital Domain: An Introduction to Computing with Multimedia and Networking*, PWS Publishing, Boston, 1998.

27. Leo Porter and Beth Simon. Retaining nearly one-third more majors with a trio of instructional best practices in CS1. In *Proceeding of the 44th ACM Technical Symposium on Computer Science Education*, SIGCSE '13, pages 165–170, New York, NY, USA, 2013. ACM.

28. Margaret Livingstone, *Vision and Art: The Biology of Seeing*, Harry N. Abrams, New York, 2002.

29. Mark Guzdial and Allison Elliot Tew, "Imagineering Inauthentic Legiti- mate Peripheral Participation: An Instructional Design Approach for Motivating Computing Education," paper presented at the International Computing Education Research Workshop, Canterbury, UK, ACM, New York, 2006.

30. Mark Guzdial and Kim Rose (eds.), *Squeak, Open Personal Computing for Multimedia*, Prentice Hall, Englewood, NJ, 2001.

31. Mark Guzdial, Barbara Ericson, Tom Mcklin, and Shelly Engelman. "Georgia Computes!" an intervention in a US state, with formal and informal educa- tion in a policy context. *Transactions on Computing Education*, 14(2):13:1–13:29, June2014.

32. Mark Guzdial, *Squeak: Object-Oriented Design with Multimedia Applications*, Prentice Hall, Englewood, NJ, 2001.

33. Mark Guzdial. Exploring hypotheses about media computation. In *Proceedings of the Ninth Annual International ACM Conference on International Computing Education Research*, ICER '13, pages 19–26, New York, NY, USA, 2013. ACM.

34. Mark Lutz and David Ascher, *Learning Python*, O'Reilly & Associates, Sebastopol, CA, 2003.

35. Martin Greenberger, "Computers and the World of the Future," transcribed recordings of lectures at the Sloan School of Business Administration, April 1961, MIT Press, Cambridge, MA, 1962.

36. Matthias Felleisen, Robert Bruce Findler, Matthew Flatt, and Shriram Krishnamurthi, *How to Design Programs: An Introduction to Programming and Computing*, MIT Press, Cambridge, MA, 2001.

37. Mitchel Resnick, *Turtles, Termites, and Traffic Jams: Explorations in Massively Parallel Microworlds*, MIT Press, Cambridge, MA, 1997.

38. Rashi Gupta, *Making Use of Python*, Wiley, New York, 2002.

39. Richard Boulanger (ed.), *The Csound Book: Perspectives in Synthesis, Sound Design, Signal Processing, and Programming*, MIT Press, Cambridge, MA, 2000.

40. Richard Hightower, *Python Programming with the Java Class Libraries*, Addison-Wesley, Reading, MA, 2003.

41. Robert H. Sloan and Patrick Troy. CS 0.5: A better approach to introductory computer science for majors. In *Proceedings of the 39th SIGCSE Technical Sym- posium on Computer Science Education*, SIGCSE '08, pages 271–275, New York, NY, USA, 2008. ACM.

42. Robert Sloan and Patrick Troy, "CS 0.5: A Better Approach to Introduc- tory Computer Science for Majors," *Proceedings of the 39th SIGCSE Technical Symposium on Computer Science Education*, ACM Press, New York, 2008, pp. 271–275.

43. Stephen H. Edwards, Daniel S. Tilden, and Anthony Allevato. Pythy: Improving the introductory python programming experience. In *Proceedings of the 45th ACM Technical Symposium on Computer Science Education*, SIGCSE '14, pages 641–646, New York, NY, USA, 2014. ACM.

44. Turtle Geometry: *The Computer as a Medium for Exploring Mathematics* by Harold Abelson and Andrea diSessa (MIT Press: 1986).

Pearson

尊敬的老师:

您好!

为了确保您及时有效地申请培生整体教学资源,请您务必完整填写如下表格,加盖学院的公章后传真给我们,我们将会在 2-3 个工作日内为您处理。

请填写所需教辅的开课信息:

采用教材			□中文版 □英文版 □双语版
作　者		出版社	
版　次		ISBN	
课程时间	始于　年 月 日	学生人数	
	止于　年 月 日	学生年级	□专 科　□本科 1/2 年级 □研究生　□本科 3/4 年级

请填写您的个人信息:

学　校			
院系/专业			
姓　名		职　称	□助教 □讲师 □副教授 □教授
通信地址/邮编			
手　机		电　话	
传　真			
official email(必填) (eg:XXX@ruc.edu.cn)		email (eg:XXX@163.com)	
是否愿意接受我们定期的新书讯息通知:　□是　□否			

系 / 院主任: ____________ (签字)

(系 / 院办公室章)

___年___月___日

资源介绍:

--教材、常规教辅(PPT、教师手册、题库等)资源:请访问 www.pearsonhighered.com/educator; (免费)

--MyLabs/Mastering 系列在线平台:适合老师和学生共同使用;访问需要 Access Code; (付费)

100013　北京市东城区北三环东路 36 号环球贸易中心 D 座 1208 室
电话: (8610)5735 5169
传真: (8610)5825 7961

Please send this form to: elt.copub@pearson.com
Website: www.pearson.com